Chemie der Pflanzenschutz- und Schädlingsbekämpfungsmittel
Herausgegeben von R. Wegler · Band 3

Chemie der Pflanzenschutz- und Schädlings- bekämpfungsmittel

Band 3

Geschichte · Ökologie · Forschung · Tropenkrankheiten
Textilschutz · Insektizid-Resistenz · Materialschutz

Herausgegeben von R. Wegler

Mit 26 Abbildungen

Springer-Verlag Berlin Heidelberg New York 1976

ISBN-13: 978-3-642-66416-8   e-ISBN-13: 978-3-642-66415-1
DOI: 10.1007/978-3-642-66415-1

Library of Congress Cataloging in Publication Data (Revised). Wegler, Richard. Chemie der Pflanzenschutz- und Schädlingsbekämpfungsmittel. Includes bibliographies and indexes. Contents: Bd. 1. Einführung, Insektizide, Chemosterilantien, Repellents, Lockstoffe, Akarizide, Nematizide, Vogel- bzw. Säugetierabschreckungsmittel, Rodentizide [etc.] 1. Pest control — Collected works. 2. Pesticides — Collected works. SB950.W44   628.9   75-78286

Vorwort

Der vorliegende Band 3 behandelt einige Sachgebiete, die nur indirekt mit dem chemischen Pflanzenschutz verbunden sind, aber unter die chemische Schädlingsbekämpfung fallen. Andererseits werden Probleme, welche durch den chemischen Pflanzenschutz aufgeworfen worden sind, kritisch dargestellt. Die meisten Themen sind nicht nur für Spezialisten interessant, sondern wenden sich fast noch mehr an allgemein naturwissenschaftlich und ökologisch interessierte Leser.

Ein einleitender Aufsatz über den Pflanzenschutz in Vergangenheit, Gegenwart und Zukunft beschreibt die Situation des Pflanzenschutzes, seine Notwendigkeit, aber auch seine Unausgewogenheit hinsichtlich der Anwendung umstrittener Produkte in verschiedenen Ländern.

Ein Beitrag über ökonomische und ökologische Wechselwirkungen zeigt wohl erstmals klar und allgemein verständlich die unausbleiblichen Wechselwirkungen beim Kampf des Menschen um bessere und reichlichere Nahrung. Gerade dieser Beitrag sollte, wie der vorangehende, auch von Nicht-Fachleuten zur Kenntnis genommen werden, ehe vorschnell über die angeblich gedankenlose Zerstörung der Umwelt durch die Landwirtschaft und den mit ihr notwendig verbundenen chemischen Pflanzenschutz diskutiert wird.

Pflanzenschutzforschung bleibt auf allen Gebieten des Pflanzenschutzes unerläßlich. Sie wird durch zahlreiche Faktoren in ihren Kosten schwer belastet und durch eine mangelhafte Koordination gesetzgeberischer Maßnahmen in mehreren Ländern verunsichert. Ein Beitrag über die „Industrielle Pflanzenschutzforschung" beleuchtet diese Problematik.

Nur zu gerne unterlassen es eifrige Umweltschützer und Tierliebhaber, auf die für alle Länder verheerenden Folgen tropischer, durch Insekten übertragener Infektionskrankheiten mit Tod und Siechtum für Millionen Menschen einzugehen. Zum Beispiel wird die erfolgreiche Bekämpfung der Malaria durch chemische Schädlingsbekämpfung — und hier nicht zuletzt durch den Einsatz von DDT — gerne verschwiegen. Wir freuen uns besonders, daß ein anerkannter Fachmann der WHO zur Bearbeitung dieses Themas gewonnen werden konnte. Es ist zu begrüßen, daß gerade durch diese weltweit anerkannte Organisation auf die Erfolge und die Notwendigkeit der chemischen Schädlingsbekämpfung hingewiesen wird.

Auch das wirtschaftlich so außerordentlich wichtige Gebiet vektorenbedingter Tropenkrankheiten der Tiere wird durch einen Spezialisten der WHO besprochen.

In Fortsetzung der spezielleren Schädlingsbekämpfung wird das hinsichtlich Forschung und Entwicklung abgeschlossene Gebiet der Textilschädlinge (vornehmlich Motten) kurz behandelt.

Die vieldiskutierte, oft überschätzte Resistenz gegen Insektizide wird sowohl hinsichtlich ihrer Bedeutung und weiteren Zunahme als auch im Hinblick auf die chemischen Grundlagen der Resistenzentwicklung im Insekt sehr ausführlich dargelegt.

Der letzte Beitrag dieses Bandes behandelt Materialschutz und technische Konservierungsmittel. Hier fehlte bis jetzt eine Darstellung nach chemischen Gesichtspunkten.

Allen Autoren gebührt für ihre mühevolle Arbeit (die weitgehend nebenberuflich geleistet werden mußte) Dank und Anerkennung. Besonders gedankt sei der Bayer AG, stellt sie doch eine Vielzahl der Sachbearbeiter. Der Leitung der Sparte Pflanzenschutz gilt Dank für ihre verständnisvolle Bereitschaft zu Hilfe und Mitarbeit.

Das Entgegenkommen des Springer-Verlages muß besonders anerkannt werden. Den Wünschen des Herausgebers ist der Springer-Verlag, vertreten durch Dr. F. Boschke, weitestgehend entgegengekommen, in der Hoffnung, Neues und Wertvolles zu schaffen und damit den Standard der Bände 1 und 2 nicht nur zu halten, sondern wenn möglich, noch zu erhöhen.

R. Wegler

Inhaltsverzeichnis

The Importance of Chemicals in the Control of Tropical Diseases

N. G. Gratz

Arthropod-Borne Diseases of Animals in the Tropics

M. Abdussalam

Wollschutzmittel

G. Höller

Importance and Spread of Resistance to Insecticides

G. Zoebelein

Chemical Foundation of the Development of Resistance against Insecticides

A. W. A. Brown

Materialschutz und technische Konservierungsstoffe

O. Pauli

X

Inhalt Band 2

Mitarbeiter

Abdussalam, M., Dr.

Chief of Veterinary Public Health Division
of Communicable Diseases
World Health Organization
CH-1211 Genève 27

Beran, F., Prof. Dr.

Institut für Technologie organischer Stoffe
Technische Hochschule Wien

Brown, A. W. A., Prof.

Dept. of Entomology and Pesticide Research Center
Michigan State University
East Lansing, MI 48824, USA

Cramer, H.-H., Dr.

Pflanzenschutz Anwendungstechnik
der Bayer AG
D-5090 Leverkusen-Bayerwerk

Gratz, N. G.

Vector Biology and Control Division
World Health Organization
CH-1211 Genève 27

Haug, G., Dr.

Leiter des Ressorts
Pflanzenschutz Anwendungstechnik
der Bayer AG
D-5090 Leverkusen-Bayerwerk

Höller, G., Dr.

Institut für Tierische Schädlinge,
Pflanzenschutz Anwendungstechnik,
Biologische Forschung der Bayer AG
D-5090 Leverkusen-Bayerwerk

Pauli, O. †

Zoebelein, G., Dr.

Leiter des Instituts für Tierische Schädlinge,
Pflanzenschutz Anwendungstechnik,
Biologische Forschung der Bayer AG
D-5090 Leverkusen-Bayerwerk

Chemischer Pflanzenschutz in Vergangenheit, Gegenwart und Zukunft

F. Beran

Technische Universität Wien, Institut für Technologie organischer Stoffe

Inhalt

1. Einleitung

Wenn auf Wunsch des Herausgebers dieses Werk mit einem Abschnitt über allgemeine Aspekte des chemischen Pflanzenschutzes versehen wird, so ist das sicher
berechtigt. Die Verwendung chemischer Stoffe zur Bekämpfung tierischer Schäd-

linge, von Pflanzenkrankheiten und Unkräutern ist ja noch immer etwas umstritten, und manche vorgebrachte Bedenken sind so schwerwiegend, daß es eine Lücke bedeuten würde, ließe man die Diskussion um die Anwendung chemischer Pflanzenschutzmittel im Rahmen dieses Handbuches außer Betracht.

Der wissenschaftliche Charakter dieser Publikation schließt zwar eine polemische Auseinandersetzung mit emotionell belasteten Aussagen über nachteilige Auswirkungen chemischer Pflanzenschutzmittel aus, doch die Verantwortung des Wissenschafters, der sich mit der Schaffung und Erforschung biologisch wirksamer Waffen gegen die Nahrungskonkurrenten des Menschen befaßt, erfordert eine Rechtfertigung seines Tuns gegenüber geltend gemachten Bedenken.

Ausgehend von einer Skizze des Ursprunges des chemischen Pflanzenschutzes wird auf die Gedanken eingegangen, die zu dem Pflanzenschutz von heute geführt haben. Die Beantwortung der Frage nach der Notwendigkeit des chemischen Pflanzenschutzes bildet dann den Ausgangspunkt für die Betrachtung der Problematik des chemischen Pflanzenschutzes von heute und für die Darlegungen unserer Vorstellungen über den Pflanzenschutz der Zukunft.

2. Der chemische Pflanzenschutz in der Vergangenheit

Die Geschichte der Phytomedizin überliefert uns zahlreiche Dokumente über die Anwendung chemischer Stoffe und Produkte zur Abwehr schädlicher Faktoren in der Pflanzenproduktion (s. z.B. *Braun* 1965)[1]. Im Altertum und Mittelalter herrschten jedoch mancherlei Irrtümer über die Anwendung solcher Abwehrstoffe, so daß *H.Braun* (1966)[2] die Anfänge des chemischen Pflanzenschutzes im wissenschaftlichen Sinne in die Zeit versetzt sehen möchte, zu der man schon Kenntnisse über die Natur der Schadensfaktoren gewonnen hatte, gegen die sich die Verwendung eines chemischen Stoffes richtet. In diesem Sinne datiert Braun den Beginn des chemischen Pflanzenschutzes auf das Jahr 1853, in dem *Anton de Bary*[3] eine Arbeit über Getreidekrankheiten veröffentlichte, mit der er die Kenntnisse der Biologie der Krankheitserreger vermittelte. Dem ist allerdings entgegenzuhalten, daß es schon 1761 exakte Angaben über die Bekämpfung von Brandpilzen mit Kupfersulfat (*Schulthess*, 1761)[4] und 1824 eine Empfehlung für die Anwendung von Schwefel gegen Pfirsichmehltau *(Robertson)*[5] gab, womit bereits die klassischen Fungizide Kupfer und Schwefel genannt sind, die auch heute noch Bedeutung haben (vgl. auch *Orlob* 1973)[6].

Die breite Anwendung von Kupfermitteln nahm 1883 mit der Entdeckung der fungiziden Eigenschaften der Kupfer-Kalk-Brühe (Bordeauxbrühe) durch *Millardet*[7] ihren Anfang. Eine schier unübersehbare Flut von Publikationen wurde seitdem dem Kupfer als fungizidem Stoff gewidmet, und es ist erstaunlich, daß trotz der in jüngerer Zeit geschaffenen zahlreichen neuen Möglichkeiten zur Bekämpfung pilzparasitärer Krankheiten Kupfermittel noch heute eine wichtige Rolle im Pflanzenschutz spielen. Neben der Kupfer-Kalk-Brühe hat die Kupfer-Carbonat-Brühe (Kupfer-Sodabrühe = Burgunderbrühe) in den Anfängen des chemischen Pflanzenschutzes Verwendung gefunden. Wie erwähnt, wurde Schwefel als spezifisches Mittel gegen echte Mehltaupilze erkannt; seine Anwendung

2

erfolgte als Stäubeschwefel und in Form von „Schwefelkalium" (sog. Schwefelleber).

Als eines der ersten organischen Fungizide ist Formaldehyd zu nennen, der sowohl in Form von wäßrigen Lösungen, z.B. zur Getreidebeizung, als auch in gasförmigem Zustand empfohlen wurde.

Etwas bunter war die Palette der chemischen Stoffe zur Bekämpfung tierischer Schädlinge: Nikotin, Schwefelpulver, Ätzkalk, Tierfette, Pflanzenfette, Pyrethrum (dalmatinisches und persisches Insektenpulver), Petroleum, Carbolineen, Schwefelkohlenstoff, Tetrachlorkohlenstoff, Blausäure (HCN), Strychnin, Phosphor, Arsen, Schwefelkalkbrühe, Bariumchlorid sind die wesentlichen Stoffe, denen wir als Mittel zur Bekämpfung von Insekten und anderen tierischen Schädlingen in der alten Literatur begegnen (z.B. *P. Sorauer* 1908, 1913)[8].

3. Pflanzenschutz von heute

Der Vergleich des chemischen Pflanzenschutzes der Vergangenheit mit den Gegebenheiten der Gegenwart zeigt einen sehr bedeutenden Wandel, der sich schon vor dem 2. Weltkrieg anbahnt, der aber erst nach 1945 zum Durchbruch kommt. Dieser Wandel, der sich äußerlich durch umwälzende Neuerungen auf dem Gebiete der Pflanzenschutzmittel in spektakulärer Weise manifestiert, ist durch zwei Momente gekennzeichnet:

Einerseits hat er seinen Ursprung in der Erkenntnis, daß die reine, spezielle Parasitenforschung allein nicht zielführend für die Bewältigung von Pflanzenschutzproblemen sein kann. Vielmehr ist eine *ökologische Betrachtungsweise* erforderlich, die die zu schützenden Kulturpflanzen mit allen Umweltelementen (Boden, Wasser, Luft, Bodenfauna, Bodenflora, inbegriffen phytophage Formen) einschließt, wie die Wechselwirkungen zwischen Umweltelementen und Pflanzenschutzmitteln, die zur Bekämpfung von Schadensfaktoren in den Lebensraum der Kulturpflanzen eingeführt werden müssen.

Andererseits wurden die Methoden der Pflanzenproduktion im Verlaufe der letzten drei Jahrzehnte umwälzend geändert, erzwungen durch die Abwanderung von Arbeitskräften aus der Landwirtschaft und durch die sich daraus ergebende Notwendigkeit einer weitgehenden Mechanisierung der Produktionsmethoden. Die arbeitskräftesparenden Arbeitsmethoden hatten u.a. einen perfekteren Pflanzenschutz zur Voraussetzung, als er vom Standpunkt der reinen Verlustverhütung erforderlich wäre. Die Einführung des Mähdrusches, der zur Verhütung der Ausbreitung von Unkrautsamen auf dem Felde eine vollständige Unkrautbekämpfung erfordert und des handarbeitslosen Zuckerrübenanbaues unter Verwendung von Einzelkornsaatgut, die die Verhütung der Frühverunkrautung notwendig macht, sind hierfür Beispiele.

So ergab sich ein Zwang zum Fortschritt, dem vor allem die chemische Industrie durch Intensivierung der Entwicklungsarbeiten auf dem Pflanzenschutzmittelsektor Rechnung trug. Wenn nach Lösung zahlreicher Pflanzenschutzprobleme mit Hilfe neuer Pflanzenschutzmethoden und -mittel die Frage gestellt wurde, ob sich der Pflanzenschutz in einer Krise befinde (*Schlumberger*[9], *Braun*[10],

Gassner[11]), so ist dem gegenüber festzustellen, daß sich der Pflanzenschutz in einer argen Krise befand, bevor die organische Chemie auf dem Gebiete der Pflanzenschutzmittel ihren Siegeszug antrat. Im Zuckerrübenbau z.B. gab es zuvor in regelmäßigen Abständen große Ernteausfälle, hervorgerufen durch Rübenrüssler, Rübenaaskäfer und Erdflöhe, denen nur mit unzulänglichen Methoden begegnet werden konnte. In allen Kulturen verursachten Maikäfer, Engerlinge und Drahtwürmer starke Verluste, denen man mit kaum wirkenden Maßnahmen entgegentrat. Im Weinbau gelang es nicht, den durch *Plasmopora viticola* verursachten falschen Rebenmehltau in allen Jahren so wirksam zu bekämpfen, wie es heute möglich ist. Die Bekämpfung fressender tierischer Schädlinge, vor allem mit Arsenikalien bestritten, hatte bedenkliche Auswirkungen auf die menschliche Gesundheit, die dort, wo Arsenprodukte längst eliminiert und durch organische Insektizide ersetzt sind, zwar immer noch beklagt werden, tatsächlich aber der Vergangenheit angehören.

Die Unzulänglichkeit der auf Augenblickswirkung beschränkten Kontaktgifte pflanzlichen Ursprungs, die nicht immer ausreichende Pflanzenverträglichkeit von Kupfer- und Schwefelprodukten sind weitere Fakten, die den chemischen Pflanzenschutz der Vergangenheit als mangelhaft beurteilen lassen.

Aus der Hilflosigkeit gegenüber den zahlreichen Pflanzenschutzproblemen führte erst der moderne Pflanzenschutz, vor allem der chemische Pflanzenschutz. Heute kann von einer Überwindung der Krise im Pflanzenschutz durch den modernen Pflanzenschutz gesprochen werden. Selbstverständlich schuf die Einführung einer großen Zahl neuer Pflanzenschutzprodukte neue Umwelt- und hygienische Probleme, sie zu meistern ist eine besondere Aufgabe.

3.1. Pflanzenschutzgestaltung

Die Suche nach neuen Pflanzenschutzmöglichkeiten löste Strömungen aus, die vor allem durch die ökologische Betrachtungsweise gekennzeichnet sind. Sie stellen an den Pflanzenschutztreibenden von heute viel höhere Anforderungen, als sie für den noch vor 20 oder 30 Jahren praktizierten Pflanzenschutz notwendig waren. Daher kommt der pflanzenärztlichen Beratung in der Gegenwart viel größere Bedeutung für die zweckmäßigste Gestaltung des Pflanzenschutzes zu, als dies früher der Fall war.

Heute sieht sich der in der Pflanzenproduktion tätige Berater täglich der Frage gegenüber, ob die alarmierenden Berichte, die in den Zeitungen und Magazinen über die Wirkungen chemischer Pflanzenschutzmittel auf die menschliche Gesundheit veröffentlicht werden, Übertreibungen oder Fehlinformationen sind oder ob wir uns im Pflanzenschutz tatsächlich auf einem unrichtigen bzw. bedenklichen Weg befinden.

Schließlich ergibt sich die Frage, ob die Sicherung des Pflanzenschutzes ausschließlich auf einer pflanzenärztlichen Beratung fußen soll oder ob auch gesetzlicher Zwang erforderlich ist. Wenn wir die chemischen Bekämpfungsmittel unbedingt benötigen, so müssen wir ihre Anwendung so gestalten, daß sich keine unliebsamen Folgen einstellen, daß vor allem die menschliche Gesundheit keinen Schaden nimmt. Um dieses Ziel zu erreichen, müssen wir dem Berater und dem

4

Pflanzenschutztreibenden gesetzliche Richtlinien zur Verfügung stellen. Diese sind vor allem bezüglich der Reglementierung der Anwendung chemischer Pflanzenschutzmittel erforderlich. Die Vielzahl der zur Verfügung stehenden Mittel und die Unterschiedlichkeit ihrer biologischen Eigenschaften erfordern eine bindende Regelung, die in den meisten Ländern auch bereits realisiert wurde. Gesetzliche Spezialregelungen sind für die gefahrlose Anwendung von Giften (Giftgesetzgebung) und für die Verhütung bedenklicher Pflanzenschutzmittelrückstände in Nahrungsmitteln (Höchstmengenregelungen) notwendig.

Heute werden auf der Erde mehr als 2 Millionen Tonnen Pflanzenschutzmittel im Werte von rund 6 Milliarden Dollar jährlich verbraucht. Der Nutzen dieses Aufwandes ist, sehr vorsichtig geschätzt, mit dem 3—5fachen des Wertes, also mit 18—30 Milliarden Dollar zu veranschlagen, das sind mehr als 10% des Wertes der Welternte.

3.2. Warum chemischer Pflanzenschutz?

Die Probleme, welche die Ausbringung biologisch hochaktiver chemischer Stoffe in unsere Umwelt zweifellos schafft, wären mit einem Schlage gelöst, wenn man (wie dies allerdings nur Extremisten unter den Natur- und Umweltschützern fordern) auf die Verwendung chemischer Pflanzenschutzmittel völlig verzichtete.

Wäre das möglich? Nein, es liegen zahlreiche Gründe vor, die die Anwendung chemischer Pflanzenschutzmittel zwingend erfordern. Einer der wesentlichsten Gründe wird verständlich, wenn man sich den Unterschied zwischen den Aufgaben des Humanmediziners und jenen des Phytomediziners vergegenwärtigt.

Dem Pflanzenarzt steht im Unterschied zum Humanmediziner nur eine sehr kurze Zeitspanne für die Erfüllung seiner Aufgabe zur Verfügung. Er begleitet die Pflanzen auf einem kurzen Lebensweg, der — von Dauerkulturen abgesehen — nur wenige Wochen bis Monate umfaßt. Wesentlich ist, daß das Ende der pflanzenärztlichen Betreuung der Kulturen mit dem physiologischen Höhepunkt der Pflanzenentwicklung zusammenfällt. Das Ziel der Pflanzenschutzarbeit besteht darin, die Pflanzen bis zur Zeit der Ernte quantitativ und qualitativ zu einem Daseinsoptimum zu führen. Im Gegensatz dazu endet die Tätigkeit des Humanmediziners erst beim physiologischen Nullpunkt des Menschen. Etwaige Schädigungen der Pflanzen sind praktisch irreversibel. Für ihre Verhütung stehen nur wenige Tage, oft nur Stunden zur Verfügung. Innerhalb dieser Zeitspanne müssen die Bekämpfungsmaßnahmen wirksam werden. Wenn wir von Methoden absehen, die aus praktischen Gründen nur geringe Anwendungschancen besitzen — wie die physikalisch-mechanischen Methoden (z.B. Absammeln und Tötung von Schädlingen, Wärme- oder Strahlenbehandlung) —, erfüllen nur chemische Verfahren die genannten Voraussetzungen für eine Abwehr von Schädlingen und Krankheitserregern und für die Bekämpfung von Unkräutern.

Dieser Zeitfaktor ist es im wesentlichen, der die chemischen Methoden unentbehrlich macht. Es ist auch unrichtig, wenn man davon spricht, daß diese Methoden *vorläufig noch* unersetzbar sind, denn mit dieser Aussage wird die Hoffnung geweckt, daß dies in Zukunft nicht mehr der Fall sein würde. Nichts deutet darauf hin, daß wir nicht-chemische Methoden als vollen Ersatz werden erarbeiten können.

Die am häufigsten genannte Alternative zu den chemischen Methoden ist die biologische Schädlingsbekämpfung. Sie ist *keine* Alternative, denn sie ist, wie *Franz* (1972)[12] betont, ein Regulierungsverfahren, das einen anderen Zweck verfolgt, als die Verwendung chemischer Stoffe. Mit diesem Regulierungsverfahren trachtet man die Bedingungen für die biologischen Gegenspieler der Schädlinge zu optimieren, um so den Schädlingsbefall auf ein Maß herabzudrücken, das eine chemische Bekämpfung nicht mehr oder nur in verringertem Ausmaß erforderlich erscheinen läßt. Die Methode erfordert, wie jedes Regulierungsverfahren in der Natur, eine gewisse Zeit, und daher ist ein ausreichender Schutz der Produkte bis zur Ernte kaum gewährleistet. Ganz abgesehen davon, besitzen z.B. Erreger pilzparasitärer Krankheiten (aber auch Unkräuter) in der Natur entweder überhaupt keine oder keine auch nur annähernd ausreichend wirksamen Gegenspieler.

Es ist daher eine Illusion anzunehmen, biologische oder genetische Verfahren oder auch Resistenzzüchtung im großen Stil könnten die chemischen Verfahren ablösen. Selbstverständlich müssen wir alle nicht-chemischen Verfahren zusätzlich soweit als möglich nützen, in der Zukunft mehr als dies heute geschieht. Das Konzept des „integrierten Pflanzenschutzes" bedeutet, daß alle Möglichkeiten in den chemischen Pflanzenschutz integriert werden.

Bei der Beantwortung der Frage nach der Notwendigkeit chemischer Pflanzenschutzmittel darf aber auch die betriebswirtschaftliche Seite nicht unberücksichtigt bleiben. Es ist kein Zufall, daß die rasante Aufwärtsentwicklung des chemischen Pflanzenschutzes mit umwälzenden Neuerungen in der Pflanzenproduktion zeitlich zusammenfällt. In der Kette der Technisierungsmaßnahmen bilden die Pflanzenschutzmaßnahmen ein unentbehrliches Glied. Viele neue Produktionsmethoden setzen voraus, daß bestimmte Schadensmöglichkeiten perfekter ausgeschaltet werden, als es vom Standpunkt der reinen Verlustverhütung notwendig wäre. Dieses Ziel zu erreichen ist nur durch Verwendung chemischer Verfahren möglich. In vielen Fällen entscheiden chemische Pflanzenschutzmaßnahmen darüber, ob ein Anbauverfahren anwendbar ist oder nicht. Gerade Rentabilitätserwägungen erfordern die Verwendung chemischer Pflanzenschutzmittel. Der hohe Technisierungsaufwand läßt nur relativ geringe Spannen zwischen Roh- und Reinertrag verbleiben, so daß die Anforderungen an die Effektivität von Pflanzenschutzmaßnahmen höher gestellt werden müssen, als dies bei Anwendung konventioneller Produktionsmethoden notwendig war. Tatsächlich handelt es sich heute meist nicht mehr um die Vermeidung von Schädlingskalamitäten mit nahezu totalem Ausfall, wie er früher zu beklagen war, sondern um die Vermeidung von Ertragsminderungen.

Auch die Methoden des „biologischen Landbaues" bieten keine Chance, auf chemische Pflanzenschutzmittel verzichten zu können. Verschiedene Richtungen dieser Wirtschaftsweise empfehlen sogar die Verwendung gewisser Pflanzenschutzmittel. Die Behauptung, biologisch gesunde Pflanzen entwickelten selbst eine Abwehr gegen Schädlingsbefall, ist irrig. Zwar gibt es Schädlinge und Krankheitserreger, die bevorzugt kränkelnde Pflanzen befallen (sog. Schwächeparasiten), aber die meisten tierischen Schädlinge und auch Erreger pilz-parasitärer Krankheiten machen keinen Unterschied zwischen vitalen Pflanzen und Kümmerern, wenn auch selbstverständlich eine kräftige Pflanzenentwicklung bessere Voraussetzungen schafft, einen Schädlingsbefall zu überwinden. Wir kennen andererseits zahlreiche Beispiele dafür, daß gesunde Pflanzen von Schädlingen bevorzugt werden. So wird Befall durch Schildläuse, etwa durch die San-José-Schildlaus *(Quadraspidiotus perniciosus)*, durch gute, harmonische Ernährung der Wirtspflanze gefördert; das gleiche gilt für Blattläuse und Spinnmilben, die sich auf ausreichend ernährten Pflanzen stärker vermehren, als auf solchen, die unter Nährstoffmangel leiden. Die Olivenblattmilbe *(Oxypleurites maxwelli K.)* befällt Olivenbäume, die unter Bor-Mangel leiden, seltener als solche, die ausreichend mit Bor versorgt sind.

Sicher ist, daß es keine Kulturmethoden gibt, die jedweden Schädlings- oder Krankheitsbefall zu unterbinden vermögen. Je intensiver eine Kultur betrieben wird, je ärmer die Fruchtfolge ist, desto mehr ist die Gefahr eines Schädlingsauftretens gegeben und desto notwendiger ist das direkte Eingreifen mit chemischen Mitteln.

Wir werden auch in der Zukunft chemische Pflanzenschutzmittel verwenden müssen, aber ebenso selbstverständlich wird sich in den Anwendungsverfahren, in stofflicher Hinsicht und in der Strategie der chemischen Bekämpfung manches ändern. Leider ist zu befürchten, daß erst Hungerkatastrophen die heute noch geäußerten Bedenken gegen die Verwendung von Pflanzenschutzmitteln und Handelsdüngern zum Verstummen bringen werden.

3.3. Problematik der Anwendung chemischer Pflanzenschutzmittel

Es existiert kein Verwendungszweck chemischer Stoffe, der in so enger Beziehung zu unserer Umwelt steht, wie die Anwendung chemischer Pflanzenschutzmittel, die sich ja vorwiegend in der freien Natur und dort sehr weiträumig abspielt. In der Natur des Pflanzenschutzes liegt es, daß im allgemeinen nicht einzelne Pflanzen vor Schädlingen oder Krankheiten geschützt werden (Individualmedizin), sondern ganze Bestände (Gruppenmedizin), was großflächig angelegte Maßnahmen bedingt. Die chemischen Verfahren beruhen in der Regel auf einer äußeren Anwendung, indem die Pflanzenoberfläche mit den Schutzstoffen ausgestattet wird, die Schädlinge und Krankheitserreger daran hindern, ein parasitisches Verhältnis mit den Kulturpflanzen einzugehen.

Für bestimmte Anwendungsgebiete kommt auch die Applikation der Bekämpfungsmittel direkt auf oder in den Boden in Frage, z. B. zur Bekämpfung von unerwünschtem Pflanzenwuchs (Unkrautbekämpfung), von Bodenschädlingen und von bodenbürtigen Krankheiten. In beiden Fällen handelt es sich um die großflächige Ausbreitung chemischer Stoffe in der Natur, die, wenn sie nicht auf der Pflanzen- oder Bodenoberfläche (etwa durch Verdampfung) verschwinden, am oder im Boden verbleiben. Das weiträumige Versprühen der Bekämpfungsmittel, namentlich vom Flugzeug aus, begünstigt die Verbreitung dieser Stoffe auf weite Strecken ganz besonders, wobei die Luft als Vehikel dient.

Der Verbleib und die Auswirkungen dieser Stoffe sind ebenso von Interesse wie das Geschehen auf der geschützten Pflanze bis zur Ernte und nicht zuletzt auch auf und in den Ernteprodukten.

Schon länger wird die Pflanzenschutzaufgabe nicht nur darin gesehen, den Schadensfaktor zu determinieren und dann zu eliminieren. Jedes Pflanzenschutz-problem wird vielmehr, von der zu schützenden Kulturpflanze ausgehend, in weiterem Rahmen betrachtet, und die Bearbeitung schließt die Umwelt der Pflanze bzw. des Pflanzenbestandes ein: Schädlinge, Krankheitserreger, Unkräuter wie die erwünschten Organismen, und den Boden, der wichtig ist, weil in ihm pflanzenschädliche Organismen leben, weil er den Lebensraum für nützliche Lebewesen bildet und nicht zuletzt, weil seine Eigenschaften für die Wirkungen und Auswirkungen chemischer Pflanzenschutzmittel wesentlich sind. Es gehören zum Lebensraum ferner die Luft, deren schlechte Qualität phytotoxische Auswirkungen haben kann, und schließlich der Mensch, dessen Schutz Vorrang gebührt. In diesem komplexen und empfindlichen System spielt sich die Pflanzenschutzarbeit ab, und es ist gewiß schwierig, aus diesem System einen Faktor zu eliminieren, ohne die anderen biotischen Faktoren zu beeinflussen.

Die Verwendung des Ökologie-Begriffes für die Auswirkungen chemischer Pflanzenschutzmittel erfolgt analog zur Verwendung dieses Terminus für Strahlenwirkungen; so hat *Kühnelt*[13] in seinem Ökologie-Buch ein ganzes Kapitel der „Radioökologie", d.h. den Umwelteffekten durchdringender ionisierender Strahlen, gewidmet.

Die ökologische Betrachtung zeigt, wie schwierig und heikel die Aufgabe ist, unsere Kulturpflanzen vor schädlichen Einflüssen zu schützen.

3.4. Pflanzenschutz in ökologischer Sicht

Der moderne Pflanzenschutz schenkt der zu schützenden Kulturpflanze mit ihrer gesamten Umwelt (Mensch, Boden, Luft, Gewässer, Pflanzen- und Tierwelt) seine Aufmerksamkeit. Bei der Entwicklung und Zulassung von Pflanzenschutzmitteln bilden daher auch die unerwünschten Nebenwirkungen (z.B. auf Fische, Wild, Bienen, Nützlingsfauna, Boden, Gewässer) zusätzlich den Gegenstand von Prüfungen und Überlegungen. Vorrang haben allerdings die humantoxikologischen Eigenschaften, die allein schon Anlaß sein können, ein Produkt zu verwerfen. Auf Nebeneffekte in der Umwelt, die es zu beachten gilt, sei im folgenden näher eingegangen.

3.4.1. Der Mensch

Die Gefahren für die menschliche Gesundheit betreffen einerseits den Pflanzenschutzmittelanwender, andererseits den Konsumenten der Nahrungsmittel. Sind die bei der Anwendung von Pflanzenschutzmitteln resultierenden Gefahren durch Einhaltung entsprechender Anwendungsvorschriften unschwer vermeidbar, so bedarf es sehr sorgfältiger Vorkehrungen, um zu verhüten, daß bedenkliche Pflanzenschutzmittelrückstände direkt oder indirekt in unsere Nahrungsmittel gelangen. Direkt, indem Restmengen der verwendeten Pflanzenschutzmittel auf den behandelten Pflanzen und auf Ernteprodukten verbleiben, indirekt, indem als Folge der Behandlung von Kulturen auch unbehandelte Pflanzen (Früchte) eine Kontamination mit den Pflanzenschutzstoffen erfahren können. Eine solche kann vom Boden ausgehen, wenn im Boden vorhandene Pflanzenschutzmittelreste über die Wurzeln aufgenommen werden, von der Luft aus, indem auf dem Wege der Abdrift Pflanzen kontaminiert werden. Einen Spezialfall indirekter Kontamination stellt die Leitung systemischer Stoffe von behandelten Pflanzenteilen über die Leitungsbahnen in unbehandelte Pflanzenteile dar (Translokation).

Indirekte Kontaminationen liegen auch in Produkten tierischen Ursprungs vor, wenn Nutztiere, Fische usw. kontaminierte Produkte (Futtermittel, Fischnährtiere usw.) aufnehmen und die Pflanzenschutzmittelrückstände in ihrem Organismus gespeichert werden. Über Futtermittel, Futterpflanzen kann es zur Kontamination von Milch, Butter, Käse und Fleisch kommen, von verunreinigtem Wasser ausgehend, können Fische über die Nahrungskette (Wasser → Plankton → Fischnährtiere) mit Pflanzenschutzmitteln kontaminiert werden (Nahrungsketten, Futterketten).

Die Stoffe, denen man immer wieder in Nahrungsmitteln, wenn auch in sehr geringen Mengen, begegnet, werden oft als die „bösen Sieben" bezeichnet. Es sind dies die persistenten Insektizide Aldrin, Dieldrin, Endrin, DDT, HCH, Chlordan und Heptachlor. Ihnen gegenüber treten alle anderen Stoffe, einschließlich der Fungizide und Herbizide, hinsichtlich der Häufigkeit ihres Vorkommens in der Umwelt, zurück.

Die Grundlage für die Lösung des Rückstandsproblems bildet das Toleranzkonzept, das von der Tatsache ausgeht, daß es von jedem chemischen Stoff tödliche, aber auch völlig wirkungslose Dosen gibt, mit allen dazwischen liegenden Toxizitätsstufen. Mit der Festlegung von Toleranzen, also in Nahrungsmitteln duldbaren Höchstmengen, wird keine Verantwortlichkeit des Landwirtes geschaffen, sondern nur eine Basis für die Ausarbeitung der Anwendungsvorschriften. Die Einhaltung der Toleranzen wird über Wartezeiten und durch die Einengung der Anwendungsgebiete bestimmter Mittel gesichert (vgl. den Beitrag von *Frehse* im 2. Band dieses Handbuches). Generell wird versucht, die Rückstände, wenn nicht ganz vermeidbar, doch so niedrig als möglich zu halten, so daß sie sich mehr der Null- als der Toleranzgrenze nähern.

Die Frage, wie weit auf persistente Pflanzenschutzstoffe völlig verzichtet werden sollte, bedarf sehr sorgfältiger Prüfung. Generelle Verbote können neue Probleme schaffen, abgesehen davon, daß sich, wie die Erfahrung zeigt, bald die Notwendigkeit ergeben kann, Ausnahmen zuzulassen. DDT bildet hier ein gutes Beispiel.

Wir dürfen auch nicht übersehen, daß es gerade die Persistenz ist, welche erst die Möglichkeit der Bekämpfung mancher Schädlinge bietet und daß es für solche Fälle keine Alternativen geben kann, selbst wenn ein annähernd ähnlicher Erfolg durch eine größere Zahl von Behandlungen erkauft werden könnte.

Die Gefahr der Kontamination von Produkten tierischen Ursprungs über Futtermittel und Futterpflanzen und die aus der Bekämpfung von Fliegen und anderen Insekten in Innenräumen (Stallungen, Futterkammern usw.) herrührt, muß beseitigt werden.

Wie für alle Umweltbelastungen gilt auch für Pflanzenschutzmittelrückstände, daß Überwachungsmaßnahmen (Rückstandskontrollen) notwendig sind. Sie geben Aufschluß über die Wirksamkeit der Sicherheitsvorkehrungen. Eine sehr perfekte Nachweistechnik erlaubt es, rasch und zuverlässig eine Rückstandssituation zu prüfen.

Von besonderem Interesse sind Ergebnisse sogenannter Einkaufskorbanalysen *(total diet studies, market basket surveys)*, wie sie z.B. in den USA, in Kanada und Großbritannien üblich sind. Sie zeigen, von welchen chemischen Stoffen eine Belastung des menschlichen Organismus über Pflanzenschutzmittelrückstände in der täglichen Nahrung ausgeht. Allgemein und übereinstimmend ist die Feststellung, daß durchschnittlich mit Milchprodukten, Fleisch, Fischen und Geflügel mehr als doppelt so viel Pflanzenschutzmittelspuren aufgenommen werden, als mit Gemüse und Früchten, und daß ferner die Aufnahme von Lindan (in den USA) zur Hälfte aus gelagertem Getreide (Vorratsschutz) stammt. Die Aufnahme von DDT beträgt kaum 10% der für lebenslängliche tägliche Aufnahme zulässigen Menge, von Heptachlor nur bis zu 5% dieser Menge, während bezüglich Dieldrin und Aldrin Überschreitungen der täglich zulässigen Menge (bis zu 130%) ermittelt wurden [14-19]; allerdings bleibt zu berücksichtigen, daß in die Toleranzwerte erhebliche Sicherheitsspannen eingebaut sind. Allgemein sind die gefundenen Rückstandswerte, z.B. in Milch, Fett, abnehmend. Eine Ausnahme macht Hexachlorbenzol (HCB), dessen Herkunft meist unklar ist.

Auch carcinogene Wirkungen insektizider Stoffe und anderer Pflanzenschutzmittel werden gelegentlich diskutiert. Sie sind ein absoluter Ausschließungsgrund für die Zulassung von Pflanzenschutzstoffen, es sei denn, sie treten erst in einem Dosierungsbereich auf, der völlig außerhalb der praktischen Realität liegt.

Das Vorhandensein eines DDT-Spiegels im menschlichen Organismus, z.B. im Körperfett, läßt medizinisch und toxikologisch die Frage offen erscheinen, ob sich Spätfolgen einstellen können, eine Frage, auf die die beste Antwort die bereits getroffenen Einschränkungen der Anwendung persistenter Stoffe zu sein scheint. Aber auch wenn von DDT-Kumulierung nach den bisherigen Erfahrungen keine Spätfolgen zu erwarten sind, ist es doch dringend erwünscht, Insektizide künftig nicht mehr als obligate Körperinhaltsstoffe registrieren zu müssen.

Die z.Z. vorliegenden Untersuchungsergebnisse geben keinen Anlaß zu akuter Besorgnis, sie weisen aber den Weg, der zu gehen ist und der bereits beschritten wurde.

Die vorgenommenen Einschränkungen der Anwendung persistenter Insektizide, die vornehmlich zur Beseitigung unkontrollierbarer ökologischer Gefahren erfolgten, werden dazu beitragen, auch die ungefährlichen Minimalrückstände zu beseitigen oder herabzusetzen, was vor allem für Kindernahrung zu fordern ist (Babykarotten, Babymilch). Selbst Länder, die generelle Verbote der Anwendung, z.B. von DDT erlassen haben, wie Schweden, haben ausdrücklich erklärt, daß von der DDT-Anwendung keine Gefahr für die menschliche Gesundheit ausgeht, daß vielmehr der Verzicht auf dieses Mittel — abgesehen von der geringen Notwendigkeit der Insektenbekämpfung in Schweden überhaupt — zur Vermeidung unerwünschter ökologischer Effekte erfolgte.

Davon abgesehen müssen die Bemühungen fortgesetzt werden, unsere Kenntnisse über das Schicksal der Bekämpfungsstoffe zu vertiefen und neue Produkte so durchzuprüfen, daß keine Zweifel über ihre Unbedenklichkeit für Menschen unter den Anwendungsbedingungen verbleiben.

3.4.2. Wasser

Die Gewässerverschmutzung bereitet als Umweltproblem heute wohl die größte Sorge. Im wesentlichen handelt es sich um Verschmutzungen, die vom Abfall aus Siedlungsräumen und der Industrie einschließlich der Erzeuger von Pflanzenschutzmitteln herrühren, denen gegenüber Wasserverunreinigungen durch Pflanzenschutzstoffe im Zusammenhang mit der Anwendung in den Pflanzenkulturen doch geringere Bedeutung haben.

Es sind die unvorhersehbaren und daher unkontrollierbaren Verunreinigungen, die etwa mit Luftströmen oder Niederschlägen zustande kommen, die größere Aufmerksamkeit verdienen. Über die Gefahr einer Verunreinigung von Grundwasser durch Pflanzenschutzmittel liegen zahlreiche Untersuchungen vor, die ergaben, daß die Gefahr einer Verunreinigung von Grundwasser durch Pflanzenschutzstoffe als Folge normaler Pflanzenschutzmittelanwendung sehr gering ist. Selbst leicht durchlässige Sandböden bieten dem Durchstoßen von Schichten von nur 50 cm etwa durch DDT, Aldrin und Dieldrin ausreichend Widerstand, so daß praktisch eine Kontamination des Grundwassers durch die genannten beständigen Insektizide nicht erfolgt. Nur Hexachlorcyclohexan kann in Sandböden infolge seiner im Vergleich zu den oben genannten Stoffen besseren Wasserlöslichkeit eine Verunreinigung von Grundwasser bewirken. Die Größenordnung ist evtl. vom Standpunkt der Fischgefährdung beachtlich, in hygienischer Beziehung aber völlig unbedenklich [20].

Untersuchungen von Wasserproben, die aus Feldbrunnen stammten, deren Standorte in landwirtschaftlichen Gebieten mit sehr intensiver Pflanzenschutzmittelanwendung lagen, verliefen negativ [21]. Kann also die Gefahr einer Grundwasserkontamination mit Pflanzenschutzmitteln (von extremen Fällen sorgloser Manipulation mit diesen Stoffen außerhalb des Pflanzenschutzbereiches abgesehen) als gering beurteilt werden, so verlangt die Möglichkeit einer Verunreinigung von Oberflächengewässern, Wasserwegen oder Ozeanen sorgfältigere Beachtung. Die biologische Konzentrierung von Pflanzenschutzmittelrückständen stellt für Gewässer ein Gefahrenmoment dar, das z.T. unterschätzt, z.T. pessimistisch beurteilt wird.

Man nimmt heute an, daß die Pestizidmengen, die mit der Luft in die Ozeane transportiert werden, nicht geringer sind, als jene, die auf dem Wasserweg in die Meere gelangen. In Europa liegen die Dinge gewiß wesentlich günstiger, weil hier, von der Sowjetunion abgesehen, die Flugzeugapplikation, die sicherlich die weiträumige Verbreitung von Pflanzenschutzstoffen besonders begünstigt, noch keinen so großen Umfang angenommen hat, wie etwa in den USA oder auch im asiatischen und afrikanischen Raum. Flächenbegiftungen von Arealen von 300 000 ha, wie sie etwa in den Reiskulturen Indonesiens zur Bekämpfung des Reisstengelbohrers zur Ausführung kommen, sind in Europa unbekannt. Für die nachgewiesene Verbreitung von einigen, wenigen Pflanzenschutzstoffen in Ozeanen dürfte aber heute doch in erster Linie die industrielle und accidentielle Verunreinigung verantwortlich sein, der man durch strenge, allenfalls biologische Abwasserkontrollen begegnen muß.

Aus amerikanischen und englischen Untersuchungen wissen wir, daß Sekundärkontaminationen z.B. von Gewässern oder auch Nahrungsmitteln aus der

Luft möglich sind. In England wurden in Regenwasser, das über dem Zentrum von London fiel, 70—400 Nanogramm DDT/Liter und 10—95 Nanogramm Dieldrin/Liter sowie 10—90 Nanogramm Hexachlorcyclohexan/Liter gefunden. Haben diese geringen Mengen für die Luftgüte auch keine toxikologische Bedeutung, so zählt doch die Verbreitung dieser Chemikalien mit der Luft bzw. mit Niederschlägen zu den unkontrollierbaren Faktoren, die alle zusammengenommen in ihrer Summenwirkung ökologische Auswirkungen haben können, die man gerne vermeiden möchte[22].

Ein neues Wasser-Problem ist im Entstehen, weil die direkte Einverleibung von Unkrautbekämpfungsmitteln in Gewässer zur Bekämpfung aquatischer Unkräuter zunehmend Verbreitung gewinnt. Der gegenwärtige Stand unserer Kenntnisse auf diesem Gebiet sollte zur Zurückhaltung mahnen und uns vor oberflächlichen Feststellungen bezüglich der Unbedenklichkeit solcher Maßnahmen bewahren[23].

3.4.3. Luft

Die Luft spielt, abgesehen von ihrer Verteilungsfunktion bei der Applikation der Bekämpfungsmittel, insbes. bei der Verwendung von Konzentrat-Sprühverfahren, eine gefährliche Rolle. In erster Linie sind Abdriftschäden zu nennen, Folgen von Luftverwehung. Solche Schäden treten häufig ein, wenn z.B. Herbizide auf Pflanzen gelangen, für die das betreffende Unkrautbekämpfungsmittel nicht verträglich ist. Am häufigsten sind solche Fälle zu beklagen, wenn Getreideflächen, in deren Nachbarschaft Weinbauflächen liegen, mit Herbiziden auf der Basis von chlorierten Phenoxy-Fettsäuren behandelt werden, die Reben schon in extrem niedrigen Aufwandmengen schädigen können. Die Luftkontamination mit Pflanzenschutzstoffen ist auch verantwortlich für die besonders weiträumige Verbreitung von persistenten Insektiziden mit Luftströmungen, die sich oft noch in Tausenden Kilometern Entfernung vom Anwendungsort nachweisen lassen. Wenn es sich meist auch nur um wissenschaftlich interessante, praktisch belanglose Mengen handelt, die dank der extrem empfindlichen Nachweismethoden gefunden werden, so bleibt die Luft eben doch als Vehikel für Pflanzenschutzstoffe wirksam.

Vom hygienischen Standpunkt ist die Luftkontamination kaum bedenklich, da es sich einerseits meist um belanglose Spuren und auch nicht um stationäre Belastungen handelt, sondern nur um Einzelerscheinungen. Vom Standpunkt der Pflanzenschutzmittelökologie sollte sie aber Beachtung finden. Durch Maßnahmen zur Vermeidung von Abdriftschäden einerseits, durch möglichst weitgehenden Verzicht auf persistente Insektizide andererseits, insbesondere für Großflächenanwendung unter Verhältnissen, die eine Verbreitung der verwendeten Stoffe auf dem Luftweg begünstigen, kann diese Gefahrenquelle zumindest eingeengt werden.

Neben der Verbreitung von Pflanzenschutzstoffen durch Abdrift während der Applikation kommen weitere Quellen für die Kontamination der Luft in Frage. Erwähnt seien die Winderosion von behandelten Böden, das Abwehen von Pflanzenschutzmittelrückständen von behandelten Pflanzenteilen sowie die von Pflanzenschutzmittelerzeugungsanlagen ausgehende Kontamination.

3.4.4. Boden

Die Beständigkeit von Pflanzenschutzstoffen im Boden, die für ökologische Beeinträchtigungen in erster Linie verantwortlich ist, wird durch zahlreiche Faktoren beeinflußt:

Abgesehen von der Beständigkeit des Stoffes selbst, hängt die Persistenz im Boden in hohem Maße von der Beschaffenheit, Temperatur und Feuchtigkeit des Bodens ab; weiter sind wichtig die Bodenbedeckung, die Bodenbearbeitung, die Art der Applikation des Insektizides, die Formulierung des Stoffes, die Luftbewegung und die Bodenmikroben.

Wie entscheidend der Bodentyp ist, mögen Zahlen von *Beran* u. *Guth*[20] zeigen:

Aldrin hinterließ zwei Monate nach der Einbringung in den Boden folgende Prozent-Anteile, bezogen auf die eingebrachte Menge:

Sandboden	36,2%
Löß	60,4%
Tschernosem	59,5%
Paratschernosem	65,7%
Parabraunerde	74,7%
Smonitza	38,9%.

Zum Vergleich sei erwähnt, daß im Falle der Applikation auf eine Glasplatte nach 20 Monaten nur noch 1,16% der aufgebrachten Menge festzustellen waren.

Die Wanderungsgeschwindigkeit der Insektizide im Boden ist der Wasserlöslichkeit direkt und der Adsorptionskraft der Bodenart umgekehrt proportional. Die Bodenfeuchtigkeit wirkt der Persistenz entgegen, da sie die Verdampfung der Insektizide aus dem Boden begünstigt. Dieser Vorgang ist so zu erklären, daß das Insektizid durch Wasser aus den Bodenpartikeln verdrängt wird.

Nachgewiesen ist, daß selbst relativ kurzlebige Insektizide, wie Parathion, in trockenem, sterilem Boden beständiger sind als in feuchtem, nicht sterilem Boden; es besteht hier ein deutlicher Einfluß von Bodenmikroben auf den Insektizidabbau.

Bodenmikroben und Pflanzenschutzstoffe stehen in den Böden in Wechselwirkung. Von Insektiziden wissen wir, daß sie Bodenmikroben kaum in größerem Maßstab beeinträchtigen, während dies umgekehrt aber der Fall ist (Biodegradation)[24]. Verhältnismäßig widerstandsfähig gegen Chlorkohlenwasserstoff-Insektizide sind Regenwürmer, so daß die üblichen Bodenbehandlungen, z.B. mit Hexachlorcyclohexan (HCH) oder Aldrin, kaum großen Schaden in den Regenwurmbeständen verursachen. Eine noch geringere Gefahr bedeuten naturgemäß die von Oberflächenbehandlungen mit diesen Stoffen und auch mit DDT in den Boden gelangenden Insektizidmengen. Spezifische Wirkung gegen Regenwürmer wird hingegen dem Insektizid Chlordan zugeschrieben, das zur Regenwurmbekämpfung auf Golfplätzen Verwendung findet. Ebenso wirken Carbaryl (Sevin) sowie das systemische Fungizid Benomyl hochtoxisch auf Regenwürmer[24a, 24b].

Collembolen und Milben werden durch Aldrin und HCH stark beeinträchtigt. Die vorliegenden Arbeiten darüber sind indessen lückenhaft. Sie betreffen oft

Dosierungen, die weit über dem praktischen Anwendungsbereich liegen, so daß
der Aussagewert oft mangelhaft ist. Die schweren mechanischen Eingriffe, welche
Kulturböden fortlaufend erleiden, dürften nach den vorliegenden Erfahrungen
von größerem Einfluß auf die terricole Fauna sein, als die Pflanzenschutzstoffe in
jenen Mengen, in denen sie unter normalen Anwendungsbedingungen in den
Boden gelangen.

Indirekte und unerwünschte biologische Effekte sind beobachtet worden. So
wurde in den USA nach großflächigen Bekämpfungsaktionen gegen jene Insekten, die die Erreger des Ulmensterbens verbreiten, eine hohe Speicherung von
DDT in Regenwürmern festgestellt, ohne daß diese Schaden nahmen. Die konta-
minierten Regenwürmer wurden von Drosseln gefressen, die dem aus den Regenwürmern aufgenommenen DDT unterlagen [24c].

Wenn auch unsere Böden oberflächlich durch Insektizide, insbesondere Hexachlorcyclohexan, Aldrin und Dieldrin, weithin kontaminiert sind, so ist der Grad
dieser Kontamination im Größenbereich von 0,001—0,01 ppm höchstens dort
bedenklich, wo Wurzelgemüse (wie Karotten) angebaut werden. Die verminderte
Anwendung persistenter Insektizide wird diese unerwünschten Rückstände in
einigen Jahren weiter herabsetzen.

3.4.5. Wild

Vehement sind Klagen der Jägerschaft über Wirkungen chemischer Pflanzenschutzmittel auf Wildbestände. Es gibt kaum einen Bereich der Beziehungen
Pflanzenschutz — Umwelt, von dem ein so widerspruchsvolles Bild vorliegt, wie
bezüglich der jagdbaren Tierwelt. Schlechte Jagdergebnisse werden, ohne Nachweis eines kausalen Zusammenhanges, auf die Anwendung chemischer Pflanzenschutzmittel zurückgeführt, wobei oft auch mit unrichtigen Zahlen operiert wird.
Es sei darauf verzichtet, statistische Daten über zunehmende Wildbestände und
Abschußzahlen zu bringen, die trotz gesteigerter Pflanzenschutzmittelanwendung
zweifellos zu verzeichnen sind, da ein hoher Wildbestand die Unbedenklichkeit
der Pflanzenschutzmittelanwendung für die Tierwelt ebensowenig beweist, wie ein
Rückgang des Wildbestandes das Gegenteil zu beweisen geeignet ist. Allerdings
kann aus einem hohen Wildbestand geschlossen werden, daß Pflanzenschutzmittel kaum Vergiftungen größeren Stils in den Wildbeständen hervorrufen. Die
bisherigen Untersuchungen lieferten keine Anhaltspunkte für schädliche Auswirkungen von Pflanzenschutzmaßnahmen auf die Tierwelt [24d]. In der BRD wie
auch in Österreich wurden nach großflächigen Insektizidanwendungen keine be-
merkenswerten Wildschäden wahrgenommen [25, 26]. Es sei indessen nicht bestritten, daß Pflanzenschutzverfahren zur Anwendung kommen, die Wildvergiftungen
befürchten lassen; dazu gehört die Flächenbegiftung mit Endrin gegen Feld- und
Wühlmaus. Hier liegt ein ungelöstes Problem vor, da z. B. die Anwendung von
Giftgetreide gegen Wühl- und Feldmäuse, die bei richtiger Durchführung unbedenklich ist, aus arbeitstechnischen Gründen nur beschränkt möglich ist. Die
Erfahrungen mit dem Flächenbegiftungsverfahren haben zu Anwendungsvorschriften geführt, die die Nutzung dieser derzeit in vielen Fällen einzigen prakti-
kablen Möglichkeit zur Feldmäusebekämpfung als kein großes Risiko für das

Wild erscheinen läßt. Gegen die Wühlmäusebekämpfung durch Flächenbegiftung bestehen allerdings so große Bedenken, daß nur dringend empfohlen werden kann, von den anderen zur Verfügung stehenden Verfahren Gebrauch zu machen.

3.4.6. Vögel

Die Beeinflussung der Vogelwelt durch Pflanzenschutzstoffe bildet den Gegenstand besonders zahlreicher wissenschaftlicher Untersuchungen, wobei das Schwergewicht auf den Nachweis von Pflanzenschutzmittelspuren in Organteilen verendeter Vögel und nicht ausgebrüteter Eier gelegt wird. Vor allem sind es wieder die Chlorkohlenwasserstoff-Insektizide, nach denen man sucht. Tatsächlich verliefen viele Untersuchungen positiv, und es gab Fälle, in denen erstaunlich hohe Rückstände von DDT nachgewiesen werden konnten. So konnten im Fett eines in Oklahoma (USA) gefundenen Weißkopfseeadlers nicht weniger als 158 ppm DDT und dessen Abbauprodukte und 44 ppm Dieldrin gefunden werden. In Großbritannien wurden ebenfalls erhebliche Rückstandsmengen von Dieldrin, Endrin und DDT in Vögeln ermittelt. Schädigungen durch Dieldrin erwiesen sich als eine Folge der Beizung von Getreidesaatgut, das von den Vögeln aufgenommen wurde. Auch ein Beispiel im Zusammenhang mit der Bekämpfung von Ektoparasiten an Schafen mit persistenten Insektiziden ("dipping") wurde aus Großbritannien bekannt.

In vielen europäischen Staaten und in den USA ist ein dramatischer Rückgang des Wanderfalken zu beklagen. Es liegen gravierende Indizien dafür vor, daß chlorierte Insektizide zumindest eine Teilursache dieses Rückganges sind. Einen sicheren Nachweis gibt es allerdings nicht, da die Feststellung eines Insektizides im Bereich weniger ppm, wie in diesem Falle, den kausalen Zusammenhang zwischen Insektizidanwendung und Tod der Vögel nur vermuten läßt. Ebenso wie Insektizidrückstände findet man nämlich in den Falkenhorsten in Resten von Tauben Paratyphusbakterien. Salmonellenerkrankungen und Infektionen mit *Clostridium botulinum*, die für viele Massensterben von Vögeln verantwortlich sind, werden oft nicht erkannt und dann Pflanzenschutzmaßnahmen irrtümlich als ursächlich angesehen.

Schwerwiegende Beeinflussungen der Vogelwelt durch Pflanzenschutzmittel sind oft nur bei Überdosierungen zu beklagen [27–30].

In der Anklageschrift gegen DDT steht auch das Fischadlersterben in den USA zu Buche. Untersuchungen von nicht geschlüpften Tieren zeigten DDT-Rückstände von 35 bis 100 ppm. Es liegen experimentelle Befunde vor, denen zufolge sogar noch höhere Rückstandsmengen keine Abnahme der Schlupfrate zur Folge hatten. Jedenfalls ist es die Nahrungsmittelkette, über die eine Kontamination der Vögel und Vogeleier mit Insektiziden erfolgt, ein Vorgang, der auch, ohne daß ungünstige Auswirkungen exakt nachgewiesen werden müßten, als bedenklich zu beurteilen ist. Wenig bekannt ist, daß die Weißkopfadler in Teilen der USA noch bis in die neueste Zeit hinein als Fischschädlinge gegen Abschußprämien bekämpft wurden. Das bezüglich der menschlichen Nahrung gut funktionierende Konzept der Toleranzen bedarf für den Bereich der Umweltkontamination mit speicherbaren, beständigen Pflanzenschutzstoffen der Ergänzung [31].

Aus britischen Untersuchungen wissen wir, daß Vögel als biologische Konzentratoren wirken können, so daß die in den Körperorganen festgestellten Mengen persistenter Insektizide höher sind, als der Umweltkontamination entsprechen würde. Die Aufnahme kann direkt erfolgen durch Verzehr behandelter Pflanzen oder durch Aufnahme von Tieren (Insekten), die durch Saugen oder Befressen solcher Pflanzen kontaminiert sind [32].

Zahlreiche Untersuchungen befassen sich mit der Beeinflussung der Dicke von Vogeleierschalen. Es wird eine Abnahme der Eischalendicke durch Einwirkung von Insektiziden aus der Verbindungsklasse der chlorierten Kohlenwasserstoffe für einige Vogelarten angenommen [33]. Eine Änderung der Mineralstoffzusammensetzung nach Aufnahme von DDE wurde für die Verringerung der Eischalendicke verantwortlich gemacht [34].

3.4.7. Fische

Über die Auswirkungen von Pflanzenschutzmitteln auf Fische und Fischnährtiere liegt wohl ein sehr umfangreiches Schrifttum vor, doch sind unsere Kenntnisse über die Möglichkeiten solcher Auswirkungen noch nicht ausreichend, was im Hinblick auf die Mannigfaltigkeit und Verschiedenartigkeit der in Frage kommenden Organismen verständlich ist.

Eine sehr umfassende Übersicht über den Gegenstand danken wir dem deutschen Wissenschafter *K. Bauer* [35], der die Pflanzenschutzstoffe hinsichtlich ihrer Fischgefährlichkeit in vier Gruppen einteilt.

Fischgefährlichkeit der Pflanzenschutzmittel (nach *K. Bauer*)

Gruppe A

Mittel, die in Gewässernähe nicht angewandt werden sollten	Endrin, Thiodan, Toxaphen, Dieldrin, Aldrin, Isodrin, Methoxychlor, DDT-Emulsion, Gusathion, 2,4-D + 2,4,5-T (z. B. Tributon), CIPC + CMU und die zur Unkrautbekämpfung verwendeten Carbamate

Gruppe B

Mittel, deren Verwendung in unmittelbarer Nähe von Fischgewässern große Sorgfalt erfordert	HCH (Lindan), Chlordan, Heptachlor, Parathion, Chlorthion, Diazinon, Malathion, Nikotin, Derris (Rotenon), Pyrethrum, Winterspritzmittel (Obstbaumkarbolineen und Gelbspritzmittel), DDT-Spritzmittel und DDT-Stäubemittel

Gruppe C

Mittel, die für Fische in flachen Gewässern noch gefährlich werden können	Dipterex, Systox, Metasystox, CMU und TCA + 2,4-D + 2,4,5-T (z. B. Ugex)

Gruppe D

Mittel, die bei normaler Aufwandmenge im allgemeinen eine Fischgefährdung ausschließen dürften	Chlorate, TCA, Dalapon, Simazin, 2,4-D, 2,4,5-T, MCPA und Aminotriazol + TCA + 2,4-D (z. B. Elmasil)

Fische sind, wenn man von der spezifischen Fischtoxizität der einzelnen Stoffe absieht, durch persistente Verbindungen stärker gefährdet als durch kurzlebige Produkte, vor allem solche, die hydrolysenanfällig sind, also durch Einwirkung von Wasser einer raschen Zersetzung unterliegen. Die beständigen Stoffe hingegen können in Gewässern über das Plankton und über Fischnährtiere angereichert werden, so daß niedrige Initialkonzentrationen in Gewässern nicht nach Toleranzgrundsätzen beurteilt werden dürfen.

Ausführliche Angaben über Fischtoxizitäten von Pflanzenschutzstoffen vermitteln *A. V. Holden*[36] und *K. D. Jung*[37].

Um Vergiftungen von Fischen durch Pflanzenschutzmittel zu verhüten, sollten vor allem fischgefährliche Pflanzenschutzmittel (s. o.) in der Nähe von Oberflächengewässern nicht verwendet werden. Lokale Schäden können aber auch durch unvorsichtige Manipulation bei der Anwendung von Pflanzenschutzmitteln entstehen. Besonders ist darauf zu achten, daß beim Ansetzen von Bekämpfungsmitteln mit Wasser keine Pflanzenschutzmittel in Gewässer gelangen. Auch das Reinigen von Geräten muß so vorgenommen werden, daß keine Pflanzenschutzmittelreste in Gewässer gelangen.

3.4.8. Bienen

Die Prüfung der Bienentoxizität und Bienengefährlichkeit ist heute ein obligater Bestandteil der Pflanzenschutzmittelprüfung sowohl in der industriellen Entwicklungsarbeit, als auch im Rahmen der amtlichen Prüfung. Wir besitzen heute so gute Kenntnisse über die Bienengefährlichkeit der wichtigsten Pflanzenschutzmittel, daß es möglich ist, die Pflanzenschutzmittelanwendung unter Berücksichtigung des Schutzes der Honigbiene vorzunehmen[38]. Die utopisch klingende Forderung nach bienenverträglichen, insektentötenden Stoffen ist in zahlreichen Produkten erfüllt, so daß die Bekämpfung schädlicher Insekten möglich ist, ohne Bienen dabei zu gefährden. Den Insektiziden bzw. Akariziden Chlorfenson, Tetradifon, Chinomethionat, Tetrasul, Aramite, Thioquinox, Kelthane, Toxaphen, Phenkapton, Metaldehyd, Dimetilan, Methoxychlor, Binapacryl kommt extreme Bienenverträglichkeit zu; sie können als „bienenungefährlich" klassifiziert werden.

Bemerkenswerte Bienenverträglichkeit weisen auch folgende als „minderbienengefährlich" eingestufte Insektizide bzw. Akarizide auf: Phosalone, DDT, Endrin, Chlorfenvinphos, FAC 20, Endosulfan, Rhotane, Trichlorphon, Delnav, Bromophos, Fundal forte mit den Bestandteilen Formetanat und Chlorphenamidin.

Wir finden also selbst in der Klasse der Organophosphorverbindungen, die allgemein besonders wirksame Insektizide umfaßt, Stoffe mit sehr guter Bienenverträglichkeit[39].

So gut wie kein Problem hinsichtlich des Bienenschutzes gibt es bei der Bekämpfung pilzparasitärer Krankheiten, da die Fungizide, soweit sie als Spritz- und Stäubemittel verwendet werden, durchweg als bienenungefährlich zu beurteilen sind.

Auch die gebräuchlichsten Herbizide, vor allem die Derivate der Phenoxyfettsäuren, die S-Triazine, Aminotriazol, PCA usw. sind ungefährlich. Wir kennen allerdings auch eine sehr beachtliche Anzahl zumindest minderbienengefährlicher herbizider Verbindungen, und zwar CDAA, Solan, Tillam, Propham, Chlorthiamid, Neburon, Ioxynil, Diuron, Bromacil, Chlorpropham, Trifluralin, Diallate, Dacthal. Aber auch ausgesprochen bienengefährliche Herbizide sind bekannt: Dinoseb, Medinoterb, Dimexan, DNOC, Dichlobenil, Ramrod. Freilich wird nur in Ausnahmefällen die Anwendung solcher bienengefährlicher Herbizide tatsächlich zu Bienenschäden führen, da der Zeitpunkt der Anwendung und auch die Anwendungsweise meist Schädigungen von Bienen ausschließen.

Es bestehen große Unterschiede bei chemisch sehr verwandten Verbindungen hinsichtlich ihrer Bienenverträglichkeit. Das markanteste Beispiel dafür sind Endrin und Dieldrin, die beide identische Summenformeln besitzen und sich nur in der räumlichen Anordnung ihres Moleküls unterscheiden. Während ersteres sehr beachtliche Bienenverträglichkeit aufweist (minderbienengefährlich), ist letzteres ein schweres Bienengift.

Unser Wissen gestattet es uns heute, Pflanzenschutzmittel einschließlich von Insektiziden anzuwenden, ohne die Honigbiene zu gefährden.

3.4.9. Geschmacksbeeinflussungen

Die Möglichkeiten einer Geschmacksbeeinflussung von Ernteprodukten als Folge der Pflanzenschutzmittelanwendung ist nicht zu übersehen. In dieser Hinsicht besteht noch eine gewisse Sorglosigkeit. Befunde über Geschmacksbeeinträchtigungen werden oft angezweifelt, wobei man sich gerne auf die weltweite Verwendung des betreffenden Stoffes beruft. Als Beispiel sei das Insektizid Carbaryl (Sevin) angeführt, das den Geschmack von Äpfeln sehr ungünstig beeinflußt[40]. Bekannt sind auch Beeinflussungen des Geschmackes von Kartoffeln durch Lindan und z. T. auch durch Aldrin. Sie machten die Aufstellung eigener Richtlinien zur Vermeidung solcher Geschmacksbeeinträchtigungen erforderlich. Zahlreichen gut wirksamen insektiziden Stoffen mußte nur wegen der geschmacksbeeinflussenden Eigenschaften die Anerkennung versagt werden. Die Beeinflussungen sind oft irreversibel, der Mißgeschmack verschwindet auch bei längerer Lagerung der Produkte nicht und kann auch nicht durch gründliches Waschen der Früchte beseitigt werden. Die Forderung, daß insbesondere für Pflanzenschutzmittel, die im Obst-, Gemüse- und Weinbau Anwendung finden, eine obligatorische Prüfung der Geschmacksbeeinflussung durchgeführt werden soll, ist wohl berechtigt. Die Prüfung muß mit einer möglichst großen Zahl von Kostern (mindestens 30) nach einer Methode, die eine statistische Auswertung erlaubt, durchgeführt werden. Bewährt hat sich der sog. Dreieckstest, der darauf beruht, daß den Kostern jeweils drei Proben vorgelegt werden, von denen nur bekannt ist, daß sie zwei unbehandelte Versuchsproben und eine von einem behandelten Objekt stammende Probe umfassen. Aufgabe des Kosters ist es, die behandelten Früchte zu erkennen; es kann aber auch das Urteil „kein Unterschied" abgegeben werden. Das Verhältnis der Zahl der richtigen zu den falschen Urteilen wird statistisch ausgewertet.

3.4.10. Pflanzenschutz und Krankheiten

Nachteilige Wirkungen von Pflanzenkrankheiten, Pflanzenschädlingen und Unkräutern auf die Gesundheit von Menschen und Tieren sind bekannt. Solche Gefahren können durch Verwendung chemischer Pflanzenschutzmittel verringert werden. Tierische Schädlinge und ihre Exkremente, Reste abgestorbener Schädlinge, Erreger pilzparasitärer Krankheiten darf man als natürliche Rückstände betrachten. Sie sind vom Standpunkt der menschlichen Gesundheit nicht immer so harmlos wie man dies für „natürliche Produkte" schlechthin annimmt[41].

Ein wenig bekanntes Beispiel für die Wechselbeziehungen Pflanzenschutz-Gesundheitsschutz lieferte im Jahre 1959 eine Feldmäuseplage in Niederösterreich[42]. Das mehr als bekämpfungswürdige Mäuseauftreten sollte mit dem sog. Flächenbegiftungsverfahren unter Verwendung eines Endrin-Aldrin-Spritzmittels bekämpft werden und alle Vorbereitungen waren bereits getroffen, als sehr heftige Einwendungen der Jägerschaft zu einem Verzicht auf die Bekämpfungsaktion führten. Die Bedenken richteten sich gegen eine Vergiftungsgefahr für jagdbare Tiere. Die Folge davon war — abgesehen von größeren Ernteverlusten — eine derartige Verdichtung des Mäusebestandes, daß in diesem, infolge des zu eng gewordenen Lebensraumes, eine Bakteriose, die Tularämie, ausbrach. Infizierte Mäuse wurden dann mit abgeernteten Zuckerrüben in eine Zuckerfabrik eingeschleppt, wo bald nach Beginn der Kampagne eine rätselhafte Krankheit unter den Arbeitern und Angestellten ausbrach, deren Natur zunächst nicht erkannt wurde. Es gab Fälle mit tödlichem Ausgang, bis schließlich einwandfrei festgestellt wurde, daß es sich um Tularämie handelte, die von den Mäusen herrührte. Das Unterlassen der Mäusebekämpfung brachte somit doppelten Schaden: empfindliche Ernteverluste und Erkrankungen von Menschen.

Auch Feldhasen wurden von der Krankheit betroffen, was seitens der Jägerschaft auf Pflanzenschutzmittelvergiftungen zurückgeführt wurde, bis sich dann die wahre Todesursache herausstellte. Hier liegt eine verhängnisvolle biologische Kettenreaktion vor:

Übervermehrung von Feldmäusen infolge Unterbleibens der Bekämpfung im Interesse der Schonung jagdbarer Tiere, Ernteverluste, Erkrankungen von Menschen, Infektion von Hasen mit großen Verlusten an den Beständen. Eine wirksame Mäusebekämpfung hätte also sogar günstige Auswirkungen auf die Jagdwirtschaft gehabt!

Auch wenn Nebenwirkungen „natürlicher Rückstände" nicht zu so dramatischen Ereignissen führen, sind ihre Folgen oft schädlich. So wird Vitamin C in von Obstmaden befallenen Früchten rascher abgebaut als in madenfreien Früchten, was einer erheblichen Qualitätseinbuße gleichkommt, worauf sowjet-russische Forscher hingewiesen haben.

Nicht selten sind Allergieerscheinungen und Hautkrankheiten die Folge des Auftretens tierischer Schädlinge.

Die bezüglich der Pflanzenschutzmittelrückstände oft geäußerte Krebsfurcht hat, wie amerikanische Untersuchungen ergaben, mehr Berechtigung für natürliche pilzliche Krankheitserreger. So wurden Stoffwechselprodukte der Pilze *Aspergillus flavus* (Aflatoxine) und *Penicillium rubrum* in Tierversuchen als Erreger von Leberkrebs erkannt.

Ein bekanntes Beispiel für Gesundheitsschädigungen durch Erreger von Pflanzenkrankheiten ist das Mutterkorn *(Claviceps purpurea)*, das Roggen befällt und dessen giftige Inhaltsstoffe (die Alkaloide Ergotamin, Ergocornin, Ergometrin u.a.) die sogenannte Kribbelkrankheit bei Menschen hervorrufen, die sich schon im Falle der Aufnahme geringer Dosen durch Übelkeit, Hautkribbeln, Kopfschmerzen und in weiterer Folge durch Krämpfe manifestiert. Höhere Dosen führen zu arteriellen Durchblutungsstörungen der Glieder und schließlich zum „Brand"[43]. Dank der üblichen Saatgutreinigung, mit der die Sklerotien entfernt werden, spielt diese Krankheit in den meisten Ländern heute keine große Rolle mehr; trotzdem gab es doch noch in diesem Jahrhundert eine beachtliche Zahl von Krankheitsfällen, die auf Mutterkornverseuchung von Roggen zurückzuführen waren.

Auch Getreidebrandpilze können Gesundheitsstörungen hervorrufen; Brandsporen führen, wenn sie eingeatmet werden, zu asthma-artigen Beschwerden. Es gibt zahlreiche weitere Beispiele für gesundheitsschädigende Wirkungen von Erregern pilzparasitärer Pflanzenkrankheiten. Darüber hinaus aber verursachen pilzliche Krankheitserreger naturgemäß auch Qualitätseinbußen, die nicht nur das Äußere der Früchte, sondern in hohem Maße auch deren Inhalts-(Wert)stoffe betreffen.

Schließlich seien Unkräuter als Ursache von Intoxikationen angeführt. Nicht wenige Unkräuter enthalten giftige Stoffe. So kann das Colchizin, das in der Herbstzeitlose *(Colchicum autumnale)* enthalten ist, zu Vergiftungen führen, wenn z.B. Kinder die Samen des Unkrautes aufnehmen oder wenn das Gift von Schafen oder Ziegen aufgenommen wird und in deren Milch übergeht.

Der Sauerampfer *(Rumex acetosa)* ruft Vergiftungen bei Vieh hervor, verursacht durch das in dem Unkraut vorkommende Calciumoxalat. Viele Nachtschattengewächse enthalten giftige Alkaloide, so daß starke Verunkrautung von Weideflächen mit solchen Unkräutern zu Viehvergiftungen führen kann.

Diese wenigen Beispiele zeigen bereits, wie sehr Pflanzenschutzmaßnahmen auch dem Gesundheitsschutz dienen, abgesehen von ihrer Funktion der Qualitätssicherung, die letzten Endes den Gesundheitswert der Ernteprodukte gewährleistet.

4. Vorkehrungen zur gefahrlosen Anwendung chemischer Pflanzenschutzmittel

4.1. Allgemeines

Es überrascht nicht, daß die Problematik „Pflanzenschutzmittel—Umwelt" häufig irrigen Beurteilungen unterliegt. Allein aus der Tatsache, daß ein Pflanzenschutzmittel in unsere Umwelt ausgebracht wird, kann noch nicht auf eine Umweltbelastung bzw. das Vorliegen eines Umweltchemikals geschlossen werden. Unsere Kenntnisse über die Toxizität der Pflanzenschutzmittel und über ihr Schicksal nach der Applikation sind so umfangreich, daß schon die Feststellung der quantitativen Verhältnisse Anhaltspunkte über das Gewicht der Umweltbelastung zu liefern geeignet ist.

Zweifellos gehen Umweltbelastungen durch Pflanzenschutzmittel in erster Linie von persistenten und semipersistenten Stoffen mit einer Verweilzeit von mindestens mehreren Tagen in der Umwelt aus. Andererseits werden viele Stoffe verwendet, die infolge ihrer Kurzlebigkeit und der Indifferenz ihrer Abbauprodukte wohl keine zu beachtenden unerwünschten Nebenwirkungen auf Umweltelemente ausüben. Wenn auch einer verallgemeinernden Schematisierung nicht das Wort geredet werden soll, so dürften doch aus der Art der verwendeten Pflanzenschutzmittel ebenso wie aus der Tendenz der Stoffwahl stichhaltigere Schlüsse auf die Bedrohung der Umwelt durch Pflanzenschutzmittel gezogen werden, als sie auf Grund der gesamten Tonnage der verwendeten Pflanzenschutzmittel, die oft als Gradmesser der Umweltbelastung durch Pflanzenschutzmittel herangezogen wird, möglich sind.

Vom Standpunkt der Umweltbelastung sind hier vor allem die Insektizide von Interesse. Wir verfügen bezüglich dieser Produkte über die längsten Erfahrungen hinsichtlich des Rückstandsverhaltens und der Rückstandssituation.

Vorkehrungen zur Verhütung bedenklicher Umweltbelastungen durch Pflanzenschutzmittel reichen weit in jene Zeit zurück, in der der Begriff „Umweltverschmutzung" noch nicht geläufig war. Die Einführung vieler neuer Pflanzenschutzmittel, wie überhaupt die Intensivierung des Pflanzenschutzes erforderte früh Überlegungen bezüglich der Ausschaltung von Gefahren der Pflanzenschutzmittelanwendung für den Konsumenten landwirtschaftlicher Erzeugnisse.

Die Umweltschutzkonferenz Stockholm 1972 hat dann ebenso wie die Welternährungs- und Landwirtschaftsorganisation (FAO) gerade für dieses Teilgebiet des Umweltschutzes konkrete Empfehlungen ausgesprochen. Vor allem gilt die Sorge der Ausschaltung jener Stoffe, die durch besonders hohe Beständigkeit auf Pflanzen, im Boden und in Gewässern gekennzeichnet sind. Es handelt sich überwiegend um Insektenbekämpfungsmittel, die durch Umwelteinflüsse (Niederschläge, hohe oder niedrige Temperaturen, Licht- und Sauerstoffeinwirkung, Mikroorganismen) nicht oder nur langsam abgebaut werden. Solche „persistente" Insektizide, für die DDT als Prototyp gilt, können Monate, sogar noch Jahre nach ihrer Anwendung im Boden nachgewiesen werden.

Abgesehen davon, daß solche Stoffe in Ernteprodukten vorhanden sein können, ist auch vom Boden her eine Verunreinigung von Folgefrüchten möglich. Eine Erhöhung der Gefahr ist dadurch gegeben, daß zumindest einige der Verbindungen über Nahrungsketten eine biologische Konzentrierung erfahren können.

Die Umweltschutzkonferenz 1972 hat in ihrer Empfehlung Nr. 71 den Regierungen nahegelegt, die Verwendung persistenter Insektizide der Verbindungsklasse „chlorierte Kohlenwasserstoffe" auf ein unerläßliches Maß zu minimalisieren. Ähnlich lautet die Empfehlung der FAO.

Im folgenden Abschnitt soll untersucht werden, wie weit diesen Empfehlungen jetzt Rechnung getragen wird.

4.2. Auswahl des Bekämpfungsmittels. Strukturanalyse des Pflanzenschutzmittelverbrauchs

Eine Strukturanalyse des Weltverbrauches chemischer Pflanzenschutzmittel läßt trotz der Unvollkommenheit des statistischen Materials (FAO-Jahrbücher)[44)] doch Schlüsse zu, nach welcher Richtung der Pflanzenschutzmittelverbrauch in verschiedenen Teilen der Welt tendiert und insbesondere, ob und in welchem Ausmaß den Empfehlungen der Umweltschutzkonferenz Stockholm 1972 und der FAO Rechnung getragen wird (*Beran*, 1974)[45].

Bezüglich der Beurteilung einer Tendenz in der Insektizidauswahl darf nicht übersehen werden, daß der Bedarf an Insektiziden an sich in Abhängigkeit vom fluktuierenden Schädlingsauftreten schwankend ist. Nur wenn eine einigermaßen kontinuierliche Abnahme oder Zunahme eines Stoffes ausgewiesen ist, kann man von einer Tendenz sprechen. Unter diesem Gesichtspunkt ergibt das Zahlenmaterial:

FAO-Statistiken

4.2.1. DDT

Europa: Drei europäische Länder, Griechenland, Italien und Spanien, haben bis einschließlich 1972 keine Einschränkungen des DDT-Verbrauches vorgenommen. In allen drei Ländern ist der Höchstverbrauch im Vergleich zum Mindestverbrauch im Durchschnitt der Jahre 1948—1952 beträchtlich. Ab 1961 blieb aber der Verbrauch in Spanien ziemlich konstant.

In allen anderen, in der Statistik berücksichtigten europäischen Ländern gab es z.T. sehr drastische Abnahmen des DDT-Verbrauchs, der z.B. in Österreich im Jahre 1972 nur 6,2%, in der BRD im gleichen Jahr (noch vor Inkrafttreten des DDT-Verbotes) 2,3%, in Ungarn nur 0,10%, in Polen und Schweden 20% bzw. 0% des Höchstverbrauches betrug, eine Tendenz, die sich nach Realisierung weiterer Einschränkungen bestimmt fortsetzen wird.

Asien: Zypern und Israel weisen einen deutlichen Rückgang im DDT-Verbrauch auf. In Zypern lag der Verbrauch 1972 bei 16% des Höchstverbrauches 1961—1965, in Israel im Vergleich zu 1948—1952 bei 25%, gegenüber dem Höchstverbrauch im Jahre 1967 fiel der DDT-Verbrauch 1971 sogar auf 7% zurück.

In Indien und Japan hingegen gab es eine Zeit lang Steigerungen auf über 200%, wobei aber in Japan seit 1969 rückläufige Tendenzen feststellbar sind. 1972 wurden nur 0,2% des Höchstverbrauches (1968) verwendet. Indien erreichte 1973 einen Höchstverbrauch von 2700 t.

Afrika: In Afrika steht der seit 1968 rückläufigen Verwendung von DDT in Ägypten eine Zunahme der Verwendung dieses Insektizids in Tschad auf 925% des Anfangsverbrauches (1961—1971) gegenüber.

Nordamerika und Zentralamerika: In Kanada erfolgte eine radikale Einschränkung der DDT-Verwendung, die 1971 2% des Verbrauches in den Jahren 1948—1952 betrug. Auch in den USA ist ein Rückgang auf 37% von 1961 bis 1973 ausgewiesen. Dabei betrug 1973 der Verbrauch an DDT in den USA immer noch 10000 Tonnen. Auf wesentlich niedrigerem Verbrauchsniveau bewegte sich der Rückgang auf 69% in El Salvador, wo DDT hauptsächlich im Baumwollbau verwendet wird.

Südamerika: Unberührt von den internationalen Tendenzen zur Minderung des DDT-Verbrauches scheint der Anstieg der Anwendung dieses Insektizids in Columbien zu sein. Er erreicht 1973 1140 t, das sind 325% des erstausgewiesenen Verbrauches von 1961—1965 mit einem von Jahr zu Jahr stetigen Anstieg. Uruguay weist hingegen ein Gefälle auf 31% gegenüber 1961—1965 bei etwa gleich hohen Mengen (5 t) in den letzten fünf Jahren auf.

Die *absoluten Verbrauchszahlen* in den angeführten europäischen Ländern betrugen 1970 rund 5100 t DDT und 1973 (bei um 5 weniger ausgewiesenen Ländern) 2662 Tonnen, das ist immerhin ein rund 50%iger Rückgang innerhalb von 3 Jahren, der sich aber sicher nach dem inzwischen erfolgten Inkrafttreten verschiedener Verbote, Einschränkungen und Umstellungen stark fortgesetzt hat.

In den anderen Kontinenten fällt nach dem Stand von 1973 besonders der Verbrauch von Indien mit 2700 Tonnen, in den USA mit noch 10000 t und Columbien mit 1040 Tonnen ins Gewicht. Es ist aber zu berücksichtigen, daß die Länder mit anhaltend hohem DDT-Verbrauch gleichzeitig diejenigen sind, in denen die Bekämpfung malariaübertragender Mücken im Vordergrund steht. Hier ist DDT nach dem Urteil der Weltgesundheitsorganisation (WHO) vorläufig unentbehrlich.

4.2.2. HCH-Lindan

Europa: Unbeschadet der errechneten Prozentzahlen kann für HCH-Lindan von keiner Trennung gesprochen werden. Die Differenzen im Verbrauch, insbes. der letzten ausgewiesenen Jahre liegen innerhalb der üblichen Schwankungen des Insektizidbedarfes, mit Ausnahme von Italien und Polen mit einer Steigerung auf 172% bzw. 542% (1961/65—1973) und von Spanien und Schweden mit einer Abnahme auf 9,1 bzw. 7,8% (1948/52—1969). Die vermehrte Verwendung von HCH in Polen dürfte auf die teilweise Verwendung als Alternative zu DDT zurückzuführen sein, da die Zunahme des HCH-Verbrauches in den Jahren 1970—1971 mit einem Rückgang im DDT-Verbrauch parallel verläuft.

In *Asien* ist der HCH-Verbrauch konstant bis rückläufig, mit Ausnahme von Indien, wo seit 1961 eine Zunahme von 6861 t auf 33623 t im Jahr 1970, das sind auf 490%, zu verzeichnen ist. In weiterer Folge nahm der Verbrauch wieder ab und hielt sich ab 1971 in der Größenordnung von 20000 t. Immerhin betrug der Verbrauch im Jahre 1973 21000 t, das bedeutet immer noch eine Zunahme von 1961—1965 auf rd. 300%.

4.2.3. Aldrin

Soweit die FAO-Statistik vollständig ist, kann nur der Aldrin-Verbrauch von Italien als bemerkenswert hoch bezeichnet werden. Der Verbrauch betrug 1970 nicht weniger als 3684 Tonnen. In Österreich sank der Verbrauch von 90 t in den Jahren 1961—1965 auf 49 t im Jahre 1972. Laut österreichischer Statistik hatte der Verbrauch 1970 sogar 202 t betragen, nahm aber dann, dieser Statistik zufolge, rasch von 52 t im Jahre 1971 auf 20 t im Jahre 1972 ab, eine Auswirkung der inzwischen vorgenommenen Restriktionen. Ziemlich konstant hält sich der Verbrauch in Spanien (Zunahme auf 108%) und Griechenland (Zunahme auf 111%), während aus Polen eine Meldung über eine drastische Reduzierung von 191 t (1961—1965) auf 1 t (0,4%) im Jahre 1971 vorliegt.

Die Verbrauchszahlen für Aldrin sind in anderen Kontinenten unbedeutend, mit Ausnahme von Columbien, wo der Aldrinverbrauch von 200 t im Jahre 1971 gegenüber dem Verbrauch von 1967 mit 183 t ungefähr konstant blieb.

4.2.4. Dieldrin

Noch günstiger liegen die Verhältnisse bezüglich Dieldrin: Für dieses Insektizid sind noch geringere Verbrauchsmengen ausgewiesen, die Steigerungsraten betreffen ein unbedeutend niedriges Aufwandniveau.

4.2.5. Endrin

Der Endrin-Verbrauch hält sich in Europa in mäßigen Grenzen. Der höchste Verbrauch ist dort für Italien registriert, mit einer Vervielfachung der Mengen von 1961 zu 1970 (von 16 auf 154 t = 963%). Bemerkenswerte Verbrauchsmengen sind aus den USA mit 28 251 t für das Jahr 1970, aus Indien mit 846 t für 1970 und aus Ägypten mit 2687 t für 1971 gemeldet, beide letztere mit zunehmender Tendenz.

4.2.6. Chlordan

Der Chlordan-Verbrauch ist in Europa niedrig (Höchstverbrauch in Schweden im Jahre 1971 25 t), mit abnehmender Tendenz. Den höchsten Weltverbrauch weist Indien mit 117 t im Jahre 1970 auf mit einer Steigerung seit 1961 auf 731%. In den anderen Kontinenten kann der Verbrauch von Chlordan, auf niedrigem Niveau stehend, zumindest in den letzten Jahren als ziemlich konstant beurteilt werden.

4.2.7. Toxaphen

Der Toxaphen-Verbrauch hielt sich in allen Kontinenten in den letzten Jahren ziemlich konstant und weist nur gegenüber den niedrigen Anfangsverbrauchsmengen hohe prozentuelle Steigerungen auf. Die höchsten Mengen sind in der Türkei (1000 t 1971), in El Salvador (500 t 1971—1973 konstant) und Columbien (1300 t 1971—1973 konstant) registriert.

4.2.8. Parathion

Das Insektizid Parathion stellt insofern ein Phänomen dar, als es seit Einführung bald nach Beendigung des Zweiten Weltkrieges seine Bedeutung als Insektenbekämpfungsmittel nicht nur bewahrte, sondern trotz Entwicklung zahlreicher anderer Phosphorinsektizide noch steigerte oder zumindest festigte. Für Europa z.B. sind in der FAO-Statistik 9 Länder mit Zahlenangaben für mehrere Jahre ausgewiesen, wobei Ungarn mit 3426 für 1973 den Höchstverbrauch gemeldet hat, der aber seit 1966 ziemlich konstant geblieben ist, so daß daraus kein Anhaltspunkt abgeleitet werden kann, daß Parathion als wesentliche Alternative für die weitgehend eliminierten Chlorkohlenwasserstoffe herangezogen wird. Für Italien trifft Ähnliches zu, mit einem Höchstverbrauch von 1800 t im Jahre 1971, entsprechend 168% des Verbrauches 1961—1965. In Österreich, Finnland und Griechenland gibt es, von den üblichen Schwankungen abgesehen, keine positive oder negative Tendenz des Parathion-Verbrauches.

In den *asiatischen Ländern* sind vorwiegend Verbrauchszunahmen zu verzeichnen, nur in Jordanien trat bis 1973 ein Rückgang auf 30% des Anfangsaufwandes ein. Den Höchstverbrauch weist Indien mit 944 t im Jahre 1970 auf, entsprechend einer Steigerung auf 279% im Vergleich zu 1961—1965.

In *Ägypten* lag der Parathion-Verbrauch 1971—1973 mit 66 t bei 115% der für 1961—1965 registrierten Menge, hatte aber während der zwei vorangegangenen Jahre mehr als die dreifache Höhe erreicht.

In *Kanada* und in den USA nahm der Parathion-Verbrauch zu (auf 112% bzw. 169% von 1961/65—1973); der USA-Verbrauch ist mit rund 24000 t/1973 auch der absolut höchste der Welt.

Für *Südamerika* liegen nur aus Columbien Zahlenangaben vor, die eine Steigerung von 1440 t im Jahre 1967 auf 2000 t im Jahre 1973 (139%) zeigen.

4.2.9. Malathion

In *Europa* ist der Malathion-Verbrauch — mit Ausnahme von Österreich und Finnland mit sehr geringem absoluten Verbrauch — steigend.

In *Asien* halten sich Zunahme und Rückgang etwa die Waage. Höchstverbraucher ist auch hier Indien mit 1350 t im Jahre 1973, eine Menge, die aber 1968 mit 4225 t weit höher lag. In Ägypten stieg der Verbrauch dieses Insektizids im Jahre 1971 auf 185% des Anfangsverbrauches in den Jahren 1961—1965.

Für die USA ist der Malathion-Verbrauch in der FAO-Statistik unter „Sonstige Phosphorinsektizide" ausgewiesen. Er dürfte über 30000 t betragen. In *Kanada* ist der Verbrauch etwa konstant, in *Columbien* ist eine ausgesprochen zunehmende Tendenz zu bemerken (514%, 1967—1971).

4.2.10. Sonstige Phosphorinsektizide

Der Verbrauch an sonstigen Phosphorinsektiziden ist fast durchwegs zunehmend, mit Rekordsteigerungsraten und auch absolut zweithöchstem Verbrauch in Ungarn (1971 2351 t = 1257% Steigerung gegenüber 1966) und bis 1973 weiteren Zunahmen auf rund 5000 t. Den absolut höchsten Verbrauch in Europa wies Italien mit 4130 t 1971 (Steigerung 252% im Vergleich zu 1961—1965) auf (eine Menge, die bis 1973 auf 4500 t gestiegen ist, damit allerdings etwas unter der von Ungarn ausgewiesenen Verbrauchszahl liegt).

4.2.11. Arsenikalien

Ein unerfreuliches Bild liefert die Statistik bezüglich des Verbrauches von Arsenikalien. In Italien wurden 1970 noch 21 t Calciumarseniat und 360 t Bleiarseniat, in Spanien 1971 500 t Calciumarseniat und 530 t Bleiarseniat verbraucht. Für Italien bedeutet dies wohl einen Rückgang auf 2,7% bzw. 23% des für die Jahre 1948—1952 angegebenen Höchstverbrauches, für Spanien aber liegen Steigerungen auf 255% bzw. 312% vor. In der Bundesrepublik Deutschland und in Österreich werden Arseniate im Pflanzenschutz überhaupt nicht verwendet. Auch Japan verbrauchte 1971 noch 250 t Bleiarseniat, das ist nur ein Rückgang auf 47% des Verbrauches 1948—1952.
Kanada verbrauchte 1971 492 t Calciumarseniat und 136 t Bleiarseniat. Ersteres bedeutet gegenüber den Jahren 1961—1968 sogar eine sehr bedeutende Steigerung, 1973 war der Gesamtverbrauch an Arseniat jedoch auf 55 t zurückgegangen. Für die USA sind die Angaben noch bis 1973 enttäuschend hoch und belaufen sich insgesamt auf 3000 t.

4.2.12. Insektizide pflanzlichen Ursprungs

Trotz der Bedenken gegen die Verwendung persistenter Insektizide gab es nicht etwa eine Renaissance der Insektizide pflanzlichen Ursprungs, denen nur Augenblickswirkung eigen ist. Bemerkenswerte Steigerungen jedoch auf bescheidenem Verbrauchsmengenniveau sind für Österreich registriert. Die Zunahme gegenüber den Jahren 1948—1952 bis 1970 betrug 486%. Für Italien sind Zunahmen des Totalverbrauches von Insektiziden pflanzlichen Ursprungs auf 2167% (1948—1952 bis 1970) ausgewiesen und in Japan erhöhte sich der Nikotinverbrauch bis 1971 auf 289% im Vergleich zu 1948—1952.

Die Strukturanalyse des Insektizidverbrauches in der Welt ergab somit vom Gesichtspunkt der Umweltbelastung positive und negative Aspekte. Die *positiven Aspekte* betrafen vor allem die deutliche Abkehr von der Verwendung einer Anzahl persistenter Insektizide auf der Basis der Verbindungsklasse chlorierter Kohlenwasserstoffe in der Mehrzahl der europäischen Länder, aber auch die rückläufigen Verbrauchsmengen für diese Stoffgruppe in anderen Kontinenten.

Negative Aspekte zeigen noch viele Länder, die keine Einschränkungen persistenter Pflanzenschutzstoffe vorgenommen haben, aber auch die weitere Verwendung nicht unbedeutender Mengen von Arsenikalien sind bedenklich. Hier kann von modernem Pflanzenschutz kaum gesprochen werden.
Im einzelnen lassen sich folgende Schlüsse ziehen: Das verbreitetste Umweltchemikal unter den Pflanzenschutzmitteln, DDT, ist zweifellos stark im Rückgang begriffen, was am ausgeprägtesten für den europäischen Raum gilt. Dies ist um so schwerwiegender, als von dem Rückgang zweifellos das Anwendungsgebiet „Pflanzenschutz" mehr betroffen ist, als der Sektor Hausinsekten- und Vektorenbekämpfung aus humanmedizinischen Gründen. Auch in den anderen Kontinenten sind die bremsenden Auswirkungen der Anti-DDT-Kampagne merkbar, wobei der radikale Rückgang des Verbrauches in Kanada (Rückgang auf 2%), aber auch in den USA bemerkenswert ist.

Wenn man für die außereuropäischen Kontinente berücksichtigt, daß dort die Verwendung von DDT für humanmedizinische Zwecke sicher einem geringeren Rückgang unterliegt als die Anwendung im Pflanzenschutz, so kann das umweltrelevante Rückstandsproblem, DDT betreffend, als rückläufig beurteilt werden. DDT dürfte heute wohl auch von den pessimistischen Beurteilern nicht mehr als Umweltgift ersten Ranges betrachtet werden. Nicht unerwähnt sei, daß manche Behauptungen einer Verschlechterung der Umweltsituation (auch bezüglich DDT und anderer Insektizide) nicht auf faktische Verschlechterungen der Verhältnisse, sondern auf eine Verbesserung der analytischen Nachweismethoden zurückzuführen sind. Letztere können Quellen irriger Beurteilung sein, wofür als Beispiel, die vor nicht zu langer Zeit noch nicht durchwegs gelungene Differenzierung DDT/PCB genannt sei.

HCH-Lindan wird mit Recht wegen seiner geringen Persistenz als Umweltbelastungsfaktor geringeren Grades eingeschätzt als DDT. Diese Meinung kann noch durch den geringeren Gesamtverbrauch dieses Insektizides im Vergleich zu DDT gestützt werden. Seine weitgehende Unentbehrlichkeit als Bodeninsektizid machen es verständlich, daß sich für die Verwendung von HCH-Lindan keine Tendenzumkehr, d. h. eine allgemeine rückläufige Verwendung feststellen läßt. An Ausnahmen ist besonders Kanada mit einem Rückgang auf 28% des Höchstverbrauches erwähnenswert. HCH-Rückstände wird es auch in der Zukunft in nicht viel niedrigerer Höhe als bisher geben, sie liegen aber im allgemeinen erheblich unter den strengsten Toleranzgrenzen und stammen zum größten Teil aus dem Vorratsschutz.

Die *Cyclodien-Insektizide* besitzen eine relativ geringe Verbreitung. In Europa machten sich Anwendungsverbote und -einschränkungen schon 1971 bemerkbar. Eine bemerkenswerte Höhe erreichte der Aldrin-Verbrauch noch in Italien, er betrug 1970 3684 t, was einem Anstieg im Vergleich zu 1961—1965 auf 164% bedeutet; Gegenstück stellt die drastische Reduktion der Aldrin-Verwendung in Polen von 191 t (1961—1965) auf 1 t (0,4%) im Jahre 1971 dar.

Dieldrin erreicht ein noch niedrigeres Niveau, während Endrin noch in den USA, allerdings auch mit rückläufiger Tendenz, im Jahre 1970 den hohen Verbrauch von 28251 t erreichte. In Europa ist Italien der Spitzenverbraucher mit einer Steigerung auf 963% von 1961—1965 bis 1970 (Verbrauch 154 t).

Auch *Chlordan* ist ein nur in mäßigen Mengen zur Verwendung kommendes Insektizid dieser Verbindungsklasse.

Grundsätzlich das gleiche Bild vermitteln die Statistiken der BRD und von Österreich, die im allgemeinen einen starken Rückgang der Verwendung von Chlorkohlenwasserstoff-Insektiziden mit Ausnahme von HCH-Lindan aufweisen.

Global gesehen stellen die Cyclodien-Produkte wahrscheinlich nur einen lokal begrenzten Belastungsfaktor dar, der in einzelnen Fällen, z.B. bei Verwendung in Gewässernähe, zu Zwischenfällen führen kann.

Toxaphen wird noch in erheblichen Mengen verbraucht, sicher hauptsächlich dank der guten Bienenverträglichkeit. Die Gesamtaufwandmengen aber lassen auch keine Umweltbelastung größeren Stils erkennen.

Die *Phosphor-Insektizide* gelten allgemein wegen ihrer relativen Kurzlebigkeit als umweltverträglich. Akute Wirkungen (Bienen, Fische, Wild) begegnen heute geringeren Bedenken als chronische Wirkungen und hohes Speichervermögen.

Jedenfalls ist es berechtigt, daß in der Körperklasse der Organo-Phosphorverbindungen nach Alternativen für Insektizide der chlorierten Kohlenwasserstoffverbindungen gesucht wird, Bemühungen, die sich in Zuwachsraten für Parathion, Malathion und sonstige Phosphor-Insektizide, die überwiegen, manifestieren. Diese Entwicklung, die auch aus den Statistiken der BRD und Österreichs abzulesen ist, deutet auf eine rückläufige Bedeutung des Rückstandsproblems auf dem Gebiet der organischen Insektizide überhaupt hin.

Die *Carbamate* sind in der FAO-Statistik nicht namentlich angeführt. Aus den für die BRD und Österreich genannten Verbrauchszahlen ist zu ersehen, daß sie sich in Grenzen halten, und die Gesamtbeurteilung durch diese Körperklasse kaum tangiert wird.

Die Heranziehung von Insektiziden pflanzlichen Ursprungs spielt für die günstige Entwicklung der Rückstandssituation keine Rolle.

Dieses erfreuliche Gesamtbild wird durch die Tatsache getrübt, daß Arsenikalien noch immer nicht vollkommen ausgeschaltet erscheinen. Im Gegenteil weist die FAO-Statistik überraschend hohe Verbrauchszahlen für Calciumarseniat und Bleiarseniat aus. Sowohl in Europa, und zwar in Italien und Spanien, als auch in Japan, Kanada und in den USA werden diese Arsenverbindungen nach wie vor verwendet, in den USA z.B. 1970 noch 1315 t Calciumarseniat und 2658 t Bleiarseniat. Wenn man bedenkt, mit welcher Emotion und mit wie viel irrigen Argumenten gegen die Verwendung von Chlorkohlenwasserstoff-Insektiziden Stellung genommen wurde, so ist es verwunderlich, daß Arsenprodukte stillschweigend örtlich weiter angewandt werden. Es soll daraus keine übertriebene Bedenklichkeit abgeleitet werden, aber auf die Möglichkeit des Vorliegens völlig unkontrollierter Arsenrückstände muß hingewiesen werden. Mit routinemäßigen Rückstandsuntersuchungen, die sich überwiegend gaschromatographischer Verfahren bedienen, werden Arsenrückstände kaum erfaßt, so daß es nicht überraschen würde, wenn einmal zufällig erhobene Arsen-Rückstände zu übertriebenen Alarmmeldungen Anlaß gäben.

Eine Prüfung, wie weit den zitierten wichtigen Empfehlungen in aller Welt Rechnung getragen wurde, ergab demnach, daß der Forderung nach Einschränkung der Verwendung persistenter Insektizide in vielen, allerdings noch nicht in allen Ländern der Welt entsprochen wurde.

Bezüglich der *Fungizide und Herbizide* ist das statistische Material noch lükkenhafter als das der Insektizid-Statistiken. Tendenzen aus diesen Zahlen abzuleiten ist daher schwer möglich. Aus den Fungizid-Statistiken ist als interessanter Tatbestand der nach wie vor hohe Verbrauch an den klassischen Fungiziden Schwefel und Kupfer zu buchen. Schwefel und Schwefelprodukte werden in unverminderter Menge verwendet und auch die Anwendung von Kupfermitteln hat im letzten Jahrzehnt keine nennenswerten Einbußen erfahren. Der absolut geringe Verbrauch an Quecksilber-Beizmitteln hält sich insgesamt auf etwa gleichem Niveau. Für synthetische Fungizide fehlen in den Statistiken stoffliche Spezifizierungen fast ganz, so daß man nur aus den globalen Zahlen eine in den meisten Ländern kontinuierliche Zunahme des Verbrauches an synthetischen Produkten ersehen kann. In noch höherem Maße gilt dies für Herbizide, deren Anwendung in allen Teilen der Welt im Zunehmen begriffen ist. Für die USA ist z.B. für die letzten 10 Jahre eine Steigerung von 82617 auf 146515 t (+77%)

Herbizide registriert. In der BRD stieg im gleichen Zeitraum der Verbrauch an Herbiziden von 3066 auf 11804 t ($+284\%$), in Schweden von 3620 auf 5653 t ($+56\%$), in Japan von 16554 auf 23000 t ($+39\%$).

5. Pflanzenschutz der Zukunft

5.1. Notwendigkeit der Fortsetzung von Entwicklungsarbeiten auf dem Pflanzenschutzmittelgebiet

Wir wissen, daß auch in Zukunft chemische Pflanzenschutzmittel und daher weitere Entwicklungsarbeiten notwendig sind. Letzteres scheint aus mehreren Gründen erforderlich:

1. Mit einer großen Zahl neuer insektizider, fungizider und herbizider Wirkstoffe, deren Entwicklung in den letzten 30 Jahren gelang, wurden sehr viele, aber nicht alle Pflanzenschutzprobleme gelöst. Es besteht noch immer ein Bedarf an wirksamen Bekämpfungsstoffen für zahlreiche Indikationen. Das trifft besonders für Unkrautprobleme (z.B. Bekämpfung von Johnsongras, Wildhirsen, Probleme der Nachbau-Karenzfristen), für die Bekämpfung von Bodenschädlingen, für manche Fruchtschädlinge und pilzparasitäre Krankheiten im Getreidebau zu.

2. Für persistente, speicherbare Insektizide gibt es auf dem Hygienesektor (z.B. Malariabekämpfung) noch nicht genügend befriedigende Alternativen, die ausreichende Wirkungsdauer ohne extreme Persistenz und Speichervermögen besitzen.

3. Die Wirtschaftlichkeit mancher Bekämpfungsmaßnahmen scheint noch verbesserungsbedürftig (Beispiele: Beizung gegen Gersten- und Weizenflugbrand, Bekämpfung bodenbewohnender Schädlinge).

4. Für Quecksilbersaatgutbeizen verfügen wir noch nicht über wirkungsmäßig gleichwertige, hygienisch vorteilhaftere und wirtschaftliche Alternativen.

5. Resistenzschwierigkeiten, die vor allem in warmen Klimata auftreten, erfordern ebenfalls die Fortsetzung von Entwicklungsarbeiten.

6. Die Schätzungen von *H. H. Cramer*[46] ergaben Verluste an der Welternte in der Größenordnung von 75 Milliarden Dollar. Der heute angenommene Schadensanteil an den potentiellen Erträgen unterscheidet sich größenordnungsmäßig nicht wesentlich von den Ausfällen, die vor Schaffung der vielen neuen Möglichkeiten der chemischen Schädlingsbekämpfung bekanntgegeben wurden. Man darf daher annehmen, daß nicht nur durch intensiveren Gebrauch moderner Bekämpfungsmittel und die Verbesserung der Applikationsmethoden, eine weltweite Minderung der Verluste erreicht werden kann, sondern es ergibt sich auch die Forderung, die Anstrengungen fortzusetzen, bessere und wirtschaftlichere Pflanzenschutzmittel und Pflanzenschutzverfahren zu ersinnen.

7. Es ist zu erwarten, daß die Zukunft neue Probleme bringen wird: Durch Einschleppen von Schädlingen in bisher befallsfreie Regionen; durch Resistenzerscheinungen; durch Selektion von Schadensfaktoren (z.B. von Unkräutern) als Folge von Bekämpfungsmaßnahmen; durch Rohstoffkrisen (Beispiel: Erdölkrise), die ein Ausweichen von Mangelprodukten auf verfügbare Stoffe erzwingen kön-

nen; als Folge neuer wissenschaftlicher Erkenntnisse, z. B. auf dem Gebiet der Toxikologie und Medizin.

8. Die Zahl der in der Landwirtschaft tätigen Menschen wird weiter sinken. Die Forderung nach arbeitssparenden Produktionsmethoden und Bekämpfungsmethoden wird daher noch vehementer erhoben werden als bisher.

9. Der Nahrungsmittelbedarf der zunehmenden Weltbevölkerung wird weitere Anstrengungen erfordern, um die Nahrungsmittelproduktion zu steigern. Da die Kulturpflanzen die Grundlage der Ernährung bilden, die Anbauflächen aber in einigen Ländern stetig geringer werden, muß eine Steigerung der Bodenerträge angestrebt werden. Die Steigerungsmöglichkeiten durch verstärkte Verwendung von Handelsdüngern nähern sich zumindest in den Ländern, in denen intensiv Landwirtschaft betrieben wird, ihren Grenzen. Hingegen liegen in den Verlustquoten noch erhebliche Reserven, die durch verbesserte chemische Pflanzenschutzmittel und Anwendungsmethoden genutzt werden müssen.

5.2. Überspitzte Qualitätsansprüche?

Die Qualitätsansprüche der Konsumenten wandeln sich. Einerseits führen neue wissenschaftliche Erkenntnisse (z. B. auf dem Gebiete der Medizin und der Ernährung) zu geänderten Qualitätsbeurteilungen, andererseits heben technologische Fortschritte das Qualitätsniveau und damit auch Qualitätserwartungen der Verbraucher.

Es steht außer Zweifel, daß Pflanzenschutzmaßnahmen auch die Qualität der Ernteprodukte verbessern, denn jede Schädigung durch tierische Schädlinge und jeder Befall durch Erreger pilzparasitärer Krankheiten hat neben Ernteeinbußen auch qualitative Mängel zur Folge. Es handelt sich keineswegs um rein ästhetische Einbußen, sondern vielfach um Beeinträchtigungen des Wertstoffgehalts der Ernteprodukte, in nicht wenigen Fällen auch um stoffliche Veränderungen, die gesundheitlich bedenklich sein können (*W. Bartels* u. *H. H. Cramer*, 1966)[43]. Aus dem Umstand, daß die Verhütung von Ernteverlusten durch wirksame Bekämpfungsmaßnahmen auch wesentliche, äußerlich sichtbare Qualitätsverbesserungen zur Folge hat, sollte man indessen nicht schließen, daß manche Pflanzenschutzvorkehrungen bzw. Anwendung von Agrochemikalien nur wegen überspitzter Qualitätsanforderungen durchgeführt werden (*A. Hey*, 1955, 1965)[47, 48], also „kosmetischen" Zwecken dienen. Unsere Nahrungsmittel hatten noch nie eine so gute Qualität wie heute!

5.3. Chancen neuer Strömungen

Für die künftige Gestaltung des Pflanzenschutzes wird es entscheidend sein, wie weit es gelingt, eine ausreichende pflanzenärztliche Beratung der Pflanzenproduzenten zu sichern. Das Konzept der „Schadensschwellen" begegnet schon bei Entscheidungen über Bekämpfungsmaßnahmen tierischer Schädlinge Schwierigkeiten. Bezüglich der pilzparasitären Krankheiten ist es nicht möglich, etwa auf Grund des ersten Pilzausbruchs auf „Schadensschwellen" zu schließen, da der

Befallverlauf entscheidend von den folgenden Witterungsbedingungen abhängt. Ein relativ schwacher Anfangsbefall kann sich zu katastrophalem Befall entwikkeln, wie umgekehrt Witterungsverhältnisse folgen können, die der Vermehrung des Erregers ungünstig sind. Es ist kein Zufall, daß sich das Konzept des integrierten Pflanzenschutzes zunächst hauptsächlich auf die Bekämpfung tierischer Schädlinge bezieht und die Bemühungen, es auf die Krankheitsbekämpfung auszudehnen, wesentlich auf die genauere Bestimmung des günstigsten Bekämpfungszeitpunktes *(timing)* und die Feststellung von bereits vorliegenden günstigen Infektionsbedingungen beschränkt bleibt.

Ein „intelligenter" Pflanzenschutz setzt umfassendere Fachkenntnisse voraus, als sie dem Pflanzenschutzmittelanwender zumutbar sind.

Wenn vom Pflanzenschutz von morgen gesprochen wird, begegnen wir den Begriffen Chemosterilants, Sexual-Lockstoffe, *sterile male*-Technik, Juvenilhormone. Es handelt sich um wissenschaftlich interessante Entwicklúngen und Ideen, von denen aber nicht zu erwarten ist, daß mit ihrer Hilfe die globalen Ernährungsprobleme einer Lösung nähergebracht werden können. Die große Aufgabe des Pflanzenschutzes der Zukunft ist es, Möglichkeiten zu schaffen, mit geringem finanziellen Aufwand und einer möglichst unkomplizierten Anwendungstechnik auf den weiten Flächen der Entwicklungsländer die Erträge einigermaßen jenen der hochentwickelten Länder anzunähern.

Es ist ein weitverbreiteter Irrtum zu glauben, biologische Methoden besäßen nicht nur wegen ihrer Umweltfreundlichkeit, sondern auch wegen der Einfachheit und Unkompliziertheit große Vorteile gegenüber chemischen Verfahren. Das Gegenteil trifft zu. Diese Methoden sind an die entscheidende Mitwirkung wissenschaftlicher Institute gebunden und sind daher, abgesehen von ihrer Begrenztheit auf die Bekämpfung einzelner tierischer Schädlinge, nur dort brauchbar, wo wissenschaftlicher Service und ein leistungsfähiger pflanzenärztlicher Beratungsdienst zur Verfügung stehen. Diese Methoden können und werden in der Zukunft wohl an die Seite, nicht aber an die Stelle der chemischen Verfahren treten. Die oben genannte Voraussetzung der Einfachheit muß auch gegeben sein, wenn die von *Unterstenhöfer*[49] formulierte Forderung erfüllt werden soll:

„Wahl einer auf das empfindlichste Entwicklungsstadium eines Schädlings abgestimmten niedrigstmöglichen Anwendungskonzentration, d.h. optimale Ausnutzung des sogenannten schwachen Punktes im Ablauf einer Schädlingspopulation, wo diese also dem Bekämpfungsmittel den geringsten Widerstand entgegenzusetzen vermag. Im Grunde bedeutet das die Ausnutzung der art- und stadienspezifisch bedingten Ansprechbarkeitsunterschiede, die auch für polytoxische Verbindungen existieren."

5.4. Einschätzung von Gefahren

So berechtigt die Forderung nach einer gefahrlosen Anwendung chemischer Pflanzenschutzmittel ist, so ist doch zu erwarten, daß die Ernährungssituation in der Zukunft eine Verschiebung der Präferenzen erzwingen wird. So wie man gegenwärtig bezüglich der Energieversorgung in verstärktem Maße neue Energiequellen zu mobilisieren bemüht ist, so wird man künftig auch alle Möglichkeiten zur Steigerung der Nahrungsmittelproduktion zwangsläufig besser nutzen müssen, als dies heute der Fall ist. Schon heute würden sich Millionen Menschen lieber in einer etwas verschmutzten Umwelt satt essen wollen, als in einer reinen Umwelt dem Hungertod entgegenzusehen, wobei die Alternative „Umweltverschmutzung oder ausreichende Nahrungsmittelproduktion durch intensiven Pflanzenschutz" gar nicht existiert, da der Umweltschutz zum Konzept des modernen Pflanzenschutzes zählt [50]. Selbstverständlich wird in den Entwicklungsländern das wirtschaftliche Moment ausschlaggebend für die Wahl der Bekämpfungsmittel sein, ein Umstand, der schon im Rahmen der Umweltkonferenz Stockholm 1972 zu erkennen war. Diese Tendenz zeigt schon die Strukturanalyse des Insektizidverbrauchs in Ländern, deren Ernährungssituation besonders prekär ist [45].

Wie Nobelpreisträger *Norman E. Borlaug* [51] mit Nachdruck ausführt, fußen die Befürchtungen, die an die Verwendung chemischer Pflanzenschutzmittel geknüpft werden, auf Halbwahrheiten, Unwahrheiten und Übertreibungen. Er weist insbesondere darauf hin, daß der „Sicherheitsrekord" von DDT in bezug auf den Menschen bemerkenswert ist, da trotz der jährlich in der Land- und Forstwirtschaft sowie im Gesundheitswesen verwendeten 400 000 t DDT die einzigen verbrieften Fälle von Schädigungen von Menschen auf Unfälle oder Selbstmorde zurückzuführen sind. Er wendet sich auch gegen die Annahme schwerer ökologischer Schäden durch Pflanzenschutzmittel und meint, es bedarf nicht der Hypothese der Verringerung der Schalendicke von Vogeleiern durch Insektizide, um die Reduktion der Vogelpopulationen zu erklären, denn die beklagten Rückgänge gehen schon auf die letzten Jahrzehnte des vorigen Jahrhunderts zurück, als es noch keine synthetischen Insektizide gab.

Ein Überblick über die Entwicklungstendenzen auf dem Pflanzenschutzmittelgebiet in der Welt läßt eine Rückläufigkeit der Rückstandsgefahr erkennen. Diese Tendenz muß allerdings unter Kontrolle gehalten werden, um etwa neu entstehende Gefahren rasch feststellen zu können.

5.5. Kostenfrage

Unsere Überlegungen führen zur Frage, was der Umweltschutz im Pflanzenschutz kostet. Aus US-Untersuchungen wissen wir [52], wie hoch die Kosten einer Umstellung der Unkrautbekämpfung mit Herbiziden der Verbindungsklasse „Phenoxyfettsäuren" auf andere Herbizide ist. Bekanntlich werden wegen unerwünschter Nebenwirkungen Bedenken gegen die Verwendung dieser Wuchsstoffherbizide erhoben.

In den USA verursacht der teilweise Ersatz dieser Produkte im Getreidebau und in anderen Kulturen eine Kostensteigerung der Unkrautbekämpfung von 102,5 Millionen Dollar auf 289,3 Millionen Dollar pro Jahr, was einer Erhöhung um rund 182% entspricht.

Der gleichen Quelle ist die Kostensteigerung auf dem Insektizidgebiet zu entnehmen, die sich aus ebensolchen Anliegen ergeben (s. Tab.).

Kosten des weitgehenden Ersatzes von Insektiziden auf der Basis chlorierter Kohlenwasserstoffe durch Organophosphorprodukte und Carbamate zur Anwendung in Baumwollkulturen, Mais, Erdnuß und Tabak in USA 1966 in Millionen Dollar

Produkte	Baumwolle	Mais	Erdnuß	Tabak	Gesamt
Chlorpestizide	4,0	16,2	—	—	20,2
Phosphorpestizide	46,1	13,9	2,7	1,2	63,9
Carbamate	—	1,6	3,6	5,6	10,8
Total · 10^6	50,1	31,7	6,3	6,8	94,9
Zusätzliche Kosten					
Material	10,6	7,3	0,9	1,0	19,8
Applikation	4,8	—	0,5	1,6	6,9
Mehrkosten Total · 10^6	15,4	7,3	1,4	2,6	26,7

Die Kostensteigerungen belaufen sich somit auf rund 28%.

Von Ökologen wird im Interesse der Schonung nützlicher Organismen oft die Forderung nach selektiver wirkenden Stoffen erhoben. Abgesehen davon, daß die Erfüllung dieser Forderung sehr schwierig ist[49], hat sie auch eine Kehrseite. Wir kennen z. B. die erstaunliche Selektivität von Herbiziden. Unkrautarten, die ursprünglich überhaupt keine Schadensbedeutung besaßen, wurden nach relativ kurzer Anwendung eines selektiven Herbizids zur Plage. Der Wechsel der Artendominanz (*Unterstenhöfer*[53]) kann zu großen Problemen führen, wenn der Forderung nach Bevorzugung selektiverer Mittel entsprochen wird.

Schon das Beispiel der Unkrautbekämpfung zeigt die Problematik der Hinwendung zu selektiveren Mitteln. Der Landwirt ist, als Folge der Selektionierung bestimmter Unkräuter gezwungen, die Wahl des Herbizids der Unkrautflora anzupassen. Am häufigsten ist dies in Getreidekulturen der Fall. Diese richtige Auswahl ist aber nur bei Kenntnis der Unkrautformen und der spezifischen Eigenschaften der zur Wahl stehenden Herbizide möglich. Die großen Unterschiede des Befallspektrums auf engstem Raum schmälern die Möglichkeiten einer kollektiven Beurteilung und einer auch nur kurzfristigen Prognose der Befallssituation.

5.6. Applikationsfragen

Die Wahl der zweckdienlichen Applikationsart der Bekämpfungsmittel ist ein wichtiges Problem des Pflanzenschutzes. Sowohl für die Pflanzenschutzeffekte als auch für die Vermeidung unerwünschter Auswirkungen sind die sachgemäße Ausbringung der Bekämpfungsstoffe und vor allem ihre gleichmäßige Verteilung unerläßliche Voraussetzungen. Diesem Aspekt wird künftig noch mehr Aufmerksamkeit als bisher geschenkt werden müssen. Das betrifft vor allem neue, wirtschaftlichere Ausbringungsverfahren, wie Konzentratsprühen und *low volume* bzw. *ultra low volume spraying*[54]. Es gilt auch mehr als bisher die bereits in Verwendung stehenden Geräte in Serviceleistungen einzuschließen.

5.7. Hauptaufgaben der Pflanzenschutzforschung und des praktischen Pflanzenschutzes in der Zukunft

5.7.1. Kulturtechnische Pflanzenschutzmethoden

Es steht außer Frage, daß ein weiterer Ausbau und eine Verstärkung des wissenschaftlichen Fundamentes für den Schutz der Kulturpflanzen erforderlich sein werden. Besonders notwendig ist eine Systematik der pflanzenschutzlichen Kulturmaßnahmen, um Voraussetzungen für gesundes Pflanzenwachstum zu schaffen. In alten Lehrbüchern begegnen wir immer wieder dem Grundsatz, daß Kulturmaßnahmen die Grundlage jeder Pflanzenschutzarbeit bilden müssen, ohne daß bis heute diese Erkenntnis ausreichend präsentiert und voll genutzt erscheint. Strukturänderungen in der Pflanzenproduktion haben diesen Mangel noch empfindlicher werden lassen. Manche klassische Kulturanweisung, z. B. die zweckmäßigste Fruchtfolge betreffend, muß heute als utopisch angesehen werden, abgesehen davon, daß neue Untersuchungsergebnisse manchen alten Anschauungen widersprechen. Den ausgezeichneten Informationen, die über biologische und chemische Schädlingsbekämpfung zur Verfügung stehen, sollte eine Lehre von kulturtechnischen Pflanzenschutzmaßnahmen an die Seite gestellt werden.

5.7.2. Ökologische Forschung

Ökologische Forschung wird auch künftig ein Schwerpunkt sein. Selbst ein schrittweiser Ausbau integrierter Methoden bleibt auf die Verbesserung ökologischer Kenntnisse angewiesen. Das gilt vor allem für die Verbesserung des Warn- und Meldedienstes (*Schuhmann*[55]).

Selbstverständlich ist diese Forschungsrichtung auf das engste mit den Methoden der biologischen Schädlingsbekämpfung verbunden. Diese Forschungen müssen aber im besonderen Maße auch die Pflanzenschutzmittelökologie einschließen, um eine „reine" Abwendung von Pflanzenschutzmitteln zu gewährleisten.

5.7.3. Pflanzenschutzmittelforschung

Die Pflanzenschutzmittelforschung muß nach Effekten suchen, die zur sparsamen Anwendung von Bekämpfungsmitteln beitragen können. Die Feststellung von Synergismen[56], die Entwicklung optimaler Formulierungen und Applikationsverfahren zählen zu diesen Forschungsbereichen.

5.7.4. Unerwünschte Nebenwirkungen

Der Mensch muß, wie *H. Linser*[57] ausführte, bei der Einführung neuer Mittel „besondere Vorsicht walten lassen und mit allem Eifer und aller Akribie erst die notwendigen Kenntnisse schaffen, bevor er daran gehen darf, den allgemeinen Einsatz solcher Mittel zu erwägen oder zu unternehmen". Dieser Notwendigkeit wird wohl schon heute in hohem Maße Rechnung getragen, doch bleibt diese

Aufgabe weiter bestehen. Synchron mit ihr muß die Rückstandskontrolle effektiv gestaltet werden und deren Ergebnisse sollten dazu beitragen, besonders in Exportländern pflanzlicher Produkte die Pflanzenschutzmittelanwendung in jene Bahnen zu lenken, die eine Einhaltung auch strenger Toleranzregelungen sicherstellen.

5.7.5. Wirtschaftlichkeit

Pflanzenschutzmittel sind landwirtschaftliche Hilfsstoffe, bei deren Anwendung wirtschaftliche Gesichtspunkte besondere Beachtung finden müssen. Die Forschung muß daher Wirtschaftlichkeitsfragen beachten, was in Zeiten hoher Rohstoffpreise, steigender Produktionskosten und mäßiger Verkaufserlöse besonders wichtig ist.

5.7.6. Gesetzliche und administrative Vorkehrungen

Gesetzliche Maßnahmen sind unerläßlich. Auf dem Gebiete der Pflanzenschutzmittel sind Reglementierungen sowohl zum Schutze der Landwirtschaft, als auch der Konsumenten und nicht zuletzt der forschenden Industrie erforderlich. Wesentlich scheint, daß diese Reglementierungen so elastisch vorgenommen werden, daß sie ihrem Zwecke dienen, ohne fortschrittshemmend zu sein, und daß sie keine Handelshemmnisse im internationalen Verkehr mit Nahrungsmitteln bilden.

5.7.7. Information

Die Wirksamkeit gesetzlicher Vorkehrungen wird davon abhängen, wie weit sie von flankierenden Maßnahmen begleitet sind. Besonders gilt dies für ausreichende Informationen des Pflanzenschutzmittelanwenders, dessen Verantwortlichkeit z.B. nicht in der Einhaltung gesetzlich festgelegter Toleranzwerte für Pflanzenschutzmittelrückstände liegen kann, sondern in der Befolgung klarer und verständlicher Arbeitsanweisungen. Die Verantwortung für die Wirksamkeit von Höchstmengenbestimmungen liegt bei jenen Stellen, die diese Bestimmungen festlegen und auch die Bedingungen vorschreiben, unter denen ein zugelassenes Pflanzenschutzmittel angewendet werden darf und muß.

Zu den flankierenden Maßnahmen zählt ferner die systematische und ausreichende Information privater und offizieller Berater über chemische, physikalische und biologische Eigenschaften von Pflanzenschutzmitteln, wie sie z.B. sehr übersichtlich von der Cornell University[58] zur Verfügung gestellt wurde.

5.7.8. Gesamt-Ausblick

Die Humanmedizin ist als Lehrmeisterin der Phytopathologie und Phytomedizin bezeichnet worden. Man sollte auch hinsichtlich der Einschränkungen der Gefahren, die die Anwendung von Pflanzenschutzmitteln mit sich bringen kann, von den Humanmedizinern lernen. Sie haben seit je her ins Kalkül gezogen, daß der Kampf um das Leben und Wohlergehen des Patienten mit einem Risiko verbunden sein kann. Vom Phytomediziner aber verlangt man eine risikofreie Anwendung seiner Mittel. So sehr wir uns diesem Ideal genähert haben, können wir so wenig wie der Arzt unsere Auswahl an Mitteln auf garantiert risikofreie Stoffe beschränken, das würde den Zusammenbruch unseres Pflanzenschutzkonzeptes bedeuten.

Die Wissenschaft hat viel zur Wahrheitsfindung getan, vielleicht aber zu wenig, um Unwahrheiten, Halbwahrheiten und Übertreibungen richtigzustellen, wie dies *Borlaug* in leidenschaftlicher Weise getan hat[51]. Dieser Abschnitt des Buches soll deshalb ein Beitrag zur Erfüllung der von dem Nobelpreisträger vorgebrachten Forderung sein, „Überspitztheiten" gesunden Menschenverstand entgegenzustellen.

6. Literatur

[1] *Braun, H.:* Geschichte der Phytomedizin. 140 S. Berlin und Hamburg: P. Parey 1965.

[2] *Braun, H.:* Die Entwicklung des chemischen Pflanzenschutzes und ihre Auswirkungen. Arbeitsgem. Forschg. Nordrhein-Westfalen. H. 162, 7—27 (1966).

[3] *De Bary, A.:* Untersuchungen über die Brandpilze und die durch sie verursachten Krankheiten der Pflanzen mit Rücksicht auf das Getreide und andere Nutzpflanzen. Habilitationsschr. Tübingen 1853.

[4] *Schulthess, H. H.:* Vorschlag einiger durch die Erfahrungen bewährter Hilfsmittel gegen den Brand im Korn. Abh. Naturforsch. Ges. Zürich I, 497—506 (1761).

[5] *Robertson, J.:* On the mildew and some diseases incident to fruit trees. Transact. Hort. Soc. *5,* 175—188 (1824).

[6] *Orlob, G. B.:* Frühe und mittelalterliche Pflanzenpathologie. Pflanzenschutz Nachr. Bayer *26,* 69—314 (1973).

[7] *Millardet, A.:* Traitement de mildiou et du rot par la mélange de chaux et sulfate de cuivre. 62 S. Paris et Bordeaux 1886.

[8] *Sorauer, P.:* Handbuch der Pflanzenkrankheiten. Berlin und Hamburg: P. Parey 1908 und 1913.

[9] *Schlumberger, O.:* Steht der Pflanzenschutz in einer Krise? Nbl. Dtsch. Pflanzenschutzdienstes *5,* 161—163 (1951).

[10] *Braun, H.:* Steht der Pflanzenschutz vor einer Krise? — Sonderdruck aus d. Vortragsreihe d. 4. Hochschultagung d. ldw. Fak. Bonn 1951.

[11] *Gassner, G.:* Steht der Pflanzenschutz vor einer Krise? Nbl. Dtsch. Pflanzenschutzdienstes *3,* 81—83 (1951).

[12] *Franz, J. M., Krieg, A.:* Biologische Schädlingsbekämpfung. 208 S. Berlin und Hamburg: P. Parey 1972.

[13] *Kühnelt, W.:* Grundriß der Ökologie. 2. Aufl. 443 S. Jena: VEB Gustav Fischer 1970.

[14] *Duggan, R. E., Duggan, M. B.:* Pesticide residues in food. Environmental Pollution by Pesticides, 334—364. Ld. and N.Y.: Plenum Press 1973.

[15] *Smith, Dorothy, Leduc, C. R., Charbonneau, Claudette:* Pesticide residues in the total diet in Canada. III—1971. Pest. Sci. *4,* 211—214 (1973).

[16] *Abbott, D. C., Crisp, S., Tarrant, K. R., Tatton, J. O. G.:* Pesticide residues in the total diet in England and Wales, 1966—1967. III. Organophosphorus pesticide residues in the total diet. Pest. Sci. *1,* 10—13 (1970).

[17] *Hill, E. G., Fishwick, F. B., Thompson, R. H.:* Pesticide residues in foodstuffs in Great Britain: Organochlorine residues in imported cereals, nuts, pulses and animal foodstuffs. Pest. Sci. *4,* 33—39 (1973).

[18] *Maier-Bode, H.:* Pflanzenschutzmittel-Rückstände. Insektizide. 455 S. Stuttgart: E. Ulmer 1965.

[19] *Abbott,D.C., Holmes,D.C., Tatton,J.O.G.:* Pesticide residues in the total diet in England and Wales 1966—1967. II. Organochlorine pesticide residues in the total diet. J. Sci. Food Agric. *20,* 249 (1969).

[20] *Beran,F., Guth,J.A.:* Das Verhalten organischer insektizider Stoffe in verschiedenen Böden mit besonderer Berücksichtigung der Möglichkeiten einer Grundwasserkontamination. Pflanzenschutz-Ber. *33,* 65—117 (1965).

[21] *Beran,F.:* Zur Frage der Kontamination des Grundwassers durch Pflanzenschutzstoffe. „Wasser und Abwasser". Band 1965. Bundesministerium Land- und Forstwirtschaft Wien 1965.

[22] *Edwards,C.A.:* Pesticide residues in soil and water. Environmental Pollution by Pesticides, 409—458. London and New York: Plenum Press 1973.

[23]   : Bericht über das 4. Internationale Symposium über Wasserunkräuter. Bundesanstalt für Pflanzenschutz Wien. 278 S. 1974.

[24] *Matsumura,F.:* Degradation of pesticide residues in the environment. Environmental Pollution by Pesticides, 494—513. London and New York: Plenum Press 1973.

[24a] *Wright,M.A., Stringer,A.:* The Toxicity of Thiabedazole, Benomyl, Methyl Benzimidazol-2-yl carbamate and Thiophanate-methyl to the earthworm, Lumbricus terrestris, Pesticide Science *4,* 431—432 (1973).

[24b] *Edwards,C.A.:* Pesticides and earthworms. Report Rothamsted experimental Station for 1970. Part I: 193—194 (1970).

[24c] *Whitten,Jamie:* Damit wir leben können. Van Nostrand Reinh. Cp., übersetzt und bearbeitet von F.Beran. Wien: Molden 1969.

[24d] *Cramer,H.H., Middendorf,M.:* Wildbestand und Wildmortalität in der BR-Deutschland. Planzenschutz Nachr. Bayer *27,* 179—203 (1974).

[25] *Beck,W., Gebeshuber,J., Geßwagner,D., Glofke,E., Kahl,E., Lebeda,J., Stastny,E.:* Beitrag zur Kenntnis der möglichen Beeinflussung von Wild durch Pflanzenschutzmittel. Pflanzenschutz-Ber. *38,* 69—96 (1968).

[26] *v.Horn,A.:* Wildtierverluste durch Gift. Nbl. Dtsch. Pflanzenschutzdienstes, Braunschweig 17—21 (1967).

[27] *Przygodda,W.:* Pflanzenschutzmittel und Vogelwelt mit Berücksichtigung der übrigen freilebenden Tierwelt. Biol. Abh. H. *12* (1955).

[28] *Przygodda,W.:* Die Auswirkungen einiger Pflanzenschutzmittel auf Vögel. Tagungsber. Nr.30 Dtsch. Akad. Landwirtschaftswissenschaften zu Berlin, 69—83 (1960).

[29] *Przygodda,W.:* Greifvögel und Pflanzenschutzmittel. Intern. Rat f. Vogelschutz. Dtsch. Sektion. Ber. Nr.3, 1—8 (1963).

[30] *Schönbeck,H.:* Auswirkungen der Anwendung chemischer Pflanzenschutzmittel auf höhlen- und halbhöhlenbrütende Singvogelarten in Obstanlagen. Pflanzenschutz-Ber. *37,* 161—178 (1968).

[31] *Stickel,L.F.:* Pesticide residues in birds and mammals. Environmental Pollution by Pesticides, 254—312. London and New York: Plenum Press 1973.

[32]   : Report 1—5 of the British Trust for Ornithology and the Royal Soc. for the Protection of Birds on Toxic Chemicals. London 1960—1965.

[33] *Longcore,J.R., Samson,F.B., Whittendale,T.W.,Jr.:* DDE thins eggshells and lowers reproductive success of captive black ducks. Bull. Environm. Contam. & Toxicol. *6,* 485—490 (1971).

[34] *Longcore,J.R., Samson,F.B., Kreitzer,J.F., Spann,J.W.:* Changes in mineral composition of eggshells from black ducks and mallards fed DDE in the diet. Bull. Environm. Contam. & Toxicol. *6,* 345—350 (1971).

[35] *Bauer,K.:* Studien über Nebenwirkungen von Pflanzenschutzmitteln auf Fische und Fischnährtiere. Mitt. Biol. Bundesanst. Landwirtsch. Forsten Berlin-Dahlem. H. 105. 72 S. (1961).

[36] *Holden,A.V.:* Effects of pesticides on fish. Environmental Pollution by Pesticides, 213—253. London and New York: Plenum Press 1973.

[37] *Jung,K.D.:* Extrem fischtoxische Substanzen und ihre Bedeutung für ein Fischtest-Warnsystem. gwf-wasser/abwasser *114,* H.5, 232—234 (1973).

[38] *Beran,F., Neururer,J.:* Zur Kenntnis der Wirkung von Pflanzenschutzmitteln auf die Honigbiene (Apis mellifica L.). I.Mitteilung: Bienengiftigkeit von Pflanzenschutzmitteln. II.Mitteilung: Bienengefährlichkeit von Pflanzenschutzmitteln. Pflanzenschutz-Ber. *15,* 97—160 (1955); *17,* 113—190 (1956).

[39] *Beran,F.:* Selektivität einiger Phosphorinsektizide mit besonderer Berücksichtigung ihrer Bienentoxizität. Pflanzenschutz-Ber. *32,* 37—57 (1965).

[40] *Beran, F.:* Untersuchungen über die Geschmacksbeeinflussung von Äpfeln, Birnen und Trauben durch einige Insektizide, Kombinationspräparate und Fungizide. Pflanzenschutz-Ber. *32,* 85—102 (1965).

[41] *Cramer, H. H.:* Über Nebenwirkungen von Pflanzenkrankheiten, Schädlingen und Unkräutern auf die Gesundheit von Mensch und Tier und auf die Qualität von Ernteprodukten. Der Pflanzenarzt *26,* 75—78 (1973).

[42] *Beran, F.:* Pflanzenschutz auch im Dienste der Volksgesundheit. Der Pflanzenarzt *13,* 41—42 (1960).

[43] *Bartels, W., Cramer, H. H.:* Über Nebenwirkungen von Pflanzenkrankheiten, Schädlingen und Unkräutern auf die Gesundheit von Mensch und Tier und auf die Qualität von Ernteprodukten. Pflanzenschutz-Nachrichten Bayer *19,* 129—191 (1966).

[44] FAO Production Yearbook *26,* 240—250, Rom (1972) and *27,* 266—275, Rom (1973).

[45] *Beran, F.:* Strukturanalyse des Pflanzenschutzmittelverbrauches im Blickwinkel des Umweltschutzes. Pflanzenschutz-Ber. *44,* 127—158 (1974).

[46] *Cramer, H. H.:* Pflanzenschutz und Welternte. Pflanzenschutz-Nachrichten Bayer, Leverkusen, 523 S. (1967).

[47] *Hey, A.:* Pflanzenschutz und Qualität des Erntegutes. Dtsch. Akademie d. Landwirtschaftswiss. zu Berlin 1956.

[48] *Hey, A.:* Chemischer Pflanzenschutz als wirtschaftlicher Faktor der Ernährung. Ernährungsforschg. *7,* 436—444 (1962).

[49] *Unterstenhöfer, G.:* Integrierter Pflanzenschutz aus der Sicht der Pflanzenschutzmittelforschung der chemischen Industrie. Pflanzenschutz-Nachrichten Bayer *23,* 272—281 (1970).

[50] *Beran, F.:* Pflanzenschutz als Umweltschutz- und Umweltbelastungsfaktor. Agrar. Rundschau 15—18 (1972).

[51] *Borlaug, N. E.:* Mankind and civilization at another crossroad. 1971 Mc Dougall Memorial Lecture. Conf. FAO C 71/LIM/4. 73 S. 1971.

[52] *Beran, F.:* Was kostet der Umweltschutz im Pflanzenschutz? Der Förderungsdienst *20,* 17—18 (1972).

[53] *Unterstenhöfer, G.:* Aufgaben und Voraussetzungen der Pflanzenschutzmittelforschung. Pflanzenschutz-Nachrichten Bayer *22,* 12—22 (1969).

[54] EPPO: Directives pour les traitements à très bas volume (ULV). EPPO Inf. 15 S. 1971.

[55] *Schuhmann, G.:* Umweltschutzaufgaben im Bereich des Pflanzenschutzes. Nbl. Dtsch. Pflanzenschutzdienstes, Braunschweig, *23,* 65—68 (1971).

[56] *Lichtenstein, E. P., Liang, T. T., Anderegg, B. N.:* Synergism of insecticides by herbicides. Science *181,* 847—849 (1973).

[57] *Linser, H.:* Der Eingriff des Menschen in die Natur. Vortr. 75 jähr. Jubil. d. Landw.-chem. BVA. Linz, 10. 10. 1974.

[58] *Exec. Office of the President, Office of Sci. and Technol.:* Ecological effects of pesticides on nontarget species. Cornell Univ. Ithaca, N. Y., 220 S. 1971.

[59] Dtsch. Forschg. Gemeinsch.: Rückstände von Bioziden in d. Umwelt u. in der Milch. Mitteilg. 1 (1975).

Ökonomisch-ökologische Wechselwirkungen

H.H.Cramer

Pflanzenschutz Anwendungstechnik der Bayer AG, D-5090 Leverkusen, Bayerwerk

Inhalt

1. Problemstellung

Pflanzenschutz ist ökonomisch und ökologisch relevant. Er ist damit eingebunden in zwei Systeme, die jeweils in sich durch einen hohen Komplexheitsgrad gekennzeichnet sind. *Hermann Hesse* hat in seinem Roman „Das Glasperlenspiel" versucht, solche Zusammenhänge bildhaft darzustellen. Im Falle des Pflanzenschutzes besteht die Schwierigkeit darin, daß zwei Systeme mit verschiedenen Konstituenten — nämlich wirtschaftlichen und biologischen — miteinander kombiniert werden müssen. Da diese Schwierigkeit jedoch paradigmatisch für die heutige „Umweltdebatte" ist, lohnt sich der Versuch einer Analyse.

Eine „Umweltdiskussion", die den Pflanzenschutz herausgreift, verkennt die Zusammenhänge. Pflanzenschutz ist ein Teil der Agrarwirtschaft und kann daher nur im Zusammenhang mit dieser gesehen werden. Die Agrarwirtschaft ist ihrerseits in übergreifende wirtschaftliche Zusammenhänge eingefügt. Es handelt sich also um ein Gebäude von Systemen und Subsystemen, die sich gegenseitig bedingen und ohne einander nicht denkbar sind. Eine Landwirtschaft, die zwischen ernährungswirtschaftlichen Forderungen und betriebswirtschaftlichen sowie soziologischen Zwängen steht, muß den zur Verfügung stehenden Boden zunächst als Produktionsmittel betrachten. Hierbei ist es — zumindest für Mitteleuropa — selbstverständlich, daß die dauerhafte Nutzbarkeit dieses Produktionsmittels gewährleistet sein muß, es sich also um keine Exploitation, sondern um Nachhaltigkeit als Bewirtschaftungsprinzip zu handeln hat. Dauerhafte Nutzbarmachung natürlicher Systeme setzt aber ökologische Betrachtungsweise voraus. Offenbar besteht eines der wesentlichen Mißverständnisse der Gegenwart darin, daß solche Wechselwirkungen nicht erkannt werden. Mangelnde Begriffsklarheit spielt hierbei bisweilen eine Rolle, zum Beispiel in der verbreiteten Vorstellung, daß unter „ökologisch" sehr einfach „ursprünglich — natürlich" verstanden wird. Übersehen wird dabei, daß es sich bei ökologischen Systemen, die sich unter dem Einfluß von Zivilisation gebildet haben, meist um Sekundärbildungen oder um Systeme erster Ableitung handelt. Systeme erster Ordnung, wie „die unberührte Natur" sie darstellt, mit artifiziellen Systemen, wie Wirtschaftssystemen, kombinieren zu wollen, ist aber schon von den Denkvoraussetzungen her nicht möglich.

Landwirtschaft zu betreiben geht also von der Grundvoraussetzung aus, ursprüngliche ökologische Systeme in solche erster oder zweiter Ableitung überführen zu wollen und damit zwei zunächst voneinander unabhängige Geschehenskreise aufeinander abzustimmen. Aus solchen Voraussetzungen entstehende Kombinationssysteme sind ihrer Natur nach hoch komplex und entsprechend störungsanfällig. Dieser Störungsanfälligkeit entgegenzuwirken, ist im Bereich der Landwirtschaft der Pflanzenschutz entwickelt worden, der Lösungen bietet, aber — nach allem Gesagten — zwangsläufig eine Störungsebene der nächsthöheren Ordnung geschaffen hat, die zu erneuten Rückkopplungen führt.

Wahrscheinlich geht es also nicht um vordergründige Fragen der direkten Umweltwirkung bestimmter Substanzen — so wichtig solche Fragen sind —, sondern um die Bewertung ökonomisch-ökologischer Wechselwirkungen. Deren Darstellung soll im folgenden an einigen Beispielen versucht werden.

2. Landwirtschaft als Eingriff in ökologische Systeme

Die Bestimmungsgründe für die Aufteilung der verfügbaren Landoberfläche in Agrarflächen und andere Vegetationsformen waren, historisch gesehen, stets

> die Besiedlungsdichte und der davon abhängige Nahrungsbedarf,
> die Standortverhältnisse und
> der Zivilisationsgrad.

Deren jeweilige Kombination begründete Kultur. Eingriff in die ursprüngliche Umwelt und Fortschritt der Gesittung (Kultur kommt von colere = das Land bebauen) sind damit eng verbunden. Sprachlich drückt sich das noch heute darin aus, daß Landwirte z. B. davon sprechen, daß sie „Brachland in Kultur nehmen". Die jeweilige Kombination der drei Faktoren Besiedlungsdichte, Standort und Zivilisationsgrad, hat aber auch in verschiedenen Teilen der Welt in verschiedenen Zeiträumen in unterschiedlicher Weise in die ökologischen Verhältnisse eingegriffen. Dies kann hier nicht systematisch, sondern nur an herausgegriffenen Beispielen dargestellt werden.

Mitteleuropa war bekanntlich bis in die Römerzeit hinein ein reines Waldland und würde dies ohne Zweifel wieder werden, wenn es von Menschen verlassen würde (*Dengler*, 1971). Beginnend mit der von den Römern eingeleiteten Rationalisierung der Lebensformen hat sich in den damaligen keltischen und germanischen Siedlungsgebieten — die eigentlich nur punktueller Natur waren — allmählich eine Scheidung zwischen Feld- und Waldmark vollzogen, die vor ungefähr 800 Jahren abgeschlossen war. Der Wald war um das Jahr 1200 auf ein Drittel bis ein Viertel der deutschen Landesoberfläche zurückgedrängt, d.h. gut 70% waren einer zivilisatorischen Nutzung zugeführt. Es ist dies der tiefgreifendste ökologische Eingriff, der in diesen Breiten überhaupt stattgefunden hat. Nichts, was nachher an Entwicklung der Landwirtschaft, an städtebaulichen oder verkehrstechnischen Maßnahmen vorgenommen worden ist, war ökologisch vergleichbar relevant. Der Vorgang entspricht der in der Einleitung dargestellten Überführung von ursprünglichen ökologischen Systemen in solche erster Ableitung. Gemäß der geringen Besiedlungsdichte galt, im Sinne der klassischen Volkswirtschaft, damals die zur Verfügung stehende Fläche als „beliebig vermehrbares Gut", d.h. man konnte soviel roden, wie nötig war. Limitierender Faktor war also nicht die Fläche, sondern die menschliche Arbeitskraft. Mit anderen Worten, was der einzelne Bauer mit seinem Gesinde produzierte, war entscheidend, nicht welchen Flächenertrag er hatte. War also in Deutschland die Abgrenzung zwischen Feld- und Waldmark in einem ungefähren Verhältnis von 70:30 etwa zur Zeit der Salierkaiser (1024—1124) weitgehend abgeschlossen und hat sie sich seither nur noch graduell verändert, so bedeutet dies, daß

a) sich in Deutschland eine Überführung ursprünglicher ökologischer Systeme in Sekundärbildungen schon vor sehr langer Zeit grundsätzlich vollzogen hat und die seitherigen Änderungen nur mehr oder weniger stufenweise Modifizierungen dargestellt haben, und daß

b) in diesen letzten 800 Jahren durch planmäßige Abstimmung ökologischer und ökonomischer Erfordernisse ein Übergang von der Personal- zur Flächenproduktivität der Landwirtschaft erreicht worden ist, der sonst ohne Beispiel ist. Die Bevölkerung Mitteleuropas ist seit dem Mittelalter um etwa das 17fache gestiegen, die landwirtschaftliche Nutzfläche nur um maximal 5%.

Dennoch kann Europa seine gewaltig gestiegene Bevölkerung heute vergleichsweise besser ernähren, als noch vor hundert Jahren. Dies ist teilweise durch empirische Ausnutzung, teilweise durch bewußte Anpassung ökologischer Parameter an ökonomische Notwendigkeiten gelungen.

Dies schloß zunehmend auch Pflanzenschutzfragen ein, die sich mit steigender Intensivierung der Landwirtschaft von der Bedrohung durch abiotische auf biotische Schadfaktoren verlagerten: Die Notwendigkeit zur Steigerung der Flächenerträge führte zwangsläufig zu erhöhten Bestandsdichten, die ihrerseits die Befallswahrscheinlichkeiten erhöhten, bzw. die Mortalitätswahrscheinlichkeiten der Schaderreger bei der Dispersion von Wirtspflanze zu Wirtspflanze verringerten. Einzelheiten sollen bei der Besprechung einzelner Kulturpflanzenarten behandelt werden. Andererseits haben die extensiveren Wirtschaftsmethoden früherer Jahrhunderte zu Schädlingsproblemen geführt, die heute unbekannt geworden sind: Der relativ große Brachlandanteil und der teilweise steppenartige Landschaftscharakter haben durch das ganze Mittelalter hindurch und bis in die erste Hälfte des 19. Jahrhunderts hinein Heuschreckenschwärme zu den bedeutendsten Schadfaktoren in der Landwirtschaft gemacht (z.B. *Curschmann*, 1900; *Maria Theresia*, Römische Kaiserin, 1749; *Friderich*, König von Preußen, 1752).

Andersartige Kombinationen von Besiedlungsdichte, Standortgegebenheiten und Zivilisationsgrad haben in anderen Teilen der Welt zu anderen Entwicklungen geführt, die sich aber auf die gleichen Grundkomponenten zurückführen lassen. So hat in *Nordamerika* eine extrem niedrige Besiedlungsdichte, vor und bis lange Zeit nach der Okkupation durch die Europäer, eine eigentlich agrikulturelle Nutzung wirtschaftlich nicht erforderlich gemacht. Die Weißen konkurrierten mit den Indianern bis gegen Ende des 19. Jahrhunderts in Teilen Amerikas durchaus nicht um Agrarflächen, sondern um Jagd- und allenfalls um Weidegründe. Es ist interessant, daß im Geschichtsbewußtsein der Amerikaner ein eigentlicher Kulturstolz erst mit den "early settlers" beginnt — ein zusätzlicher Beleg dafür, daß seßhaft gewordene Landwirtschaft und Kulturbeginn identisch sind.

Die Umgestaltung Nordamerikas von einer Jägerkultur in eine Agrarkultur hat innerhalb von zwei Jahrhunderten einen Teil der ökonomisch-ökologischen Prozesse nachvollzogen, die sich in Europa über ein Jahrtausend erstreckt haben. Da ökologische Umschichtungen am Beispiel von Großtieren besonders publikumswirksam darstellbar sind, ist die Ausrottung der nordamerikanischen Bisonherden als typisch für rücksichtslose Verhaltensweisen des Menschen vielfach beschrieben worden. Die gängige Vorstellung ist, daß die Bisons als Fleischlieferanten für die Bauarbeiter der transpazifischen Eisenbahn eradikativ abgeschossen worden seien. Für den Ökologen ist einsichtig, daß dies so nicht stimmen kann, denn selbst wenn man einen Aktionsradius der Jäger von mehreren hundert Kilometern rechts und links der Eisenbahnstrecke annimmt, kann Bejagung nicht zur Ausrottung geführt haben, sondern nur großflächige Biotopveränderung. Im amerikanischen Mittelwesten, der Getreidekammer der USA, würden vermutlich auch dann heute keine Bisonherden weiden, wenn vor 100 Jahren waidmännische Abschußrichtlinien durchgesetzt worden wären. Ein Bison benötigt als Mindestfläche 20 ha Weidegrund.

Diese Einschaltung soll lediglich illustrieren, daß der Faktor „Besiedlungsdichte" in Nordamerika bis in unser Jahrhundert hinein im Minimum stand. Die landwirtschaftliche Produktivität, auf die Bodenfläche bezogen, konnte gering bleiben, solange der einzelne Farmer innerhalb seines Aktionsradius eine hinreichende Produktivität der Arbeitskraft erzielte. Dieser Aktionsradius konnte bei extensiver Viehwirtschaft auf eine maximale Größe ausgedehnt werden. Nirgends sonst als in Nordamerika wird so deutlich, daß extensive Viehzucht, kulturgeschichtlich gesehen, eine domestizierte Form der Jagd ist.

Der Bau der transpazifischen Eisenbahn — hier nur als Beispiel für die Bedeutung infrastruktureller Verbesserungen verwendet — ist indessen in anderer Hinsicht von kaum zu unterschätzender ökologischer Konsequenz gewesen: Die Tatsache, daß relativ frühzeitig, also bei niedriger Besiedlungsdichte, gute Möglichkeiten zum Transport von Massengütern geschaffen wurden, führte zur Bildung eines überregionalen Marktes für Agrargüter und eines entsprechenden Handels. Steht sonst im Beginn von Agrarentwicklungen die Notwendigkeit einer gewissen regionalen Autarkie zur Deckung des Eigenbedarfes mit den wichtigsten Agrargütern, so konnte in Nordamerika aufgrund des infrastrukturellen Entwicklungsgrades frühzeitig eine Spezialisierung einsetzen, die den Anbau von Kulturpflanzen nach Gesichtspunkten der überregionalen Nachfrage und der standörtlichen — hauptsächlichen klimatischen — Gegebenheiten orientierte. Diese wirtschaftlichen Voraussetzungen haben zur Ausbildung der sogenannten "belts", also z.B. des „Maisgürtels" und des „Weizengürtels" geführt — mit enormen ökologischen Konsequenzen. Für die Entstehung des Baumwollgürtels war das Zusammenspiel einer wiederum anderen Faktorenkombination maßgebend.

Es besteht kein Zweifel, daß dadurch landwirtschaftliche Anbaugebiete von grandioser ökologischer Einseitigkeit entstanden sind, gekennzeichnet durch großflächigen Anbau von Monokulturen, die weitgehend ohne Fruchtfolge bewirtschaftet werden, die aber von unbestreitbarer wirtschaftlicher Effizienz sind. Die USA verfügen heute mit

rund 25 Mio. ha über 22,5% der Maisbaufläche der Welt und mit 143 Mio. t über 46% der Welternte an Mais,

d.h. auf fast einem Viertel der Weltanbaufläche wird fast die Hälfte der Welternte erzielt. Zu den ökonomisch induzierten ökologischen Konsequenzen gehört die Notwendigkeit von Pflanzenschutzmaßnahmen zur Ertragssicherung:
Etwa 20% des Weltumsatzes an Pflanzenschutzmitteln geht, dem Werte nach, in den Maisbau, davon ein überwiegender Teil in den der USA. Hierbei ist es interessant, daß der Flächenertrag bei Mais in den USA von 24,9 dt im Durchschnitt der Jahre 1949—1953 auf 57,4 dt/ha 1973 gesteigert worden ist. Ein wesentlicher Teil dieser Steigerung geht zweifellos auf die durch Herbizide ermöglichte Intensivierung zurück, ein weiterer Teil auf die zunehmend praktizierte Bekämpfung von Bodeninsekten, *Heliothis*-Arten, Maiszünsler, Langwanzen, Heuschrecken (grasshoppers) und anderer Schädlinge (*Decker*, 1964). Mit zunehmenden Nematodenproblemen ist zu rechnen (vgl. auch *Haug*, 1976). Gegenüber der großflächigen ökologischen Umgestaltung, die die Verkehrserschließung Nordamerikas mit sich gebracht hat, nimmt sich die Tatsache geradezu anekdotisch aus, daß die für die Versorgung der Arbeiter beim Bau der transpazifischen Eisenbahn entlang der Trasse angebauten Kartoffeln dem Kartoffelkäfer *Leptinotarsa decemlineata* einen Verbreitungsweg quer über den Kontinent geschaffen haben, der schließlich auch zur Einschleppung des Schädlings nach Europa führte (*Braun*, 1953).
Bei vielen Kulturpflanzenarten liegt der Flächenertrag in Nordamerika im Vergleich zu Europa auch heute noch nach wie vor niedrig, was die Folge noch immer großer Flächenreserven ist, so daß die Arbeitsstunde, nicht die Fläche, die Bezugsgröße für den Ertrag bildet. So hatte z.B. 1973 Belgien einen durchschnittlichen Weizenertrag von 50 dt/ha, USA von nur 21 dt/ha. Doch ist bei vielen Kulturpflanzenarten ein deutlicher Übergang zu höherer Flächenintensität zu beobachten. So wurden in den USA im Durchschnitt der Jahre 1948/49 bis 1952/53 auf 662000 ha 10,7 Mio. t Kartoffeln geerntet, 1973 auf nur noch 528000 ha 13,5 Mio. t, d.h. auf einer um 20% verringerten Anbaufläche wurde eine um 26% höhere Ernte erzielt. Hier schafft weniger die gleichförmige, große Anbaufläche als der Intensitätsgrad die Notwendigkeit pflanzenschutzlicher Maßnahmen.
Regional andere Faktorenkombinationen haben z.B. in *Südostasien* zu wieder anderen ökologisch-ökonomischen Wechselwirkungen geführt. Standörtlich zwang die über die Jahreszeiten ungleichmäßige Niederschlagsverteilung dazu, einen Ausgleich zwischen Hoch- und Niedrigwasser zu suchen. Die Besiedlungsverteilung führte über Feudalstrukturen mit nachgeordneten Pachtsystemen oder

über primär kleinbäuerliche Besitzverhältnisse zu Bewirtschaftungseinheiten relativ geringer Flächengröße. Das Grundnahrungsmittel Reis — eine Kulturpflanze des Schwemmlandes — war, bei dieser Faktorenkombination, nur dann produzierbar, wenn Anbauformen gefunden wurden, die in dem gegebenen ökologischen und ökonomischen Rahmen befriedigten. Historisch-ökologisch gesehen, wird man in der Terrassenkultur des Reises, die Erosion zurückhält und Ertrag ermöglicht, eine der großen Kulturleistungen des Menschen zu sehen haben, eine Lösung, die ökonomische und ökologische Anforderungen gleichermaßen befriedigte.

Andererseits hat die Schaffung der Terrassenkultur die Monokultur des Reises geradezu programmiert, bzw. über Jahrhunderte festgelegt. Es ist dies ein Musterbeispiel für die Unsinnigkeit von Schlagwortdebatten. Der Erosionsschutz, den die Reiskultur geleistet hat, geht von der Konzeption der Monokultur aus. Ohne diese Monokultur-Konzeption wären weite Teile Südostasiens, in denen heute ertragreich Reis angebaut wird, nackte Felslandschaft.

Biologisch gesehen ist es unausweichlich, daß ein solches Überangebot von Wirtspflanzen zur Massenvermehrung parasitischer Nutznießer führt. Entsprechend ist Reis, wenn er unter dem Gesichtspunkt der Ertragsintensität angebaut wird, eine Pflanzenschutz-Kultur. Die enge Verflochtenheit von Ertragshöhe und Pflanzenschutz wird am Beispiel des japanischen Reisbaus besonders deutlich (*Haeske* u. *Kato*, 1969).

In *Afrika* und *Lateinamerika* ist die Aufteilung zwischen Agrarfläche und Flächen für anderweitige Nutzung noch weitgehend offen. Es besteht hier die Chance, die in anderen Regionen gemachten Erfahrungen zu nutzen, eine Möglichkeit, die eng mit dem Faktor „Zivilisationsgrad" verbunden ist. Da jedoch Prestigedenken ein Merkmal psychischer Bedürftigkeit ist, sind Prognosen darüber, wie die enormen Reserven der Entwicklungsländer eines Tages genutzt werden, schwierig.

3. Pflanzenschutz als integrierender Faktor moderner Landwirtschaft

Nach allem Gesagten ist moderne Landwirtschaft nicht unbedingt auf maximale Nahrungserzeugung, sondern auf monetären Ertrag abgestellt. Unter dem Gesichtspunkt der Flächenknappheit — wie in Mitteleuropa — fallen allerdings praktisch beide Bedürfnisse zusammen, da sich Rentabilität nur bei maximalen Flächenerträgen erreichen läßt. Doch muß dies nicht zwingend der Fall sein. Der Landwirt, der — einerseits — durch Anbau von z. B. Arzneipflanzen seinen finanziellen Ertrag steigern kann, wird dies ebenso tun, wie andererseits derjenige z. B. aufforsten wird, dessen Böden bei Anbau von Nahrungspflanzen keine tragbare Kosten-Ertragsrelation mehr liefern. Das Problem der Sozialbrache beruht hierauf. Wer andererseits, wie der amerikanische Farmer, die Möglichkeit hat, auf großer Fläche bei hohem Mechanisierungsgrad und geringem Aufwand von Arbeitskraft mit niedrigen Flächenerträgen rentabel zu wirtschaften, wird dies tun, obwohl sich der Naturalertrag durch verstärkte Investition um ein Vielfaches steigern ließe. Die Flexibilität der amerikanischen Landwirtschaft beruht darauf, daß die Flächenerträge auf dem Wege über die Investitionen je nach der Nachfrage in einem weiten Rahmen gesteuert werden können.

Da der Nahrungsbedarf der Welt und damit die Nahrungsmittelpreise in Zukunft wahrscheinlich steigen werden, ist damit zu rechnen, daß die Flächenintensität der Landwirtschaft weltweit erhöht wird. Der Übergang von wirtschaftlicher Extensität zu Intensität bedeutet aber im Bereich der Landwirtschaft erneut den Übergang von einer Ordnungsstufe in die andere auch in ökologischer Hinsicht, woraus sich pflanzenschutzliche Konsequenzen ergeben.

Zur Steigerung der Intensität stehen der Landwirtschaft derzeit folgende Möglichkeiten zur Verfügung:

1. verbesserte Bodenbearbeitung
2. Düngung
3. Ausnutzung pflanzenzüchterischer Fortschritte
4. verbesserte Bewässerungswirtschaft
5. Änderung von Agrarstrukturen
6. Mechanisierung
7. Pflanzenschutz

Alle sieben Komponenten sind miteinander verflochten und bedingen sich wechselseitig: Das genetische Potential von Hochzuchtsorten kann nur bei entsprechender Nährstoffzufuhr ausgenutzt werden, diese Sorten können eine veränderte Anfälligkeit gegen Schadorganismen aufweisen, deren wirtschaftliche Bekämpfung ebenso wie mechanisierte Bodenbearbeitung und Beerntung nur bei hinreichender Größe der Anbauflächen und damit bei entsprechender Agrarstruktur möglich ist. Die Verflechtungen ließen sich in vielfältiger Weise darstellen, um zu zeigen, daß moderne Landwirtschaft multifaktoriell ist und Systemcharakter hat. Keiner der beteiligten Faktoren kann verändert werden, ohne daß das System als Ganzes sich verändert. Jeder der Faktoren ist ferner zwar für sich ökologisch relevant. Der ökologische Gesamteffekt ergibt sich jedoch ausschließlich als Resultante aus den Komponenten des Systems selbst.

Nach diesen Überlegungen ist die gelegentlich gestellte Frage, ob man auf den Pflanzenschutz in der modernen Landwirtschaft verzichten könne, schon vom Ansatz her verfehlt. Der Fahrstuhl ist zwar ebensowenig der wichtigste Teil eines Hochhauses wie der Pflanzenschutz wichtigster Teil der Landwirtschaft ist. Aber ohne Lift kollabiert das System Hochhaus ebenso, wie das System Landwirtschaft ohne Pflanzenschutz kollabieren würde.

Ist also die jeweilige Form der Landwirtschaft durch übergeordnete sozioökonomische Faktoren determiniert, so ist der Pflanzenschutz wiederum durch eben diese Form der Landwirtschaft bedingt. Diese ökologisch-ökonomischen Wechselwirkungen am Beispiel des heutigen Anbaus einiger wichtiger Kulturpflanzenarten darzustellen, soll in den folgenden Abschnitten versucht werden.

4. Beispiel Getreidebau

Besonders deutlich werden die oben abgeleiteten Zusammenhänge am Beispiel des Getreidebaus in Mitteleuropa. Im Bereich der Bundesrepublik Deutschland hat die Getreidefläche sich in den letzten 25 Jahren absolut und prozentual beträchtlich ausgeweitet. Sie betrug (BMELuF, 1974):

1951 4,37 Mio. ha bzw. 54,8% des Ackerlandes,
1973 5,29 Mio. ha bzw. 69,1% des Ackerlandes.

Gleichzeitig wurden die Flächenerträge enorm gesteigert. Sie betrugen (dt/ha):

	$\varnothing$ 1948/49—1952/53	1973	Steigerung (%)
Weizen	26,2	44,5	69,8
Roggen	19,7	34,9	77,2
Gerste	23,9	39,6	65,7

Nimmt man allein das Beispiel des Weizenbaus, so ergibt sich für die Bundesrepublik folgendes Bild:

	Anbaufläche (1000 ha)	Flächenertrag (dt/ha)	Gesamtertrag (1000 t)
1950	1014	25,8	2614
1973	1603	44,5	7134
Steigerung (%)	58,1	72,5	172,9

Die Erweiterung der Anbaufläche war hierbei ausschließlich ökonomisch bestimmt, ebenso wie der Anreiz zur Steigerung der Flächenerträge. Die Steigerung der Flächenerträge selbst gelang durch Ausnutzung naturwissenschaftlich-technischer Fortschritte und stellt wiederum das Ergebnis des Zusammenwirkens einer Faktorenkombination dar. Die ökologischen Auswirkungen sind beträchtlich.

Es kann hier angemerkt werden, daß die Erhöhung der Hektarerträge in Mitteleuropa keineswegs ein abrupter Vorgang ist, sondern sich seit Beginn des vorigen Jahrhunderts nahezu in geometrischer Progression vollzogen hat (vgl. Abb. 1).

Die Bestimmungsgründe für die Produktionssteigerungen lagen einmal in der veränderten Nachfragesituation nach Agrargütern, dann in den durch die EG garantierten Getreidepreisen, im Zwang zur Arbeitskräfteersparnis, dem im Getreidebau durch die Möglichkeit einer besonders intensiven Mechanisierung begegnet werden konnte, und eben darin, daß die Umsetzung wissenschaftlich-technischer Fortschritte gerade im Getreidebau besonders lohnend erschien.

Die veränderte Nachfragesituation ergab sich, neben anderen Gründen, vor allem aus den veränderten Formen der Viehhaltung mit entsprechend verringerter Notwendigkeit zum Anbau von Futterpflanzen, sowie aus der Änderung der Verbrauchergewohnheiten, die beim Kartoffelkonsum besonders deutlich sind. Der Anbau von Klee und Luzerne in der Bundesrepublik Deutschland hat von 663000 ha im Durchschnitt der Jahre 1957 bis 1961 auf 316000 ha 1973 abgenommen, also auf weniger als die Hälfte. Im Durchschnitt der Jahre 1957 bis 1961 wurden auf 1,056 Mio. ha Kartoffeln gebaut, 1973 waren es nur noch 481000 ha, also nur noch etwa 46% der Fläche.

Die agrarpolitisch interessante Frage der EG-Getreidepreis-Garantie kann hier nicht diskutiert werden, aber das Faktum, daß ein in einem bestimmten Rahmen garantierter Preis zur Ausweitung des Getreidebaus — mit allen ökolo-

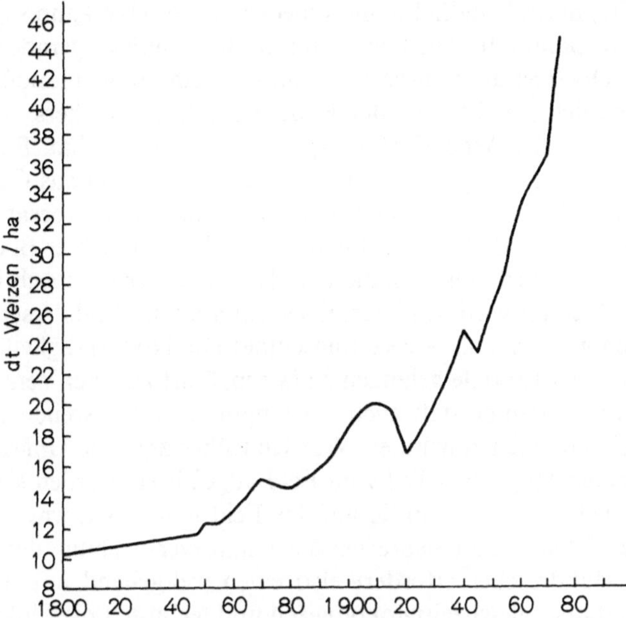

Abb. 1. Weizenerträge in Deutschland (dt/ha) von 1800 bis 1973 (bis 1950 nach *Bittermann*, 1956; ab 1951 Stat. Jhb. für Ernährung, Landwirtschaft und Forsten, 1965 u. 1974)

gischen Konsequenzen — geführt hat, gehört ohne Zweifel in diesen Sachzusammenhang.

Die weiteren, oben angeführten Bestimmungsgründe für die Ausweitung des Getreidebaus in Mitteleuropa haben überwiegend agrartechnische und naturwissenschaftliche Voraussetzungen.

Zur agrartechnischen Seite gehört, daß heute ein Getreidebaubetrieb von 100—150 ha Größe von einem Mann — meist dem Eigentümer — bei entsprechender Maschinenausstattung bewirtschaftet werden kann. Daß dies möglich ist, beruht zu einem erheblichen Teil darauf, daß die Unkrautbekämpfung auf chemischem Wege vorgenommen werden kann, wodurch nicht nur Arbeitskräfte, sondern auch Arbeitsgänge eingespart werden und darüber hinaus der wirtschaftliche Einsatz von Maschinen, namentlich des Mähdreschers, erst ermöglicht wurde. Hier wird die Wechselwirkung zwischen ökonomischen und ökologischen Faktoren besonders deutlich:

Die ersten, in großem Stile im Getreidebau angewendeten selektiven Herbizide waren die von der β-Indolyl-Essigsäure sich herleitenden sogenannten Wuchsstoffherbizide vom Typ des 2,4-D (Dichlorphenoxyessigsäure) und anderer Phenoxyverbindungen. Da diese Herbizide nahezu vollständig selektiv auf breitblättrige (dikotyle) Unkräuter wirken, wurden solche Arten wie die Ackerdistel, der Ackerhohlzahn, der Hederich, Knöteriche, Kornblume, Mohn und Senf erheblich zurückgedrängt. Andere Arten, wie Vogelmiere und Kamille, die auf einige Wuchsstoffherbizide weniger gut ansprechen, nahmen relativ zu. Vor allem aber wurde durch die Ausschaltung der dikotylen Pflanzen eine ökologische Nische geschaffen, die zu einer erheblichen Zunahme der Ungräser, wie Ackerfuchs-

47

schwanzgras, Flughafer, Windhalm und Quecke führte. Man kann sagen, daß die Ausschaltung der breitblättrigen Unkrautarten die Ungräser geradezu herausselektioniert hat. Doch ist auch diese Erscheinung keineswegs monofaktoriell bedingt. Ein wesentlicher Faktor ist der Einsatz des Mähdreschers, der sich wiederum aus Gründen der Arbeitskräfteersparnis durchgesetzt hat. Einerseits verlangt der Mähdrescher weitgehend unkrautfreie Bestände, da das Getreide beim Erntevorgang druschtrocken sein muß und ein starker Unkrautbesatz die Feuchtigkeit in den Schlägen hält. Darüber hinaus behindert ein dichter Bodenbewuchs die Beerntung: Die Unkräuter, z.B. die Hundskamille, verfilzen sich im Mähbalken, der damit blockiert wird. Andererseits wirkt aber der Mähdrescher für manche Ungrasarten geradezu als Aussaatmaschine: Die Notwendigkeit, die Getreidekörner bis zur Trockenreife gelangen zu lassen, führt zu einer Verzögerung des Erntetermins, was bedeutet, daß auch die Ungräser voll ausreifen können und dadurch an Keimfähigkeit zunehmen. Wurden früher aber die Ungrassamen mit dem Getreide zu einem großen Teil vom Feld abgefahren, werden sie heute vom Mähdrescher wieder fast vollständig auf das Feld geschüttet, was — zumal bei verengter Fruchtfolge — zu entsprechender Ungrasverseuchung der Felder führen muß. Der Mähdrescher erfordert also einen weitgehend unkrautfreien Bestand, begünstigt aber gleichzeitig ökologisch und technisch die Unkrautverbreitung (vgl. auch *Menck* u. *Behrendt*, 1974).

In der durch Ausweitung der Getreidebaufläche, Wuchsstoffherbizide und Mähdrusch geschaffenen Situation lag der einzig gangbare Weg in der Entwicklung von Herbiziden, meist Bodenherbiziden mit ökologischer oder physiologischer Selektivität, die die Konkurrenz der Ungräser ausschalteten und damit die Mehrerträge sicherten.

Die Möglichkeit, die gesamte Unkrautflora auszuschalten, hatte den weiteren Effekt, daß die mineralische Düngung, namentlich die Stickstoffgabe, sich voll im Getreideertrag auswirken konnte, ohne dem Boden vom Unkraut entzogen zu werden. Da aber eine der Grenzen der Stickstoffgabe in der Standfestigkeit der Halme liegt, führten die erhöhten Erträge verstärkt zum „Lagern" des Getreides. Dieser Erscheinung konnte durch die Entdeckung, daß Spritzungen mit Chlorcholinchlorid (CCC) zu einer Verkürzung und Verdickung der Getreidehalme führen und damit die Standfestigkeit erhöhen, begegnet werden, wodurch die Möglichkeiten der Ertragssteigerung durch Zufuhr von Nährstoffen weiter erhöht werden (vgl. auch *Haug*, 1976).

Bedenkt man, daß die Unkrautbekämpfung seit dem Entstehen des Ackerbaus überhaupt zu den zentralen Problemen der Landwirtschaft gehört und daß ganze Systeme von Fruchtfolgen, Bewirtschaftungsformen und der Bodenbearbeitung zumindest teilweise der Zurückdrängung des Unkrautes dienten, so wird verständlich, daß die Bedeutung der Herbizidanwendung für die Entwicklung der Anbauverfahren heute bis in alle Konsequenzen noch gar nicht abschätzbar ist. *Heyland* (1975) hat hier interessante Perspektiven aufgezeigt. Er führt aus, daß die mechanische Bodenbearbeitung auf dem Wege über die intensive Belüftung zu einem Humusabbau geführt hat und die durch Herbizide bewirkte Extensivierung der Bodenbearbeitung umgekehrt eine deutliche Humusanreicherung in der Bodenkrume zur Folge hat. Dies dürfte, zusammen mit dem Wegfallen des Stickstoffentzuges durch die Unkräuter, dazu führen, daß die Stickstoffgaben auf die

Dauer gesenkt werden bzw. ausschließlich dem Entzug durch die Kulturpflanzen angepaßt werden können. Man wird ferner vermuten können, daß die beschriebene Humusanreicherung eine generelle Intensivierung der Bodenmeso- und -mikrofauna und -flora zur Folge hat, die ihrerseits wiederum Rückwirkungen auf den Abbau von Herbizidresten im Boden haben muß. Zu den vielfältigen, im voraus oftmals kaum kalkulierbaren ökologischen Konsequenzen der wirtschaftlich induzierten Herbizidanwendung gehört auch die Tatsache der wesentlich geminderten Beunruhigung der Felder. *Blaszyk* (1975) führt aus: „Früher, als das Unkraut noch von Hand oder maschinell entfernt werden mußte, waren viele Arbeitsgänge notwendig, um dieses Ziel zu erreichen. Heute fährt der Landwirt ein einziges Mal mit dem Spritzgerät über den Acker, um denselben Effekt zu erzielen. Während früher in der Vegetationsperiode, insbesondere in den Frühjahrsmonaten, ein Heer von Menschen auf den Äckern hackte und jätete, ist die Ackerlandschaft heute in dieser Jahreszeit fast menschenleer. Die Störungen sind also außerordentlich gering, und Vogelarten, die früher nie oder so gut wie nicht im Getreide, in Rüben oder Kartoffeln brüteten, kommen jetzt dort vor. So sind z.B. Kiebitz und Austernfischer an der Küste zu häufigen Brutvögeln auf dem Ackerland geworden, wo sie früher fast fehlten. Selbst Greifvögel, wie die Rohrweihe und die Wiesenweihe, brüten in unserem Raum jetzt gelegentlich in großen Getreideflächen und ziehen hier erfolgreich ihre Jungen auf."

Umgekehrt wird aus der Tatsache der weitgehenden Vernichtung der Unkrautflora die Gefahr abgeleitet, daß Nahrungsketten unterbrochen werden könnten. Da die Unkräuter als Wirtspflanzen für eine Reihe von Insekten ausfallen, fehlen diese Insekten wiederum als Nahrungsquelle für höhere Arten, z.B. Vögel. Der temporäre und gebietsweise Rückgang von Rebhuhnbeständen wird teilweise mit dieser Argumentation ökologisch — nicht toxikologisch — gedeutet. Dem steht entgegen, daß die Populationskurven der Rebhühner generell zwar deutlich Bestandsschwankungen in Form von Massenwechselzyklen zeigen, aber keineswegs einen permanent fallenden Trend aufweisen (*Cramer* u. *Middendorf*, 1974), daß dieser Zusammenhang nur für pre-emergence bekämpfte Unkräuter zutreffen kann und daß ferner eine deutliche Zunahme von Blattschädlingen, namentlich Aphiden, am Getreide selbst festzustellen ist, die bisher nur in seltenen Ausnahmefällen bekämpft werden und einen ökologischen Ausgleich bieten könnten.

Ist dieser verstärkte Blattlausbefall des Getreides (*Kolbe*, 1969) zweifellos zum erheblichen Teil eine Folge des ausgeweiteten Getreidebaus, der damit verbundenen verengten Fruchtfolgen, vielleicht des heutigen Sortenspektrums und der guten Nährstoffversorgung des Getreides — Blattläuse sind Primärschädlinge —, so sind die genannten Faktoren fraglos auch als ökologische Ursachen für die Zunahme verschiedener Blatt-, Ähren- und Halmkrankheiten, voran des Mehltaus, anzusprechen, wobei die gegenüber früher wesentlich erhöhte Bestandsdichte die Entwicklung parasitärer Pilze zusätzlich kleinklimatisch begünstigt. Der Schutz des Getreides mit Blattfungiziden gehört im intensiven Getreidebau heute zu den Standardmaßnahmen. Ebenfalls die verengten Fruchtfolgen und das weitgehende Fehlen der Unkrautflora als „Blitzableiter" könnten dazu führen, daß Bodenschädlinge und vor allem Nematoden auch im Getreidebau zunehmend Bedeutung gewinnen.

Die „zunehmende Chemisierung" des Getreidebaus wird vielfach kritisiert. Doch kann man zusammenfassend sagen: Waren früher die Saatgutbeizung und die mechanische Unkrautbekämpfung die einzig für notwendig erachteten Pflanzenschutzmaßnahmen, so ist in den letzten Jahrzehnten die Unkrautbekämpfung mit Wuchsstoffen, dann mit Bodenherbiziden, die Halmverkürzung, die Bekämpfung des Mehltaus, stellenweise der Gallmücken und Blattläuse, dann der Ährenkrankheiten, des Rostes und der Fußkrankheiten hinzugekommen. Daraus wird gefolgert, es handle sich um eine Sukzession chemischer Maßnahmen, von denen — wie die fallenden Dominosteine — eine die andere nach sich zöge. Die Analyse zeigt, daß diese Vorstellung nicht richtig ist. Wirtschaftliche Voraussetzungen haben zu einer Ausweitung und Intensivierung des Getreidebaus mit Spezialisierung der Betriebe geführt. Deren maschinelle Ausstattung ist nur bei bestimmten Mindestgrößen der Flächen und bei verengten Fruchtfolgen rentabel zu halten, die hohen Lohnkosten zwingen dazu, mit einem Minimum an Arbeitsstunden zu wirtschaften. Eine mechanische Unkrautbekämpfung ist daher nicht möglich, Unkrautfreiheit aber aus ertrags- und erntetechnischen Gründen erforderlich. Ökologisch ergab sich aus der erfolgreichen Unkrautbekämpfung mit Wuchsstoffpräparaten eine Selektion der Ungräser. Die effektive Beseitigung aller wichtigen Unkrautarten führte zu verbesserter Nährstoffausnutzung durch das Getreide.

Um dessen genetisches Potential ausschöpfen zu können, mußte die Standfestigkeit durch Halmverkürzer erhöht werden. Der größere Getreideanteil in den Fruchtfolgen und die Ausweitung der Getreideflächen führte aber gleichzeitig zu einem erhöhten Infektions- bzw. Befallsdruck durch Krankheiten und Schädlinge. Gleichzeitig ergibt sich aber durch die infolge der Herbizidanwendung extensivierte Bodenbearbeitung eine deutliche Humusanreicherung mit entsprechender Aktivierung des Bodenlebens. Der Tatsache, daß innerhalb der Äcker die Unkräuter als Ökosystemglieder weitgehend beseitigt werden, steht andererseits das Faktum gegenüber, daß durch mechanische Bearbeitung der Felder während des größten Teils der Vegetationszeit keine Störung eintritt, so daß sich neue Besiedlungsformen entwickeln. Parallel mit den wirtschaftlich induzierten ökologischen Änderungen ist eine in der Geschichte des Getreidebaus bislang beispiellose Ertragssteigerung gegangen, die weiterhin anhält.

5. Beispiel Zuckerrübenbau

Der Zuckerrübenbau bietet ein besonders eklatantes Beispiel der Entwicklung einer nahezu volltechnisierten, industriellen Bewirtschaftungsweise einer landwirtschaftlichen Kulturpflanzenart mit weitreichenden ökologischen Konsequenzen. Da die Zuckerrübe zudem nahezu stets in Fruchtwechsel mit Getreidearten angebaut wird, eignet sich die Darstellung der hier vorliegenden Verhältnisse besonders dazu, im Zusammenhang mit dem vorangegangenen Kapitel ein geschlossenes Beispiel zu vermitteln. Auch hier ist ein Ertragsvergleich für die letzten 25 Jahre aufschlußreich. Die Flächenerträge lauten (t/ha)

	⌀ 1948/49—1952/53	1973	Anstieg (%)
Welt	21,3	30,8	44,6
Bundesrepublik Deutschland	33,1	45,0	35,9

Diese enorm erhöhten Erträge werden mit einem drastisch verminderten Aufwand an Arbeitsstunden je Hektar erzielt: Im Jahre 1950 wurden für die Pflegemaßnahmen im Rübenbau noch 130 Std. je Hektar benötigt, 1973 nur noch 33 Std. (*Hanf*, 1975), d. h. je geleistete Arbeitsstunde wurden 1950 in der Bundesrepublik Deutschland 0,25 t Zuckerrüben, 1973 1,36 t erzeugt, die Arbeitsproduktivität hat sich also mehr als verfünffacht.

Wie sehr sich hier in einem Zeitraum von nur etwas mehr als 20 Jahren die Verhältnisse geändert haben, zeigt die Tatsache, daß noch 1954 (*Glasow*, 1954) eingehende arbeitsphysiologische Untersuchungen darüber erscheinen konnten, ob das Hacken und Vereinzeln der Rüben besser in knieender, tief gebückter oder leicht gebückter Körperhaltung erfolgen solle.

Für derartige Pflegemaßnahmen Arbeitskräfte zu bekommen erwies sich mit dem allgemeinen wirtschaftlichen Aufschwung als zunehmend unmöglich, darüber hinaus wäre die Lohnkostenbelastung untragbar geworden, zumal eine Abwälzung über den Preis bei der Zuckerrübe, die weltwirtschaftlich in Konkurrenz zum Zuckerrohr steht, nicht möglich ist. Aus diesen Gründen geriet der Zuckerrübenbau in Westeuropa in den fünfziger Jahren in eine ernsthafte Krise. Es drohte eine drastische Reduktion der Anbauflächen.

Eine Lösung des Problems wurde durch eine Sukzession von Innovationen gefunden, von denen jede einzelne die vorhergehende zur Voraussetzung hatte und ökologische Veränderungen bedingte, die neue Probleme schufen, welche wiederum technische Lösungen erforderten. Das Ergebnis ist ein technisch weitgehend durchrationalisierter, fast handarbeitsfreier, hoch ertragreicher und rentabler Rübenbau auf Anbauflächen, deren ökologischer Zustand vom Anbauer in geradezu kalkulierter Form gesteuert wird. *Hanf* (1972a, 1972b, 1975) hat diese Entwicklung aus der agrartechnischen und wirtschaftlichen Sicht mehrfach beschrieben.

Nachdem es gelungen war, selektive Rübenherbizide zu entwickeln, die also die Mehrzahl der im Rübenbau wichtigen Unkräuter beseitigen, ohne die Kulturpflanzen zu schädigen, stellte sich heraus, daß die ökologische Bedeutung des Hackens als Maßnahme der Bodenbearbeitung vielfach überschätzt worden war. Bezüglich der Ertragshöhe bewirkt das Hacken — wie auch bei anderen Kulturpflanzenarten — nicht mehr, als eben die Beseitigung der Unkrautkonkurrenz (*Heyland*, 1975). Für den Humushaushalt ergeben sich die gleichen positiven Konsequenzen wie im Getreidebau.

Durch das Wegfallen der Notwendigkeit, die Unkrautbekämpfung mit der Hand vorzunehmen, ergab sich zwar eine Arbeitseinsparung von 30—40%, doch erforderte das Vereinzeln der Rüben nach wie vor einen hohen Aufwand von Handarbeit. Ökologisch begann sich die Tatsache abzuzeichnen, daß polyphage Schädlinge, die sich früher auf Unkrautbestand und Kulturpflanzen verteilt hatten, nunmehr als einzige Wirtspflanzen auf dem Acker die Rübenpflanzen zur Verfügung hatten und sich entsprechend auf diese konzentrierten. Das gilt namentlich für Bodenschädlinge wie die Drahtwürmer und Erdraupen, aber auch für Blatt- und Sproßschädlinge, wie den Moosknopfkäfer, mehrere Rüsselkäferarten, Dipteren und Aphiden. Hier spielt zweifellos auch die dispersionshemmende Wirkung einer dichten Vegetation eine Rolle.

Von der wirtschaftlichen Seite her konnte es nicht mehr befriedigen, daß die Hackarbeiten ausschließlich für das Verziehen der Rüben erforderlich geblieben waren, die von einer Ausgangszahl von etwa einer Million Keimlingen auf einen Endbestand von 70000—80000 Rüben je Hektar reduziert werden mußten. Der Weg hierzu wurde durch die Entwicklung von zunächst technisch, später genetisch monogermem Saatgut eröffnet, bei dem sich also aus dem Einzelkorn jeweils nur ein Rübenkeimling entwickelt. Dadurch war die Aussaat der Rüben auf Endabstand möglich geworden, die Notwendigkeit jeglicher maschineller oder manueller Handarbeit entfiel. Der Rübenacker ist damit zu einer tabula rasa geworden, auf der während der ganzen Vegetationszeit — bei perfekter Bewirtschaftung — nur die Anzahl der Rübenpflanzen steht, die geerntet werden soll.

Damit aber stellen sich aus wirtschaftlichen und aus ökologischen Gründen einige Schädlingsprobleme in verschärfter Form: Werden die Rüben auf Endabstand gesät, so bedeutet der Ausfall jeder einzelnen Pflanze einen wirtschaftlichen Verlust. Die Schadensschwelle ist also erheblich herabgesetzt. Ökologisch gesehen sind aber die Rübenpflanzen die auf der ganzen Fläche einzig verbliebenen Wirtspflanzen für phytophage Insekten. Aus diesem Grunde haben einzelne Arten, die früher kaum eine wirtschaftliche Bedeutung hatten, sich zu ernsthaften Schädlingen entwickelt, so der schon erwähnte Moosknopfkäfer und in jüngerer Zeit die Collembolen. Auch die zunehmende Bedeutung der Nematoden im Rübenbau hängt — neben Fruchtfolgefragen — mit dieser Situation zusammen.

Als Konsequenz ergibt sich die Notwendigkeit zu gezielten Bekämpfungsmaßnahmen bzw. zum prophylaktischen Schutz der Rübenpflanzen. Hier könnte der nächste Schritt der weiteren Rationalisierung in der Entwicklung der Curaterr®-Rübenpille gesehen werden, die der jungen Rübenpflanze durch den systemischen Wirkstoff Carbofuran vom Saatgut her einen ausreichenden Schutz gegen Moosknopfkäfer, Collembolen, Blattläuse und Rübenfliege verleiht und damit den ökologischen Vorteil einer Punktbehandlung mit dem wirtschaftlichen Vorteil der Einsparung der Spritzung in der Frühsaison verbindet (*Haug*, 1976).

6. Das Gleichgewichtsproblem in ökonomisch gesteuerten ökologischen Systemen

Die in den vorausgegangenen Abschnitten dargestellten Fakten zeigen, daß chemische Pflanzenschutzmaßnahmen in der Landwirtschaft im allgemeinen eher als Konsequenz denn als Ursache ökologischer Veränderungen anzusehen sind, obwohl es sich hierbei um kaum etwas anderes als um die Frage danach handelt, ob das Huhn oder das Ei zuerst dagewesen sei. Bodenwirtschaft stellt immer einen Eingriff in ökologische Abläufe dar und schafft veränderte ökologische Situationen. Diese Veränderungen werden häufig als Störungen des sogenannten biologischen Gleichgewichts interpretiert.

Der Begriff „Biologisches Gleichgewicht" ist aber naturwissenschaftlich nur schwer zu definieren. Er geht von der Vorstellung einer Art von „prästabilierter Harmonie" aus, die besagt, daß die in einem Lebensraum wirksamen abiotischen und biotischen Kräfte sich gegenseitig so weitgehend aufheben, daß sich daraus ein mittlerer, über längere Zeiträume gesehen stabiler Zustand ergibt.

Diese Vorstellung bietet naturwissenschaftliche Schwierigkeiten, weil sie einmal nur auf Klimaxzustände anwendbar ist, zum anderen wenig Raum für Evolutionen läßt und schließlich eine Definition dessen erfordert, was als mittlerer Zustand anzusehen ist. Die Vorstellung vom „biologischen Gleichgewicht" besagt ja nicht, daß im gegebenen Lebensraum stets die gleichen Arten in gleichen Populationsdichten anzutreffen seien, sondern wird dynamisch in dem Sinne verstanden, daß Dichteschwankungen in bestimmten Zeiträumen wieder ausgeglichen werden. Das ließe sich so ausdrücken, daß ein biologisches Gleichgewicht dann herrscht, wenn das *Verhältnis der Populationsdichten der an einem Lebensraum beteiligten Arten zueinander im langjährigen Mittel konstant ist* (*Cramer*, 1962).

Ist also die Populationsdichte einer Art im ersten Jahre $= D_1$, im zweiten Jahre $= D_2$ usw., so ergäbe sich

$$\frac{D_1 + D_2 + \ldots D_n}{n} = \text{konstant}$$

Diese Rechnung müßte für alle an einer Biozoenose beteiligten Arten durchgeführt werden, um ermitteln zu können, welches das „normale", d.h. im langjährigen Mittel konstante Zahlenverhältnis der Populationsdichten der Arten zueinander ist.

Stabile langjährige Mittelwerte stellen sich um so schneller ein, je geringer und je gleichmäßiger die populationsdynamischen Bewegungen bei den einzelnen Arten sind und je kurzfristiger sie ablaufen. Verläuft ein Massenwechselzyklus, wie beim nordamerikanischen Tannentriebwickler *Choristoneura fumiferana* innerhalb einer Zeitspanne von ca. 120 Jahren, so bedarf es entsprechend langer Zeiträume zur Etablierung stabiler langjähriger Mittelwerte. So kann der Zeitraum, innerhalb dessen sich ein stabiles langjähriges Mittel konstituiert, geradezu zum Maßstab für die Stabilität oder Labilität einer Biozoenose werden. Das „Biologische Gleichgewicht" reduziert sich aber damit auf die Resultante aus Massenvermehrung und populationsdynamischem Zusammenbruch. Zeitlich begrenzte ökologische Zustandsaufnahmen gestatten keine Aussage über die Gleichgewichtssituation.

Die vielfältigen theoretischen und methodischen Schwierigkeiten, die sich aus diesem Ansatz ergeben, können hier nicht detailliert abgeleitet werden und würden das Thema sprengen. Wichtig ist jedoch die Konsequenz für den zunehmend rationalisierten Anbau von Kulturpflanzen. Besteht die Gleichgewichtsvorstellung darin, daß keine der am Lebensraum beteiligten Arten eine dominierende Populationsdichte erreichen darf, so besteht der Anspruch der Agrarwirtschaft darin, jeweils einer Art, nämlich der Kulturpflanze, eine dominierende Stellung zu verschaffen, oder — mit anderen Worten — die Massenvermehrung der Kulturpflanze zu bewirken und aufrechtzuerhalten. Landwirtschaft strebt also *Sekundärgleichgewichte* an, in denen die Dichteschwankungen so gering wie möglich gehalten werden. Auch der Versuch einer naturwissenschaftlichen Fassung des Begriffes „Biologisches Gleichgewicht" mündet also, sobald ökonomisch induzierte Fragestellungen eingebracht werden, in abgeleitete Systeme, also in Ordnungsstufen erster und nachfolgender Ableitungen, wie sie im Einleitungskapitel skizziert wurden.

7. Ausblick

„Die Umwelt" ist kein absoluter Wert, sondern kann — das liegt schon sprachlich im Wortsinn — immer nur in bezug auf ein Subjekt verstanden werden, selbst wenn man den Umweltbegriff von *von Uexküll* (1956) heute als zu eng gefaßt betrachtet. Bei der Schaffung von Naturparks oder der Belassung von Naturreservaten wird eine Umweltsituation angestrebt, die auf die freilebende Pflanzen- und Tierwelt bezogen ist. In agrarwirtschaftlich genutzten Flächen ist die Bezugsgröße eindeutig der Mensch. „Die Umwelt wirkt mit fördernden oder hemmenden Kräften auf den Organismus ein. Erstere zu nutzen, letztere zu meistern, ist der Hauptinhalt tierischen Lebens" (*Eidmann*, 1941). Das gilt auch für die biologische Existenz des Menschen. Da er, im Vergleich zu anderen Organismen, über überlegene intellektuelle Fähigkeiten verfügt, sind seine Möglichkeiten, die Umwelt nicht hinnehmen zu müssen, wie sie ist, sondern sie nach seinen Bedürfnissen zu gestalten, sehr weitreichend. Dies ist in der gegenwärtigen Diskussion unumstritten. Umstritten ist, welches die wirklichen Bedürfnisse des Menschen seien. Es dürfte aber außer Zweifel stehen, daß eine ausreichende Nahrungsversorgung zu den Elementarbedürfnissen gehört, deren Befriedigung überhaupt erst die Voraussetzung für die Realisierung derjenigen Ansprüche schafft, die als spezifisch „menschenwürdig" gelten. Die für die Ernährung der bedrohlich anwachsenden Menschheit erforderliche Nahrungsmittelproduktion ist aber — das sollte in den vorausgegangenen Abschnitten gezeigt werden — nur durch eine Steuerung ökologischer Faktoren auf ökonomische Ziele hin möglich. Es ist selbstverständlich, daß hierbei nicht planlos vorgegangen werden darf, da sich eine dauerhafte ökologische und ökonomische Leistungsfähigkeit gegenseitig bedingen.

8. Literatur

Bittermann,E. (1956): Die landwirtschaftliche Produktion in Deutschland 1800—1950. Kühn-Archiv 70, Halle/Saale, 149 S.

Blaszyk,P. (1975): Pflanzenschutz und Naturschutz. Gesunde Pflanzen 27, 1—9.

Braun,H. (1953): Die Verschleppung von Pflanzenkrankheiten und Schädlingen über die Welt. Arbeitsgem. f. Forsch. d. Landes Nordrh.-Westf., H. 32.

Bundesministerium für Ernährung, Landwirtschaft und Forsten (1965 und 1974): Statist. Jhb. über Ernährung, Landwirtschaft und Forsten der Bundesrepublik Deutschland. Hamburg und Berlin.

Cramer,H.H. (1962): Natürliche und künstliche Abundanzänderungen bei Kieferninsekten. Ein Beitrag zur Frage der Biozoenose-Störungen in der Forstwirtschaft. Habilitationsschrift. Freiburg/Brsg. 119 S.

Cramer,H.H., Middendorf,M. (1974): Wildbestand und Wildmortalität in der Bundesrepublik Deutschland. Pflanzenschutz-Nachr. Bayer 27, 179—203.

Curschmann,F. (1900): Hungersnöte im Mittelalter. Ein Beitrag zur Wirtschaftsgeschichte des 8. bis 13. Jahrhunderts. Diss. Leipzig, 33 S.

Decker,G.C. (1964): The past is prologue. Bull. of the Entom. Soc. of America, 8—15.

Dengler,A. (1971): Waldbau auf ökologischer Grundlage, neu bearbeitet von *A. Bonnemann* und *E. Röhrig*, Bd. 1, Hamburg und Berlin, 229 S.

Eidmann,H. (1941): Lehrbuch der Entomologie, Berlin 500 S.

Friderich, König von Preußen etc. (1752): Renoviertes und erneuertes Edict, wegen Vertilgung der Heuschrecken oder Sprengsel, Berlin, 4 S.

Glasow, W. (1954): Der Arbeitsaufwand beim Vereinzeln von Rüben in Abhängigkeit von Saatgutform, Saatmethode und Vereinzelungsverfahren. Schriftenreihe des Inst. f. landw. Arbeitswiss. und Landtechnik der Max-Planck-Ges. z. Förd. d. Wiss., Bad Kreuznach, H. 16, Stuttgart, 95 S.

Haeske, E., Kato, K. (1969): Chemischer Pflanzenschutz im Reisbau. Pflanzenschutz-Nachr. Bayer *22*, 66—80.

Hanf, M. (1972a): Von der Mechanik zur Chemie. 35 Jahre Pflanzenschutzentwicklung. Mitt. aus der Biol. Bundesanst. für Land- und Forstwirtschaft, H. 146, 9—86.

Hanf, M. (1972b): Pflanzenschutzentwicklung in Deutschland 1946—1971. BASF-Mitt. f. d. Landbau, März 1972, S. 1—26.

Hanf, M. (1975): Geschichte der chemischen Unkrautbekämpfung im Rübenbau. BASF, Mitt. für den Landbau, 3/75, S. 1—26.

Haug, G. (1976): Pflanzenschutz-Forschung der Industrie. In: *Wegler, R.* (Hrsg.), Chemie der Pflanzen- schutz- und Schädlingsbekämpfungsmittel, 3. Bd., Berlin-Heidelberg-New York: Springer, S. 57

Heyland, K. U. (1975): Über die Bedeutung des Herbizideinsatzes für die Entwicklung von Anbauver- fahren. Ztschr. f. Pflanzenkrkh. und Pflanzenschutz, Sonderheft VII, S. 21—28.

Kolbe, W. (1969): Untersuchungen über das Auftreten verschiedener Blattlausarten als Ursache von Ertrags- und Qualitätsminderungen im Getreidebau. Pflanzenschutz-Nachr. Bayer *22*, 177—211.

Maria Theresia, Römische Kaiserin etc. (1749): Beschreibung, deren Anno 1747 und 1748 in der Wallachey, und Siebenbürgen eingedrungenen Heuschrecken, und was zu deren Ausrottung für Mittel zu gebrauchen seyen. Wien, 2 + 5 S.

Menck, B.-H., Behrendt, S. (1974): Die Veränderung der Unkrautflora in Getreide und die Konsequen- zen für die richtige Wahl der Herbizide, dargestellt an Versuchsergebnissen aus der Bundesrepu- blik Deutschland und aus der Tschechoslowakei (CSSR). BASF Mitt. für den Landbau, 5/74, S. 1—27.

Uexküll, J. von (1956): Streifzüge durch die Umwelten von Tieren und Menschen. Rowohlts deutsche Enzyklopaedie Bd. 13, 182 S.

Pflanzenschutz-Forschung der Industrie

G. Haug *

Leiter des Ressorts Pflanzenschutz Anwendungstechnik der Bayer AG, Leverkusen

Inhalt

Industrieforschung ist ihrem Wesen nach auf die Zukunft gerichtet, sie hat aber auch eine Verantwortung gegenüber der Gegenwart und der Vergangenheit. Diese Verantwortung gilt nicht nur für Erfolge in der Forschung, sondern auch für Fehlentscheidungen, die sich erst später auswirken. Dabei ist die Industrieforschung ständig im Erfolgszwang und dies sowohl extern wie auch intern, d.h. innerhalb eines großen Industrieunternehmens. Nachlassende Erfolgsrate oder gar Mißerfolge führen extern zu einer oft unsachlichen Kritik am Wesen industrieller Forschung. Aber auch intern ist eine ausreichende Erfolgsrate eine absolute Notwendigkeit, da sonst die Konkurrenzfähigkeit des Unternehmens entscheidend beeinträchtigt werden kann. Fehlende Erfolge führen andererseits dazu, daß dann die zur Verfügung stehenden Mittel eines Unternehmens in eine andere Forschungsrichtung gelenkt werden.

Diese unerfreuliche Situation ergab sich zu Anfang dieser Dekade für die Pflanzenschutz-Forschungsgruppen verschiedener Firmen, obwohl heute kein Zweifel besteht, daß Pflanzenschutzmittel und damit die Forschung auf diesem Gebiet zur Sicherung der Welternährung unerläßlich sind (*Cramer*, 1970), ebenso wie Präparate zur Ausschaltung der Vektoren so gefährlicher Krankheiten wie z.B. Malaria, Onchocercose, Bilharzia und der Chagas-Krankheit, deren Wirkstoffe meist aus der Pflanzenschutz-Forschung stammen. Allein in den USA ha-

---

* Der Verfasser dankt den Herren Dr. *W.Bartels* und Dr. *H.H.Cramer*, Pflanzenschutz Anwendungstechnik der Bayer AG, für wertvolle Hinweise und Anregungen sowie für kritische Durchsicht des Manuskripts.

ben sechs bekannte Unternehmen die Forschungsarbeiten auf dem Gebiet der Insektizide in den letzten 5 Jahren aufgegeben (*Sanders*, 1975). Die betreffenden Firmen waren nicht mehr gewillt und in der Lage, den enormen Aufwand zu tragen, der heute mit der Entwicklung eines neuen Insektizids verbunden ist.

In den nachfolgenden Ausführungen soll versucht werden, einen zusammenfassenden Überblick über die ökonomischen und biologischen Beweggründe der industriellen Pflanzenschutz-Forschung zu geben. Dabei sei wegen der früheren Situation auf *Bartels* (1970) und *Bartels* u. *von Eicken* (1972) verwiesen.

1. Forschungskosten

Die Forschungs- und Entwicklungskosten für Pflanzenschutzmittel sind heute sehr nahe an die von Pharma-Produkten herangerückt. Die Kosten für die Entwicklung eines Pharma-Präparates werden von *Wechsler* et al. (1975) in einer Untersuchung für die EPA (Environmental Protection Agency, USA) mit 6—8 Mio. US-\$ angegeben. Die Zahlen, die über die Kosten für die Entwicklung eines Pflanzenschutzmittels vorliegen, sind in Tabelle 1 zusammengestellt. Sie sind nicht einheitlich, da die Erfassung in unterschiedlicher Weise erfolgen kann, doch ist die steigende Tendenz unverkennbar.

Tabelle 1. Forschungs- und Entwicklungskosten
für ein Pflanzenschutzmittel (Mio. US-\$)

Jahr	Quelle	Gesamtkosten
1956	*Johnson* u. *Blair* (1972)	1,196
1964	*Field* (1964)	2,918
1967	*Wechsler* et al. (1975)	3,400
1967	*Sanders* (1975)	3,400
1969	*von Rümker* et al. (1970)	4,060
1969	*Wechsler* et al. (1975)	6,000
1970	NACA (1975)	5,493
1970	*Wechsler* et al. (1975)	5,500
1970	*Sanders* (1975)	5,500
1972	*Johnson* u. *Blair* (1972)	10,000
1973	NACA (1975)	6,112
1973	*Sanders* (1975)	6,100
1974	*Wechsler* et al. (1975)	7,600

Wenn man diese Zahlen betrachtet, muß man berücksichtigen, daß es sich meist um Durchschnittswerte der Forschungs- und Entwicklungskosten für ein Pflanzenschutzmittel handelt. Nach den Untersuchungen von *Wechsler* et al. (1975) auf Grund von Angaben von 22 Firmen ergaben sich 1974 durchschnittliche Forschungskosten von 7,6 Mio. US-\$. Der von einer Firma angegebene Höchstwert lag bei 12 Mio. US-\$.

Im allgemeinen werden Synthese, biologisches Screening und Entwicklung der interessanten Wirkstoffe einschließlich Toxikologie, Analytik, Rückstandsanalytik, Metabolismus und ökologische Untersuchungen den Forschungskosten zugerechnet. Diese Kosten liegen heute bei ca. 6—10% des Umsatzes der forschenden Firmen (Durchschnitt USA 1973=7,8%, NACA, 1975; 5,9%, *Wechsler* et al., 1975). Die Verfahrensentwicklung zur Herstellung des Wirkstoffes wird meist ebenfalls den Forschungskosten zugeordnet, während die Errichtung von Fabrikationsanlagen nicht zu den Forschungskosten zu zählen ist. Dabei muß man heute rechnen, daß die Investitionen für die Produktion eines Pflanzenschutzmittels meist noch einmal in derselben Größenordnung liegen wie die Forschungs- und Entwicklungskosten. *Wechsler* et al. (1975) geben an, daß sie in vielen Fällen sogar 30 Mio. $ erreichen. Im Vergleich dazu sind die Investitionen für die Produktion von Pharmazeutika im allgemeinen geringer, allein schon dadurch, daß die benötigten Mengen an wirksamen Substanzen nicht so groß sind.

Die Forschungskosten für ein einzelnes zum Verkauf entwickeltes Pflanzenschutz-Präparat zu berechnen ist recht schwierig. Dem Einzelpräparat können direkt meist Kosten in der Größenordnung von 5—10 Mio. DM zugeordnet werden. Es muß aber berücksichtigt werden, daß eine sehr große Zahl Substanzen synthetisiert und geprüft werden muß, ehe man ein aussichtsreiches Präparat in die Entwicklung geben kann. Auch die dadurch entstehenden Kosten müssen natürlich von den schließlich als Resultat der Forschung zum Verkauf kommenden Präparaten getragen werden. Dies bedeutet aber, daß man die Gesamtforschungskosten eines Jahres auf die in einem Jahr neu gefundenen und bis zur Verkaufsreife entwickelten Präparate verteilen muß.

Um eine breit angelegte Forschung auf dem Pflanzenschutzsektor durchführen zu können, müssen ca. 8000—10000 Präparate jährlich synthetisiert und geprüft werden. Dabei kann man davon ausgehen, daß ein Synthese-Chemiker jährlich 300 Wirkstoffe herstellt. Je nach der Forschungsrichtung wird man mit maximal 1—2 interessanten neuen Präparaten pro Jahr aus der Gesamtzahl der 8000—10000 geprüften Stoffe rechnen können. Beim derzeitigen Stand der Kosten dürften Synthese und Screening von 8000—10000 Präparaten sowie teilweise eingehendere Prüfung und Entwicklung etwa 60—80 Mio. DM ausmachen. Hinzu kommen, wie bereits ausgeführt, die Investitionskosten für die Produktionsanlagen. Daraus läßt sich abschätzen, welche Kosten ein neu entwickeltes Handelspräparat zu tragen hat. Die große Zahl der in das Primärscreening gegebenen Substanzen ist notwendig, da in der Erforschung der Zusammenhänge von Konstitution und Wirkung von chemischen Stoffen nur langsame Fortschritte erzielt werden konnten, so daß die Empirie nach wie vor die Basis der Suche nach neuen Wirkstoffen ist.

In einer Analyse (*Rabe*, 1975), die den Erfolg der Pflanzenschutzforschung der Bayer AG von 1950—1974 untersucht, werden die oben angegebenen Werte deutlich unterstrichen. Während dieses Zeitraumes wurden ca. 153000 Substanzen synthetisiert und geprüft.

Dies bedeutet, daß — über 25 Jahre gerechnet — jährlich durchschnittlich 6120 Verbindungen synthetisiert wurden. In dieser Zeit konnten 62 neue Wirkstoffe zum Verkauf freigegeben werden, also pro 2467 geprüfter Verbindungen ein neues Präparat. Selbstverständlich waren bei den entwickelten Präparaten auch solche, die aus verschiedenen Gründen wieder vom Markt zurückgezogen wurden und Produkte mit einem kleinen Verkaufsvolumen. Wenn man diese letztgenannten beiden Präparategruppen bei der Berechnung außer Betracht läßt, ergeben sich für den Zeitraum von 25 Jahren folgende Zahlen der für die Entwicklung eines Präparates notwendigen geprüften Stoffe:

Substanzen synthetisiert u. geprüft von 1950—1974	Auswahlkriterium für verbleibende Präparate	Zahl der verblei- benden Präparate	Entwicklungschance für eine in Prüfung gegebene Substanz
I 153000	alle freigegebenen Wirkstoffe	62	2467 : 1
II 153000	freigegebene abzüglich zurückgezogener Präparate	49	3122 : 1
III 153000	freigegebene abzüglich zurück- gezogener sowie im Umsatz kleiner Präparate	23	6652 : 1

Die Zahlen zeigen, daß 6652 neu synthetisierte Stoffe geprüft werden mußten, um ein großes Handelsprodukt zu entwickeln. Diese Zahl stimmt gut mit der von *Wechsler* et al. (1975) genannten Zahl von 7000 überein, während NACA (National Agricultural Chemicals Association) (1975) 7430 für 1970 und 10231 geprüfte Stoffe pro Handelspräparat für das Jahr 1973 angibt. Unter Berücksichtigung der in 25 Jahren ausgegebenen Forschungskosten entfielen durchschnittlich 22,27 Mio. DM auf jedes dieser 23 Präparate. Da, wie dargelegt, die Forschungs- kosten in den früheren Jahren weit niedriger lagen, ist klar ersichtlich, daß die heutigen Forschungskosten für ein Präparat erheblich über 22,27 Mio. DM lie- gen. Dies wird deutlich, wenn man die Ergebnisse der Forschung in der Zeit von 1950—1959, 1960—1969 und 1970—1974 getrennt untersucht und die dabei ent- standenen Forschungskosten errechnet. Bei dieser Berechnung sollen nur die insgesamt 23 „großen" Präparate berücksichtigt werden. Dabei ergibt sich folgen- des Bild:

Zeitraum	Entwickelte „große" Präparate	Forschungskosten pro Präparat
1950—1959	6	7,52 Mio. DM
1960—1969	12	18,04 Mio. DM
1970—1974	5	50,09 Mio. DM

Diese Berechnung müßte aber insofern korrigiert werden, als in den Zeiträumen 1960—1969 und 1970—1974 ergänzende Forschungen an Handelspräparaten der davorliegenden Zeiträume notwendig wurden, die sich zum Teil auf Grund neuer gesetzlicher Forderungen ergaben. In der NACA-Studie (NACA, 1975) wird ange- geben, daß folgender Prozentsatz der Forschungs- und Entwicklungskosten für diese ergänzenden Arbeiten an bereits eingeführten Produkten verwendet wurde:

1971	16,7%,
1972	16,9%,
1973	17,2%.

1967 waren dies noch 13,4%. Bei der Untersuchung von *Wechsler* et al. (1975) nannten die meisten Firmen für 1975 hierfür 30%. Bei der oben angeführten Untersuchung für die Bayer AG waren dies für 1960—1969 ca. 8% der Gesamtforschungskosten und für 1970 bis 1974 ca. 15%.

Es ist schon heute abzusehen, daß diese Kosten weiterhin anfallen, und zwar in vergrößertem Umfange. Daher ist die Frage berechtigt, ob es sinnvoll ist, diese Werte von den Forschungskosten der jeweils untersuchten Zeiträume abzuziehen.

Wenn man aber diese Werte berücksichtigt, kommt man zu folgenden Forschungskosten für ein „großes" Präparat:

Zeitraum	Entwickelte „große" Präparate	Forschungskosten pro Präparat
1950—1959	6	7,52 Mio. DM
1960—1969	12	16,60 Mio. DM
1970—1974	5	42,58 Mio. DM

Diese letzte Zahl liegt deutlich höher als die Durchschnittszahl in der Studie von *Wechsler* et al. (1975) von 7,6 Mio. $ (Tab. 1).

Ebenso interessant ist es, die Zahlen jeweils in Abständen von 5 Jahren ab 1950 im Hinblick auf die geprüften Wirkstoffe für ein Handelspräparat zu betrachten. Bei dieser Berechnung ist im Gegensatz zur vorhergehenden Betrachtung aber die Gesamtzahl der 62 freigegebenen Präparate die Basis der Berechnung. Dabei ergeben sich folgende Werte:

Prüfjahre	Anzahl der geprüften Präparate pro freigegebenen Wirkstoff 1950—1954 = 100		Relative Forschungskosten pro Wirkstoff-Freigabe 1950—1954 = 100
	absolut	relativ	
1950—1954	1791	100	100
1955—1959	1507	84	119
1960—1964	2205	123	263
1965—1969	2627	147	437
1970—1974	4244	236	1150

Daraus ist ersichtlich, daß in den Jahren 1970—1974 2,36mal mehr Wirkstoffe geprüft werden mußten als in den Jahren 1950 bis 1954, um eine wirksame Verbindung zu finden, während in derselben Zeit die Kosten auf das 11,5fache stiegen. Die Kostenerhöhung ergibt sich also nicht nur aus der größeren Anzahl der geprüften Präparate, sondern auch aus der Intensivierung der Prüfung und Forschung bezüglich Wirkungsmechanismus, Analytik, Metabolismus, Toxikologie, Rückstände usw. Auch die Patentkosten dürfen nicht außer acht gelassen werden. Hinzu kommt der unproportional hohe Anstieg der Personalkosten, die bei Forschungsarbeiten mindestens 45—50% der Gesamtkosten ausmachen. Wenn man auch hier eine Korrektur für ergänzende Forschung an älteren Präparaten vornimmt, kommt man zu folgenden Zahlen:

Forschungskosten pro Wirkstoff
nach Abzug der ergänzenden Forschung 1950—1954 = 100

1950—1954	100
1955—1959	114
1960—1964	247
1965—1969	393
1970—1974	977

Die erhöhten Anforderungen für die Zulassung und Einführung neuer Pflanzenschutzmittel, auch bedingt durch bereits im Markt vorhandene Präparate, haben nicht nur zu einer verminderten Erfolgschance geführt, sondern auch in den einzelnen Entwicklungsstufen deutlich steigende Kosten verursacht, namentlich im ökologisch-toxikologischen Bereich. Die Tab. 2 und 3 zeigen nach Angaben der NACA (1975) die Entwicklung. Die Zahlen beruhen auf einer Analyse der Forschungs- und Entwicklungskosten von 36 führenden Pflanzenschutzfirmen der USA und zeigen den Anteil der jeweiligen Forschungskosten an den Gesamtforschungskosten für Pflanzenschutzmittel.

Tabelle 2. Aufteilung der Gesamtforschungs- und Entwicklungskosten für Pflanzenschutzmittel (nach NACA, 1975) in Prozent

Entwicklungsstufe	1971	1972	1973
Synthese und Screening	28,7	27,4	25,4
Freilandprüfung und -entwicklung	32,9	33,6	33,9
Toxikologie und Metabolismus	12,2	12,9	14,1
Formulierung und Verfahrensentwicklung	18,0	17,5	17,5
Umweltprüfungen	3,5	3,6	4,3
Registrierungen und Sonstiges	4,7	5,0	4,8
	100,0	100,0	100,0

Tabelle 3. Entwicklung der Kosten innerhalb der einzelnen Entwicklungsstufen (nach NACA, 1975), 1971 = 100

Entwicklungsstufe	1971	1972	1973
Synthese und Screening	100	107,4	112,0
Freilandprüfung und -entwicklung	100	114,5	130,3
Toxikologie und Metabolismus	100	118,9	145,7
Formulierung und Verfahrensentwicklung	100	109,1	122,5
Umweltprüfungen	100	115,3	151,7
Registrierungen und Sonstiges	100	118,3	129,9
	100	112,3	126,2

Dabei werden 1973 als durchschnittlicher Anteil an den *Gesamt*forschungskosten für Toxikologie und Metabolismus 14,1% angegeben. Wenn man aber die *einem* weiterentwickelten Wirkstoff *direkt* zugeordneten Forschungskosten betrachtet, liegen die Kosten für Toxikologie, Metabolismus usw. bei ca. 60% der für ein Präparat ausgegebenen Forschungskosten. Dies erklärt sich daraus, daß sich die kostenintensiven Langzeitversuche bei der direkten Zuordnung der Kosten nur auf die wenigen Entwicklungspräparate verteilen.

Ein weiteres Ansteigen der Forschungskosten speziell auf dem Gebiet der Verfahrensbearbeitung wird notwendig, da Registrierungsbehörden z.T. verlangen, daß die subchronischen toxikologischen Untersuchungen mit Wirkstoffen durchgeführt werden, die der Qualität des späteren Handelsproduktes bezüglich Reinheitsgrad und Verunreinigung bereits weitgehend entsprechen. Dies bedeutet, daß die Verfahrensbearbeitung zu einem früheren Zeitpunkt einsetzen muß. Auch die Konzessionierung einer Produktionsanlage erfolgt nur bei Vorlage einer ausgearbeiteten Stoffbilanz bezüglich Abluft, Abwasser und Fabrikationsmüll, so daß auch aus diesem Grunde sehr frühzeitig mit der meist aufwendigen Verfahrensbearbeitung begonnen werden muß, zu einem Zeitpunkt, zu dem eine endgültige Beurteilung der Verkaufschancen eines Produktes noch nicht möglich ist.

Generell erschwert die Unsicherheit auf dem Gebiet der toxikologischen Prüfung der Wirkstoffe die Entwicklung von Pflanzenschutzmitteln. Eine weltweite Harmonisierung der Anforderungen, speziell bei den Langzeitversuchen, ist dringend notwendig. Vor allem sollte erreicht werden, daß Langzeitversuche international anerkannt werden. Eine besondere Unsicherheit bringt die Diskussion um die Delaney-Clause[a] bezüglich cancerogener Stoffe und auch die über die Relevanz von Tierversuchen für den Menschen bezüglich Cancerogenität und Mutagenität. Auch hier wäre es wünschenswert, wenn bald weltweit einheitliche Anforderungen gestellt würden.

Die Faktoren, die eine Firma bei der Zielsetzung und Lenkung ihrer Forschung beeinflussen, sind vielfältig, und es ist sicher, daß aus verschiedenen Gründen den Einzelfaktoren eine unterschiedliche Bedeutung beizumessen ist. Dabei ist von besonderer Bedeutung, ob das Unternehmen gewillt und in der Lage ist, eine risikoreiche Forschung auch auf neuen Gebieten durchzuführen, oder ob es das Ziel ist, auf konventionellen Gebieten mit herkömmlichen Methoden möglichst schnell Erfolge zu erzielen. Dabei bedeutet „schnell" auch hier zwangsläufig 6—8 Jahre. Die gesamte Entwicklungszeit eines Präparates, also von der Synthese bis zur Marktreife, wird hierbei von *Johnson* und *Blair* (1972) mit ca. 60 Monaten, von NACA (1975) für 1967 mit 60 Monaten, für 1970 mit 77 und für 1973 mit 80 Monaten angegeben. *Wechsler* et al. (1975) nannten folgende Durchschnittswerte:

1950—1960	2,75 Jahre,
1960—1970	4,6 Jahre,
1975	7 Jahre.

---

[a] Diese besagt sinngemäß, daß Stoffe mit bei Mensch oder Tier nachgewiesenen cancerogenen Eigenschaften in Nahrungsmitteln nicht vorhanden sein dürfen.

Eine Zeitspanne von 6—8 Jahren entspricht auch europäischen Erfahrungen (*Sanders*, 1975). Da mindestens 2—3 Jahre notwendig sind, bis ein Produkt ein gewisses Marktvolumen erlangt hat, vergehen fast 10 Jahre, bis mit einem "return on investment" zu rechnen ist. Dabei wird vorausgesetzt, daß es gelingt, gleich zu Beginn der Forschungsarbeiten eine für die weitere Entwicklung geeignete Verbindung zu finden. Unter Umständen kann es aber Jahre dauern, bis ein für die weitere Entwicklung geeigneter Wirkstoff gefunden wird.

Auf diese Form der marktnahen konventionellen Forschung und deren Einflüsse soll hier zunächst eingegangen werden, während die Risiken der ersteren Forschungsform in Abschnitt 4 behandelt werden sollen.

2. Marktnahe Forschung

Forschungsvorhaben laufen speziell im Pflanzenschutzsektor langfristig, nicht zuletzt durch die beschriebene mehrjährige Entwicklungszeit der Präparate. Die Forschung auf diesem Sektor kann daher nicht kurzfristigen Marktänderungen nachlaufen. Andererseits müssen wichtige Markttrends rechtzeitig erkannt werden. Marktnahe Forschung bedeutet

a) eine Berücksichtigung des derzeit bestehenden Marktes mit konventionellen Produkten,

b) neue Ideen für den bestehenden Markt,

c) neue Ideen für bestehende, aber bisher nicht erkannte oder auf Grund des Standes der wissenschaftlichen Erkenntnis bislang nicht erfaßbare Märkte.

Der bestehende Markt mit konventionellen Produkten ist Änderungen unterworfen, die bei der Forschung nicht unberücksichtigt bleiben dürfen. Die wichtigsten Faktoren hierfür sind:

1. Veränderungen in der Nachfrage nach Agrarprodukten,
2. Veränderungen der landwirtschaftlichen Anbauverhältnisse,
3. Veränderungen der agrarsoziologischen Verhältnisse,
4. Veränderungen der agrarpolitischen Verhältnisse,
5. Umweltfragen,
6. Gesetzgeberische Maßnahmen.

Wenn wir den derzeit bestehenden Weltmarkt an Pflanzenschutzmitteln mit einem Umsatz von rund 15,7 Milliarden DM betrachten, so zeigt sich klar die Bedeutung der Herbizide mit einem Marktanteil von rund 43%. Die Insektizide folgen mit 35% und die Fungizide mit 19%, die Sonstigen mit 3%. Diese globalen Zahlen sind für die Forschung einer Herstellerfirma aber nur dann von Bedeutung, wenn sie die Absicht hat, ihre Produkte weltweit zu verkaufen. Für eine nur im US-Markt tätige Firma ist z. B. Forschung auf dem Gebiet der Fungizide, die in den USA nur einen Marktanteil von 6% haben, von weit geringerem Interesse. Andererseits zeigen die aus Japan, dem zweitgrößten geschlossenen Pflanzenschutzmarkt der Welt, vorliegenden Zahlen, daß dort der Fungizid-Markt fast gleich groß ist wie der für Herbizide. Wie unterschiedlich die Verteilung der Wirkstoffgruppen in den einzelnen Märkten ist, zeigt Tab. 4.

Tabelle 4. Weltmarkt Pflanzenschutzmittel[a] 1974 (Mio. DM, Großhandelspreise)

Region	Insektizide[b]	%	Fungizide	%	Herbizide	%	Sonstige	%	Insgesamt	%	Anteil am Weltmarkt %
Westeuropa	680	*21*	870	*27*	1510	*47*	168	*5*	3228	*100*	*20,6*
davon											
BRD	50	*11*	85	*19*	280	*64*	25	*6*	440	*100*	*2,8*
Frankreich	220	*19*	280	*25*	560	*50*	70	*6*	1130	*100*	*7,2*
Italien	140	*28*	225	*45*	110	*22*	23	*5*	498	*100*	*3,2*
Übrige	270	*23*	280	*24*	560	*48*	50	*4*	1160	*100*	*7,4*
Osteuropa	630	*22*	800	*28*	1300	*45*	145	*5*	2875	*100*	*18,3*
USA/Kanada	1000	*28*	235	*6*	2350	*65*	45	*2*	3630	*100*	*23,1*
Lateinamerika	1100	*58*	250	*13*	520	*28*	15	*1*	1885	*100*	*12,0*
Afrika	460	*60*	130	*17*	120	*16*	55	*7*	765	*100*	*4,9*
Asien/Mittl. Osten	1500	*49*	680	*22*	800	*26*	70	*2*	3050	*100*	*19,4*
davon Japan	681	*41*	477	*29*	461	*28*	37	*2*	1656	*100*	*10,5*
Australien/ Neuseeland	80	*30*	35	*13*	150	*56*	2	*1*	267	*100*	*1,7*
Welt	5450	*35*	3000	*19*	6750	*43*	500	*3*	15700	*100*	*100,0*

[a] Ohne Haushalts- und Hygienemittel; ohne VR China. Werte ermittelt nach Jahresendkursen 1974.

[b] Einschließlich Akarizide und Nematizide.

2.1. Der zuerst genannte Faktor, der den Markt mit Pflanzenschutzmitteln beeinflußt, ist die Veränderung in der *Nachfrage nach Agrarprodukten*. Ein besonders interessantes Beispiel ist der Sojabohnen-Anbau. Nicht zuletzt durch den Rückgang der Fischfangergebnisse an der pazifischen Küste Südamerikas und das weitere Steigen des Eiweißbedarfes der Welt wurde der Soja-Anbau, speziell in den USA, inzwischen aber auch in anderen Ländern, wie z.B. Brasilien, stark ausgedehnt. Allein in den USA ist die Soja-Anbaufläche von 12,1 Mio. ha im Durchschnitt der Jahre 1961—1965 auf 17,6 Mio. ha im Jahr 1971 und auf 23,3 Mio. ha im Jahre 1973 (FAO, 1974) angestiegen. Dies bedeutet natürlich eine verstärkte Nachfrage nach Pflanzenschutzmitteln für den Anbau dieser Kulturpflanze, in diesem Fall speziell für Herbizide. Dabei muß man berücksichtigen, daß sich die Nachfrage nach Agrarprodukten und damit auch die Preise relativ schnell ändern können, wie sich aus der Preisbewegung für Soja, Weizen, Mais, Baumwolle und Zucker in der Zeit von 1971—1975 (Tab.5) leicht erkennen läßt. Wir müssen und können daher die Nachfrage nach Agrarprodukten im Hinblick auf unsere Forschung nur längerfristig sehen.

2.2. Die Veränderung der *landwirtschaftlichen Anbauverhältnisse* hat z.B. den Fungizid-Sektor im europäischen Markt in den letzten Jahren stark beeinflußt. Durch enger gestellte Fruchtfolgen, stärkere Düngergaben sowie Zurücktreten der Resistenzzüchtung gegenüber der Ertragszüchtung ergaben sich verstärkte Infektionsmöglichkeiten im Getreidebau. Eine ein- bis mehrmalige Fungizid-An-

Tabelle 5. Preisentwicklung bei einigen landwirtschaftlichen Produkten 1970 bis 1975

Jahr	1970	1971	1972	1973	1974	1975[a]
Weizen Kanada (Exportpreis) Can. c/bushel (= 60 lbs)	178,60	176,06	191,09	397,90	553,40	532,20
Mais USA Chicago, gelb II US c/bushel (= 56 lbs)	136,21	136,58	129,35	218,10	321,09	302,60
Reis cif Nordseehäfen DM/dt	91,94	68,94	59,79	116,57	145,96	109,96
Bananen cif Nordseehäfen DM/t	636,41	555,59	527,13	508,27	595,84	748,30
Sojabohnen USA Chicago, gelb II US c/bushel (= 60 lbs)	275,98	311,78	350,05	711,72	682,31	586,22
Zucker USA fob karib. Häfen US c/bushel (= 60 lbs)	3,67	4,46	7,26	9,47	29,65	33,21
Baumwolle Liverpool cif-Index US c/bushel (= 60 lbs)	29,93	33,88	36,25	61,68	65,05	47,44

Quelle: Stat. Bundesamt, Wiesbaden, Allgemeine Statistik des Auslandes, Internat. Monatszahlen, Juni 1975, Stuttgart und Mainz, 1975.
[a] 1975: Januar bis März.

wendung ist daher notwendig. Ähnliches gilt für die zunehmende Bedeutung des Nematodenbefalls, z. B. im Zuckerrübenbau und bei anderen Kulturen.

2.3. Im Hinblick auf die Änderung der *agrarsoziologischen Verhältnisse* braucht man nur darauf hinzuweisen, daß in allen höher entwickelten Ländern der Anteil der in der Landwirtschaft beschäftigten Personen ständig rückläufig ist. Nach der letzten Erhebung von 1970 (FAO, 1974) waren in der UdSSR 31,9% der Bevölkerung in der Landwirtschaft tätig, in den USA 4,0% und in der BRD immerhin noch 9,6%. In den wenigen Jahren, die seither verflossen sind, ist aber auch in der Bundesrepublik Deutschland der Prozentsatz unter maximal 5% abgesunken (Bundesministerium für Ernährung, Landwirtschaft und Forsten, 1974). Ein so stark verminderter Anteil der in der Landwirtschaft Tätigen hat selbstverständlich zur Folge, daß Handarbeit durch maschinelle oder chemische Maßnahmen ersetzt werden muß. Herbizide sind hier in erster Linie zu nennen. Wir wissen seit langem, daß z. B. der Anbau von Zuckerrüben in der BRD ohne Rübenherbizide nicht mehr rentabel wäre (*Hanf,* 1972).

2.4. Dieser Punkt knüpft an den vorgenannten unmittelbar an und betrifft die Veränderung der *Agrarpolitik, speziell der Agrarstrukturen.* Hier ist der Trend zu steigender Betriebsgröße, aber auch zum Anbau auf immer größeren zusammenhängenden Flächen unübersehbar.

Tabelle 6. Entwicklung der Durchschnittsgröße landwirtschaftlicher Betriebe in der Bundesrepublik Deutschland und den USA, 1949 bis 1974 (ha) (Bundesministerium für Ernährung, Landwirtschaft und Forsten, 1975; US Department of Agriculture, 1974)

Jahr	1949	1960	1970	1972	1973	1974
BRD	8,1	9,3	11,7	12,7	13,0	13,5
USA	87,1	120,2	150,9	154,2	155,0	155,8

Tabelle 6 zeigt die Entwicklung der Betriebsgrößen in der Bundesrepublik Deutschland und den USA von 1949—1974 (Bundesministerium für Ernährung, Landwirtschaft und Forsten, 1975 und US Department of Agriculture, 1974). Auch diese Entwicklung bedeutet verstärkten Einsatz von Maschinen und Agrarchemikalien. Es ist in diesem Zusammenhang wichtig, daß in vielen Bereichen der Welt die Landwirte es vorziehen, Arbeitskräfte durch chemische und mechanische Arbeitsverfahren zu ersetzen, selbst wenn das finanziell nicht wesentlich zu Buche schlägt. Aber die Auseinandersetzung mit der Arbeits- und Sozialgesetzgebung, die vielfachen tariflichen Schwierigkeiten und schließlich auch die persönliche Verantwortung für den Mitarbeiter führen dazu, daß der landwirtschaftliche Unternehmer es vorzieht, mechanische Bearbeitung und den Einsatz von Chemikalien an Stelle von menschlicher Arbeitskraft in seinen Betrieb einzubringen.

2.5. Umweltfragen sind Faktoren, die auf dem Wege über reale Gegebenheiten, über die öffentliche Meinung oder über die Gesetzgebung die Planung und die Forschungsrichtung beeinflussen können. So ist z.B. der Sammelbegriff „chlorierte Kohlenwasserstoffe" so belastet, daß man bei der Entwicklung eines Präparates aus dieser Gruppe umfangreiche und risikoreiche Untersuchungen anstellen müßte, um sich von den angegriffenen Substanzen deutlich abzuheben.

Ökologische Überlegungen haben den Wunsch gefördert, möglichst selektive Präparate zu entwickeln, insbesondere für den sogenannten „integrierten Pflanzenschutz", also für die Kombination von chemischem Pflanzenschutz mit biologischen und anbautechnischen Maßnahmen. Dabei muß man sagen, daß der integrierte Pflanzenschutz der Weg war, die Chancen der biologischen Bekämpfung etwas auszuweiten. Es war keineswegs so, wie es manchmal heute dargestellt wird, daß dank dem „integrierten Pflanzenschutz" der chemische Pflanzenschutz erhalten wurde, sondern es sollte der „biologische Pflanzenschutz" durch den chemischen die notwendige Stütze erhalten. Wenn auch durch ein richtiges "timing" der Spritzungen im Rahmen einer integrierten Bekämpfung einzelne Anwendungen eingespart werden können, so darf nicht unberücksichtigt bleiben, daß zur Festlegung der Spritztermine mehr Fachleute notwendig sind, die die notwendigen Beobachtungen der Schädlingsentwicklung vornehmen.

Selbstverständlich werden bei der zukünftigen Bearbeitung wie bisher Fragen der Toxikologie, der Rückstände und des Metabolismus sowie der Wirkung auf andere als die Zielorganismen eine besondere Rolle spielen. Präparate mit diesbezüglich günstigen Eigenschaften, die darüber hinaus noch in geringen Aufwandmengen wirken, müssen das Ziel bei der Entwicklung neuer Substanzen sein.

2.6. Auch *gesetzgeberische Maßnahmen,* wie Registrierungsbestimmungen, Höchstmengenfestsetzungen, Giftverordnungen usw. können Forschung und Entwicklung auf dem Pflanzenschutzgebiet erheblich beeinflussen, und zwar sowohl hinsichtlich der Forschungskosten als auch — z.T. auf dem Wege über die Kosten — hinsichtlich der Forschungsziele. Da heute in fast allen Ländern eine Pflanzenschutz-Gesetzgebung existiert, berühren diese Bestimmungen nicht nur den Handel mit Pflanzenschutzmitteln selbst, sondern auch den internationalen Warenaustausch mit potentiell rückstandshaltigen Nahrungsgütern. Hier wirken sich unter anderem unterschiedliche Prinzipien bei der Höchstmengenfestsetzung nachteilig aus.

2.6.1. Die durch gesetzgeberische Maßnahmen bedingten *Kosten* können einmal durch der Forschung gemachte *Auflagen* entstehen, zum anderen durch Verlängerung der *Zeitdauer* bis zur Registrierung eines Präparates.

Die hierdurch entstandene Situation ist ausführlich durch *Wechsler* et al. (1975) in einem Gutachten dargestellt worden. Das Gutachten behandelt die Auswirkungen der Federal Environmental Pesticide Control Act (FEPA) von 1972 auf die industrielle Forschung und Entwicklung auf dem Pflanzenschutzmittel-Sektor und kommt zu dem Ergebnis, daß die Industrie ganz allgemein die Tatsache akzeptiert, daß mehr technische Daten erforderlich sind, um die wissenschaftliche Basis der Pflanzenschutzmittel-Anerkennung zu gewährleisten. Selbst wenn es einige spezielle Schwierigkeiten gibt, die mit den Prüfungsanforderungen und -verfahren zusammenhängen, ist die Industrie bereit, den technischen Ansprüchen mit dem zugehörigen Anstieg an Kosten und Zeitaufwand nachzukommen. Andererseits sieht die Industrie mit Besorgnis, daß reine Verfahrensfragen bei der Pflanzenschutzmittel-Zulassung zu unannehmbaren Verzögerungen und Kosten führen, die den Fortschritt lähmen. Allein in der Zeit von 1970—1973 ist in den USA die durchschnittliche Bearbeitungszeit von Registrierungsanträgen von 11 auf 22 Monate gestiegen (NACA, 1975). In der Bundesrepublik Deutschland ist eine einjährige Bearbeitungszeit von Zulassungsanträgen das Minimum. Hierbei liegen die Kosten des Registrierverfahrens, die sich in der Bundesrepublik Deutschland nach dem Pflanzenschutzkostengesetz vom 26. August 1969 regeln, für jeweils eine Indikation bei 5000—6000 DM; sie addieren sich entsprechend bei Mehrfachindikationen. Stärker als diese Kosten fällt aber die für die amtliche Prüfung beanspruchte Zeitdauer ins Gewicht. In letzter Zeit sind daher Stimmen laut geworden, die die Notwendigkeit einer Prüfung auf biologische Wirksamkeit im Rahmen des amtlichen Zulassungsverfahrens diskutieren (z.B. *Klett,* 1975). Bei dem heutigen hohen Wirkungsstandard ist es ohnehin ausgeschlossen, Produkte mit mangelnder Wirkung auf dem Markt zu plazieren. Im Vergleich zu den vielen hundert Versuchen, die die Industrie anstellen muß, ehe sie ein Präparat zur Prüfung anmeldet, sind die Prüfmöglichkeiten der Behörden begrenzt, die Ergebnisse müssen mithin den Charakter eines statistischen Zufalls haben. Da die Prüfung auf biologische Wirkung ferner an die Vegetationszeit gebunden ist, verlängert jeder nicht auswertbare Versuch (z.B. wegen zu geringen Befalls mit

Peronospora, Drahtwürmern usw.) die Prüfzeit erheblich. Die Frage wäre, ob sich die amtliche Prüfung auf die Gewährleistung der Sicherheit für Anwender, Lebensmittelverbraucher und Umwelt konzentrieren sollte. Inwieweit hierbei — sicher nur in speziellen Fällen — die Prüfung von Nebenwirkungen auf entomophage Arthropoden (*Franz*, 1975) einbezogen werden kann oder sollte, muß sicherlich von Fall zu Fall entschieden werden. Alle derartigen Prüfungen können langwierig sein. In diesem wie in anderen Bereichen wäre eine stärkere Flexibilität der Zulassungsverfahren von Vorteil.

2.6.2. Das gilt zweifellos auch für das Gebiet der sogenannten „Randindikationen" oder "minor uses". Zwar sieht das Pflanzenschutzkostengesetz der BRD in § 5 vor: „Von der Erhebung von Kosten kann ganz oder teilweise abgesehen werden, wenn die Zulassung eines Pflanzenschutzmittels überwiegend im öffentlichen Interesse liegt und die Erhebung unter Berücksichtigung des wirtschaftlichen Nutzens für den Hersteller nicht gerechtfertigt erscheint." Doch kann diese Bestimmung allein das Problem nicht lösen, da der wesentliche Kostenfaktor nicht die Gebühren, sondern die vorher erforderlichen Untersuchungen sind. Insofern wird die Forschungsrichtung durch die Gesetzgebung unmittelbar berührt, denn kein Hersteller kann Entwicklungskosten für so ausgefallene und vom Markt her unbedeutende Indikationen wie *Pythium*-Befall an Petersilie (*Warmbrunn*, 1973) investieren. In solchen Fällen wird auf die Dauer eine Kooperation zwischen amtlichen Stellen, Anbauern und Industrie unerläßlich sein (*Schuhmann*, 1973), die selbstverständlich generell anzustreben ist. Ähnlich liegen die Verhältnisse in den USA (*Dewey*, 1974) nach Erlaß der Federal Environmental Pesticide Control Act von 1972 (vgl. S. 68), deren Anforderungen geeignet erscheinen, das Verschwinden schon heute an der Grenze der Rentabilität stehender Pflanzenschutzmittel zu beschleunigen, namentlich solcher, die in Randindikationen eingesetzt werden (*Wechsler* et al., 1975).

2.6.3. Unsicherheiten in der Entwicklung von Pflanzenschutzmitteln entstehen auch dadurch, daß die Höchstmengenfestsetzung in verschiedenen Ländern nach unterschiedlichen Konzepten vorgenommen wird.

Grundsätzlich sind zwei Wege möglich:

Bei der Festsetzung sogenannter „toxikologischer" Toleranzen werden die zulässigen Höchstwerte ausschließlich vom "Acceptable Daily Intake"-(ADI-) Wert abgeleitet und stellen somit einen naturwissenschaftlich definierten Wert dar (Näheres siehe *Frehse*, 1970). Der ADI berücksichtigt bereits ausreichende Sicherheitsfaktoren, jedoch wird diesem Konzept vielfach entgegengehalten, daß sich der ADI auf einen einzelnen Wirkstoff bezieht, andererseits aber nicht ausreichende Kenntnisse darüber vorliegen, ob oder in welcher Weise mehrere gleichzeitig im ADI-Bereich vorliegende Rückstände toxikologisch zusammenwirken könnten.

Die zweite Möglichkeit besteht darin, daß die gesetzlich zulässigen Höchstmengen der „Rückstandssituation" angepaßt werden, die sich aus fachgerechter, vorschriftsmäßiger Anwendung ("good agricultural practice") eines Pflanzenschutzmittels ergibt, — dies allerdings unter der Voraussetzung, daß die Rückstände den toxikologisch möglichen Höchstwert nicht überschreiten. Da aber die "good agricultural practice" unter verschiedenen Klimabedingungen etwas durchaus Verschiedenes sein kann, sind unterschiedliche Toleranzfestsetzungen die prinzipiell zwangsläufige Folge dieses Konzepts. Unzureichendes Datenmaterial über eine bestimmte „Rückstandssituation", die immer starken Schwankungen unterworfen sein kann (vgl. *Frehse*, 1975), bringt außerdem die Gefahr mit sich, daß die „Anpassung" der Höchstmengen in nicht ausreichender Weise erfolgt und demzufolge z. B. gelegentlich auftretende höhere Rückstände von einer zu niedrig angesetzten Toleranz nicht mehr abgedeckt werden. In diesem Fall setzt sich der Produzent oder Verkäufer von Lebensmitteln der Gefahr juristischer Konsequenzen aus, ohne wissentlich Anlaß dazu gegeben zu haben.

Schuhmann (1974) schlägt vor, bei der Toleranzfestsetzung nur toxikologische Gesichtspunkte, die international annehmbar sind, wirksam werden zu lassen. Er stellt fest: „Von der hygienisch-toxikologischen Gesamtschau sind keine besonderen Schwierigkeiten für die notwendige internationale Abstimmung der Gesetzgebung zu sehen. Die allgemein angenommenen Sicherheitsspannen sind ausreichend."

2.6.4. Die Neueinstufung von Präparaten auf Grund neuer toxikologischer Erkenntnisse kann Wege für andere Präparate-Gruppen öffnen. Der Aufschwung der insektiziden Phosphorsäureester und Carbamate nach dem weitgehenden Ausschluß der „chlorierten Kohlenwasserstoffe" ist nur ein Beispiel dafür.

3. Neue Ideen

Besonders wertvoll sind natürlich grundlegend neue Ideen, zumal man dabei die Chance hat, zumindest für einige Zeit ohne Konkurrenz auf dem Markt arbeiten zu können. Das bedeutungsvollste Beispiel hierfür ist wohl die Entwicklung der Wuchsstoffherbizide. Ausgehend von den Untersuchungen des Botanikers *Went* über die Bedeutung von Auxin für das Pflanzenwachstum (*Went*, 1928) arbeiteten Forschungsgruppen in Deutschland, England und den USA auf diesem Gebiet. Versuche mit β-Indolylessigsäure und α-Naphthylessigsäure brachten dann die wichtige Idee, daß die Wuchsstoffwirkung auch zur selektiven Bekämpfung von Unkräutern verwendet werden kann. Die weiteren Arbeiten führten schließlich in England zur Entwicklung von MCPA und in den USA von 2,4-D, heute noch, nach 30 Jahren, wichtigen selektiven Herbiziden.

Als schon 15 Jahre zurückliegendes Beispiel für eine Anwendung auf einem bisher nicht erkannten Markt darf man die Einführung des Halmverkürzers CCC (Chlorcholinchlorid, Chlormequat) ansehen. Primär war die Halmverkürzung zunächst eine nicht erwünschte Wirkung des Präparates. Es wurde aber erkannt, daß es durch die Anwendung von CCC möglich ist, infolge der verbesserten Standfestigkeit des Getreides höhere Stickstoffdüngungen anzuwenden und damit größere Ernten zu erreichen.

In den nachfolgenden Präparate-Kapiteln wird noch eine ganze Reihe von Entwicklungen genannt werden, die zu ihrer Zeit ausgesprochen neue Ideen waren. Dabei muß aber darauf hingewiesen werden, daß neue Ideen, die anfangs als sehr zukunftsträchtig angesehen werden, durchaus nicht immer zu großen Erfolgen führen müssen.

Als Beispiele neuer Ideen sind u. a. zu nennen:
— Systemische Wirkung von Insektiziden
— Systemische Wirkung von Fungiziden
— Insektenhormone
— Lockstoffe bei Insekten
— Kombination von Resistenzbrechern und Insektiziden
— Physikalische bzw. chemische Insektensterilisierung
— Mittel zur Verhütung des Insektenfraßes (Antifeedings)
— Blutgerinnungshemmung als Wirkungsprinzip für Rodentizide
— Entblätterungsmittel (Defoliants) zur Ernteerleichterung u. a. bei Baumwolle und neuerdings im Weinbau
— Wachstumsregulatoren zur Ausdünnung des zu starken Fruchtbehanges von Obstbäumen und damit der Brechung der Alternanz
— „Pfluglose Kultur" mit Ersatz des Pflügens durch die Herbizidanwendung bei der Fruchtfolge Grünland — Getreide bei optimaler Erhaltung der Bodenmikroorganismen
— Granulate als Anwendungsform, insbesondere für Bodeninsektizide und Nematizide
— Wirkstoff-Applikation in sehr kleinen Flüssigkeitsmengen (ULV-Verfahren)
— Schaumverfahren zur Reduzierung der Abtrift von Sprühtröpfchen.

Ein jüngeres Beispiel für eine neue Idee ist die Curaterr®-Rübenpille, die der jungen Rübenpflanze durch den systemischen Wirkstoff einen ausreichenden Schutz gegen Moosknopfkäfer, Collembolen, Blattläuse und die Rübenfliege gibt.

Ein weiteres Beispiel ist die Entwicklung des Insektizids und Akarizids Mesurol® als Mittel zur Verhütung von Vogelfraß. Diese Wirkung war erst klar zu erkennen, als durch die Ausweitung des Maisanbaus und die gleichzeitig starke Vermehrung der Fasanen große Schäden an den auflaufenden Kulturpflanzen verursacht wurden.

4. Aussichten der Forschungsrichtungen

Nachstehend soll versucht werden, die Gesichtspunkte darzustellen, die für die Aussichten der verschiedenen Forschungsrichtungen ausschlaggebend sind. Dabei sollen besonders die für den Erfolg der Forschung kritischen Punkte herausgestellt werden.

Hauptentscheidungskriterien für die Entwicklung eines Präparates sind:
— Wirkung   a) gegen die Zielorganismen
            b) auf Mensch und Umwelt
— Herstellbarkeit des Wirkstoffes
— Anwendungskosten im Vergleich zu vorhandenen oder zu erwartenden Konkurrenzprodukten
— Mögliches Umsatzvolumen und Gewinnmöglichkeit
— Patentsituation.

Der letztgenannte Punkt, die Frage des möglichen *Patentschutzes* der Forschungsergebnisse soll zunächst behandelt werden. In den meisten Ländern haben die Patente eine Laufzeit von 17 bis 18 Jahren. Das bedeutet, bei einer Forschungs- und Entwicklungszeit der Pflanzenschutz-Präparate von 6—8 Jahren, daß das Präparat nur noch wenige Jahre nach der Entwicklung einen Patentschutz besitzt, denn man muß auch berücksichtigen, daß es zumindest weitere 2—3 Jahre dauert, bis ein Präparat in den Markt eingeführt ist. Selbstverständlich wird ein möglichst breiter Patentschutz angestrebt, aber auch hier sind die Kosten ein begrenzender Faktor. Zum Zeitpunkt der Patentanmeldung sind die für die Anmeldung notwendigen Fakten bekannt. Dies bedeutet aber nicht, daß aus dem angemeldeten Produkt ein interessantes Verkaufspräparat wird. Sehr viele weitere, erst später bekannt werdende Faktoren (Toxikologie; Metabolismus in Tier, Boden und Pflanze, damit verbunden die Frage der Rückstände; Produktionskosten) sind hierfür ausschlaggebend. Es werden also weit mehr Patente angemeldet, als Präparate auf den Markt kommen. Auch nach der Abklärung der Eigenschaften der Präparate ist es nur bei einem Teil möglich, die Patente fallenzulassen, da sich die Beurteilung der Präparate durch Veränderung der Situation, z. B. durch später gefundene günstigere Herstellungsverfahren, ändern kann. Daher wird ein Großteil der Patente gehalten. Dies bedeutet, daß allein für die Bearbeitung der Patente und die Patentsicherung je nach Patentbesitz nach den Erfahrungen der Bayer AG Kosten in Höhe von 5 Mio. DM und mehr jährlich auf dem Pflanzenschutzsektor anfallen können.

Die Frage der Patentfähigkeit der Ergebnisse ist ein kritischer Punkt der Pflanzenschutz-Forschung. Wegen der Intensität der Forschung, der relativ wenigen wirksamen chemischen Gruppen und der in allen forschenden Firmen weitgehend gleichzeitig von Hochschulen und anderen Forschungsinstitutionen einfließenden neuen Ergebnisse der Erkenntniswissenschaft wird es immer schwieriger, voll unabhängige Patente zu erhalten.

Dies führt speziell in den USA immer wieder zu sog. interference-Verfahren, das sind Prioritätsstreitverfahren, die oft erst nach vielen Jahren entschieden werden. Das interference-Verfahren hat allerdings in den USA für den Gewinner den Vorteil, daß die Patentlaufzeit erst zum Zeitpunkt der Entscheidung beginnt. Die Situation für den Verlierer, der das Präparat oft bereits mehrere Jahre verkauft hat, ist dementsprechend schwierig, zumal wenn er bereits Investitionen für Produktionsanlagen aufgewendet hat. Da der Ausgang der interference-Verfahren in den meisten Fällen unklar ist, andererseits das Investitionsrisiko sehr groß ist, erfolgt sehr oft ein sogenanntes außeramtliches "interference-settlement".

Ein spezielles Patentproblem entsteht bei Forschungsarbeiten mit Bakterien und Viren, da diese patentrechtlich im allgemeinen nicht zu schützen sind. Konkurrenzfirmen haben dann gegebenenfalls die Möglichkeit, ohne eigene Forschungsarbeiten neu entwickelte Präparate analog herzustellen. Spezialformulierungen geben eine gewisse Möglichkeit, auch diese Produkte zumindest teilweise patentrechtlich abzusichern. Dies ist um so mehr von Interesse, da solche Verbindungen in besonderem Maße zur Instabilität neigen.

4.1. Insektizide und Akarizide

In Band 1 dieses Handbuches (*Wegler*, 1970) geben verschiedene Autoren einen Überblick über Teile dieses Arbeitsgebietes (*Unterstenhöfer*, 1970a und b; *Clausen*, 1970; *Röchling, Büchel, Galley, Klein* und *Korte*, 1970; *Böcker* und *Draber*,

72

1970; *Fest* und *Schmidt*, 1970; *Büchel*, 1970a, b u. c; *Homeyer*, 1970a; *Eiter*, 1970; *Sasse* und *Unterstenhöfer*, 1970).

Die Insektizid/Akarizid-Forschung ist wegen der heute an ein Präparat gestellten Anforderungen, die sich gegenseitig oft fast ausschließen, sehr risikoreich. Solche Forderungen lauten:

1. Breite Wirkung gegen die Schädlinge — selektive Schonung der Nützlinge
2. Gute Wirkung gegen Insekten und Spinnmilben — niedrige Warmblüter-Toxizität — niedrige Fischtoxizität
3. Ausreichende Wirkungsdauer und Lichtstabilität — keine oder bedeutungslose Rückstände auf den Pflanzen, in Tieren und im Boden, kein Einfluß auf Bodenmikroorganismen
4. Hochspezifisch wirkendes Präparat — billige Herstellungskosten.

Dies heißt, daß Insektizide und Akarizide immer einen Kompromiß darstellen müssen. Nach *Hoffmann* (1976) vermindert sich die normale Auffindungswahrscheinlichkeit für ein neues Pflanzenschutzmittel, die auf 1:5000 bis 1:10000 geschätzt wird, durch jede zusätzliche Eigenschaftsforderung, wie selektive Wirkung oder geringe Toxizität, drastisch. *Hoffmann* untersuchte bei ca. 1700 insektiziden Phosphorsäureestern den Zusammenhang zwischen akuter oraler Toxizität (LD$_{50}$ Ratte) und insektizider Wirkung auf vier Prüforganismen. Das Ergebnis zeigt die nachstehende graphische Darstellung:

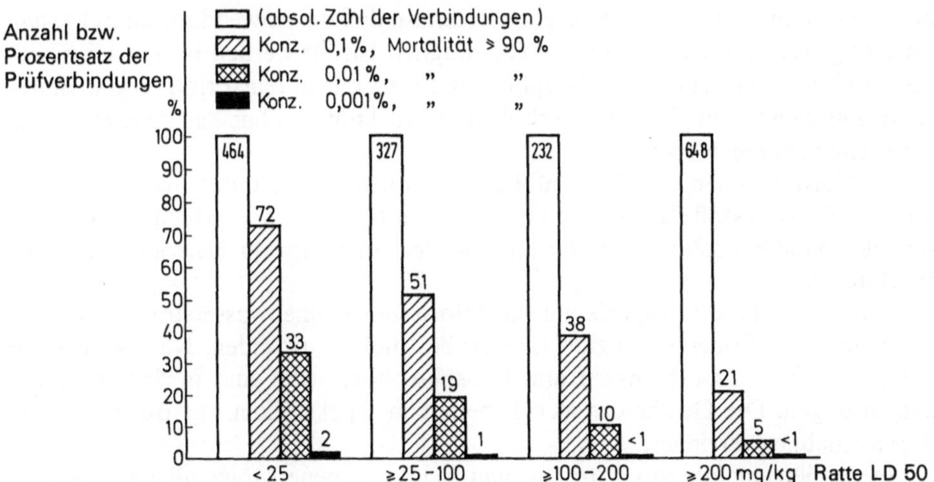

Von den ca. 1700 Verbindungen entfielen auf den Toxizitätsbereich unter 25 mg/kg 28%, >25—100 mg/kg 19%, >100—200 mg/kg 14%, darüber 39%. Aus der Darstellung ist zu ersehen, daß eine positive Korrelation zwischen hoher Warmblütertoxizität und dem Grad der insektiziden Wirksamkeit (Mortalität über 90%) besteht. Zur Verdeutlichung ist die Anzahl der in jeder Toxizitätsstufe geprüften Substanzen jeweils = 100 gesetzt.

Auf dem Gebiet der Insektizide zu forschen ist im Screening-Stadium teurer als z. B. die Herbizid-Forschung, da sowohl Insekten gezüchtet als auch die für die Zucht und Prüfung notwendigen Pflanzen für die Prüfung aufgezogen werden müssen und für beide Komponenten die biologischen Reaktionen zu prüfen sind.

Die chemische Stabilität ist ein Faktor bei Insektiziden, der von entscheidender Bedeutung für den Wert eines Produktes sein kann. Auch wenn man von Rückstandsproblemen absieht, bringt eine zu große Stabilität auf der Pflanze wenig, da die Pflanze aus dem Insektizid-Belag herauswächst und Insekten meist für Eiablage und Fraß den Neuzuwachs vorziehen. Nur bei Forstschädlingen (Nadelhölzer) kann die Wirkungsdauer in den allermeisten Fällen voll ausgenutzt werden.

Durch Resistenz-Entwicklung ist die Lebensdauer vieler Insektizide und Akarizide begrenzt (siehe die Beiträge von *Bartels*, 1970 sowie *Unterstenhöfer*, 1970b im Band 1 dieses Handbuches). Dies ist besonders dann der Fall, wenn das Produkt gegen Insekten mit hoher Generationszahl verwendet wird, wie *Plutella* sp., *Prodenia* sp., Blattläuse u. a., so daß sich schnell resistente Stämme herausselektieren können. Die Möglichkeit der Resistenzentwicklung gilt jedoch auch für neuere Bekämpfungsverfahren, z.B. die Anwendung von Juvenilhormonen und Juvenilhormon-Analogen wie neue Untersuchungen von *Dyte* (1972) zeigen. Das Gesetz zur Erhaltung der Art zwingt den Organismus durch Resistenzentwicklung gegen jeden letalen Faktor, ob physikalisch, chemisch oder biologisch, anzukämpfen.

Die erste Feststellung einer Resistenzentwicklung bedeutet aber keineswegs das Ende eines Produktes. Meist sind es zunächst lokal begrenzte Flächen, auf denen sich Resistenz entwickelt. Es dauert dann im allgemeinen mehrere Jahre, bis eine so weitgehende Resistenz eingetreten ist, daß die Anwendung eines Präparates in größeren Gebieten nicht mehr möglich ist. So werden in den USA seit über 20 Jahren verschiedene Phosphorsäureester mit gutem Erfolg gegen Blattläuse angewendet, obgleich wiederholt und seit langem über das Auftreten von Resistenz berichtet wurde.

Die Diskussionen um die „chlorierten Kohlenwasserstoffe" machen es fast unmöglich, Wirkstoffe aus dieser Gruppe zu entwickeln. So verbleiben fast ausschließlich die Phosphorsäureester und die Carbamate für die Entwicklung neuer Insektizide.

Durch die starken Angriffe auf die chlorierten Kohlenwasserstoffe ist gerade im Bereich der Bodeninsektizide eine große Lücke entstanden. Neue Präparate auf der Basis von Carbamaten und Phosphorsäureestern sind in diesen Markt eingedrungen. Die Gefahr des Verbleibens von Rückständen im Boden ist dadurch erheblich verringert.

In den letzten Jahren verspricht man sich auch neue Möglichkeiten auf dem Gebiet der Pyrethroide, deren biologische Eigenschaften intensiv geprüft werden. Patente von über 50 Firmen liegen seit 1963 vor. Die synthetischen Pyrethroide können in ihren Eigenschaften, trotz des Namens, vom natürlichen Pyrethrum völlig verschieden sein, zum Teil unerwünscht (höhere Warmblütertoxizität), aber auch erwünscht (höhere Lichtstabilität).

Eine ganze Reihe von Forschungsgruppen der Industrie hat in den letzten Jahren verstärkt auf dem Gebiet der Insektenhormone und der Pheromone gearbeitet, also mit sogenannten biotechnischen Verfahren. Forschung auf diesen Gebieten ist noch risikoreicher und langwieriger als die Forschung auf dem Gebiet der konventionellen Insektizide, denn es besteht dabei noch mehr die Gefahr, daß trotz interessanter wissenschaftlicher Detailergebnisse der wirtschaftliche Erfolg ausbleibt. Ausschließlich auf einem wissenschaftlich so risikoreichen Gebiet zu arbeiten bedeutet aber deshalb auch ein außerordentliches finanzielles Wagnis. Nur bereits gut etablierte, erfahrene Firmen werden sich eine derartige Investition leisten können.

Zu den Pheromonen kann man heute wohl sagen, daß sie für die Überwachung der Entwicklung von Insektenpopulationen von Interesse sind, aber nur in relativ wenigen Fällen für die eigentliche Bekämpfung. Es ist abzuwarten, welche Erfolge mit Hilfe der Konfusionsmethode, d.h. der „Überschwemmung" eines von Insekten bedrohten Bestandes mit größeren Mengen des Sexuallockstoffes, zur Desorientierung zu erreichen sind. Befriedigende Resultate können offensichtlich nur bei Verwendung relativ großer Mengen der teuren Pheromone erreicht werden.

Juvenilhormone und deren Analoge sind durchaus nicht problemlos in der Anwendung. Allein schon die chemische Instabilität bringt Schwierigkeiten bezüglich einer geeigneten Formulierung. Auf Grund ihrer Wirkungsweise können die Larvenstadien von Insekten meist noch eine geraume Zeit nach der Anwendung von Präparaten dieser Gruppe die Kulturpflanze schädigen. Daher sind Anwendungsmöglichkeiten derzeit hauptsächlich zur Mückenlarven-Bekämpfung entwickelt worden, also bei Insekten, bei denen nicht das Larvenstadium als Schädling in Erscheinung tritt, sondern erst das adulte Insekt.

Die natürlichen Juvenilhormone sind meist instabil, so daß immer mehr chemische "Mimics" entwickelt werden. Welche Kosten bei der Entwicklung derartiger Produkte entstehen können, zeigt die Mitteilung der Firma Zoecon, daß für die Entwicklung des Mückenlarvizids Altosid® SR 10 mindestens 8 Mio. US-$ ausgegeben wurden (*Sanders*, 1975).

Stärkere Beachtung finden auch Stoffe, die die Chitin-Synthese bei Insekten, aber auch bei Crustaceen, stören. Die derzeit bekannten Verbindungen müssen oral von den Insekten aufgenommen werden, um wirksam zu werden. Daher müssen spezifische Formulierungen mit extrem kleinen Teilchengrößen entwickelt werden.

Auch die in den letzten Jahren von staatlichen Stellen stark favorisierten insektiziden Stoffe, die von Bakterien und Viren produziert werden, sind nicht problemlos. Bacillus thuringiensis wirkt nur gegen Lepidopteren, die Wirkung setzt sehr langsam ein und kann von der Witterung stark beeinflußt werden.

Bei Viren ist die Herstellung schwierig, da es bisher nur möglich war, sie mit Hilfe der Zielorganismen zu produzieren. Diese sind aber, wie z.B. *Heliothis* sp. außerordentlich schwer zu halten. Daher ist die Produktion relativ teuer.

Auch toxikologisch sind die aus Bakterien, Viren und Pilzen gewonnenen Toxine nicht so problemlos, wie manchmal dargestellt wird. Veröffentlichungen aus Polen (*Lipa*, 1974) zeigen, daß bei verschiedenen der Toxine teratogene und allergisierende Wirkungen festgestellt wurden.

Verstärkt wird die Forschung auf dem Sektor der Insektizide in die Richtung gelenkt, daß man versucht, solche Wirkungsmechanismen zu suchen, die nur bei Insekten lebensnotwendige physiologische Systeme stören. Hierher gehören z.B. Untersuchungen mit dem Ziel, diejenigen Darmbakterien von Insekten zu vernichten, die für die Resorption von Hormonvorstufen aus Blättern lebenswichtig für die Insekten sind, weil sie diese für die Synthese von Hormonen benötigen, die sie nicht selbst produzieren können. Die Prüfung in dieser Richtung ist sehr aufwendig, da versucht werden muß, z.B. mit Nährpflanzen zu arbeiten, deren Inhaltsstoffe wie z. B. Phytosteroide, möglichst konstant sind.

Erwähnt werden sollen noch kurz Präparate zur Bekämpfung von Mücken, Wanzen, Fliegen und anderen Schädlingen. Besonders die Entwicklung von Residual-Insektiziden zur Bekämpfung der Malaria-Vektoren ist sehr schwierig, da diese Untersuchungen bei der Industrie nur bis zu einem gewissen Punkt durchgeführt werden können. Danach muß die Weltgesundheitsorganisation (WHO) eingeschaltet werden, die ein langwieriges Prüfsystem entwickelt hat. Auch nach der Prüfung durch die WHO ist aber der kaufmännische Erfolg eines so entwickelten Präparates nicht sicher, da auch hier die Kosten der limitierende Faktor für die Einführung sein können. Ähnliches gilt für Präparate zur Ausschaltung der Vektoren der Chagas-Krankheit (Wanzen), der Onchocercose (Simulien) u.a., da diese Krankheiten vordringlich Probleme von Entwicklungsländern sind.

4.2. Nematizide

Die Bedeutung der Nematoden in der Landwirtschaft ist im Steigen begriffen (*Homeyer*, 1970b). Das hat seinen Grund teilweise in der Intensivierung und Spezialisierung des Ackerbaus mit enger gestellten Fruchtfolgen bzw. dem kontinuierlichen Anbau von Kulturpflanzenarten ohne ausreichenden Fruchtwechsel. Im Anbau von Tabak, Ananas, Baumwolle, Bananen, Erdnüssen, Gemüse, Kartoffeln, Mais, Zitrus, Erdbeeren und Zierpflanzen ist der Nematodenschaden teilweise zum limitierenden, also bekämpfungsnotwendigen Faktor geworden (*Homeyer*, 1971; *Sasser*, 1971). Auch im europäischen Zuckerrübenbau nehmen Nematodenprobleme erheblich zu, und selbst im Getreidebau wird verstärkt über Nematodenschäden geklagt. Dabei hat es zweifellos in der Landwirtschaft seit jeher Ernteverluste durch Nematoden gegeben. Doch wurden diese häufig nicht diagnostiziert, so daß die Ertragsdepressionen anderen Faktoren („Bodenmüdigkeit") zugeschrieben wurden, eine Tatsache, die in den USA darauf zurückgeführt wird, daß es „nicht genug Forscher auf dem Gebiet der Nematoden gibt", so daß auch die entsprechenden Untersuchungsmethoden nicht optimal sind.

Das Gebiet der Nematizidforschung ist daher sicher zukunftsträchtig, zumal wenn es gelingt, Substanzen zu finden, die nach Applikation auf den Boden bzw. nach Einarbeitung gleichzeitig eine Wirkung gegen Nematoden, Bodeninsekten und, mittels wurzelsystemischer Wirkung, gegen Frühsaison-Schädlinge an Sproß und Blättern haben. Hierbei wird die Entwicklung zweifellos von den applikatorisch schwierig zu handhabenden Begasungsmitteln weg und zu im Boden ausreichend beweglichen systemischen Kontaktnematiziden hin gehen.

Wirkstoffe mit systemischer Wirkung werden bevorzugt entwickelt werden, da durch diese die bereits in die Wurzeln eingedrungenen Nematoden und, bei gleichzeitiger insektizider Wirkung, auch Insekten an den oberirdischen Pflanzenteilen abgetötet werden. Besonders erwünscht ist aber ein Basipetaleffekt von nematiziden Wirkstoffen, der darin besteht, daß das Präparat auf das Blatt ausgebracht und von dort basipetal zu den Wurzeln transportiert wird. Mit dieser Methode kann man sicher keine Nematodeneradikation erreichen, wohl aber eine ausreichende Ertragssicherung. Ertragssicherung wird in Zukunft wahrscheinlich vermehrt das Ziel der Nematizidanwendung sein, da eine Nematodeneradikation in dem physikalisch-chemisch sehr komplizierten System Boden kaum zu erreichen ist. Die hierzu notwendigen höheren Wirkstoffaufwendungen machen eine Eradikation teuer, und sie bringen auch Probleme bezüglich der Rückstände in der Pflanze und im Boden mit sich. Ertragssicherung ist demgegenüber bei den derzeit zur Verfügung stehenden Präparaten schon mit ca. 1/10 der für die Eradikation notwendigen Wirkstoffmengen möglich. Eine Spezialindikation ist die Ausschaltung der Nematoden als Virusvektoren. Versuche haben gezeigt, daß z. B. durch Ausschalten von Nematoden der Gattung *Trichodorus* die Eisenfleckigkeit bei Kartoffeln verhindert wird.

Die Nematizidforschung ist relativ aufwendig, namentlich wenn eine gleichzeitige Wirkung gegen Bodeninsekten und Frühsaison-Schädlinge der oberirdischen Pflanzenteile geprüft wird, weil neben den Schädlingskomplexen und Kulturpflanzen auch generell intensive Untersuchungen in den verschiedenen Böden erforderlich sind, hier auch insbesondere bezüglich des Umweltverhaltens.

4.3. Herbizide

Es ist nicht verwunderlich, daß bei der Bedeutung des Herbizid-Marktes (siehe Tab. 4) die meisten Firmen auf dem Herbizid-Sektor tätig sind. Hinzu kommt, daß eine ganze Reihe von wirksamen Verbindungsgruppen durch Variationen ausreichend Möglichkeit gibt, neue Wirkstoffe zu entwickeln. Einzelheiten über dieses vielfältige Arbeitsgebiet finden sich bei *Wegler* und *Eue*, 1970.

Auch vom Standpunkt der Kosten ist die Herbizid-Forschung relativ günstig zu beurteilen, da hier im Gegensatz zu Fungiziden, Insektiziden, Akariziden und Nematiziden nur eine Organismengruppe für das screening angezogen werden muß, nämlich die Unkräuter und Ungräser sowie die Kulturpflanzen.

Auch das Problem der Rückstände ist von geringerer Bedeutung, da die Anwendung der Präparate meist sehr lange vor der Ernte erfolgt. Damit sind auch Toxikologie und der sich aus den Langzeitversuchen ergebende no-effect-level ein geringeres Risiko bei der Entwicklung, zumal die herbiziden Wirkstoffgruppen auch meist zu den akut wenig toxischen Verbindungen gehören.

Andererseits kann ein mangelnder Abbau von herbiziden Wirkstoffen zu Problemen bei Nachfolgekulturen führen, so daß dieser Frage bei den Entwicklungsarbeiten besondere Bedeutung zugemessen werden muß.

Die großen Schwierigkeiten bei der Entwicklung eines Herbizids beginnen bei der breiten Feldprüfung, besonders bei Wirkstoffen, die auf den oder im Boden angewendet werden. Trotz breiter Prüfung ist es nicht möglich, alle möglichen Kombinationen von Wirkstoffen (in unterschiedlichen Aufwandmengen), bei unterschiedlichen Böden, verschiedenen Temperaturen und Niederschlägen zu erfassen. Dies führt dazu, daß bei Bodenherbiziden noch Jahre nach der Einführung mit Reklamationen wegen Phytotoxizität oder mangelnder Wirkung gerechnet werden muß, weil vielleicht erstmalig nach dem Prinzip des Zufalls eine Reihe negativer Faktoren zusammengefallen ist. Andererseits ist die Frage der Resistenz auf dem Herbizid-Sektor von geringerer Bedeutung (Näheres siehe *Bartels*, 1970), wenn man auch erwarten muß, daß sich durch morphologische oder physiologische Unterschiede resistente Rassen entwickeln. Um so bedeutsamer ist aber der Aspekt der Verschiebung der Artendominanz durch Selektion noch nicht ausreichend bekämpfbarer Unkrautarten.

4.4. Fungizide und Bakterizide

Einen detaillierten Überblick über Fungizide gaben *Grewe* et al. (1970) sowie *Schlör* (1970) in Band 2 des Handbuches von *Wegler* (1970).

Die Forschung auf diesen Gebieten war bis vor einigen Jahren auf relativ wenige Firmen begrenzt. Die Arbeiten auf diesem Sektor verlangen im Vergleich zu den Arbeiten auf dem herbiziden Gebiet einen hohen Aufwand, da Präparate nur in Testen gefunden werden können, bei denen mit Krankheitserregern und den entsprechenden Wirtspflanzen gearbeitet wird. Einige wichtige Krankheiten haben eine lange Inkubationszeit (z. B. Welkekrankheiten verursacht durch *Verticillium albo-atrum* oder *Fusarium oxysporum*) oder lassen sich nicht im Gewächshaus bearbeiten (z. B. *Mycosphaerella musicola* = *Cercospora musae* auf Bananen, *Colletotrichum coffeanum* auf Kaffee). Trotzdem haben die wissenschaftlichen und kommerziellen Erfolge nach der Entwicklung der sogenannten systemischen Fungizide wie Benomyl, Thiophanate und Carbendazim (BMC) zu einer Intensivierung auf diesem Forschungssektor geführt.

Die systemischen Präparate der genannten Gruppe brachten aber auch eine Konfrontation mit dem Problem der Resistenzbildung bei Pilzen, das man bisher auf dem Fungizidsektor nur sehr wenig kannte. Es entstand nach Behandlung im Feld bereits in einer Vegetationsperiode bei mehreren Krankheitserregern eine totale Feldresistenz. Die schnelle Generationsfolge dieser Pilze und das damit verbundene Herausselektieren bestimmter resistenter Stämme wird als Ursache angenommen. Weitere Erfahrungen mit systemischen Fungiziden anderer Wirkstoffgruppen müssen zeigen, ob Resistenzerscheinungen generell bei systemisch wirkenden Fungiziden so schnell auftreten. Wenn dies der Fall sein sollte, wird man wieder verstärkt in Richtung der breit wirkenden Kontaktfungizide arbeiten müssen.

Arbeiten auf dem fungiziden Sektor sind sehr erfolgversprechend, zumal nach den Anwendungsbeschränkungen für quecksilberhaltige Mittel zweifellos verstärkt Pilzkrankheiten auftreten werden, die bisher durch Saatgutbeizung sicher verhütet werden konnten. Ferner führen neuere, mit Verengung der Fruchtfolge verbundene Anbaumethoden und höhere Düngergaben zu verstärkter Pilzinfektion, z. B. im Getreidebau.

Sehr viel Schwierigkeiten bereitet die Auffindung von Bakteriziden, da hier auf Grund des Infektionsmodus der wichtigsten Bakterienerkrankungen ein guter Bekämpfungserfolg nur von kurativ oder systemisch wirkenden Präparaten zu erwarten ist. Protektiv wirkende Präparate bringen nur einen Teilerfolg, da die Vermehrung der Bakterien im Gewebe der Pflanzen stattfindet und dort die Wirkung einsetzen sollte.

Aussichtsreich erscheinen Arbeiten, aus Mikroorganismen Wirkstoffe zu entwickeln, die eine fungizide und bakterizide Wirkung haben (*Anonym*, 1975a).

Bisherige Arbeiten haben zur Auffindung von spezifisch gegen bestimmte phytopathogene Krankheitserreger wirkenden Antibiotika geführt, die in ungewöhnlich niedrigen Konzentrationen im Freiland gut wirken und heute schon in größerem Maß kommerziell ausgenutzt werden.

Durch Züchtung resistenter Sorten ist es gelungen, bei einigen Krankheiten Erfolge zu erzielen. Da in letzter Zeit in einigen Fällen die Resistenz gegen wichtige Krankheitserreger zusammengebrochen ist, z.B. gegen *Puccinia striiformis* (Gelbrost) bei Weizen und *Verticillium albo-atrum* (Welkeerkrankungen) bei Hopfen und Baumwolle, ist die Bekämpfung mit chemischen Präparaten die einzige Möglichkeit geblieben, hohe Ertragsverluste zu vermeiden.

Die Frage der Rückstände ist bei Fungiziden und Bakteriziden besonders akut, da meist mehrere Anwendungen bis kurz vor dem Erntetermin notwendig sind.

4.5. *Pflanzen-Wachstumsregulatoren*

Ein Überblick über natürliche Pflanzenwuchsstoffe findet sich bei *Draber* u. *Wegler* (1970), eine Zusammenfassung über das Gebiet der Wachstumsregulatoren bei *Lürssen* (1973).

Allein in den USA forschen 29 Firmen (*Anonym*, 1975b) auf dem Gebiet der Wachstumsregulatoren. Doch sind Forschungsarbeiten auf diesem Gebiet bezüglich des Erfolges sehr unsicher, auch hinsichtlich der wirtschaftlichen Verwertbarkeit. Dabei muß man allerdings zwei Gruppen von Wachstumsregulatoren unterscheiden:

a) Präparate zur Arbeitserleichterung,

b) Wachstumsregulatoren, die die Pflanzen physiologisch umstimmen im Hinblick auf eine Veränderung der Pflanzeninhaltsstoffe, z.B. zur Vermehrung der Zucker- oder Protein-Produktion.

Dabei erscheint die Entwicklung von Präparaten aus der Gruppe a) weniger risikoreich. Durch Präparate z.B. vom Typ des Maleinsäurehydrazid (MH) werden im Tabakbau solche Arbeitserleichterungen und die Verwendung von Erntemaschinen ermöglicht, so daß der Farmer auf sie künftig auch in Krisenzeiten nicht verzichten kann.

Anders ist die Situation bei Präparaten der Gruppe b). Ihre Anwendung ist sicher sehr stark von der jeweiligen Marktsituation des Erntegutes der behandelten Kulturpflanze abhängig. Ihre Anwendung kann gegebenenfalls auch von Regierungsstellen beeinflußt werden, wenn eine Überproduktion droht. Ein Beispiel hierfür ist die derzeitige Zurückhaltung bei der Anwendung von Präparaten, die die Latex-Produktion in Hevea-Kulturen stimulieren.

Forschungsaufgaben sind auf diesem Sektor sicher sehr komplex, wahrscheinlich weit komplexer als man bei oberflächlicher Betrachtung annehmen möchte. Durch Eingriffe in die Physiologie der Pflanze, z.B. im Sinne einer Erhöhung der Protein-, Zucker- oder Ölproduktion, sind auch weitere Änderungen im Stoffwechsel zu erwarten. Solche durch den physiologischen Eingriff bedingten Sekundäränderungen machen die Arbeiten auf diesem Sektor sehr risikoreich und teuer, da die hierfür notwendigen Untersuchungen außerordentlich umfangreich sind.

Auch die Durchführung der Feldversuche gestaltet sich schwierig, da Mehrerträge statistisch nicht einfach zu sichern sind, so daß entscheidende Versuche mit jeweils 6facher Wiederholung anzusetzen sind. Da die physiologischen Vorgänge durch Umweltfaktoren wie Temperatur, Sonneneinstrahlung, Niederschläge usw. stark beeinflußt werden, können von Prüfjahr zu Prüfjahr unterschiedliche Resultate auftreten.

Erfahrungen bei Versuchen mit 2,3,5-Trijodbenzoesäure (TIBA) im Sojabau zeigen, daß darüber hinaus je nach der Wirkung der verwendeten Herbizide, dem Reihenabstand und natürlich auch in Abhängigkeit von den angebauten Sorten (derzeit über 50) unterschiedliche Ergebnisse erzielt werden.

Die für die Wirkung ausschlaggebenden Faktoren sind also sehr zahlreich und erschweren die Entscheidung über die Entwicklungsmöglichkeiten eines Produktes erheblich. Dies ist wohl auch der Grund dafür, daß sich trotz intensiver Forschungsarbeiten, besonders in den USA, der Markt für Wachstumsregulatoren nur sehr langsam entwickelt, wie nachfolgende Zahlen zeigen:

	Gesamtmarkt	davon Maleinsäurehydrazid
1966	1,493 Mio. kg	1,491 Mio. kg
1971	2,536 Mio. kg	1,916 Mio. kg

Es bleiben also 1971 in den USA für alle anderen Wachstumsregulatoren außer Maleinsäurehydrazid 0,620 Mio. kg übrig. Für 1974 wird der US-Gesamtmarkt für Wachstumsregulatoren auf 14 Mio. $ geschätzt, wovon 7,7 Mio. $ auf Maleinsäurehydrazid entfallen.

Im einzelnen wurden Wachstumsregulatoren mit folgendem Wert (Preise ab Werk) in den einzelnen Kulturen eingesetzt:

Tabak	7,70 Mio. $
Tomaten	2,80 Mio. $
Äpfel	1,05 Mio. $
Wein	0,91 Mio. $
Andere (Kartoffeln, Erbsen, Bohnen, Erdnüsse, Citrus, Kirschen usw).	1,54 Mio. $
insgesamt	14,00 Mio. $

Wenn man den US-Pestizidmarkt 1974 mit mehr als 3600 Mio. DM angibt, dann ist der Markt für Wachstumsregulatoren mit ca. 14 Mio. US-$ sehr unbedeutend. Sicher hat er die Chance, sich auszuweiten, aber es ist zweifelhaft, ob Wachstumsregulatoren je das Marktvolumen der Herbizide erreichen werden, wie wiederholt behauptet wurde.

Es ist sicher einfach, Wachstumsregulatoren in hochwertige Kulturen wie z.B. Zierpflanzen einzuführen. Für eine Ausweitung des Marktes für Wachstumsregulatoren ist aber die Entwicklung von Präparaten für die großen Kulturen wie z.B. Soja, Baumwolle usw. notwendig.

4.6. Rodentizide, Molluskizide, Vogelabwehr

Diese Forschungsrichtungen werden nur von wenigen Firmen bearbeitet, da die Märkte für diese Präparate begrenzt sind.

4.6.1. Rodentizide

Einen umfassenden Gesamtüberblick über Rodentizide gab *Enders* (1970).

Nur relativ wenige Firmen beschäftigen sich intensiv mit Entwicklungsarbeiten auf diesem Gebiet. Dies ist einmal bedingt durch die Größe des Marktes. Der Weltmarkt an Rodentiziden wird derzeit auf 100 Mio. US-$ jährlich (*Anonym*, 1975c) geschätzt. Andererseits ist es sehr schwierig, Rodentizide zu entwickeln, die den heutigen Ansprüchen bezüglich Toxikologie und Umweltverhalten entsprechen. Dies ist natürlich in erster Linie dadurch bedingt, daß die Zielorganismen von Rodentiziden physiologisch dem Menschen näherstehen als die Zielorganismen von anderen Pflanzenschutzmitteln. Neue Aktivitäten auf dem Forschungsgebiet der Rodentizide wurden angeregt durch Resistenzerscheinungen bei Ratten gegen die derzeit verwendeten Antikoagulantien, aber auch durch das Ausfallen verschiedener Chlorkohlenwasserstoff-Präparate zur Bekämpfung von Mäusen.

Obwohl einige Wirkstoffe wie Thalliumsulfat und Zinkphosphid wegen ihrer unerwünschten Nebenwirkungen in ihrer Anwendung teilweise eingeschränkt wurden, so kommen diese Produkte doch noch in vielen Ländern zur Anwendung. Da auch die Resistenzerscheinungen gegen die derzeit angewendeten Antikoagulantien nur auf kleinere Gebiete begrenzt sind (Nordeuropa, USA), sind die Marktaussichten für neue und daher meist auch teure Präparate begrenzt. Man versucht daher, die bisherigen Präparate in der Wirkung zu verbessern. Durch die Zugabe von Vitamin D_2 oder D_3 glaubt man, die Wirkung der Rodentizide erhöhen zu können. Jedoch ist deren Verwendung umstritten, hinzu kommt, daß bis jetzt kein Antidot vorhanden ist. Hohe Dosen Vitamin D stören den Ca-Metabolismus und erzeugen tödliche Nierenschäden.

Ergänzende Versuche werden in der Richtung unternommen, durch Chemosterilantien vom Typ der Steroide die Vermehrung der Nager negativ zu beeinflussen. Die Chemosterilantien sind in ihrer Anwendung aber schwierig, da die Ratten eine Köderscheu gegen die meisten Stoffe entwickeln. Darüber hinaus sind die Steroide teuer und in ihrer Anwendung für den Menschen nicht problemlos.

4.6.2. Auch auf dem Molluskizid-Sektor sind nur wenige Firmen in der Forschung aktiv. Mit Metaldehyd liegt ein lange eingeführtes Präparat vor, das erst seit einigen Jahren durch Mesurol® ergänzt wurde.

Hierher gehören auch Molluskizide zur Bekämpfung von aquatischen und amphibischen Schnecken, die als Zwischenwirte der Bilharziose-Erreger eine Rolle spielen. Auch auf diesem Forschungsgebiet sind Erfolge schwer zu erreichen, obwohl die Bekämpfung der Bilharziose, die sich mit der Zunahme der Bewässerungsgebiete immer noch ausweitet, entscheidende Bedeutung für die zukünftige Entwicklung einer Reihe von Ländern hat. Die Kosten einer Eradikation können von den betroffenen Ländern kaum aufgebracht werden, so daß größere Bekämpfungsaktionen nur mit Hilfe von WHO, Weltbank und anderen supranationalen Organisationen möglich sind. Bekämpfungsaktionen wurden bisher nur in wenigen Ländern, z.B. Sudan, Ägypten und Brasilien durchgeführt und zwar nur in begrenztem Umfange.

4.6.3. Vogelabschreckmittel — über die *Hermann* (1970) zusammenfassend berichtete — zu entwickeln ist außerordentlich schwierig, da auch hier die Sicherung der Versuchsergebnisse sehr arbeits- und damit kostenaufwendig ist. Andererseits liegen die Anwendungszeitpunkte für diese Präparate meist wegen des zu schützenden Erntegutes kurz vor dem Erntetermin. Das bedeutet aber fast unüberwindbare Schwierigkeiten bezüglich der Rückstände im Erntegut.

5. Zusammenfassung. Es wurde versucht darzustellen, welche Kriterien für die Forschung und Entwicklung von Pflanzenschutz- und Schädlingsbekämpfungsmittel maßgebend sind und hierbei die speziellen Gesichtspunkte herauszuarbeiten, die sich für die forschende Industrie ergeben. Die Notwendigkeit, nach wirtschaftlichen Gesichtspunkten zu arbeiten, bedingt auch für den Forscher, daß er die gegenwärtige und zukünftige Marktsituation einschätzen können muß. Entsprechend muß er die Anforderungen kennen, die eine sich verändernde Landwirtschaft, die Öffentlichkeit und mit ihr der Gesetzgeber an die zu entwickelnden Produkte stellen. Die Vielfältigkeit und Komplexizität dieser Anforderungen wird in den meisten Fällen dazu führen, daß die Ergebnisse dieser Forschung den unter den jeweiligen Verhältnissen erreichbaren, besten Kompromiß darstellen. Vielleicht könnte eine solche Einsicht der Polarisierung der Meinungen über den chemischen Pflanzenschutz entgegenwirken.

6. Literatur

Anonym (1975a): Neue Pflanzenschutz-Wirkstoffe aus Mikro-Organismen. Der praktische Schädlingsbekämpfer *27*, 117—118.

Anonym (1975b): Entering the age of plant growth regulators. FC Special Report, Farm Chemicals *138*, Nr. 3, 15—26.

Anonym (1975c): A better mouse trap is not good enough. Chemical Week *117*, H.9, 34—36.

Bartels, W. (1970): Entwicklung neuer Pflanzenschutzmittel. In: *Wegler, R.* (s. dort) Bd. *1*, 516—540.

Bartels, W., Eicken, S. von (1972): Pflanzenschutz- und Schädlingsbekämpfungsmittel — Gegenwärtiger Stand, Tendenzen und Alternativen. Chemie für Labor und Betrieb *23*, 64—73, 110—117, 162—166, 203—208, 259—266.

Böcker, E., Draber, W. (1970): Carbamate. In: *Wegler, R.* (s. dort) Bd. *1*, 219—245.

Büchel, K.H. (1970a): Weitere Insektizide verschiedener Stoffklassen. In: *Wegler, R.* (s. dort) Bd. *1*, 454—463.

Büchel, K.H. (1970b): Chemosterilantien. In: *Wegler, R.* (s. dort) Bd. *1*, 475—486.

Büchel, K.H. (1970c): Insekten-Repellents. In: *Wegler, R.* (s. dort) Bd. *1*, 487—496.

Bundesministerium für Ernährung, Landwirtschaft und Forsten (BELF) (1975): Statistisches Jahrbuch über Ernährung, Landwirtschaft und Forsten, 1975. Hamburg und Berlin, 28 + 402 S.

Bundesrepublik Deutschland (1969): Pflanzenschutzkostengesetz vom 26. August 1969. Bundes-Gesetzblatt I, S. 1406.

Claussen, U. (1970): Natürlich vorkommende Insektizide. In: *Wegler, R.* (s. dort). Bd. *1*, 87—118.

Cramer, H.H. (1970): Zur wirtschaftlichen Bedeutung des Pflanzenschutzes. In: *Wegler, R.* (s. dort) Bd. *1*, 3—15.

Dewey, J. E. (1974): Pesticides for minor crops: A major dilemma. Weeds Today *5*, H. 3, 10—12.

Draber, W., Wegler, R. (1970): Natürliche Pflanzenwuchsstoffe — Phytohormone. In: *Wegler, R.* (s. dort) Bd. 2, 400—430.

Dyte, C. E. (1972): Resistance to synthetic juvenile hormone in a strain of the flour beetle, *Tribolium castaneum.* Nature *238*, 48—49.

Eiter, K. (1970): Insekten-Sexuallockstoffe. In: *Wegler, R.* (s. dort) Bd. 1, 497—522.

Enders, E. (1970): Rodentizide. In: *Wegler, R.* (s. dort) Bd. 1, 601—644.

F AO (Food and Agricultural Organization of the United Nations) (1974): Production Yearbook 1973, 27, Rom, 21 + 523 S.

Fest, C., Schmidt, K. J. (1970): Insektizide Phosphorsäureester. In: *Wegler, R.* (s. dort). Bd. 1, 246—453.

Field, J. A. (1964): Pesticide development costs. Pesticides Abstracts and News Summary, Section B Fungicides — Nematicides — Application *10*, 349—354.

Franz, J. M. (1975): Zur Prüfung der Nebenwirkung von Pflanzenschutzmitteln auf entomophage Arthropoden. Gesunde Pflanzen *27*, 28—31.

Frehse, H. (1970): Rückstände von Pflanzenschutzmitteln in Nahrung und Umwelt — Analytische, toxikologische und gesetzliche Fragen. In: *Wegler, R.* (s. dort) Bd. 2, 433—515.

Frehse, H. (1975): Problems and aspects of present-day residue analysis. Pure and applied Chemistry *42*, 17—37.

Grewe, F., Frohberger, P. E., Scheinpflug, H., Kaspers, H. (1970): Fungizide — I. Allgemeiner Teil: Fungi und Fungizide. In: *Wegler, R.* (s. dort), Bd. 2, 3—43.

Hanf, M. (1972): Von der Mechanik zur Chemie. Mitteilungen aus der Biologischen Bundesanstalt für Land- und Forstwirtschaft Berlin-Dahlem H. 146, 9—37.

Hermann, G. (1970): Chemische Produkte gegen Schäden durch Vögel und Säugetiere. In: *Wegler, R.* (s. dort) Bd. 1, 584—597.

Hoffmann, H. (1976): Über die Auffindungswahrscheinlichkeit neuer insektizider Wirkstoffe, Acyl-Formel und Forschungschancen. Pflanzenschutz-Nachrichten Bayer *29*, 46—53.

Homeyer, B. (1970a): Bodeninsektizide. In: *Wegler, R.* (s. dort) Bd. 1, 467—474.

Homeyer, B. (1970b): Nematizide, In: *Wegler, R.* (s. dort) Bd. 1, 573—583.

Homeyer, B. (1971): ®Nemacur, ein hochwirksames, präventiv und kurativ anwendbares Nematizid. Pflanzenschutz-Nachrichten Bayer *24*, 51—71.

Johnson, J. E., Blair, E. H. (1972): Cost, time, and pesticide safety. Chemical Technology *3*, 666—669.

Klett, W. (1975): Die heutige Verantwortung des Pflanzenschutzdienstes in der Bundesrepublik Deutschland. Zeitschrift für Pflanzenkrankheiten und Pflanzenschutz *82*, 84—90.

Lipa, J. J. (1974): Übersicht über die bakteriellen und pilzlichen Präparate, die bei der biologischen Schädlingsbekämpfung schädlicher Insekten Verwendung finden (polnisch). Ochrona Roślin *18*, H. 9, 18—21.

Lürssen, K. (1973): Einsatz von Wachstumsregulatoren zur Steigerung der Erträge in Land- und Gartenwirtschaft. Der Biologieunterricht *9*, H. 4, 4—15.

N ACA (National Agricultural Chemicals Association) (1975): 1973 Industry profile study. Maschinen-manuskript, Juni 1973, 8 S.

Rabe, W. (1975): Ergebnisse der Netzplantätigkeit in der Pflanzenschutz-Sparte der Bayer AG. Unver-öffentlichte Notiz. Leverkusen, April 1975, 9 S.

Röchling, H., Büchel, K. H., Galley, R. A. E., Klein, W., Korte, F. (1970): Chlorkohlenwasserstoffe. In: *Wegler, R.* (s. dort) Bd. 1, 119—218.

Rümker, R. von, Guest, H. R., Upholt, W. M. (1970): The search for safer, more selective, and less persis-tent pesticides. Bio Science *20*, 1004—1007.

Sanders, H. J. (1975): New weapons against insects. Chemical Engeneering News *53*, H. 30, 18—31.

Sasse, K., Unterstenhöfer, G. (1970): Akarizide. In: *Wegler, R.* (s. dort) Bd. 1, 525—570.

Sasser, J. N. (1971): Einführung in die Probleme des Nematodenbefalls an den Kulturpflanzen der Welt mit einer Übersicht über gegenwärtige Bekämpfungsverfahren. Pflanzenschutz-Nachrichten Bayer *24*, 3—50.

Schlör, H. (1970): Fungizide — II. Spezieller Teil: Chemie der Fungizide. In: *Wegler, R.* (s. dort) Bd. 2, 44—161.

Schuhmann, G. (1973): Gedanken zum Pflanzenschutz in der Bundesrepublik Deutschland. Gesunde Pflanzen *25*, 1—10.

Schuhmann, G. (1974): Pflanzenschutz als internationale Aufgabe. Zeitschrift für Pflanzenkrankheiten und Pflanzenschutz *81*, 683—689.

Statistisches Bundesamt Wiesbaden (1975): Allgemeine Statistik des Auslandes, Internationale Monatszahlen, Juni 1975, Stuttgart und Mainz, S. 52—53.

US. Department of Agriculture (1974): Agricultural Statistics 1974, Washington, 8 + 619 S.

Unterstenhöfer, G. (1970a): Allgemeines über Biologie und Prüfung der Insektizide und Akarizide. In: *Wegler, R.* (s. dort). Bd. *1*, 57—76.

Unterstenhöfer, G. (1970b): Zur Beeinflussung der Resistenzentwicklung. In: *Wegler, R.* (s. dort), Bd. *1*, 77—86.

Warmbrunn, K. (1973): Aktuelle Pflanzenschutzprobleme in den Sonderkulturen von Baden-Württemberg. Gesunde Pflanzen *25*, 186—190.

Wechsler, A. E., Harrison, J. E., Neumeyer, J. (1975): Evaluation on the possible impact of pesticides legislation on research and development activities of pesticide manufacturers, Prepared for Environmental Protection Agency Office of Pesticide Programs, Washington, D.C. 204060, Prepared by Arthur D. Little, Inc., Cambridge, Mass. 02140, 118 S.

Wegler, R. (Hrsg.) (1970): Chemie der Pflanzenschutz- und Schädlingsbekämpfungsmittel, Bd. *1* und *2*. Berlin, Heidelberg, New York, 29 + 671 und 29 + 550 S.

Wegler, R., Eue, L. (1970): Herbizide. In: *Wegler, R.* (s. dort). Bd. *2*, 165—395.

Went, F. W. (1928): Wuchsstoff und Wachstum. Recueil des travaux botaniques Néerlandais *25*, 1—116.

The Importance of Chemicals in the Control of Tropical Diseases

N.G.Gratz

Vector Biology and Control Division, World Health Organization, CH-1211 Genève 27

Contents

1. Introduction

In reviewing the use of chemicals for the control of tropical diseases, it is necessary to delimit at the very onset, what classes of compounds are to be considered, for "chemicals" could otherwise include drugs and disinfectants, as well as insecticides, rodenticides, molluscicides, etc. Thus the following chapter will deal only with the use of insecticides, molluscicides and rodenticides against the vectors, intermediate hosts and reservoirs of diseases of public health importance. Nor will pesticides in use against the vectors and reservoirs of animal diseases be included since these are primarily of veterinary interest.

1.1. Vector and Rodent Borne Diseases in the Tropics

Although the incidence of several of the tropical vector and rodent borne diseases has lessened in recent years, many of this group of diseases remain among the most important causes of morbidity and mortality in the tropics. In the case of some of the parasitic diseases and arboviruses, the incidence is, in fact, increasing (*Gratz*, 1974a) as will be shown in reference to the particular diseases below. This group of diseases has had a tremendous negative impact on the health and economic development of tropical countries not only in the past but in the present and, most likely, in the foreseeable future as well. Their cost must be measured not only in terms of mortality and hospital care for the sick, but also in terms of the manner that these diseases have restricted economic development in many areas of the tropics and the considerable cost of the programmes that must be undertaken to control them.

Little could be done to effectively control the diseases now known to be vector and rodent-borne diseases until their means of transmission was understood. As a result, yellow fever, plague, malaria and epidemic typhus and relapsing fever among other diseases, took enormous toils of life well into the twentieth century not only in the tropical countries but also in the temperate countries of Europe and North America. The discovery in China by *Patrick Manson* in 1877 (*Manson*, 1878) of the development of a filarial worm (*Wuchereria bancrofti*) in the body of a mosquito *Culex pipiens* and his later work with *Bancroft* and others, was the first proof that insects could be the intermediate hosts and vectors of disease. Malaria, the most widespread of the insect borne diseases, was so named because of the long association of this disease and what was considered the unhealthy air of swamps. It was only with the discovery of one of the causal organisms of malaria (*Plasmodium malariae*) as a parasite of human red blood cells by *Laveran* in 1880, followed by *Manson's* hypothesis that mosquitos carried the disease, and *Ross'* success in experimentally demonstrating the development of bird malaria in a *Culex* mosquito which was later confirmed for human malaria in *Anopheles* by *Grassi* and others, that any measures against the vectors could be considered. In the first year of this century, *Reed* and the yellow fever commission (1900), working in Cuba, confirmed *Carlos Finlay's* early reasoning (1881) that the mosquito (*Aedes aegypti*) was the only vector of yellow fever. During this period other discoveries followed which demonstrated the vectors of sleeping sickness, dengue, texas cattle fever, plague, relapsing fever and typhus and most of the other vector and rodent borne diseases and with these findings the most appropriate measures to be taken to control the diseases could then be planned. Since there were at the time virtually no specific effective drugs for the cure or treatment of these diseases other than quinine against malaria, control of their transmission, of necessity, had to depend upon the control of their intermediate hosts, reservoirs and vectors.

While in some cases such as in the campaigns against *Ae. aegypti* or the control of some *Anopheles* mosquito vectors of malaria, sanitation or drainage measures were effectively undertaken to control the breeding of larvae, in most cases, however, vector and reservoir control depended, as it does to this day, mainly on the use of chemical pesticides.

Inasmuch as the biology of the vectors or reservoirs of most of the diseases differs very greatly one from the other, so must the method of control and often the choice of chemicals to be used. Thus, in the following chapter, each of the major tropical vector, snail or rodent borne diseases will be considered separately including the distribution and general prevalence of the disease, its vectors and/or reservoirs and the role of chemicals in the control of the disease.

2. Malaria

For many years malaria was the most important of all the communicable diseases. Prior to the commencement of the global malaria eradication campaign, malaria was widely distributed over all parts of the tropical and sub-tropical world and into the temperate regions, being particularly prevalent between 45° N and 40° S lattitude. Before the end of World War II, malaria was found in much of the coastal areas of Europe and as far north as southern Sweden. It was estimated in the mid 1940's that there were some 350000000 cases of malaria annually and that total mortality was about 1% per year of this figure. Malaria is caused by protozoon parasites of the genus *Plasmodium* of which four species are pathogenic to man, i.e. *P. vivax* causing benign tertian malaria, *P. malariae*, quartan malaria, *P. falciparum*, malignant tertian malaria, and *P. ovale* being rather rare and causing only a mild disease. All species of malaria are transmitted from man to man by species of mosquitos of the genus *Anopheles* in which an essential part of the cycle of development of the malaria parasite takes place. The epidemiology of the disease is complex and the amount of clinical illness and mortality depends upon many factors, among them the species of *Plasmodium* and the geographic origin of the various strains, the prevalence and immunity status of the infection in man who is the only reservoir, the vectorial capacity of the indigenous *Anopheles* species, their abundance, their proclivity for feeding on man, their resting behaviour and species or strain suitability as hosts for malaria, the local geographic and climatic conditions that effect the breeding of the vector and its survival and the number of susceptible new human hosts. An evaluation of the epidemiology of malaria in any given area requires surveys which study all the entomological and parasitological factors which contribute to the endemicity and transmission of the disease.

Malaria used to be endemic in 145 (69.4%) of the 209 countries or territories for which information is available (WHO, 1974a). Concern with malaria was so great in the world community that in 1955 the World Health Assembly of the World Health Organization voted to begin a global malaria eradication programme with the objective of eliminating the disease in a limited period of time. By 31 October 1974, the disease had been eradicated from 36 countries or territories containing 10.3% of the total population of the originally malarious areas of the world (WHO, 1974b). Malaria eradication programmes were continued in 47 countries which still have malarious areas while only malaria control measures were being carried out in 45 countries rather than any attempt at eradication. There are only 8 out of these 45 countries in which more than 50% of the population is protected to some extent by malaria control measures; in a further 23 countries of this group less than 10% of the population is protected and this is usually concentrated in the main urban area or areas. Finally, in 17 countries in which malaria is endemic there are no specific malaria control measures whatsoever being undertaken. Thus, while a great deal of progress has been made in the control of malaria, with important reductions in morbidity and mortality due to this disease, nevertheless very much yet remains to be done and the present situation is serious. Over 517 million people are not yet protected by malaria eradication programmes including 276 million people who are completely unprotected by any sort of malaria programmes at all. The majority of this latter number live in Africa. As a result of this, it has been estimated that *due to the direct effects of malaria about one million infants and children below the age of 14 die every year in Africa* (WHO, 1974b). In other countries such as India, the malaria eradication programme has suffered a severe setback due to a combination of circumstances among them the rapid spread of insecticide resistance to DDT and HCH in populations of the main vectors *An. culicifacies* and *An. stephensi,* the increased cost of fuel and insecticides and administrative difficulties. From a low of less than a hundred thousand reported cases a year, the number of positive cases has now again risen to well over a million a year in India. Just how serious the potential recrudescence of malaria can be is illustrated by what occurred in Sri Lanka (Ceylon); by 1967 the major part of that country was in the maintenance or consolidation phase of the malaria eradication programme and it had been decided that most DDT spraying could be stopped. However, due to the lack of an adequate organization for the prompt detection and elimination of remaining foci of the disease, shortage of funds for spraying, favourable breeding conditions for the vector as well as unusual human population movements, there were almost explosive outbreaks of the disease directly after cessation of the spraying and in 1967 and 1968 nearly two million cases of malaria are estimated to have occurred in areas from where the disease had been thought to be almost eradicated. Thus the danger of the return of malaria is a very real one and in fact there are many areas in which it is already recrudescing.

2.1. Malaria Control

Whether it is aimed at eradicating the disease from any given geographical area or at achieving as high as possible a degree of control as is concomitant with the financial and public health resources of the community, malaria control is based on one or a combination of five principles: prevention of vector mosquito breeding by environmental methods, drugs against the malaria parasite, the application of larvicides, the application of adulticides or the application of biological control methods.

2.1.1. Environmental Methods

Environmental methods usually implies drainage of swamps or marshes which are favourable larval habitats for *Anopheles* mosquitos; however, it also includes other methods such as alteration of water levels in impounded lakes, the channelization of streams to increase water flow and prevent pooling, or the exposure of water to sunlight to prevent the breeding of species whose larvae favour shade. All of these methods must be based on a detailed knowledge of the ecology of the target species; many successful water management schemes for the control of the breeding on vectors of malaria were already in operation by the beginning of this century and recent studies such as in Haiti (*Carmichael*, 1972) have shown that it is possible in certain circumstances to use this method with great effectiveness. Unfortunately, there are several important vectors of malaria that are not easily subject to any such environmental measures; among the most important of these is *An. gambiae* the main vector of malaria in much of Africa; this species breeds primarily in rain pools, shallow borrow pits, water in wheel tracks and drains and even in foot prints and other seasonal collections of water. Similarly *An. balabacensis* one of the most important vectors of malaria in South East Asia, breeds in forest areas and would be inaccessible to control by any water management practices. Similar situations exist for many other important vectors of malaria; thus while water management and other environmental methods have been very successful against some species of *Anopheles*, e.g. against *An. quadrimaculatus* in the USA (U.S.P.H.S., 1947), other methods of controlling malaria and its vectors must be used in most situations.

2.1.2. Anti-Malarial Drugs

Long before the etiology or epidemiology of malaria was understood, quinine or Cinchona bark was known to be effective in the treatment of malaria. In the last ten years the use of drugs in the global malaria programme has become more important, particularly in those areas where only malaria control rather than eradication is feasible and a number of drugs, including recently developed ones, are in use. It has become clear, however, that the anti-malarial compounds currently available have a number of shortcomings; they must be given at repeated short intervals to a large proportion of the population and this is very difficult to achieve under the rural conditions of the developing countries; none of the drugs are equally suitable for prevention as well as for treatment, or equally for both individual prescription and large-scale distribution. In addition, parasite resistance to the 4-aminoquinolines, the most dependable and widely used compounds has appeared and is progressively spreading in several parts of the world (*Bruce-Chwatt*, 1972). Thus while the use of anti-malaria drugs is essential in the treatment of individual cases and in the prevention of malaria in individuals or populations where their use is under close control, they must remain only an adjunct to other methods of combatting malaria.

2.1.3. Chemical Control of Anopheles Vectors

Because of limitations of environmental methods and drug distribution in the control of malaria and, as will be seen below, the limitations to the presently foreseeable use of biological and genetic methods for controlling the vector, almost all malaria eradication and control programmes have been based on the use of chemicals aimed at controlling either the larvae or, in the majority of cases, the adult mosquito vector. Conceptually, the objective of the use of larvicidal chemicals sprayed into the breeding places of anophelines is to reduce the number of mosquitos in a given area to a number where transmission of disease is unlikely. Adulticides or imagocides as they are sometimes called, are on the other hand, used to shorten the longevity of anopheline populations so that it is unlikely that a vector will live a sufficient length of time to develop the infection to a stage where it may be transmitted. Basically the vector species may still persist in the treated area but its ability to transmit disease is checked (*Russell* et al., 1963). The success of this method was first demonstrated in 1936 by South African workers using pyrethrum extract sprayed into houses two or three times a week but obviously this was a method extremely expensive in material and labour.

2.1.4. *Insecticides Used in Anopheles Control*

Many different compounds have been used; these have included products or plant origin such as pyrethrum and rotenons, various types of larvicidal oils, synthetic organics such as the chlorinated hydrocarbons, the organic phosphates and carbamates and most recently, groups of insect growth regulators as well as inorganic chemicals as arsenicals and fluorides. Adulticides may have primarily a "knockdown" action in that they rapidly fell the insect which may or may not later recover; many of the insecticides with this mode of action, do not have a long persistence or "residual" effect meaning that they do not remain lethal to insects for long periods on sprayed surfaces. The various chemicals used in the control of anophelines (or other insects) may be utilized as "technical grade insecticides" which is the basic toxic agent in its purest commercial form, or be formulated as an insecticidal dust with an inert carrier such as a pyrophyllite, as an oil solution soluble in kerosene or other organic solvents, as an emulsion in which the technical grade is dissolved in an efficient solvent and the emulsion concentrate later mixed with water or, most frequently, as a wettable powder. This last consists of the technical grade insecticide with an inert carrier and a wetting agent in a very defined formulation enabling the wettable powders to be mixed with water in the field and then applied to surfaces such as walls on which the mosquito may rest and be killed by the residual action of the insecticide. Some insecticides may also be released into the air as a fumigant, as a smoke, or in fine droplets; droplets with a volume median diameter (VMD) of less than 50 microns are classified as aerosols, those in a range of 50—100 microns as mists, those from 100—400 microns as fine sprays and as course sprays if the VMD is above 400 microns (WHO, 1974c).

The following section will review those chemicals which have been or are used in the control of *Anopheles* vectors of malaria and describe their properties, mode of action, usual formulation and toxicity. Descriptions are also given of the most important laboratory or field trials which were involved in their development.

Much of this latter work has been carried out by the World Health Organization as part of an international collaborative programme for the evaluation and testing of new insecticides; the emphasis in this programme has been on developing compounds which could serve as effective alternatives to the chlorinated hydrocarbons utilized in the global malaria eradication campaigns in those areas where *Anopheles* insecticide resistance has precluded the further use of DDT and lindane. Newly synthesized compounds are submitted by insecticide manufacturers or research institutes and evaluated at seven succeeding stages, each one having more exacting criteria for measuring effectiveness. Those compounds which finally meet all the successive laboratory and small-scale field trials are eventually evaluated in a large-scale field trial under operational conditions (*Wright* et al., 1972). Since 1959 and up to 1975, over two thousand compounds have been screened by this scheme. Candidate compounds are given a WHO code number beginning with the prefix letters "OMS" which are frequently referred to.

A. Adulticides. The Chlorinated Hydrocarbons

All compounds of this group contain chlorine, hydrogen and carbon; in addition some may contain oxygen or sulphur. Aside from this broad similarity, members of this group of compounds vary widely in their chemical structure and activity and in their basic mode of action against arthropods. Actually, the manner in which the compounds of this large group act against insects is still imperfectly understood.

The chlorinated hydrocarbons can be broken down into several sub-classes; the first of these with two phenyl groups is DDT and closely related compounds such as TDE (DDD), dicofol, methoxychlor, chlorobenzilate and others. Of this group, only DDT has had important use against anophelines and will be considered in more detail below. The next series is that of HCH and lindane and the third, the cyclodiene group, which includes endrin, aldrin, dieldrin, etc.

a) DDT. DDT, p,p'-dichlorodiphenyltrichoroethane was described by a German chemist, *O. Zeidler* in 1874 but its insecticidal properties were only first realized by *Paul Müller* working in Switzerland in 1939 against the Colorado potato beetle, clothes moths and other insects. More DDT has been used against insects of public health importance than any other insecticide and at its peak the global malaria eradication programme utilized some 60000 tons of technical grade DDT a year. Approximately 35000 tons per year are still used in these programmes and *most malaria eradication or control programmes are still dependent on this compound.* The first test of DDT on mosquitos was probably carried out by *Van Emmel* (1943); shortly thereafter *Gahan* et al. (1945) showed in the laboratory and then in the field that deposits of DDT from kerosene solutions and water emulsion sprayed on walls of buildings, gave complete control of naturally entering anopheline populations for 70 days.

Technical DDT should not contain less than 70% of the para-para isomer and should otherwise comply with the WHO specification (WHO, 1973a); it is a waxy substance with a very low vapour pressure and is soluble in many organic solvents; it is virtually insoluble in water, its true solubility being of the order of 0.0002 ppm. It is very stable and the combination of this stability and low vapour pressure provide the long period of residual activity on those surfaces where the compound is not absorbed, masked or removed by mechanical action. The period of residual action against *Anopheles* mosquitos depends mainly on the sub-strata on which it is sprayed and it may be soaked into mud surfaces and lose its activity much more quickly than when sprayed on to such comparatively impervious surfaces as bamboo, thatch and painted wood.

While trials have been carried out at a variety of dosages, it has been mainly applied in the form of a water dispersable powder at target dosage of 2 grams of active material per m^2 by hand carried compression sprayers when used as part of the global malaria eradication programme or for malaria control. It has had a tremendous impact on malaria morbidity and mortality in those areas where anopheline mosquitos are still susceptible to control by it. The development of resistance to DDT in anopheline vectors has necessitated a shift to alternative compounds in only about one per cent of the total area now covered by malaria eradication programmes.

The toxicity of DDT to mammals is shown in Table 1; the safety record of this compound is truly remarkable. At the height of its production, over 400000 tons per year were used for agriculture, forestry, public health and household purposes, all of which involved some form of human contact; yet, in spite of the prolonged exposure of substantial portions of the world population, the only confirmed cases of injury have been the result of massive accidental or suicidal ingestion. In the light of the evidence available on the health of the individuals most heavily exposed to DDT, particularly those working in DDT factories, there is at present no sound reason to believe that the millions of people protected against vector-borne diseases are at tangible risk from their small degree of exposure to DDT (WHO, 1972).

DDT however, is thought to adversely affect some species of wild-life, particularly predatory birds, and some species of animals and fish. As a result of this, the outdoor use of DDT where it will result in gross environmental contamination should be avoided wherever possible. Since the main public health of DDT remains the indoor use by application to walls, there is little, if any, environmental contamination as a result.

In summarizing the use and importance of DDT against malaria use, one can best quote the statement by *T.J.Jukes* (1974) "By controlling malaria, DDT has saved more lives and prevented more disease than any chemical in history".

b) Benzene   Hexachloride [= Hexachlorocyclohexane]   and   Lindane. 1,-2,3,4,5,6-Hexachlorocyclohexane consists of a mixture of several isomers of which only the gamma isomer is responsible for the insecticidal properties. While discovered by Faraday in 1825 (*Ulmann*, 1972), HCH, was first produced as an insecticide in 1942 in England and came into very wide agricultural and veterinary use in the early 1950's. The compound has an unpleasant odour due to impurities; as a result of this, instead of producing a wettable powder containing 6.5% of gamma HCH, 43.5% of other constituents of the technical product and 50% of vehicle and wetting agent, the gamma isomer is now manufactured as a product of over 99% purity known as lindane and wettable powders with a high percentage of the gamma isomer are used for indoor spraying.

Table 1. Insecticides which have been used in public health programmes in the tropics[a]

Group	Compound	AO (acute oral mammalian toxicity) mg/kg AD (acute dermal mammalian toxicity) rats
Botanicals	pyrethrins	AO 200—2600 AD > 1800
	allethrin	AO 680—100 AD > 11200
	dimethrin	AO > 40 ml
	tetramethrin	AO > 20000 AO > 15000
Chlorinated hydrocarbons	benzene hexachloride	AO 600—1250
	lindane (gamma, HCH)	AO 76—200 AD 500—1200
	chlordane	AO 283—596 AD 580—> 1600
	heptachlor	AO 40—188 AD 119—320
	dieldrin	AO 39—60 AD 65—90
	endosulfan	AO 30—110 AD 74—130
	DDT	AO 87—500 AD 1931—3263
	methoxychlor	AO 5000—7000 AD 2820—6000
Organophosphorous	trichlorfon	AO 450—699 AD > 2800
	naled	AO 430 AD 1100
	dichlorvos	AO 25—170 AD 59—900
	malathion	AO 885—2800 AD 720—4060
	dimethoate	AO 155—500 AD 150—1150
	methyl parathion	AO 9—42 AD 63—72
	parathion	AO 3—30 AD 4—200
	fenitrothion	AO 250—570 200—> 3000
	ronnel	AO 906—3025 AD 1000—2000 (rabbit)
	bromophos	AO 3.750—7700 AD 2188 (rabbit)
	iodofenphos	AO 2000 AD > 1800

Table 1 (continued)

Group	Compound	AO (acute oral mammalian toxicity) mg/kg AD (acute dermal mammalian toxicity) rats
	fenthion	AO 178—310 AD 275—1 300
	Abate	AO 1 000—3 000 AD > 4 000
	chlorfenvinphos	AO 12—56 AD 31—108
	Gardona	AO 4 000—5 000 AD 5 000 (rabbit)
	phoxim	AO 8 500—8 800 AD > 1 000
	coumaphos	HO 13—963 AD 860—> 1 000
	chlorpyrifos	AO 97—276 AD 2 000 (rabbit)
	diazinon	AO 66—600 AD 379—1 200
Carbamates	landrin	AO 178 AD > 2 500 (rabbit)
	propoxur	AO 95—175 AD > 1 000
	carbaryl	AO 307—986 AD > 500—> 400

[a] Adapted from *Kenaga, E. & Allison, W.* (1969—1970) "Commercial and Experimental organic insecticides". Bull. Ent. Soc. Amer. *15* (2), 85—148 and revision *16* (1), 68.

Where *Anopheles* vector resistance has developed to DDT, it has been possible to replace it by use of lindane wettable powders at a target dosage of 0.5 g/m². This insecticide is considerably more volatile than DDT and while absorbed quickly into mud walls, the volatility provides a fumigant action which may permit lethal action without contact. Lindane may provide several months of effective control after spraying. Unfortunately, resistance has also developed to this compound among several important species of anopheline vectors; this resistance sometimes follows lindane application but more often it is a result of cross-resistance to dieldrin, (see below). Where a high level of dieldrin resistance has appeared both that compound and HCH are rendered ineffective.

c) Dieldrin. 1,2,3,4,10,10-hexachloro-6,7-epoxy-1,4,4a,5,6,7,8,8a-octahydro-1,4:5,8-dimethanonaphthalene (HEOD). This compound is considerably more toxic than DDT—both to insects and mammals. Because of this, it was used in the malaria eradication programmes at a considerably lower target dosage than DDT, i.e. 0.5 g/m², the same as lindane. It was particularly useful in controlling DDT-resistant *Anopheles* species and has been applied for this purpose in Saudi Arabia, Iran, Syria and Java and was also used in malaria eradication or control programmes in Africa, India and South America. This very effective insecticide has had two major short-comings however; aside from the fact that its high degree of efficacy resulted in a rapid selection for insecticide resistance to it, its hazard to man and domestic animals has now excluded it from use by most countries for indoor residual wall applications. It has been found that in long-term programmes, poisoning has occurred among spray operators, even when veils, caps and gloves were worn in addition to hats and overalls. Dieldrin should, therefore, not be used for indoor spraying without full justification and unless strict precautionary measures and medical supervision are ensured (WHO, 1970a). Quite aside from the toxic hazard, seventeen species of malaria vectors are resistant to both DDT and dieldrin, with cross-resistance to HCH, and nine are resistant to dieldrin along (*Pal*, 1973). This insecticide has even been shown to increase the biotic potential of some strains of houseflies newly resistant to the compound (*Gratz*, 1966).

B. The Organo-Phosphorus Compounds

This group was first elaborated by *G. Schrader* and his associates in Germany in the early 1940's. The first insecticides developed in the group were Schraden, TEPP, HETP and parathion; all are characterized by being esters and amides of phosphoric acid and pyrophosphoric acid containing organically-bound phosphorus and have a similar mode of action in that all of them work as inhibitors of the enzyme cholinesterase both in mammals and in arthropods (*Metcalf*, 1955). In doing so, they interfere with the normal mechanism of nerve impulse transmission; when a nerve impulse is transmitted, acetylcholine is liberated and acts directly upon effector cells to produce their characteristic response, such as the contraction of a muscle or the secretion of a gland. The enzyme cholinesterase is present in nerves and normally stops the response by hydrolyzing acetylcholine into the acetate ion and choline, leaving the synaptic junction clear for the next nerve impulse. Part of the organo-phosphorus insecticides attach to cholinesterase in the nerve and prevents this enzyme from breaking down acetylcholine; the acetylcholine then accumulates and impulses continue to travel along the nerves, causing un-coordinated activity throughout the entire animal and, tremors, convulsions, muscle paralysis and finally death from a variety of organ failures. In mammals atropine is a specific antidote against poisoning by the organo-phosphorus insecticides.

A very large number of organo-phosphorus compounds have already come into use as commercial insecticides and certainly the properties of hundreds more have been examined in the laboratory. Their suitability as insecticides is determined not only by the degree of their action on insects, but also by their properties of stability, solubility, vapour pressure, persistence or residual effect and the degree of danger to man and other non-target organisms in handling them. The toxicity to the insecticide applicators and the persons living in sprayed dwellings has certainly been a major factor in considering which compounds might be selected for use against anopheline adults. No greater toxicological latitude can be accepted for those compounds which are to be applied as larvicides against

96

Anopheles inasmuch as so many species of this genus of mosquitos breed in surface water which may be consumed by man or domestic animals.

The following will review those organo-phosphorus compounds which have shown particular promise against *Anopheles* adults or larvae for use in malaria control programmes, particularly where insecticide resistance has excluded the use of the chlorinated hydrocarbons.

a) Malathion (Cythion OMS-1). Diethyl mercaptosuccinate s-ester with 0,0-dimethyl phosphorodithioate in a technical form is a clear, colourless to light amber liquid with a rather disagreeable odour which can be masked by certain additives. It is a broad spectrum insecticide effective against a large range of mite and insect pests but nevertheless with a very low mammalian toxicity (s. Table 1). Against anophelines it is used as a technical product for ultra-low-volume applications, as a wettable powder for residual wall applications and at times as an emulsion or suspension for larviciding. Common use is made of oil or kerosene solutions as thermal fogs against adult mosquitos. The target dosage on wall surfaces is, like that of DDT, 2 g/m^2. In the USA malathion applied at 100 mg/ft^2 was shown by bio-assay to provide a very long period of kill—up to 12 months against dieldrin resistant *An. quadrimaculatus* in sprayed houses in Mississippi. All the surfaces tested were of wood, cardboard and paper (*Mathis* and *Schoof*, 1958). Tests in El-Salvador (*Schoof* et al., 1961) compared the residual effectiveness of DDT, malathion and Bayer 29493 (fenthion) when applied as wettable powders at varying concentrations. Evaluation was carried out using DDT/dieldrin resistant colony bred *An. albimanus*. Neither malathion nor fenthion applied at 0.5 g/m^2 provided satisfactory control; at dosages of lg/m^2 and 2 g/m^2 the two insecticides gave 70% to 100% bio-assay mortality for periods of $2\frac{1}{2}$ to 3 months on treated surfaces which included wood, thatch, mud, whitewashed and plaster surfaces. A large-scale field trial in Uganda, Africa, covering an area of 500 km^2 and a population of about 26000, indicated that where there was a reasonably high proportion of organic surfaces in the sprayed huts, malathion at 2 g/m^2 would achieve good control of mosquitos resting on thatch or wood for as long as six months while its effectiveness on mud walls was no greater than one month. Transmission of malaria was apparently interrupted in the sprayed area (*Najera* et al., 1967). No toxic effects were observed in either spray men or the inhabitants of treated huts. Malathion has now been evaluated in field trials against anophelines in Central America, Egypt, Iran, Nigeria, Uganda, India and elsewhere and is utilized operationally in Iran and India against DDT/dieldrin *Anopheles* populations. Currently tests are being planned in Indonesia against populations of *An. aconitus* resistant to chlorinated hydrocarbons. It is estimated by the WHO that more than 30000 tons of this compound will be required for anti-malaria programmes in 1975.

b) Fenthion (Baytex, Laybaycid, OMS-2). 0,0-dimethyl 0-[4-(methylthio)-m-tolyl] phosphorothioate. A dark brown liquid in its technical state, it has a higher toxicity to both mammals and insects than malathion. The compound was first produced commercially in Germany by Bayer (*Schrader*, 1960). It was compared in the field in El-Salvador (*Schoof* et al. ibid) and found superior to that insecticide. Further trials were therefore carried out in West Africa. *Gratz* and *Carmichael* (1963) applied the compound at a target concentration of 1.5 g/m^2; no mosquitos were found resting in treated huts for seven weeks; bio-assays using colony bred *An. gambiae* gave more than 70% mortality for 7 weeks on mud surfaces, 11 weeks on wood surfaces and 16 weeks on palm thatch. Based on these preliminary encouraging entomological results, large-scale field trials were carried out in 50 villages in Southern Iran in 1963. Here, as in the trials in Nigeria, despite promising control of the vector *Anopheles* species, toxicological observations (*Francis* and *Barnes*, 1963; *Taylor*, 1963), demonstrated that there were very severe depressions in cholinesterase activity among both spray men and residents of the treated village accompanied by clinical illness. As a result, the WHO Expert Committee on Insecticides considering this compound concluded "... that OMS-2 (fenthion) is not suitable for routine residual indoor spraying. It can be used as a mosquito larvicide in non-potable waters, providing that safety measures are taken by the operators, especially in handling the concentrates" (WHO, 1967a). As will be seen below, later studies showed that this compound is a highly effective larvicide especially for use in polluted water.

 c) Dichlorvos (DDVP, Vapona, Nuvan, OMS-14). Dichlorvos or 2,2-dichlorovinyl dimethyl phosphate, is a yellowish to colourless liquid in technical form, rapidly hydrolyzed by water and characterized by a high vapour pressure and volatility. By incorporating the insecticide in a variety of slow-release formulations, attempts have been made to control malaria vectors in Africa and elsewhere. Field trials were carried out in the vicinity of Lagos, Nigeria (*Gratz* et al., 1963) and in Upper Volta (*Quarterman* et al., 1963; *Mathis* et al., 1963). While the trials showed a long period of effectiveness against caged mosquitos used in bio-assays—up to 12 to 13 weeks in Nigeria and for 12 to 16 weeks in the less well ventilated huts of Upper Volta, use of the dichlorvos dispensers did not succeed in entirely eliminating night time resting mosquitos from the huts and reduced but did not interrupt transmission of malaria (*Hamon*, 1965). Later trials in Haiti (*Schoof* et al., 1966) in thatched roof huts also reduced but failed to interrupt transmission of malaria (*Cavalie* and *Limousin*, 1966). Finally, malariometric evaluation of a large-scale trial of dichlorvos dispensers in Northern Nigeria, showed that while again malaria transmission was reduced, it was not interrupted; air exchange in the huts was probably too great to enable a complete kill of entering mosquitos. Thus this compound while now widely used in the form of slow release dispensers for the control of household pests, has not found a role in malaria control campaigns despite the extensive field trials it has undergone for this purpose.

 d) Fenitrothion (Sumithion, Folithion, Accothion, OMS-43). Fenitrothion or 0,0-dimethyl 0-(4-nitro-m-tolyl) phosphorothioate, is a tan coloured liquid in technical form. It is widely used in agriculture against a variety of crop pests and formulated as a water dispersable powder, has been extensively evaluated in field trials for the control of anopheline mosquitos by residual applications. This compound was first evaluated in Africa in experimental huts in Tanzania (*Smith* and *Hocking*, 1963) as part of the World Health Organization insecticide evaluation programme. Applied at a nominal dosage of $2\,g/m^2$, the insecticide provided better control of mosquitos when sprayed on non-absorptive surfaces such as grass roofs than on mud walls; in huts with grass or thatch roofs it gave better than 90% kill of naturally entering *An. gambiae* for 4 months; no irritant effect was observed on the mosquitos which remained in the treated huts until they died. These results were also confirmed in hut trials in the vicinity of Bobo Dioulasso, Upper Volta, West Africa by *Coz* et al. (1966) who estimated that OMS-43 provided a residual effect against *An. gambiae* entering the treated huts for a period of three and a half months. Encouraged by these promising small-scale trials, a village-scale trial was then carried out by the WHO near Lagos, Nigeria (*Bar-Zeev* and *Bracha*, 1966); evaluation of the trial in which the carbamate insecticide carbaryl and OMS-43 were compared with both applied at 2 g/ m^2 showed that while carbaryl reduced mosquito hut densities for two months, fenitrothion greatly reduced hut densities for six months or more. In a similar village-scale trial in El Salvador, only four weeks of control against DDT-resistant *An. albimanus* was obtained; nevertheless the very encouraging results in Africa have led to large-scale trials in Kenya covering an area of 50000 population; the effect of several successive 4-month rounds of spraying over at least a 4-year period, demonstrated that application of this compound in an area of highly endemic malaria, could interrupt transmission of the disease. Further trials are planned for South East Asia.

e) Other O-P's. A number of other O-P compounds have been tested against anophelines in village-scale trials in Northern Nigeria; these include Dicapthon (OMS-214), Phenthoate (Cidial or OMS-1075), Phoxim (Baythion, OMS-1170), Chlorphoxim (OMS-1197) and Iodfenphos (OMS-1211). Of these compounds Dicapthon did not show enough residual effect to warrant larger-scale trials (*Pant* et al., 1969) nor did Phoxim; Phenthoate and Iodfenphos were considered to be of only marginal promise as residuals against *An. gambiae* and they too were not tested further (WHO unpublished trials, 1970). Chlorphoxim (ortho-chloro-phenylglyoxyonitrile oxime O-ester with 0,0-diethyl phosphorothioate) has shown much more promise against *An. gambiae* and at the time of writing, is being evaluated as a wdp in a group of villages in Northern Nigeria at a target dosage of 2 g/m^2.

C. The Carbamates

The mode of action of this group of carbamic acid esters resembles that of the organophosphorous compounds in that both attack the enzyme acetyl-cholinesterase. However, the carbamates possess steric resemblance to acetylcholine and compete with it for fixation at two sites on the enzyme. Once *in situ*, they are less easily hydrolysed than the natural substrate and thus block the enzyme. For steric reasons, the most active carbamates are based on the N-methyl or N,N-dimethyl forms of the acid. The first compound of this group, Dimetan was developed by Geigy in Switzerland.

a) Carbaryl (Sevin, OMS-29). Carbaryl or alpha naphthyl methylcarbamate, is in fairly wide use as an agricultural insecticide. Following some promising laboratory studies of this compound (*Mathis* and *Schoof*, 1963) comparative field trials against *Anopheles* adults were carried out in Haiti, including carbaryl, DDT, propoxur, and methiocarb (Bayer 37344). Several huts with mud walls and thatch roofs were sprayed with each of the compounds at 1 and 2 g/m^2 and their persistence evaluated by bio-assays with adult *An. albimanus* (*Schoof* et al., 1964). By this type of test the authors found carbaryl and DDT to be longer lasting on white-washed mud surfaces than either of the other compounds. In a village-scale trial in Nigeria (*Bar-Zeev* and *Bracha*, ibid), it was found that carbaryl was effective against naturally entering mosquitos for no more than one month and bio-assay results showed that while it was ineffective within one month on unpainted mud surfaces, it lasted for as long as six to nine months on thatch. In light of the rather equivocal results with the compound in village-scale trials, no further use of it has been made against *Anopheles* though further trials in geographical areas where huts are primarily constructed of wood or bamboo, may be warranted.

b) Propoxur (arprocarb, OMS-33). Technical propoxur (ortho-isopropoxy-phenyl methylcarbamate) is light yellow with a characteristic phenolic odour. It is comparatively volatile with a half-life at 25° C of 13 days. Since laboratory tests with this compound on various types of surfaces were promising, it was tested first in experimental huts and then in village-scale trials in Nigeria, El Salvador, and Iran. Both in the area of Lagos, Nigeria, following applications at $1.5 \, g/m^2$ and Iran at $2 \, g/m^2$, control of *Anopheles* populations for about 12 weeks was obtained, while in central America high kill of naturally entering mosquitos lasted up to 10 weeks.

After the village-scale trials two large-scale field trials were carried out in southern Iran, one in 1966 by the Government of Iran and in 1967 jointly by Iran and the WHO. The main vector in this area is *An. stephensi* which is resistant both to DDT and dieldrin. Most of the surfaces in the treated area were of mud. In 1967, villages in an area of 11000 people were treated with OMS-33 at $2 \, g/m^2$. The insecticide gave excellent control of *An. stephensi* for three months or longer (*Wright* et al., 1969). In the Kaduna area of northern Nigeria, the large-scale trial covered an area of 1800 houses and about 4000 people. OMS-33 sprayed at $2 \, g/ m^2$ provided excellent control of *An. gambiae* and *An. funestus* for two months and good control for a further three to four months. In the large-scale trials in El Salvador, the duration of effective control of *An. albimanus*, which is more or less of an exophilic vector, was generally from 8 to 12 weeks. It was determined that OMS-33 also has an airborne effect which enables it to kill mosquitos at some distance from the sprayed surfaces.

In view of the demonstrated effectiveness of this compound and its safety to man, it appears to be an acceptable alternative to DDT where that insecticide cannot be used because of mosquito resistance. It must, however, be pointed out that the cost of propoxur is considerably higher than that of DDT.

c) Landrin (SD 8530, OMS-597). Landrin, or 3,4,5-trimethylphenyl methyl-carbamate has been evaluated in two separate village-scale trials in Nigeria; in the first, in 1967, effective control was obtained by deposits at a target dosage of $2 \, g/ m^2$ for 60 days and the second, at a slightly higher dosage of $2.4 \, g/m^2$ but with an improved formulation showed that the compound was effective for an even longer period for up to four months (*Rosen* et al., 1970). An extended trial in a number of villages in 1973/1974 confirmed that this compound was probably as effective against adult mosquito populations as fenitrothion at a similar dosage and further, larger scale evaluations are therefore planned should the compound be commercially available.

D. Larvicides

Prior to the development and widespread introduction of residual insecticides in malaria control campaigns, most mosquito control was carried out by the use of anti-larval measures.

With the discovery of DDT and other similar insecticides, anti-larval measures for malaria vector control were almost entirely replaced by residual spraying of insecticides inside the house. The control of culicine mosquitos, both *Culex* and *Aedes*, continued to be based largely on anti-larval measures for a variety of reasons (*Pal* and *Gratz*, 1968).

During recent years, there has been a renewed interest in larviciding for anopheline control. This interest is especially great in those problem areas where, for example, residual spraying has not been effective owing to the exophilic habits of the vector species or those of man, as well as in densely populated towns where residual spraying is not economically feasible.

Mosquito control with petroleum oils was almost the sole method of larviciding until the advent of the synthetic organic insecticides. The use of petroleum distillates ranging from specially refined larvicidal oils to ordinary diesel oil has, in fact, continued to be widespread due to their ready availability and what was, until recently, their comparatively low cost. Petroleum oils have an added advantage of not being likely to result in the development of resistance and, if used correctly, have a minimal effect on wildlife and other aquatic organisms. Oils have several disadvantages, however, among the foremost being the cost and labour involved in transporting large volumes of oil to the sites of larviciding, the general lack of persistence in water highly polluted with organic matter, the uneven performance of many locally available fuel oils frequently used as larvicides and, finally, the growing cost of oil since 1973.

During the 1920's and 1930's the use of Paris green (copper acetoarsenite) against anopheline larvae became very widespread. Because Paris green is a stomach and not a contact poison it must be floated as a dust across the surface of the water where it can be ingested by the surface feeding larvae.

Very soon after their appearance, the highly effective larvicidal qualities of the chlorinated hydrocarbon insecticides were recognized, beginning with DDT in the early 1940's. Since then HCH, lindane, dieldrin, chlordane, TDE, methoxychlor, heptachlor and toxaphene have all been used to a varying extent and a vast literature has accumulated describing their use against many different species of mosquito. The increasingly widespread development of resistance to these compounds has resulted in a progressive shift to, and search for, other compounds. As a result virtually no chlorinated hydrocarbon insecticides are used as larvicides against mosquitos any longer and DDT and related compounds have been replaced mostly by O-P larvicides. Since most anophelines breed in comparatively fresh surface water which in many parts of the world might be consumed by man and his domestic animals, larvicides intended for use against *Anopheles* should be of low mammalian toxicity. This has led to a growing use of Abate as a larvicide and this compound will be discussed at greater length below.

The spread of insecticide resistance and the increased cost of insecticides has somewhat reduced the quantities of insecticides being used against the *Anopheles* vectors of malaria. In addition, a number of countries which had undertaken malaria eradication programmes have realized that the state of development of their health services is not yet ready for such an undertaking and have had to revert to malaria control. While more use and dependence will be made of anti-malarial drugs in this type of programme extensive use will still be made of adulticides and larvicides for vector control for a long period of time. Although recent trials in Central America have shown that it is possible to use genetic methods to control malaria vectors under certain geographical conditions, nei-ther genetic nor biological control methods are likely to make other than a limited contribution to the control of the vectors of malaria for some years to come. Where possible, the use of environmental methods to prevent mosquito breeding should be increased but for the most part reliance will have to be placed on effective insecticides. The search for chemical groups with no cross resistance to existing compounds which are effective against anophelines and also environ-mentally acceptable should be encouraged and continued.

3. African Trypanosomiasis

Like malaria, African trypanosomiasis is a protozoan disease. In its human form it is usually known as "sleeping sickness". Trypanosomiasis affects men and ani-mals in an area of about 10000000 km^2 of the African continent south of the Sahara and is transmitted by the bite of several species of tsetse flies of the genus *Glossina*. Human trypanosomiasis in West and Central Africa is of a more chronic type caused by *Trypanosomiasis gambiense* and in East Africa is of a more acute nature caused by *T. rhodesiense*. The two parasites themselves are morphologi-cally indistinguishable and their behaviour is similar in mammalian hosts and tsetse fly vectors in all but the one respect of the greater virulence of *T. rhode-siense*. The *T. gambiense* form of the disease is transmitted by riverine species of tsetse, *G. palpalis* and *G. tachinoides*. These flies may sometimes live close to hu-man habitation and the essential feature in the epidemiology of this form is the close contact between man and fly there being thus no necessity for a wild animal reservoir of the infection.

In contrast, *T. rhodesiense* is usually transmitted by game feeding tsetse flies, *G. morsitans*, *G. swynnertoni* and *G. pallidipes* which feed selectively on certain species of wild animals and on man only occasionally. The wild animals, which are themselves unaffected, are the reservoirs of *T. rhodesiense*. Some animals such as the warthog and bushbuck seem to serve as especially important reservoirs as they are an important part of the tsetse flies' food supply (*Ashcroft*, 1963).

The trypanosomes undergo cyclical development in the various species of *Glossina* which are the only insect hosts of the disease. The tsetse fly becomes infective 18 to 34 days after it has ingested an infected blood meal. The female flies are larviparous, producing single fully grown larvae at intervals. These larvae pupate almost immediately and puparia are found in loose soil, moss under organic debris, etc. but always in the shade. Since the immature stages are so well protected, vector control measures can only be aimed at the adults based on a good knowledge of their ecology and the highly specific areas of vegetation which each species chooses as its resting place.

In man and animals the disease presents a formidable challenge to health and economy in many African countries. Widespread and devastating epidemics have occurred in the past causing heavy tolls of death in both human and animal populations and despite a great deal of progress against the human and animal trypanosomiasis, there is evidence from widespread parts of Africa of an epidemic resurgence of the disease (WHO, 1969a). Before the beginning of effective control campaigns, areas in which the disease was endemic suffered heavily; as an example it has been estimated that in an epidemic in the Congo River Basin between 1896 and 1906 about one half million people died of sleeping sickness and in an epidemic which reached its zenith in West Africa in 1935 and 1936, it was probable that at least a quarter of a million human cases were being contracted each year (*Mulligan*, 1970). While control measures aimed at either control of the tsetse fly vectors or by use of human therapy or chemoprophylaxis have held the disease in check, support for some of the organizations dealing with the disease has declined; because of the rapidity with which outbreaks can occur and spread, it is necessary for governments in endemic areas to maintain a close epidemiological surveillance on the disease to prevent an epidemic return.

Trypanosomiasis of domestic animals, mainly cattle, is more widely distributed than the infection in man. The presence of this disease renders unusable for livestock husbandry large areas of Africa which are otherwise suitable for this purpose. The drought in the Sahel savannah area of West Africa in the early 1970's resulted in the death of many cattle and made the problem of animal trypanosomiasis affecting the remainder even more acute; as people move into new land areas due to the shortage of suitable grazing land they and their herds are likely to be exposed to the risk of infection by trypanosomiasis.

It is estimated that if animal trypanosomiasis were brought under control, the African continent could carry a supplementary cattle production of about 120 million head. This could produce, 1 500 000 tons of meat a year, representing a value of US 750 million. It would make large new areas available for food production and provide increased feed for the larger herds of cattle and greatly increase the economic well being of the area.

While it has so far been possible to keep the resurgences of the disease under control, presently existing campaigns will have to be expanded to cope with the growth and spread of human populations in Africa and to provide these populations with animal protein. The fact that the parasite resistance can occur to any of the trypanocidal drugs is a matter of growing concern and makes the need for effective vector control programmes even more imperative. Immunization of animals against trypanosomiasis appears only as a remote possibility at present.

3.1. Tsetse Fly Control

Control of tsetse fly has been achieved by a variety of methods including the large-scale clearing of vegetation in infested areas to make the micro-climate unsuitable for the flies, and the destruction of wild game hosts of tsetse. Neither of these methods is any longer economically or ecologically acceptable.

Much success has, however, been achieved by the spraying of residual insecticides on vegetation where the flies are likely to rest both against the riverine species and those of the wooded savannahs. It appears to be the only method available for large-scale trypanosomiasis control programmes.

Only three insecticides have seen very large-scale use against tsetse, all of them chlorinated hydrocarbons: DDT, dieldrin and endosulfan. These are applied as emulsion or suspensions. The best manner of applying the insecticide is dependent on a detailed knowledge of the ecology of the target species of tsetse including its flight movements, resting places and seasonal variations in density.

Many different techniques and formulations have been utilized for applying both DDT and dieldrin and these, as well as the frequency of application, depend upon both climatic conditions and the type of application equipment among other factors. DDT and dieldrin at concentrations of from 1.5% to 5% have been widely used in East, Central and West Africa and when applied by ground equipment, an effort is made to apply them only to those portions of the vegetation where the flies usually rest; dieldrin, however, is more harmful to the environment though it has been used at very low doses. In Nigeria almost 125000 km^2 have been freed from tsetse fly by insecticide application and a further 12500 km^2 are being freed every year. In Zambia an area of 1600 km^2 was treated with five applications of endosulfan (or Thiodan) at "ultra-low-volume" (ULV) quantities at 3-week intervals at 3 kg/km^2 of active ingredient by aerial application and *G.m. morsitans* was eradicated from almost all of the treated area (*Park* et al., 1972). At these low dosages endosulfan also appears to be reasonably safe to non-target life.

In the current climate of concern for protection of the environment there is a need for alternative, but equally effective, insecticides for use in tsetse control campaigns (*Jordan*, 1974). *Hadaway* (1972) evaluated several new compounds in laboratory comparison with the organochlorines on *G. austeni*. The synthetic pyrethroid resmethrin was the most toxic followed by fenthion, dieldrin, propoxur and chlorfenvinfos. At the time of writing field trials are underway or planned with some of these and other even newer compounds in Africa as a basis for more extensive tsetse control campaigns. These will follow upon extensive studies on the biology and ecology of the vector tsetse as a basis to more effective and accurate use of insecticides for their control.

4. American Trypanosomiasis—Chagas' Disease

Trypanosoma (Schizotrypanum) cruzi is the causative agent of Chagas' disease; it is a protozoan, related to the organism which causes African sleeping sickness. Human cases of Chagas' disease have been recorded from every country in South America. It is a public health problem of the greatest importance in Brazil, Argentina, Chile and Venezuela and it is estimated that at least 10 million people are infected, mainly in South America but in Central America as well and that a million have cardiopathies caused by the disease (WHO, 1975). Its exact prevalence is difficult to discover as it affects mainly rural populations living in poor housing for whom statistics are limited or non-existent. The disease is often fatal and is virtually incurable as a widely applicable chemotherapeutic agent has not yet been discovered, nor is there any immunological protection. It is probably the most important cause of myocarditis in the world.

The vectors of the disease are blood-sucking bugs of the sub-family triatominae; there are close to 100 potential or actual vector species of triatominae in the Western Hemisphere among the genera *Rhodnius*, *Triatoma* and *Panstrongylus*. Transmission of the infective forms of the pathogen is by the faeces of the bug entering through skin abrasions or mucus membranes. The rate of infection of bug populations in nature may reach 75% in some areas of South America and in many rural localities 100% of the dwellings are infested with the vectors. Infestations are favoured by hut construction of thatch or of mud where bugs can hide between the fronds or in cracks in the mud.

Just how common infection is by *T.cruzi* in triatominae was shown in an extensive survey carried out by *Sherlock* and *Serafim* (1974) between 1957 and 1971 in 889972 dwellings in 11045 different localities in the State of Bahia, Brazil; 8% of the bugs collected were infected by trypanosomes considered to be *T.cruzi*, the rates of natural infection in bugs ranging from 0% to 100% in different localities. 11.4% of all *Panstrongylus megistus* collected in the northern littoral areas of the State were infected with *T.cruzi* and the risk of human infection in such an area is, of course, great.

Most mammals and possibly some reptiles can be considered as suitable reservoirs of the disease; there are three interlinking epidemiological cycles of Chagas' disease: zoonotic—maintained by the wild hosts of vector bugs; intra-domiciliary—dependent on vector infestations in human dwellings and domestic reservoirs and hosts such as the dog, pig and man; and peri-domiciliary—linkage between the first two.

4.1. Triatominae Control

Since, as stated above, there is no suitable mass therapy or immunization at present available to protect human populations in endemic areas (*Marsden*, 1974), prevention of the disease must depend on preventing contact between man and the vector bugs. Where it is possible to "build-out" the bug population by improving or building new housing, this is of course an optimal long-term solution. For most rural areas in South and Central America little dependence can be placed on this method due to the high cost of new housing and in some areas due to the mobility of rural populations. Thus for the time being control must depend on destruction of vector bugs by insecticide treatment of dwellings in infested areas.

Most current Chagas' disease control programmes depend upon the application of residual sprays to the interiors of houses in order to eliminate or reduce the population of the vector bugs. DDT has not proven to be effective against triatominae (PAHO, 1970). The most widely used insecticides have been HCH applied as a wdp at 1.25% of the gamma isomer at a target dosage of 0.5 g/m^2. This will usually provide a residual effect of about 30 days. Dieldrin was at one time also employed in several national campaigns at 1 g/m^2 but due to several cases of poisoning among spray men its use has ceased. In addition resistance to dieldrin—and probably all the other chlorinated hydrocarbons has now appeared in several populations of *R. prolixus* in Venezuela (*Gonzalez-Valdivieso* et al., 1971) and the development of alternative compounds is imperative.

Propoxur (OMS-33) has shown considerable promise against *Triatoma dimidiata* in laboratory and field trials in Ecuador (*Rodriguez*, 1971) and recent trials with malathion applied as a ULV concentration in rural areas of Argentina have shown that this method can provide a high degree of control and is quite promising (*Martinez*, 1974).

Since the disease is maintained in a wild cycle even when controlled by house spraying, its effective and economic long-term control still represents a considerable challenge and necessitates new control methodologies and concepts.

5. Leishmaniasis

This group of diseases is caused by protozoan parasites belonging to the genus *Leishmania*. The *Leishmania* species which affect man may be classified into the visceral and cutaneous groups. Cutaneous leishmaniasis caused by *L. tropica* is very widespread in Africa, the Mediterranean basin, much of the Middle East and eastwards through the Southern USSR, Iran and the Indian subcontinent to the Indo-China peninsula and the Philippines. The cutaneous ulcers of varying degrees of severity can be exceedingly common in those areas where the sandfly vectors such as *Phlebotomus papatasi*, *Ph. sergenti*, *Ph. caucasicus* are not controlled. In the new world, cutaneous leishmaniasis or mucocutaneous leishmaniasis is found in different forms throughout much of Central America and large areas of Columbia, Brazil, Peru, Paraguay, Uruguay, Bolivia and into Argentina and Chile; sub-species of *L. brasiliensis* are ascribed as the causative agents and the reservoirs are wild rodents and occasionally dogs.

Visceral leishmaniasis caused by *L. donovani* is also widely known as kalaazar, infantile leishmaniasis and dum-dum fever to name a few of its synonyms. In Asia the disease is found in India and China, in the Middle East in Egypt and Israel eastwards through Iraq and Iran and in many of the countries of the Mediterranean basin including all those of North Africa and Portugal, Spain, Southern France and Italy, as well as in Hungary and Romania and in the Caucasian and Central Asia republics of the USSR. In Africa south of the Sahara it has been found in the Sudan, Ethiopia, Somalia, Kenya, Guinea, Nigeria and the Cameroons. In the Americas, the disease has been found in Mexico, Guatemala, Salvador, Colombia, Venezuela, Peru, Brazil, Bolivia and Argentina. The vectors of visceral cutaneous leishmaniasis are also species of *Phlebotomus* sandflies. The reservoirs include man himself as well as dogs and other canines, cats and a number of wild rodent species. Untreated cases of the disease have a high fatality rate; the therapeutic agents available, usually the antimonials, have a high toxicity and must be used with care under close clinical supervision.

In most countries in which visceral or cutaneous leishmaniasis are endemic, the diseases are not reportable; however, many surveys have been reported in the literature which show the magnitude of the problem and indicate the general morbidity. It has been reported by *Nadim* and *Faghih* (1968), that in Isfahan up to 70% of the population have scars from cutaneous leishmaniasis, while in Iraq scars are seen in 20 to 100% of the population of different villages, and there are foci in the Asian USSR where as many as 50% of the population have been infected. Fortunately visceral leishmaniasis is less common throughout the world, but its incidence has also been estimated at tens of thousands of cases a year and in some endemic areas, such as the Southern Sudan, the disease can be serious and widespread enough to represent a barrier to economic development (*Heyneman*, 1961).

5.1. Sandfly Control

Ironically, the sandfly vectors are extremely susceptible to insecticides and there has been no instance of insecticide resistance in this genus. Practically everywhere that residual insecticides and especially DDT, have been applied for the control of *Anopheles* mosquitos as part of the malaria eradication campaign there has been a virtual disappearance of the sandfly populations; after the spraying is withdrawn following the suppression or eradication of malaria, sandfly populations recover, and transmission of leishmaniasis begins anew often at high levels due to the loss of immunity in unexposed populations. In most endemic areas Governments with limited health budgets do not consider that the incidence of visceral leishmaniasis or the degree of seriousness of the very common cutaneous leishmaniasis is sufficient to justify a separate campaign against either the sandfly vector or rodent reservoir. The result has been a surprising degree of persistence of these two diseases in the world today.

Where special spraying campaigns have been undertaken to control *Phlebotomus* both DDT at 1 or 2 g/m² and gamma HCH at 0.25 g/m² have provided very good control though lindane is much less persistent. In some areas fumigants have been introduced into the burrows of small animals surrounding settlements to kill both the sandfly vectors resting in the burrows and the rodent reservoirs of the disease. Area fogging would probably give temporary control of sandfly populations but more work must be done on this technique (*Turner* et al., 1965).

6. The Arthropod-Borne Virus Diseases

The single most important characteristic of the many viruses of this group is that they are transmitted from one vertebrate to another by an arthropod vector. The arthropod-borne viruses which are usually referred to as "arboviruses" will usually multiply in the vector without killing it. The virus is acquired by the vector feeding on an infected vertebrate at the time the animal or bird has a viremia, i.e. is circulating virus in its blood stream. After an incubation period of varying lengths of time, the vector is able to infect a new host when feeding upon it. Most of the arboviruses are maintained in nature in a cycle involving vertebrate hosts other than man and are usually well adapted to those hosts often causing no apparent disease. Most of the arbovirus vectors are various species of mosquitos with ticks the next most common group and sandflies and *Culicoides* biting midges the least frequently involved. Arbovirus dissemination occurs on all temperate and tropical land masses. Of the more than 200 known arboviruses, about a quarter are responsible for human disease (WHO, 1967). The distribution and incidence will be described for the most important of these diseases in the following section.

6.1. Yellow Fever

Yellow fever virus, a member of the arbovirus group B, is endemic in a wild animal and vector cycle in large parts of tropical America and Africa. Following infection by the bite of an infected mosquito, the incubation period in man is usually three to six days; a moderate rise in temperature then occurs reaching 40° C by the second day; after another day or two of fever the temperature falls to normal and this is then followed by a second rise often accompanied by jaundice, haemorrhage, nausea and vomiting. Death may occur on the fourth to ninth day. In epidemics, the mortality rate in man may reach as high as 50% of the infected non-immune individuals. The disease was once the cause of high mortality in urban areas of the Western Hemisphere but due to the use of an effective vaccine and the effect of a hemisphere wide eradication campaign against the urban mosquito vector in the Americas, *Aedes aegypti*, there have been no cases in any city or large town of the Americas since 1954. The disease continues to persist in parts of South and Central America in a jungle cycle with monkey reservoirs; in 1973 there were 207 cases and 146 deaths from yellow fever in six countries of South America as compared to 55 and 41 in 1972. This increase was, in part, due to an epizootic outbreak originating in the Amazon basin; all the human cases were in rural areas (WHO, 1974c). While this number of cases is comparatively small it still represents a threat to those urban areas where the vector mosquito is still present.

In Africa yellow fever has been known as an epidemic disease for about two centuries. It is probable that a large proportion of the cases occurring there are never diagnosed and that most of those which are observed are not officially reported to the WHO (WHO, 1971b). There have been several serious epidemics of the disease since 1960; the most severe of these, which occurred in Ethiopia in 1960—1962 in which there was an estimated minimum of 100000 cases and some 30000 deaths (*Série*, 1968), occurred in a country in which no previous cases of the disease had ever been recorded and in which earlier surveys had declared to be free of the disease. For the most part the recent yellow fever epidemics in Africa have occurred in rural areas where the disease is maintained in monkey reservoirs and transmitted by a number of *Aedes* species such as *Ae.simpsoni* and *Ae.africanus*. The ecological factors which enabled these outbreaks to occur are little understood. In 1973 there were only 8 reported cases of yellow fever in three countries of Africa though other cases were suspected and almost certainly have occurred.

In the Americas the jungle cycle of yellow fever is primarily carried by mosquitos of the genus *Haemagogus* which breed in the forest canopy; the reservoirs are the howler monkeys (*Alouatta* spp.), species of marmosets (*Callithrix* spp.) and several other genera and species of monkeys. Human cases occur mainly among wood-cutters and others whose work takes them into forests where they are bitten by the forest mosquito vectors. Urban yellow fever epidemics in the Americas were associated only with a human-*Ae. aegypti*-human cycle.

6.1.1. *Aedes aegypti Control in the Americas*

In 1947 a resolution was taken by the Pan American Health Organization to eradicate *Aedes aegypti* from the Western Hemisphere. At that time *Ae. aegypti* was present in all of the countries of South America except Bolivia and in all of the countries of Central America and the Caribbean and much of the southern United States. This effort was considered feasible since *Ae. aegypti* in the Western Hemisphere breeds only in association with man and mostly in artificial containers whereas in Africa it may be found breeding in tree holes and rock pools far away from human habitations.

The basic method of control utilized in *Ae. aegypti* campaigns has been the so-called "peri-focal" application of DDT water dispersible powder suspensions in and around all potential breeding places of the vector such as water filled drums as well as on any adjacent wall surfaces within a radius of about one meter.

While by 1965 seventeen of the twenty three countries infested on the continent had eradicated *Ae. aegypti* increasing problems have been reported and since 1965 one programme, i.e. that of the USA, has been suspended, financial resources proved inadequate in five campaigns and reinfestations occurred in seven of the seventeen countries that had previously achieved eradication. In the Caribbean, eradication was accomplished in only two of the twenty six countries and territories (*Schliessmann* and *Calheiros*, 1974).

Another important reason for the failure to so far eradicate *Ae. aegypti* in the Americas has been the development of extensive insecticide resistance. By 1964 insecticide susceptibility tests carried out in 64 localities in 16 countries in the Caribbean showed that no population could any longer be considered susceptible to either DDT or dieldrin (*Kerr* et al., 1964). Since chlorinated hydrocarbon insecticides could no longer be used in most campaigns it has been necessary to shift to shorter lasting and more expensive organophosphorous compounds which have considerably increased the costs of control operations. 2.5% malathion and 1% fenthion has been utilized as peri-focal sprays and for spraying discarded containers and automobile tyres which are important larval habitats; both malathion and fenitrothion are currently being tested as ULV applied sprays against *Ae. aegypti* adults under South American and Central American conditions and initial reports are very favourable.

6.1.2. *Aedes Control in Africa*

In the case of an outbreak of urban yellow fever occurring in Africa (or the Americas) it could probably be rapidly controlled by control of the vector mosquitos through ULV applications of technical malathion or fenitrothion either by ground application equipment or by airplane application. Such sprayings should of course be followed by a widespread immunization campaign to provide long term protection to the human population. In rural areas of Africa control of the sylvatic vectors of yellow fever in an epidemic outbreak would be much more difficult due to their wide dispersal; however, it has been shown that by aerial application of malathion ULV sprays in Ethiopia (*Brooks* et al., 1970) and Tanzania (*Parker* et al., 1972) it is possible to obtain control of *Ae. simpsoni* using the rather high rate of about 1 litre per hectare of malathion. Inasmuch as large geographical areas are usually involved, the use of aircraft would be essential to rapidly cover the affected areas. The main purpose of the control operations would be to kill those adult mosquitos carrying the virus and thus interrupt the transmission of the disease and consequently the epidemic outbreak.

6.2. Dengue and Dengue Haemorrhagic Fever

Dengue is caused by at least four serotypes, 1, 2, 3, and 4 of very closely related group B viruses. Dengue fever has long been known as a self-limited, acute, febrile illness characterized by pain in various parts of the body, prostration, rash and leukopenia. Epidemics involving hundreds of thousands of cases have occurred in many widely separated geographical areas wherever the vector *Ae. aegypti* was present. In the past, major epidemics have occurred in Greece in 1927—1928, in Japan during World War II, extensively throughout Southeast Asia, the Western Pacific area, South America, and many of the countries in and bordering the Caribbean, including the southern U.S. Dengue is probably widespread in Africa, but very little is known of its actual distribution.

Since the early 1950's, serious outbreaks of a severe haemorrhagic disease, probably caused by dengue viruses of several serotypes, have been reported first from the Philippines and then later appear to have moved westward as far as Calcutta, India and Sri Lanka (Ceylon). This form of the disease, which has been given the name dengue haemorrhagic fever, has occurred only in those regions where classical dengue has already been endemic. It can also occur simultaneously with outbreaks of classical dengue and with a disease caused by a group A arbovirus, chikungunya virus. In moderate cases of dengue haemorrhagic fever (DHF), there is a feverish onset, leukopenia and a rash may be present or absent. If no shock occurs, then the prognosis for recovery is good. In severe cases of DHF, any or all of the above symptoms may be present, but the disease is usually accompanied by shock and/or severe gastrointestinal haemorrhage. In such cases mortality may be 30 to 40% (*Halstead*, 1966). After the initial recognition of the disease in the Philippines, its presence was later confirmed by a sharp outbreak in Thailand where 2500 patients were hospitalized with a mortality rate of 10%; the disease has since spread to the rural areas of the country as well, appearing wherever *Ae. aegypti* is present. In 1960, the first cases of DHF were reported in Singapore, in 1962 from Penang, in 1963 from South Vietnam, in 1963—1964 from Calcutta, Vishakhapatnam, and Madras in India, in 1965 from Ceylon, in 1969 from Indonesia, and in 1970 from Burma. Since the spectrum of the disease ranges from mild to severe, it is certain that a great many cases go unreported. In 1967 *Johnson* et al. estimated that since 1950 more than 50000 persons in six countries of Southeast Asia have been hospitalized with DHF. Not only has that figure grown considerably but also the disease continues to expand to new areas geographically and in 1969 was first reported as having extended westward to New Delhi. There is still no certainty as to what has induced dengue, a disease which was usually benign, to change and cause severe illness with a frequently high mortality rate, but there is no question that DHF has become one of the most important communicable diseases in the geographical areas in which it occurs (*Gratz*, 1973a).

While classical dengue can usually be considered in itself a minor illness in a single individual, the impact of a large epidemic on a population can be very grave. *Halstead* (1966) estimated that in Bangkok in 1962 out of a total population of 870000 children under the age of 15, there were an estimated 150000 to 200000 cases of minor illness due to dengue or chikungunya virus and possibly as many as another 4000 cases of DHF. In 1966 an epidemic of DHF occurred in Manila when, during a period of four months, a total of 7794 cases with 63 deaths were reported as being admitted to the various hospitals of the city (*Dizon*, 1967). These were only the most severe cases and very many more cases of both milder DHF and classical dengue remained unreported either because they were not brought to medical attention or were not recognized. Most of the cases were among children with more adults being reported as ill than in previous epidemics of DHF in the Philippines.

Dengue appears to have disappeared entirely from the Mediterranean basin in which it was formerly very common, following the virtually total disappearance of *Ae. aegypti* from that part of the world.

As has been mentioned above, dengue is probably widespread in Africa, south of the Sahara; however, too few surveys on this disease have been carried out to accurately quantify its distribution or frequency.

In the Western Hemisphere, dengue is widespread and major epidemics have occurred several times in this century. Two dengue serotypes, 2 and 3, have been isolated in recent epidemics. A scientific advisory group in its report to the Director of the Regional Office of the WHO, in 1972 emphasized the apparently accelerating frequency with which epidemics are occurring in the Caribbean and the danger that DHF might occur with its associated mortality in urban areas of dense populations. The area at risk to the disease is equivalent to that of the distribution of the vector, i.e. those countries where eradication campaigns have not been completed or where reintroduction of *Ae. aegypti* have occurred; these include the Caribbean islands, the northern South American countries, and the south-eastern United States. The land area still infested by *Ae. aegypti* in the Americas is approximately 3.1 million km^2.

Dengue had been endemic in Colombia up to 1960; by that year, *Ae. aegypti* was eradicated from all parts of the country with the exception of one city on the Venezuelan border. Unfortunately, by the late 1960's, many of the areas which had been freed of *Ae. aegypti* at considerable cost, were reinfested and dengue antibodies were again detected in the country. An epidemic of dengue began during the second half of 1971 and for the most part occurred silently as it was not reported until December of that year. Based on retrospective studies and extrapolations from the percentage of positive complement-fixation tests in the human population surveyed, it was estimated that some 420000 dengue infections occurred in Colombia between July 1971 and February 1972 (PAHO, 1972). Although the disease was mild in nature, such a very large number of cases is certainly a considerable public health and even economic problem and illustrates how serious the situation could be should the much more severe DHF be introduced or develop.

Ae. aegypti has long been incriminated as the vector of dengue wherever the disease is found, spreading the virus by a man-mosquito-man cycle, no animal reservoir being known.

6.2.1. *Control of Aedes aegypti as a Vector of Dengue and DHF*

The most fundamental method of controlling *Aedes aegypti* in urban areas and towns either where it is already a vector of dengue or dengue haemorrhagic fever or to prevent the transmission of these diseases, is to dispose of the artificial containers in which it breeds. This is specially applicable to the Americas, Southeast Asia and the Western Pacific where the species breeds only in man-made containers such as water jars, tin cans, bottles and tyres and somewhat less so for Africa where breeding can be found in tree holes, leaf axils and rock holes even in and around cities. Unfortunately, the ideal method of environmental control is one which is likely to take a considerable period of time to achieve. In the interim, whether control is carried out as part of the *Ae. aegypti* eradication campaign in the Americas or for the prevention of urban yellow fever transmission in Africa and dengue and dengue haemorrhagic fever in Asia, reliance will have to be placed on the use of insecticides; these can be used for the control of either the adults or larvae of this species and of closely related species of the subgenus *Stegomyia* such as *Ae. simpsoni* in Africa and *Ae. albopictus* in Southeast Asia and the Western Pacific.

6.2.2. *Larvicides for the Control of Aedes aegypti*

If the objective of a given insecticide control programme is the reduction of urban *Ae. aegypti* populations to a point where transmission of disease is unlikely, larviciding of the most important types of larval habitats can be utilized. While time consuming, generally expensive, and requiring a well administered mosquito control organization, larviciding combined with the collection and destruction of as many small waste containers as possible will generally provide long-lasting control of the vector mosquito populations. In the Americas larval control in non potable water was based on the peri-focal method of spraying both in and around the container and any adjacent surfaces where the adults were likely to rest, thereby providing control of both the larvae and adults. Until the widespread development of resistance to the chlorinated hydrocarbon insecticides, 2.5% suspensions of DDT or 1% suspensions of dieldrin or gamma-HCH were used. These insecticides have since been replaced by 2.5% malathion, 1% fenthion, or 2.5% Gardona as peri-focal sprays.

In Asia, much of the breeding of *Ae. aegypti* occurs in containers holding water for domestic use and it is essential that any larvicides put into such containers have the lowest possible level of mammalian toxicity and have neither taste, colour nor odour which would be detectable to the householder. Due to the multiplicity of containers which require treatment, it is also essential that the larvicide has a long persistence to avoid the costly necessity of frequent retreatment. All of these characteristics have been met by the larvicide Abate (0,0,0'0'-tetramethyl,0,0'-thiodi-p-phenylene phosphorothioate or OMS-786), which has been shown to be non toxic to mammals even at well above the normal target dosage of 1 ppm (*Laws* et al., 1968) and to provide several months of effective control in water jars in Bangkok when applied as 1% sand granules. In a field trial of this formulation carried out by the WHO *Aedes* Research Unit in Bangkok covering a densely inhabited area of over 3400 houses, the Breteau Index was reduced from 300 to 3.5 after the initial insecticide application and adult densities were reduced by 95.4%. Successive treatments at intervals of 2.5 to 4 months reduced adult activity even further (*Bang* and *Pant*, 1972). Approximately 100 g of sand granules were used per house—or about 1 g/10 l of water. It was considered that the effect of two treatments would probably by sufficient for the prevention of dengue haemorrhagic fever in a well covered area if the first was made just before the rainy season and the second two months later.

6.2.3. *Adulticides for Aedes aegypti Control*

Unfortunately, the effect of larvicide treatments on adult mosquito populations is not felt for about two weeks, whereas in the case of epidemic outbreaks of yellow fever, dengue, or DHF in an urban area, the immediate control of the adult mosquito population circulating the virus is necessary.

This immediate control can be achieved by the use of space sprays or "knockdown" sprays which are directed virtually entirely against killing adult mosquitos. Space sprays can be extremely useful in obtaining very rapid reductions of adult mosquito populations in the case of such epidemic outbreaks. Space sprays can be applied as either thermal or nonthermal fogs; thermal fogs are produced by injecting oil-based liquid formulations, usually containing 5% technical insecticide, on to a heated surface in the spray apparatus or into a heated airstream. Thermal fogs consist of particles of liquid in an airborne state with particle sizes ranging in diameter from less than 1 μ to 9 μ. These highly visible fogs have been commonly used in mosquito control, but their effectiveness has several limitations: the slow speed at which the spray equipment must move whether hand or vehicle carried, generally at no more than 5 miles per hour; the large quantities of nonactive diluents, such as diesel oil, which must be transported; the difficulty of making precision treatments due to the ready displacement of these fogs by air turbulence; and the comparatively large percentage of droplets which are ineffective due to their small size. The use of thermal fogs is being rapidly displaced by that of nonthermal or ultra-low-volume (ULV) fogs or aerosols. ULV fogs are produced by spraying equipment producing air blasts which break generally undiluted liquid technical insecticide concentrates into optimum droplet sizes at the desired emission rate. The development of the ULV application technique has been described in an extensive review by *Lofgren* (1970). This technique has important advantages in economy of insecticide usage since only a few ounces per acre of insecticide concentrate need be applied; additional savings are obtained in that no diluents are usually required and thus there is also a considerable saving in transport of material. ULV fogs can be rapidly applied by ground equipment or aircraft with less drift and loss of insecticide and greater precision of treatment than thermal fog.

Thermal fogging with malathion produces an adult reduction for no longer than one or two days, though a combination of Abate larviciding and thermal fogging by 4% malathion at 220 ml/ha of active material suppressed *Ae. aegypti* populations in different areas of Bangkok from 6 to 24 weeks (*Bang* et al., 1972).

Much more effective control of adult *Ae. aegypti* populations has been obtained by the application of ultra-low-volume (ULV) concentrates of insecticides, usually organophosphorus compounds by aircraft or by ground equipment. In a field trial in Thailand, in 1968, two applications were made of technical malathion at a dosage of 6 U.S. fl oz/acre or 438 ml/ha, 4 days apart, by a DC-3 (C-47) aircraft over an urban area of 7 sq miles or 18 km^2. Reductions of 95% and 99% in the adult *Ae. aegypti* population were obtained after each spraying and a reduction of 88% to 99% was maintained during the 10-day post treatment period (*Lofgren* et al., 1970).

While the ULV aerial application against *Ae. aegypti* was highly effective, it is costly and the scarcity of suitable aircraft, pilots, and spray systems in many tropical countries limits the use of this technique as an emergency control measure. For these reasons the WHO has carried out additional investigations with ground application equipment in Bangkok utilizing a vehicle mounted ULV cold aerosol generator applying technical malathion concentrates (*Pant* et al., 1971). Excellent control of adult mosquitos could be obtained utilizing the nonthermal foggers at a dosage of 438 ml/ha; two treatments three days apart in areas of low class housing in Bangkok reduced adult mosquito populations by 99% and recovery to normal levels took two weeks. The same success was obtained in the treatment of an entire town with this equipment. Use of this method would be a rapid and effective way of controlling *Ae. aegypti* populations in case of epidemic outbreaks of DHF. Later work at the same research unit showed that both malathion and fenitrothion technical concentrates applied by a hand-carried ULV nonthermal fog application were highly effective in controlling *Ae. aegypti* populations when individual houses were treated and that a limited period of residual effectiveness and larvicidal action was also obtained. Sequential treatments at 11 to 49 day intervals of fenitrothion ULV technical concentrates by vehicle mounted equipment at a rate of 7 to 15 oz/acre (511 to 1095 ml/ha) gave a four to five month period of effective control of *Ae. aegypti* (*Pant* et al., 1973).

6.3. Japanese "B" Encephalitis

Japanese "B" encephalitis, also caused, like dengue, by a group B virus, has been one of the most important arthropod-borne diseases in the Western Pacific and in parts of Southeast Asia. While most infections with the virus of this disease are inapparent and virtually symptomless, a small percentage may cause severe encephalitis and death; fatality rates in clinically apparent cases may be 20 to 50% and survivors often are left with permanent sequelae affecting the nervous system.

It is found from Eastern Siberia in the north to as far south as Indonesia and from Guam in the east to India in the west. The identity of the main animal reservoir is still uncertain, but several animals, especially pigs, may serve as amplifying hosts and produce a viremia high enough to infect the principal vector mosquito, *Culex tritaeniorhynchus*. This species of mosquito breeds mainly in rice paddies and in standing irrigation water in ditches; while this mosquito prefers to feed on large animal hosts such as water buffalo and horses as well as on pigs, sufficiently large numbers will feed on man to effect transmission of the disease. While the disease reached a high incidence in Korea, Taiwan and Japan (*Raisaku* and *Kim*, 1969) up to a few years ago, the heavily increased use of agricultural insecticides in these countries has caused a significant decline in mosquito vector populations breeding in insecticide treated rice fields. This, combined with the spreading use of vaccination for children, both in these countries and in the People's Republic of China, has resulted in a considerable fall of the incidence of the disease. As an example only 22 cases including 10 deaths were reported in Japan in 1972. In the late 1940s before vaccination of horses and later pigs, began, there were probably some 5000 cases a year. However, as recently as 1966 there were 3595 cases and 957 deaths in Korea mainly in children, though in that country too, the incidence of the disease is now falling. Insecticide resistance has begun to appear among populations of the vector and may result in the vector populations increasing again. Should this occur, the disease is likely to remain a serious problem in all rice-growing countries of the region.

6.3.1. The Control of the Vectors of Japanese Encephalitis

As has been pointed out above, the incidence of Japanese encephalitis is now falling in China, Korea, Taiwan and Japan due to both vaccination programmes and the increasing use of insecticides in rice fields. *Bang* and *Self* (1971) found that the amount of fenitrothion per hectare applied for agricultural purposes in Korea—usually about 1.28 kg/ha per season—was enough to produce a theoretical concentration of 0.76 ppm to 1.62 ppm of the insecticide in the water in the rice fields, a level well above those recommended for larval mosquito control. While actual concentrations of fenitrothion and other insecticides in the water are probably lower, they are certainly having a suppressive effect on the larval mosquito populations. From other surveys, it is apparent that agricultural pesticide usage in other rice growing countries, especially Japan and Taiwan, is having a similar effect. Nevertheless, the virus is still found throughout its entire previous range; it has been considered especially important to develop control methods that could be utilized in the case of epidemic outbreaks of Japanese encephalitis. Trials in Korea showed that ground applications of 95% ULV-grade fenitrothion by a LECO heavy duty cold aerosol generator at 450 ml/ha in an area of 75 ha was able to achieve 75% to 90% reductions in adult populations of *C. tritaeniorhynchus* (*Self* et al., 1973a). Such reductions would, however, only be maintained for a few days before adult mosquitos infiltrated from surrounding areas or until new adults emerged since the treatment had no effect on the aquatic stages. Further trials were therefore carried out with aerial applications (*Self* et al., 1973b) in two successive years over a 16 km² area utilizing a large fixed wing aircraft (a DC-3 or C-41). Malathion concentrate applied at 0.36 l/ha gave insufficient control of the parous (possibly infective) females and no reduction in total numbers of adult *C. tritaeniorhynchus*. Fenitrothion concentrate applied at 0.45 l/ha resulted in a 77 to 87% reduction in total numbers and an 87 to 98% reduction in parous females over a 4-day period.

6.4. Venezuelan Equine Encephalitis (VEE)

The virus causing this disease was first identified in 1935 in Colombia (*Albornoz*, 1935); shortly thereafter it was recognized that this was the agent responsible for a serious epizootic which had killed large numbers of horses in an area of Venezuela near the border with Colombia. It is now known that the disease is maintained in its wild cycle by mosquito transmission from one to another of a large number of species of small animals. It is also transferred from these wild animal hosts to equines and to man by one of several mosquito vectors, and may give rise to a severe disease involving the central nervous system and with a high mortality rate in some strains. Today the disease is found from Peru in the south to Central Texas in the north, and has so far been reported in 11 countries of the Americas. It is invading countries in which it was formerly unknown, the most recent being northern Mexico and Texas, in 1971. In the south Texas epidemic more than 1500 equines died of VEE and 110 human cases were reported though there were no deaths. Vector studies at the time showed that in south Texas and northern Tamoulipas in Mexico, the overall mosquito infection rates during the peak of the epidemic were about 1: 100, one of the highest rates observed for a major epidemic. Mosquito infection rates of this magnitude could easily explain the intensity of the VEE outbreaks in both equines and man. The primary vector was *Psorophora confinnis*, while other secondary vectors probably involved were *Aedes sollicitans, Ae. thelcter* and *P. discolor* (*Sudia*, 1975).

It is a cause of major concern in endemic areas as well as in those threatened by the disease, both because of its public health and its veterinary importance. As an example, when the disease first appeared in Texas in 1971, 1 300 000 equines were vaccinated, and 3 240 000 hectares were sprayed with insecticide (malathion) from the air in less than two months at a total cost of some $ 30 million. In comparison, only $ 35 million is spent yearly on all organized mosquito control programmes in the USA (*Reeves*, 1972). A symposium organized by the Pan American Health Organization in 1971 (PAHO, 1972) dealt with all aspects of the epidemiology, serology, reservoirs, vectors and control of VEE. It was concluded that this disease must now be recognized to have a very severe impact on farming and equine husbandry, since it may cause as high as 30% mortality in infected horses and other equines. There is no question but that its public health significance is also considerable and, in fact, much greater than was previously thought, based on an analysis of the effects of the disease on the hundreds of thousands of people known to have been infected in the last 25 years. Efforts are being made to control the disease both in humans and horses by immunization, as well as control of the vectors in epidemic areas. Due to the many small animal reservoirs of the virus, this emergent disease must be considered as well established and difficult to deal with in the geographical areas in which it has become established.

6.4.1. The Control of the Vectors of Venezuelan Encephalitis

Due to the fact that this virus is found in a number of vertebrate hosts and can probably be transmitted by a considerable number of mosquito species in a wide variety of different ecological areas, it is difficult to propose any general vector control measures. Due to the very rapid manner in which most epidemics of VEE have broken out and spread, larval control is unlikely to be effective; reliance will therefore have to be placed on ULV applications to control the adult mosquitos circulating the virus. Two such large-scale ULV applications have been made both of which used malathion ULV concentrate, one in Ecuador in 1969 and the other in the southern USA in 1971; since in both cases the equine outbreak was either subsiding or an equine vaccination programme was being carried out, it is difficult to determine the effect of these sprayings on the spread of the disease other than to speculate that they probably contained the disease within the area of the outbreak (*Chamberlain*, 1972).

6.5. Other Arboviruses

Several other arboviruses cause encephalitis in man in both temperate and tropical countries and are of public health importance. In North America, Eastern, Western and St. Louis encephalitis, all of which are mosquito-borne, have caused important epidemics of disease in man. While there were only 150 human cases of these diseases in the USA in 1971, their severity and their persistence in the face of extensive and expensive campaigns against their vectors make them a matter of continuing public health importance. The invasion of the southern USA by a virulent strain of VEE has added to the concern about this group and increased the overall cost of their control.

A number of tick-borne viruses are also of some importance in the USA and USSR including Russian spring-summer encephalitis and Colorado tick fever but these are entirely temperate in distribution.

In such countries as the USA and the USSR, where a well developed public health system exists, the occurrence of even a small number of serious human cases of an arboviral disease is usually quickly recognized and reported, and available control measures instituted. In those developing countries with poor public health networks in rural areas, massive epidemics can break out and relatively much time may pass before they are recognized, reported and control measures organized. The example of the yellow fever epidemic in Ethiopia in 1960—1962 has already been mentioned and in 1954 more than a million cases occurred in East Africa of a fortunately much milder arbovirus disease, O'nyong-nyong fever.

Other serious diseases may have existed in remote areas for some time, but are only recognized when brought to the attention of qualified personnel; an example of this is Lassa fever which was first recognized in 1969 in North East Nigeria, despite the fact that it may cause very high mortalities, such as 10 deaths out of 26 cases reported to the Jos Hospital. This serious arenavirus disease, unknown four years ago, has since been reported from Liberia and Sierra Leone and has been identified serologically from Senegal and is probably widespread throughout West Africa. Preliminary studies indicate that the reservoir is a rat, *Mastomys natalensis*, but much more research remains to be done on the biology, habits and reservoir capacity of this and other rodent species in the areas before control measures can be implemented (*Gratz*, 1975).

7. The Rickettsial Diseases

The rickettsiae which cause disease in man are mostly obligate intracellular parasites living and multiplying in arthropod tissues. They are classified between the bacteria and viruses; they are larger than the viruses and with a different structure, but like the viruses can only grow in living host cells and many of them must be transmitted by arthropods. Several of them have arthropod and animal reservoirs including ticks, mites, rodents, other small mammals and some of the larger domestic animals. The most important tropical diseases of this group and specifically those with arthropod vectors or rodent reservoirs will be reviewed below.

7.1. Louse-Borne Typhus

This is an acute infectious disease whose causative organism is *Rickettsia prowazekii;* it is transmitted from man to man only by the human body louse *Pediculus humanus* and man is the only known reservoir. Infection is caused when faeces from infected lice is scratched into the skin. It gives rise to a severe disease with high continuing fever and a characteristic rash; in untreated patients and especially in older persons, the fatality rate may be as high as 50% but generally varies from 10 to 40%. The disease may recrudesce years after the primary attack as a mild disease called Brill's disease. While vaccines are available against louse-borne typhus, it also may be effectively treated by certain antibiotics.

In the past epidemic or louse-borne typhus was one of the most important epidemic diseases of man; it was usually associated with crowded unhygienic conditions, refugees fleeing from wars or from natural disasters, with prisons or concentration camps; in short, conditions which prevent changing or washing of clothes and which encourage the multiplication and transfer of body lice. The disease was primarily a problem of temperate areas in the past and occurred in great widespread epidemics in Europe and North Africa. With the considerable improvement in personal and public hygiene in most of the temperate areas, very few cases now occur in these regions and most of the 8422 cases and 109 deaths which were reported to the WHO in 1973, occurred in the higher altitude regions of tropical countries i.e. in Burundi, Lesotho, Nigeria, Rwanda and Zaïre in Africa and it is estimated that there were at least an additional 2000 to 3000 cases in Ethiopia which were not reported. In the Americas, louse-borne thyphus occurred in Bolivia, Ecuador, Guatemala and Peru and there was a single case reported from Europe from France (WHO, 1974 d). The number of cases reported is almost certainly a fraction of the actual number of cases and, in addition, the disease appears to again be extending its range geographically.

7.1.1. *The Control of the Louse Vector of Epidemic Typhus*

Surveys show that there are still substantial populations in various parts of the world infested with body lice and as long as this situation continues the threat of resurgence of louse-borne epidemic typhus remains real (*Gratz*, 1973b). To effectively deal with a large epidemic of louse-borne typhus or reduce the danger of such epidemics, the most important measure is to reduce the louse-infestations in the exposed populations as rapidly as possible. Ideally the best way of doing this is by changing and washing clothing but most epidemic typhus outbreaks occur in just those circumstances which make this difficult. Louse control must usually, therefore, depend on the application of pesticides.

The insecticide of choice in those areas where no resistance has occurred to it, is 10% DDT dust in an inert carrier applied at a rate of about 30 g per person to the inner surface of clothes next to the skin with special attention given to the seams. This type of treatment has successfully arrested several typhus epidemics, the best known case being that of Naples in 1945. Unfortunately, DDT-resistance in body louse populations which was first reported from Korea in 1950-51 (*Hurlbut* et al., 1952) has since spread to many parts of the world. Where such resistance has occurred, 1% lindane powders were considered a satisfactory substitute until resistance began to appear to this compound as well. 1% malathion dusts have been an effective and toxicologically safe alternative to the chlorinated hydrocarbons. Unfortunately, resistance has also appeared to this compound in two widely separated geographical areas—Burundi and Egypt. Laboratory and limited scale field trials have shown that where body louse resistance occurs to the chlorinated hydrocarbon insecticides and malathion the following may be considered as effective alternatives: 2% Abate, 5% carbaryl, 1% propoxur. Low mammalian toxicity is an essential characteristic for these powders which must be deliberately applied on people and all of the above compounds have been considered as safe for this purpose (WHO, 1973b).

7.2. Murine Typhus

Murine typhus is also known as flea-borne endemic typhus; it is a febrile disease whose causative agent is *R. typhi* and it is much milder in nature than that of louse-borne typhus, rarely with a mortality of above 2%, mainly in persons over 50. It is characterized by a high fever and, like louse-borne typhus, a rash. The reservoir of the disease is mostly the commensal rat *Rattus norvegicus* and it is transferred to man by the oriental rat flea, *Xenopsylla cheopis;* like epidemic typhus, infection probably takes place when flea faeces is rubbed into the skin when scratching.

The distribution of this disease is mainly in warmer climates and it is probably quite common wherever commensal rat populations are high. However, due to difficulties in its diagnosis there is little information on its incidence in most countries. In the USA, cases of this disease reached a yearly peak of 5401 cases in 1944 (*Pratt*, 1958). In 1945, a DDT dusting campaign was begun in endemic areas in which all rat run-ways and burrows were dusted with 10% DDT powder to kill the rat flea vectors. Since that time, the incidence of murine typhus has remained low and in 1973 there were only 32 cases of the disease reported in the USA. In Israel, some 800 cases a year were reported up until 1952 (*Gratz*, 1973c), and, as in the USA, following a DDT dusting campaign, the incidence has greatly declined and only 88 cases were reported in Israel in 1969 despite the human population growth. Where the disease is a serious problem, it may be controlled by insecticide dusting to kill the flea vectors followed by rat control campaigns. This will be described in greater detail for the control of the flea vectors of bubonic plague.

7.3. Scrub Typhus

The causative agent of this rickettsial disease, also known as tsutsugamushi disease, is *R. tsutsugamushi*. The disease is characterized by the appearance of a skin ulcer or eschar at the point where the infected mite vector had attached itself to the skin. Some week or two after infection, a fever reaching as high as 40.5° C appears followed by a dull red macular rash on the trunk sometimes extending to the arms and legs. In cases not treated by antibiotics, mortality may range from 1 to 40%. Geographically, the disease probably extends from northern Iran to Japan. It is transmitted from its rat reservoirs to larval trombiculid mites (chiggers) of the genus *Leptotrombidium*. The disease is transmitted from one generation of mites to another by transovarian transmission and to man when he is bitten by a chigger mite of the *L. jeliense* group of species. All known foci are characterized by changing environmental conditions such as the destruction of rain forests by man and their replacement by transitional or secondary vegetation favourable for the wild rats of the genus *Rattus* which are the main hosts of the vector mites (*Traub* and *Wisseman*, 1974). When an original rain forest is cut, termite mounds favoured for nesting by *Rattus argentiventer* and the mite *L. jeliense* abound for some 1 to 3 years and these species are replaced by the rite *L. askamushi* and rat *R. jalorensis* as lalang grass becomes the dominant vegetation in the cut-over areas. After several burning overs, both rats and chiggers and the disease as well may disappear (*Traub* and *Wisseman*, 1968). Recent reports from Viet-Nam (*Kundin* and *Jones*, 1972) indicated that this disease was a major cause of infection in military personnel as it was for Japanese troops in this region during World War II. Many cases probably go undiagnosed in rural areas of South East Asia.

7.3.1. *Control of the Vectors of Scrub Typhus*

For individuals working or walking through areas where chiggers are present and scrub typhus is endemic, the best measure of protection is the use of repellents applied to the clothes, hands and legs, as an example N-diethyl-m-toluamide. Where miliary camps or work camps are established in cleared off areas, the site can be sprayed with an insecticide to provide a long period of residual control. In the past, application of dieldrin as a fog or spray at a rate of about 2.5 kg/ha (*Traub* and *Dowling*, 1961) or lindane at about 5.5 kg/ha would provide as long as two years of control of the chiggers. Because of the possible effect of these insecticides on nontarget organisms, propoxur and fenthion should be applied instead and will probably provide about 2 or 3 months of control (*Traub* and *Wisseman*, 1968). Control should also be carried out of rat populations and again this will be dealt with below.

7.4. Other Vector-Borne Rickettsial Diseases

In addition to the louse, flea and mite-borne rickettsial diseases listed above, there are a number of other vector-borne diseases of this group which are either mainly limited to the temperate areas or in restricted geographical foci and of limited public health importance though some of them may give rise to severe illness and deaths in human cases. These include American spotted fever caused by *R.rickettsii* which is known to occur over much of the continental USA and southern Canada as well as from Brazil, Colombia, Mexico and Panama. Both the main reservoirs and vectors of the disease are several species of ticks as the disease is transmitted from one tick generation to another transovarially. The disease can be prevented by immunization of people living in areas of endemicity; in addition persons entering tick infested areas should wear clothing treated with repellents such as ethyl hexenediol, deet (diethyltoluamide), dimethyl phthalate (DMP), Indalone and pyrethrum among others. In outdoor areas of intense human activity such as near camping sites and similar recreation or work areas, temporary control of tick populations can be provided by spraying the sides of roadways or paths; while DDT, toxaphene and lindane have been used and proven effective, concern with environmental pollution have led to field trials with other compounds. Sprays of diazinon, chlorpyrifos, propoxur and fenthion at a dosage of about 1 kg/ha should give several weeks of tick control. Recently ULV sprays of propoxur at dosages of from 0.5 kg to 2 kg/ha have been shown to give very good control of tick populations in the southern USA for a period of about six weeks.

Boutonneuse fever caused by *R. conorii* is a comparatively mild typhus-like disease of low incidence found around the Mediterranean, several countries of Africa and probably in India; the reservoir is the dog and it is transferred to man mostly by the common dog tick *Rhipicephalus sanguineus.* Prevention of disease transmission is mainly centered on keeping domestic dogs free of tick ectoparasites; for this purpose 1% lindane dust, 5% carbaryl dust or 1% spray, 0.5% coumaphos dust or 1% spray, 1% trichlorfon dust or 3 to 5% malathion dust or 0.5% spray are all considered safe and effective. The animal sleeping area should also be treated.

Other diseases in this group, including Queensland tick typhus in Australia, Siberian tick typhus in North Eastern Asia and rickettsialpox in the USA, Korea and Russia are mild diseases of such low incidence that there is little public health interest in their control (*Brezina* et al., 1973).

8. Spirochetal Diseases

There are two groups of spirochetes carried by vectors; one is that of epidemic or louse-borne relapsing fever *(Borrelia recurrentis)* transferred from man to man by the human body louse; the other group is that of a number of tick-borne diseases with wide geographical distribution.

In both the tick and louse-borne diseases, periods of fever which last from 2 to 9 days, alternate with febrile periods of 2 to 4 days. The total duration of the louse-borne disease is 13 to 16 days, and that of the tick-borne usually lasts longer. In untreated cases mortality may be 2 to 10% and as high as 50% in epidemics of louse-borne disease.

Louse-borne relapsing fever occurs in the same circumstances as those previously described for louse-borne epidemic typhus. At one time the disease was endemic in Europe, Africa, Asia and South America and millions of cases occurred in Europe during World War I. Since 1967 the disease has been regularly reported to the WHO only from Ethiopia and the Sudan but in the same period it has also been sporadically reported from Burundi, Chad, Mali, Nigeria, Tanzania, Tunisia and Zaïre in Africa and from Bolivia in the Americas. In 1971, 4972 cases and 31 deaths were reported to the WHO of which 4700 cases and 29 deaths were from Ethiopia alone. In 1972, only 376 cases were reported (*Tarizzo*, 1973) but since none were reported from Ethiopia, the number is clearly under-reported and, in fact, it is thought that as many as 10000 cases a year with a mortality of greater than 10% may be occurring in that country.

The disease may be prevented by applying the same louse control measures as those described for the control of the body-louse vectors of epidemic typhus.

Endemic or tick-borne relapsing fever is widespread throughout northern and tropical Africa, the middle east, central Asia and North and South America. The disease is transmitted either by the bite of infected ticks or by contact with the coxal fluid of infected argasid ticks. Small mammals can serve as reservoirs and in addition the disease is transmitted transovarially in ticks. In those areas of East Africa where insecticides have been used for malaria control, the density of the tick vector of relapsing fever, *Ornithodoros moubata* has also been reduced by the effect of the insecticides within dwellings with a resulting decline of incidence of the disease. Improvement in housing in the middle east has reduced the importance of *O. tholozani* which is a vector in that area. Where necessary, sprays or dusts of HCH are effective against *Ornithodoros* ticks but little organized control work is currently carried out against them.

8.1. Leptospirosis

A large number of serotypes of the genus *Leptospira*, cause disease in man and animals. They are native to animal hosts and are thus zoonoses, reaching man when his food or water is contaminated by the urine or faeces of infected animals. This group of infections is said to be the world's most widespread zoonosis (*van der Hoeden*, 1964) and while found in many different wild and domestic animals, rodents are considered to be the most important reservoirs (WHO, 1967c). This is particularly so for *L. icterohemorrhagiae* which is commonly found in *Rattus norvegicus* and *L. bataviae* and *L. ballum* which are also found in commensal and other rodents. In man the disease presents a wide variety of clinical syndromes, differing greatly in severity. Pathogenic serotypes including *L. icterohemorrhagiae* can cause Weil's disease or leptospiral jaundice which is a febrile infection frequently characterized by vomiting, jaundice and haemorrhage and may cause a mortality which varies from 4% to more than 40% in cases without supportive treatment.

A two-year study (*Berman* et al., 1973) showed that this disease was the most common cause of acute fever among American servicemen stationed in suburban and rural South Vietnam and infection probably came from contact with water and soil contaminated by infected rat urine. In new recruits to the Malaysian armed forces, 22% had antibodies for leptospirosis (*Tan* and *Lopes*, 1972). This is probably due to the high rate of exposure to rats among workers on oil palm and rubber estates (*Tan*, 1973). The disease is probably much more important in tropical countries with high rodent populations where there is a likelihood of closer human contact with water or soil infected by the urine of animals, than it is the temperate developed countries. As an example, only 77 cases were reported from the USA in 1973 and 51 in the UK (C.D.C., 1974) though it has been estimated that this represents less than one per cent of the actual cases (*Stoenner*, 1971). In many tropical and temperate countries, very high percentages of trapped rodents show antibodies to this disease and are probably transmitting it to humans, e.g. 26.7% of *R. norvegicus* trapped in Taipei city (*Tsai* et al., 1971), 7 out of 18 *R. norvegicus* in Ceylon (*Nityananda*, 1971), 14 out of 20 *R. norvegicus* in Jakarta (*Van Peenen* et al., 1971), 20 to 25% of the *R. norvegicus* in sea ports in Israel (*Shenberg* et al., 1973), 46% from most of *R. norvegicus* in eastern Canada (*McKiel* et al., 1970). Similar rates among humans and rodents could be reported from an extensive literature on surveys in both tropical and temperate countries of the world. These would show that the disease clearly represents an important public health problem in terms of morbidity, mortality and economic loss (*Gratz*, 1974b).

8.1.1. *The Control of the Rodent Reservoirs of Leptospirosis*

The methods and materials used in the control of the rodent reservoirs of leptospirosis are similar to those that would be used for the reservoirs of a number of rodent-borne diseases such as plague and this will be dealt with below under the control of rodent reservoirs of disease.

9. The Bacterial Diseases

9.1. Rat Bite Fevers

Rat bite fever may be caused by two different micro-organisms, *Spirillum minus* and *Streptobacillus moniliformis*. The latter is a normal inhabitant of the respiratory tract of wild rats. Man acquires the infection through the bite of a wild rat or, less often, squirrels or weasels. After entering through a bite wound the bacteria proliferate and eventually invade the blood stream causing severe toxic symptoms. The disease may last from a few days to several weeks; in untreated cases the mortality rate is about 10%.

The disease is world wide and, naturally, most frequent where rats are common. Infection rates of about 25% in rats have been reported in *R. norvegicus* in Japan and about 11% in the bandicoot *Bandicota bengalensis* in Bombay. Inasmuch as 20000 cases of rat bite were reported for a single year, 1958, in Bombay alone (*Deoras*, 1964) the potential for this disease and actual number of cases is probably much greater than is commonly realized. Conservative estimates in the 1960's placed the rat bite incidence in the USA at about 14000 cases a year.

Control of the disease lies in control of rats and as indicated previously this will be presented later.

9.2. Plague

Plague is an acute, febrile, infectious disease with a high mortality in untreated cases. The causative organism is *Yersinia pestis*. Though it is primarily a disease of rodents, man can be readily infected; in man plague occurs in three clinical forms: (a) *bubonic plague*, which is the most common, recognizable by acutely inflamed and painful swellings of the lymph nodes in the groin or exilles, (b) *septicemic plague* which is rare and includes pharyngeal and tonsillar infections, and (c) *pneumonic plague* which is the most serious form and may cause devastating epidemics in populations living under closed conditions. Untreated bubonic plague has a case fatality rate of 25 to 50% while untreated septicemic and pneumonic plague are usually fatal. However, all forms of plague readily respond to treatment by antibiotics if recognized and treated early in the infection.

Of all the diseases with rodent or other small mammal reservoirs, only one, plague, is reportable to the World Health Organization under the terms of the International Health Regulations (WHO, 1974e).

Certainly the best known and most feared of the rodent-borne diseases, plague itself has very greatly declined from the beginning of the century though there has been something of a recrudescence in the last ten years, as shown in Table 2.

These figures are almost insignificant when one considers that as recently as the decade 1939—1948, the annual average number of deaths from plague in India alone was 21797 and that closer to the beginning of the century from 1909—1918 the annual average number of deaths was 422153 (*Pollitzer*, 1954).

It should be remembered that due to the lack of laboratory facilitates in many of the countries in which plague occurs, diagnosis cannot be confirmed, and, as a

Table 2. Number of cases of plague reported to the WHO in the world 1962—1973

Year	1962	1963	1964	1965	1966	1967	1968	1969	1970	1971	1972[a]	1973	Total 12 Years
Africa	124	49	540	43	16	18	172	96	28	34	75	32	1227
Americas	527	423	653	845	890	223	392	409	326	216	392	185	5481
Asia	788	384	411	676	2926	5691	4371	3882	474	708	1271	573	22155
Europe	1[b]	—	—	—	—	—	—	—	1[c]	—	—	—	2
Total	1440	856	1604	1564	3832	5932	4935	4387	829	958	1738	790	28865

[a] Includes presumptive cases. — [b] Laboratory infection. — [c] Imported case.

result under-reporting of this disease is not uncommon. In most of the developing countries only bacteriologically or serologically confirmed cases are reported but probably only one third of those persons presenting with symptoms of plague are confirmed by laboratory examination.

Most of the plague reported for Asia in the last few years was reported from South Vietnam, where military operations prevented its effective control. Cases have also appeared in foci in Burma, Nepal and Indonesia.

Perhaps more significant than the number of cases reported is the persistence or rather recrudescence of human cases which may appear after long years of quiescence in old foci; examples of this are Indonesia, where an outbreak occurred in 1968 after no cases had been reported for 7 years, and the focus on the Yemen-Saudi Arabian border where human cases of plague again appeared in 1969 after not having been seen since 1952. Furthermore plague has recently been reported for the first time in new areas such as in Libya in 1972 from where it never previously had been recorded. However, in India, once one of the most serious centres of plague, no human cases have been reported since 1968, and human plague has been reported as having been "wiped out" in the People's Republic of China.

Many different species of wild rodents serve as natural reservoirs of plague; due to the comparative resistance of some of these species to the effects of this disease, their populations are not decimated despite periodic epizootics and the disease remains active in all wild foci in which it has previously been known. Transmission is usually from one rodent to another by the bite of an infected and infective flea. In those plague-endemic periurban areas where wild and commensal rodent species are likely to come in contact, the disease may pass from a wild rodent cycle into the commensal rodent populations. In such an event, transmission from one rat to another is, in most geographical areas, by the flea *Xenopsylla cheopis;* domestic rat species usually die from plague and their flea ectoparasites leave the dead host to seek blood meals. Such infected fleas will usually develop a block of plague bacilli in the proventriculus which ingested blood is unable to penetrate when being sucked up by the flea; these "blocked" fleas will, until their death from starvation, be especially dangerous as, in their hunger, they will bite much more frequently possibly transmitting plague each time.

9.2.1. The Control of the Vectors and Reservoirs of Plague

All known plague foci should be kept under close surveillance which should include observations on any sudden decline in the small mammal population which may be due to an epizootic of plague having begun. A system of reporting should exist which will quickly detect any unusual rodent die-off. A technical guide for plague surveillance has been published by the World Health Organization to assist the organization of such a programme (WHO, 1973c). Adequate laboratory facilities should be available to enable the detection of plague organisms in either animals or their flea ectoparasites, as well as the diagnosis of suspected human cases.

Periodic insecticide susceptibility tests must be carried out on fleas from known or potential foci. Based on the results of these tests, stocks of the appropriate insecticide dusts should be readily available for use in controlling the flea population, should plague appear.

In a plague outbreak, measures should be taken against the rodents themselves only *after* the dusting campaign against fleas has been carried out. If this is not done, a rodent poisoning campaign may result in large numbers of fleas leaving their dead hosts and actually give rise to an increased number of plague cases as the infected fleas seek new sources of blood including man on which *X. cheopis* readily feeds.

The most effective and rapid method of reducing flea indices on rodents is the application of insecticidal dusts onto rodent runways or into the entraces of rodent burrows whenever it is possible to locate them. Rats running through the insecticidal dusts will pick quantities of the dusts up on their paws and fur which they then spread over their bodies while grooming thus killing the fleas. The dust may be applied by powered or hand dusters or, in the case of an emergency by shaker cans with holes punched in the lid.

9.2.2. Insecticides for Flea Control

In those areas of the world where no resistance to this compound has developed in vector flea populations, the most effective insecticide formulation that can be used is one containing a mixture of 10% DDT technical and 90% of a light inert powder such as talc. This can be spread in patches a few mm thick on the runways. Unfortunately *X. cheopis* resistance to both DDT as well as to other chlorinated hydrocarbons as HCH and dieldrin has been gradually appearing in more and more geographical foci, and often reaches such a level as to preclude the use of any of the insecticides of this group against the oriental rat flea. Often this resistance has been the result of flea populations being exposed to and selected by insecticides used in malaria control campaigns. Among the areas where such resistance has been the result of flea populations being exposed to and selected by sia and Vietnam (*Cavanaugh* et al., 1968) in South East Asia, in Israel and in Egypt in the Middle East and in Puerto Rico, Ecuador and Brazil in the Americas.

In areas where it is necessary to use alternative compounds several O-P compounds and carbamates have been found to be effective against ratfleas. In Vietnam, in view of the widespread resistance of *X. cheopis* to DDT and to lesser extent lindane and dieldrin, use was made of 2% diazinon dust for flea control and this proved very effective in reducing *X. cheopis* densities in areas where DDT had not achieved this (*Chow*, 1970). Concerned about the development of rat flea and resistance in India to DDT, *Krishnamurthy* et al. (1965), tested 5% malathion, 3% fenthion, 2% carbaryl (Sevin) and 0.3% pyrethrum as dusts in villages in Mysore state; the dusts were applied to burrows and runways and one village was treated with 10% HCH dust as a comparison. Neither fenthion nor malathion gave a residual effectiveness comparable to that of HCH and the pyrethrum treatment did not produce any reduction in the flea index of the village treated with it. On the other hand the index in the village treated with carbaryl dropped to zero and continued practically at that level for 12 weeks despite high indices in the control villages. These field results confirmed the laboratory findings of *Bur-*

den and *Smittle* (1968) who screened 236 insecticides against *X. cheopis* and found carbaryl to be the most effective. Field trials in Colorado, USA (*Barnes* et al., 1972) showed that carbaryl would also give excellent results, i.e. 100% mortality of fleas on prairie dogs within 24 hrs and its effect lasted for two months.

In areas at risk to plague it is of great importance to have accurate information on the insecticide susceptibility status of the vector flea species and, based on this information, have adequate stockpiles of effective insecticides. In addition, reservoir rodent populations should be kept at the lowest possible level to reduce the threat of plague epizootics and the possibility of subsequent human cases.

10. Helminthic Diseases

While parasitic worms infect man in all regions of the world they are particularly abundant in the tropics both in terms of the number of different species and the number of persons who are infected. In some areas of the tropics, infestations with one or more species of intestinal nematodes as the hook worm, ascaris, pinworm, whipworm among others, are present in virtually 100% of the population. However, in addition to these, the tissue inhabiting nematodes particularly the filarial worms also infect very large numbers of people. All of the members of the suborder Filarioidea have insect vectors which transmit the diseases from man to man.

10.1. Bancroftian Filariasis

Two species of filarial worms transmitted from man to man by mosquitos may cause serious disease in humans; these are Bancroftian filariasis caused by *Wuchereria bancrofti* and Brughian filariasis caused by *Brugia malayi*. The latter species is found only in several endemic foci in the Western Pacific and South East Asia; it is almost entirely rural in nature and is transmitted mainly by mosquitos of the genus *Mansonia* while certain *Anopheles* species are also vectors in Malaysian and Indonesian foci. Few successful disease control programmes based on vector control have been directed against Brughian filariasis.

There are two biologically distinct forms of *W. bancrofti;* the form in which the microfilariae show a marked nocturnal periodicity in their appearance in the peripheral blood of the human host has almost a world-wide distribution in the humid tropical and subtropical zones and is transmitted by night-biting mosquitos. It was once found as far north as Charleston, South Carolina, but has now become extinct there. Elsewhere in the Western Hemisphere, *W. bancrofti* occurs in the West Indies, Colombia, Venezuela, Panama, and coastal portions of the Guianas and Brazil. In Europe a focus is still found in Turkey. On the African continent it occurs in areas of lower Egypt and in limited foci across North Africa to Morocco; south of the Sahara, it is present in a wide belt across the centre of Africa and on the east coast south to the Zambesi river and on Madagascar and the neighbouring islands.

The distribution and incidence of Bancroftian filariasis in tropical Africa has been reviewed in detail by *Hamon* et al. (1967), who have summarized the results of virtually all surveys on the disease and given the incidence by country; this paper should be consulted by those requiring this detailed information. Briefly, however, the disease has been reported from each country within the geographical limits given above and is especially common in coastal areas and lowland savannahs where the incidence may range as high as 70% of the population as is the case in coastal Tanzania. The number of cases is such that the disease is certainly of considerable economic importance, advanced cases taxing the already inadequate hospital and clinic facilities of most of the continent.

In Asia, it is widely distributed in India, Sri Lanka (Ceylon), Burma, and elsewhere in south East Asia, and southern China and Japan. The diurnally periodic form is restricted to Polynesia and is transmitted by day-biting mosquitos mainly of the genus *Aedes*.

Man is the only vertebrate known to harbour *W.bancrofti* (*Edeson* and *Wilson*, 1964) and he is therefore both the definitive host and reservoir for the disease, transmission of which is only by mosquitos; while other insects such as the bedbug have been suspected as vectors their role as a vector has never been substantiated.

It has been estimated that there are 200 million persons in the world infected with Bancroftian filariasis and a total of at least 250 million infected including Brughian filariasis as well; taking into account the additional surveys that are being carried out by improved techniques, this number is almost certainly too conservative and the absolute number of people infected is still growing. In India, alone, over 120 million people live in endemic areas and about 5 million are estimated to be affected clinically (*Ramachandran*, 1970), very many more having subclinical infections.

There is evidence to suggest that filariasis has increased in both prevalence and distribution range in many parts of Africa and Asia and that the total population at risk has almost doubled in the past 20 years (WHO, 1974f). This increase has occurred in both urban and rural areas but it has been particularly marked in urban areas where there has been a great increase in the prevalence of *C.p.fatigans* (*Gratz*, 1973a). This increase in *C.p.fatigans* populations is due in part to unplanned, rapid urbanization especially in the large tropical cities, which exceeds the ability of sanitation services to cope with the increased human population and results in many new breeding sites for *C.p.fatigans*.

The adult worms normally inhabit the lymphatics where they give birth to the immature form, the microfilariae. These young forms migrate to the peripheral blood where they may be ingested along with the blood meal taken by the female vector mosquito. If the species of mosquito which has fed on the blood of an infected person is physiologically suitable, they will complete their intermediate development in the gut and tissues of the mosquito. Transmission may occur after 10 to 11 days when the infective larvae migrate to the mouthparts of the mosquito from which they can enter the new host when the mosquito next feeds. Upon gaining entry into the human body through the skin, the larvae travel to the lymphatic system where they mature to adult worms; microfilariae will appear in the blood of the newly infected hosts approximately a year after infection. In the vicinity of the adult worms there is a progressive obstruction of the lymphatic channels by scar tissue and inflammatory reactions. Especially in geographical areas where repeated infection will give rise to a large number of worms in the lymphatics, growth of host tissue may lead to interference with lymphatic circulation, edema, hydrocele, and finally, elephantiasis, particularly of the legs and scrotum and less frequently of the arms, mammae, and vulva. Although only a small percentage of persons infected with filarial worms will eventually develop elephantiasis, the total number of persons infected in some areas is so large that elephantiasis and lymphedema become relatively common conditions.

Although the percentage of infected individuals developing elephantiasis is not high, the first occurrence of swellings of legs and scrotum is understandably viewed with much fear by people living in areas endemic for filariasis.

Human filariasis can be controlled by drug therapy, i.e. by the application of diethylcarbamazine which will remove most of the microfilariae from the population and destroy some of the adult worms. However, in practice, the effective use of this drug has not been very successful. Individuals, following their initial infection with filarial worms, are usually free of any obvious symptoms of disease for a long period of time and indeed are usually unaware that they have been infected until blood examinations reveal this to be the case. The unpleasant, though not usually serious side-effects, especially those which follow the first dose of the drug and which may include fever, malaise, vertigo, and nausea, will frequently discourage the patient from continuing treatment, especially since he often has not felt ill to begin with. Since there are only a few instances in which isolated, well-supervised campaigns of drug therapy against *W.bancrofti* infections in a human population have been effective, the general lack of success of drug treatments has made it imperative to concentrate attention on the possibility of interrupting transmission though control of the vector.

10.1.1. The Control of C.p.fatigans Transmitted Filariasis

Inasmuch as *C.p.fatigans* breeds mainly in water heavily polluted by organic wastes, the optimum manner by which to control this species is to so manipulate the environment as to eliminate these preferred larval habitats, most of which are, in fact, man-made. This implies the installation of suitable sewage and drainage systems to remove the liquid wastes which will otherwise accumulate and serve as breeding sites for the mosquito. Although considerable progress has been made in a few of the developing countries in the installation of large-scale urban sewage disposal systems, human population expansion is, in most of these cities, outstripping the rate at which such schemes can be put into effect and plentiful larval habitats remain available to the mosquito. While much effort is being placed on the construction of sewage disposal schemes in the cities of developing countries, the pace of their construction is not fast enough to eliminate the problem and reliance will therefore have to be placed on the use of chemical pesticides for the control of *C.p.fatigans* for many years to come. Such chemical control should be regarded as supplementary to environmental measures since the latter will also provide other benefits to public health such as reduced prevalence of intestinal helminths, cholera, etc. While the cost of chemical control in any given year is cheaper than provision of sewage disposal schemes, chemical control campaigns against the vectors of filariasis must be continued for as long as adult filarial worms are still alive in the human population and provide a source of reinfection. It is now believed that the life span of the adult worms in the human body may extend to more than ten years; therefore, vector populations must be effectively and continuously suppressed for at least this period to achieve interruption of disease transmission. Since there is no known animal reservoir of *W.bancrofti*, transmission will cease once the adult worms die; mosquito control measures would probably have to continue even after the above period because of the danger of migration of new, undetected human reservoirs into the area.

It is entirely feasible to achieve a very high level of control of populations of the vector *C.p.fatigans;* if measured in terms of reduction of exposure of the human population in infective bites, this level of control would probably be adequate to interrupt transmission of the disease even in an area of high endemicity. The level of control necessary is related, of course, to the incidence of infection in the human reservoir population. Generally speaking, however, any vector control programme should aim at achieving the maximum reductions in mosquito population densities concomitant with the funds available for the control operations.

In the case of *C.p.fatigans*, as with other mosquitos, control can be directed against either the adult stages or aquatic stages.

10.1.2. Adult Control Measures Against C.p.fatigans

Two alternative approaches can be considered for the control of adult *C.p.fatigans*, i.e. residual sprays to the interior walls of dwellings to kill any mosquitos that rest on the treated surfaces for the period of persistence of the insecticide or space sprays whose purpose is to kill adult mosquitos within the target area at the time of treatment. The Indian National Filariasis Control Programme evaluated the use of residual sprays against *C.p.fatigans* and found that they would not be capable of significantly interrupting filariasis transmission.

De Meillon et al. (1967) showed that a considerable portion of the resting sites of *C.p.fatigans* in Rangoon, Burma, were outdoor sites, such as in underground drains, vegetation, and large shelters often uninhabited, such as garages and warehouses, and concluded that any insecticide campaign directed against the adult stage of *C.p.fatigans* as a measure for controlling transmission of Bancroftian filariasis in that city would be ineffective if the outside resting and biting population was neglected. Experience has shown that the situation is similar in other areas of South East Asia and Africa, and thus residual insecticides would be of only limited effectiveness in a *C.p.fatigans* control programme.

While effective space sprays can achieve a very rapid reduction in mosquito densities, mosquito populations will usually very quickly recover, due either to migration of adults from outside of the treated area, or to emergence of new adults from the usually unaffected aquatic stages within the treated area.

The flight range of *C.p.fatigans* has been studied in several cities and it has been found that significant numbers of adults may easily travel more than 1 km and quickly repopulate any area where suitable larval habitats remain. Inasmuch as neither residual sprays nor space sprays are likely to have any substantial effect on controlling *C.p.fatigans* populations. more than temporarily, any effective chemical control campaign must therefore be aimed at the aquatic stages, particularly the larvae.

10.1.3. *Larval Control Measures Against C.p.fatigans*

For many years most urban *C.p.fatigans* control programmes relied on the use, partially or totally, of larvicidal oils. Oils have several disadvantages, however, among the foremost being their present high cost and the labour involved in transporting large volumes of oil to the sites of larviciding, the general lack of persistence in water highly polluted with organic matter, and the very uneven larvicidal performance of many locally available fuel oils which are frequently utilized as larvicides (*Pal* and *Gratz*, 1968). Despite the uneven control obtained by using oil, the Indian anti-filariasis programme until recently, utilized some 5 million litres of oil per year. Oils must generally be applied at rates of about 113 to 190 litres of oil per acre (0.4 ha); the work of the WHO Filariasis Research Unit (FRU) in Rangoon showed that the rate of 10 gallons per acre (or 39 litres per 0.4 ha) which had been employed in Rangoon against *C.p.fatigans* was ineffective and a dosage equivalent to 80 gallons (302.4 litres) per acre (0.4 ha) would be required to obtain residual effectiveness of one week when sprayed in drains; oil at a dosage equivalent to 175 gallons (661.5 litres) per acre (0.4 ha) when applied to septic tanks remained effective only for two weeks (*Self* and *Tun*, 1970). In a neighbourhood covered by an oiling programme of the Rangoon Corp., mosquito biting densities of adult female *C.p.fatigans* averaged 57.9 per man hour over a 20 month period, while in an area under control by an organophosphorus larvicide, densities were but 2.8 per man hour. The actual comparative costing including all aspects such as material, labour and transport, showed that the control operation with oil was more than 25% more expensive than the chemical control programme (*Mathis* et al., 1969).

With the appearance of the organochlorine insecticides in the mid-1940's, considerable effort was made to utilize such compounds as DDT and dieldrin as larvicides against *C.p.fatigans*. This species, however, is less susceptible to DDT than most other species of culicine mosquitos; moreover, where either this compound or dieldrin has been used for any period of time, very high levels of resistance quickly develop, rendering the insecticides ineffective (*Brown* and *Pal*, 1971); this has also occurred with adulticides of this chemical group. The inability to achieve adequate control with oils and organochlorine insecticides made obvious the necessity of more extensive studies on the ecology and control of the vector.

Probably, the most fundamental study on the control of *C.p.fatigans* as a vector of Bancroftian filariasis has been that carried out by the WHO Filariasis Research Unit in Rangoon; the main objective of the Unit, after completion of initial studies on the biology and ecology of the vector, was to determine whether transmission of filariasis could be effectively and economically interrupted by control of the vector alone. When the research unit was established in Rangoon, most of the extremely abundant larval habitats were being treated by the municipality with a locally available fuel oil. Results, at the dosage used, were mostly ineffective, as shown above, while resistance to the organochlorine larvicides was already so high as to exclude the possibility of achieving any control with this group (*Rosen*, 1967). It was realized early in the WHO study that the use of any larvicide with as short a period of persistence in the highly polluted larval habitats as oil, parathion, or malathion would be uneconomical due to the costly necessity of frequent retreatments. From among the candidate compounds in the WHO insecticide evaluation scheme, fenthion E.C. was selected as the larvicide formulation for use in the experimental field trial area covering 4 km^2 of Rangoon. The target dosage employed was 1 ppm. The target area was characterized by high mosquito densities and intense breeding in street-side drains, septic tanks and catch pits.

The programme was extremely successful in achieving control of populations of the vector mosquito and densities of adult mosquitos were reduced to very low levels in the trial area which was surrounded by an insecticide treated barrier zone. During the season of what would normally be the greatest mosquito production, adult populations as measured by landing rates and resting mosquitos, were reduced by more than 98% compared to nearby untreated areas of Rangoon. The control procedures in Rangoon can be and have been applied to other cities in other countries where similar problems exist; these procedures will achieve great reductions in *C.p.fatigans* populations at a relatively small expenditure often at less than the cost of existing expenditures in inefficient mosquito control programmes. Though control of the mosquito vector has been highly effective, it is still not yet possible to assess the effect of the vector control measures on the transmission of filariasis in Rangoon, owing to the long prepatent period in Bancroftian filariasis and to the persistence of microfilariae in the blood of infected individuals for up to 10 years. The control programme developed by the FRU is being maintained and, in fact, has been expanded to the entire city of Rangoon by the government of Burma, and periodic epidemiological follow-ups are being made to determine the microfilariae status, particularly of children born in the protected areas after the control operations were started.

A later trial was also carried out against *C.p.fatigans* in a large neighbourhood of Dar es Salaam, Tanzania which is also an area endemic for Bancroftian filariasis (*Bang* et al., 1973).

Aware of the success of the control programme in Rangoon, the municipality of Dar es Salaam, Tanzania, where another World Health Organization Research Unit was located, requested that a mosquito control trial be carried out. The project was an integrated one, utilizing both source-reduction methods and chemical larvicides; its effect was evaluated not only against *C.p.fatigans* but also against *Ae.aegypti*, *An.gambiae* and *An.funestus*. The objective was to determine whether the Rangoon control methodology was applicable to East African conditions. While breeding of *C.p.fatigans* was by no means as intense as in Rangoon, adult densities were sufficiently high in this area of filariasis transmission to be of constant concern to the City Health Department which allocates considerable sums to mosquito control. At the time the trial began, an urban mosquito control programme had already been in operation in the neighbourhood where operations were to be carried out since 1954; pyrethrum spray catches of *Anopheles* spp., which had been 52.24 per room in 1954, by 1970 had fallen to 0.12 per room; however, the density of *C.p.fatigans* which had been 5.81 per room in 1954 had risen to 73.3 per room in 1969 as the community became more urbanized (WHO unpublished report, 1971). Chlorpyrifos (Dursban) (0,0-diethyl 0-(3,5,6-trichloro-2-pyridyl phosphorothioate) emulsion concentrate was selected as the larvicide of choice at a target dosage of 1 ppm. Chlorpyrifos was chosen on the basis of continuing insecticide screening trials carried out in the FRU in Rangoon after the experimental field trial utilizing fenthion had already begun. It was found that chlorpyrifos shares with fenthion the characteristic of with-standing rapid decomposition in highly polluted water and provided an even greater degree of persistent action against mosquito larvae than fenthion (*Self* and *Tun*, 1970); it was for this reason that the compound was selected for use in Tanzania to be applied in conjunction with any source-reduction measures that could be introduced. The size of the Magomeni neighbourhood of Dar es Salaam in which the trial was conducted is approximately 2.5 km^2 with 4.4 km^2 of surrounding wetlands, and included 4500 premises.

Evaluation of *C.p.fatigans* adult densities one week after the first application of chlorpyrifos showed a 94.4% reduction in the central sprayed zone and a 91% reduction in the peripheral area compared to a 75% increase in adult *C.p.fatigans* densities in the untreated check area. Four mass larvicidings, three months apart, were carried out over the course of a year; 10 weeks after the last treatment was completed, *C.p.fatigans* densities were still only 2.2 per room in the treated areas as compared to 138.2 females per room in the check area. It must also be emphasized that these very impressive results were obtained using existing mosquito control staff and health educators from the Ministry of Health.

Applying 1% chlorpyrifos at a target dosage of 1 ppm at three month intervals to the main sources of *C.p.fatigans* breeding in Dar es Salaam, i.e. pit latrines and sewage streams, cost $0.35 per house as compared to $1.31 spent by the city's existing mosquito control programme (at 1971 prices) which made use of 2% malathion. The savings, due to the greater efficacy of the more persistent larvicide could be applied to using the control staff to assist in eliminating at least some of the larval habitats. This programme, as that in Rangoon, depended for its success not only on the use of a more efficient larvicide but also on a system of strict supervision of the results of the larviciding operations based upon regular and accurate methods of evaluating the larval and adult mosquito populations. The only changes from previous control practices were an improved method of supervision, based on that of the FRU and the utilization of a larvicide from among those found to be highly effective in heavily polluted water in Rangoon. This has demonstrated that the principles elaborated at the Rangoon project can be very effectively applied to East African cities and undoubtedly to those of virtually any of the developing countries. This system was also very successful in West Africa as was shown in a trial application of chlorpyrifos against *C.p.fatigans* in part of the city of Bobo Dioulasso in Upper Volta. There was a 13-fold reduction in the treated area for a period of 10 weeks after treatment when measured by the number of mosquitos taken in night captures in houses (*Subra* et al., 1970).

An additional trial of the methods utilized in Dar es Salaam was also carried out in the town of Morogoro of about 34000 population 220 km west of Dar es Salaam (*Mrope* et al., 1973). *C.p.fatigans* breeding in pit latrines and soakage pits was intense and adult female mosquito densities before treatment were high. Chlorpyrifos 1% e.c., chlorfenvinphos (2-chloro-1-(2,4-dichlorophenyl) vinyl diethyl phosphate) formulated as 10% granules and malathion 1.5% e.c. were compared as to their efficacy. Malathion had been used as a larvicide for the three years preceding the trial at a consumption of 5.3 litres of 1% malathion per house per year. In the trial described malathion was applied to one part of the town at a target dosage of 1.5 ppm, chlorpyrifos to another at 1.0 ppm and 10% chlorfenvinphos granules were used at about 12 grams per pit latrine and about 6 grams per sewage pit in a third area of the town. In the chlorpyrifos zone, a 91.8% reduction in resting female mosquitos per room was achieved (as measured by early morning pyrethrum spray catches), in the chlorfenvinphos zone the reduction was 58.6% and in the malathion zone 59.2%. Chlorpyrifos was effective against *C.p.fatigans* larvae for about three months and clearly superior to the other compounds.

Inasmuch as the control of *C.p.fatigans* is a matter of considerable concern to India where it is the urban vector of Bancroftian filariasis, new larvicides have also been put under trial in that country as well. *Wattel* et al. (1970) found that chlorpyrifos (Dursban) provided 11 to 16 days of residual action when a 40% EC was applied at target dosages of 28 gms, 56 gms and 112 gms of active ingredient per ha of water surface to pits and drains carrying water with heavy organic pollution; all of these dosages provided 100% kill of the larvae for up to 16 days at the highest dose.

From all the above, it can be seen that ample evidence is available that populations of *C.p.fatigans* under the conditions of South East Asia and Africa can be effectively reduced to very low levels by a well-planned and well-supervised larval control programme. Utilizing the methods and materials developed by the FRU, this can be done economically, that is to say at a cost equal to or less than that of most current municipal mosquito control programmes. It should again be emphasized that, if they are intended to interrupt transmission of filariasis, such programmes must be continued and the mosquito population suppressed for a long enough period of time i.e. at least ten years, to ensure that there can be no recrudescence of the disease from remaining human reservoirs. Inevitably, such a long-term programme is subject to certain risks; among these are the migration of new reservoirs into the area after the programme has been completed or the possibility of the programme being interrupted before completion by lack of funds or for political reasons; if human reservoirs still remain when mosquito populations again rise to uncontrolled levels, transmission will probably resume. One must reiterate that where possible the highest priority and funding should be given to correcting the environmental conditions which produce abundant breeding places for the vector.

An open drain system transformed into an underground sanitary system will no longer need the continuing expenditures in the form of costly spray programmes. However, where for any reason such environmental control cannot be undertaken, effective methods and materials for controlling the mosquito vector are available for use.

A constant threat to the ability to achieve effective chemical control of *C.p.fatigans*—as well as almost any other vector, is the possibility of the development of insecticide resistance in the insect populations under control.

Unfortunately, at least one member of the *Culex pipiens* complex has been shown to be capable of developing a high level of resistance to a large range of the organophosphorous larvicides; *Yasutomi* (1974) reported on tests of an O-P resistant colony of *C.p.pallens* collected from Amayasaki City in Hyoyo Prefecture, Japan in 1971. The larvae showed LC_{50} values of 24.7 times normal to dichlorvos, 33.2 times to malathion, 42.2 times to diazinon, 83.8 times to fenthion, 416.7 times to Abate and 1800 times to methyl-dursban. There was no cross resistance to the pyrethroids.

Tadano and *Brown* (1966) put larvae of strains of *C.p.fatigans* from the USA, Africa and Burma under insecticide pressure in the laboratory; a Rangoon strain that had already been made DDT-resistant was put under fenthion pressure and after 23 generations developed a ninefold resistance to the insecticides; the authors concluded that this level of resistance would be insufficient to annul the larvicidal effectiveness of fenthion as used in the field. In Rangoon itself no resistance or tolerance to fenthion was found after two years of larval control by that larvicide (*Tun* and *Self*, 1968) and recent reports to the WHO show that even after some eight years of intense use, no resistance has so far been detected in Rangoon. While neither fenthion nor any other O-P compound has been used as a larvicide against *C.p.fatigans* in Kuala Lumpur, Malaysia, there is a considerable use of such compounds by vegetable gardeners in and around the city and these compounds have probably been washed into drains by rain; tests were carried out by *Thomas* (1970) on larvae collected from various localities within Kuala Lumpur and the results showed that the LC_{50} levels of larvae from two sites were 5 to 12 times higher than those in surveys conducted some six years earlier. The LC_{50} of Rangoon fenthion susceptible larvae is 0.0014 ppm to 0.002 ppm while that of the larvae collected from Kuala Lumpur was 0.09 ppm and 0.10 ppm.

The fact that high levels of larval resistance to both the chlorinated hydrocarbons and O-P insecticides can develop in field populations of the *Culex pipiens* complex has caused much concern and much attention has been given to possible alternative compounds. *Georghiou* and *Calman* (1969) attempted to select for fenitrothion resistance in a strain of *C.p.fatigans* from California and after 30 generations were only able to obtain but a 2.2 fold increase in tolerance to this compound. However, as has already been seen above, failure to induce insecticide resistance in a laboratory colony with a limited gene pool does not exclude the possibility that such resistance may develop in this field. It therefore seemed prudent to consider the possible use for *C.p.fatigans* control of entirely different insecticide groups than those of the O-P's to lessen the chance of cross resistance between one O-P compound and another.

Unfortunately the carbamate insecticides, as a group, have not been particularly promising against mosquito larvae. As an example a comparison is given below of the LC_{95}s of several different insecticides against the larvae of an insecticide susceptible strain of *C.p.fatigans*

		LC_{50}ppm
Chlorinated hydrocarbons	DDT	0.07
	lindane	0.27
O-P's	fenthion	0.0042
	Abate	0.0016
	chlorpyrifos	0.098
Carbamates	carbaryl	1.0
	propoxur	0.33
	landrin	0.3
	Mobam	0.56

Attention therefore, has been drawn towards still newer groups and specifically the insect growth regulators (IRGs).

The compounds in the group referred to as insect growth regulators include several different types with hormonomimetic action. Since the mode of action of these various compounds differs from those chemicals in the chlorinated hydrocarbon, OP and carbamate groups, it has been hoped that the IRGs might be an effective response to those situations in which a wide spectrum of insecticide resistance has developed in a given insect species. As these compounds act in one manner or another against the developmental stages of insects, the term juvenile hormones (JH) has also been used. While in some cases natural hormones have been isolated and tested, in most cases, the synthetic chemical analogue has been utilized, especially in those compounds which have undergone wide scale testing in the field and have shown a potential for operational use.

Most early trials of the synthetic analogues of compounds with normal activity against mosquito larvae indicated that the first compounds in this group had very little persistence of action in the field waters. More recently an effort has been made to develop compounds that are either more persistent in field situations or slow release formulations which will gradually release the active compound over a longer period of time and reduce the necessity for frequent retreatment.

Schaefer and *Wilder* (1972) carried at laboratory and field trials against *Aedes nigromaculis, Culex tarsalis* and *C.pipiens fatigans* of several compounds in different types of water. ZR 515 (isopropyl 11-methoxy. 3,7,11-trimethyl-2,4-dodecadienoate) or Altosid was ineffective against pupae of *C.p.fatigans* but generally produced a 100% mortality when applied at 0.01 ppm in the laboratory to 3rd and 4th stage larvae. The compound was much more active against O-P susceptible and resistant *A.nigromaculis* having a high degree of activity at concentrations as low as 0.00001 ppm. RO 20-3600 (6,7-epoxy-3-methyl-1-1-(3-4-(methylenedioxy) phenoxy)-2-*cis-trans*-octane) was slightly less active against *C.p.fatigans* in the laboratory and MON-585 (2,6-di-*tert-buty*)-4-(OC,OC-dimethylbenzyl) phenol) was more active against early 4th instar than late 4th instar. The action of RO 20-3600 and ZR 515 was severely reduced in sewage water though MON-585 performed considerably better. SR 515, RO 20-3600 and MON-585 all gave good results against *Ae.nigromaculis* larvae in the field. In later trials in flooded ponds, the same authors tested a slow release formulation of ZR-515 (a 10% flowable liquid, microencapsulated, water base) and concluded that this formulation was practical for field applications against this species (*Schaefer* and *Wilder*, 1973) and that it had little effect on non target organisms (*Miura* and *Takahashi*, 1973). Laboratory trials of R-20458 (4-ethylphenyl-6,7-epoxy geranyl ether) were carried out on *C.p.fatigans* by *Bransby-Williams* (1972) who found that exposure to a dosage of more than 1 ppm of this compound was necessary to prevent all adult emergence.

Mulla et al. (1974) evaluated several IRGs against 1st instar larvae and pupae of *C.p.fatigans* and *An.albimanus*. TH-6040 (1-(4-chlorophenyl)-3(2,6-difluro-ben-zoyl)-urea) which inhibits the synthesis of chitin showed outstanding activity in the laboratory against both species; the concentration which inhibited further development of 1st instar larvae of *C.p.fatigans* had an LC_{50} of 0.0004 ppm and an LC_{90} of 0.0014 ppm while against 4th instar larvae the LC_{50} was 0.0006 ppm and the LC_{90} 0.0013. This compound was also the most effective in a field trial against *C.tarsalis* larvae producing either high or complete inhibition of adult development for up to 15 days after treatment either as an EC or a WDP. Similar results were obtained by *Hsieh* and *Steelman* (1974) who tested TH 6040, MON-585, Altosid (ZR 515), R 2048 and H-24108 (3,Butyn-2-yl-N-(p-chlorophenyl) carbamate) against 12 species of mosquitos including *C.p.fatigans;* TH 6040 was the most active of the compounds tested against all species but there was very considerable species variation in response to these growth inhibiting chemicals.

More recently a field trial was carried out by a WHO research unit in Korea of OMS-1697 (Altosid or methroprene) and OMS-1804 (TH 6040) against *Culex pipiens* breeding in flooded parsley fields (*Mathis* et al., 1975). Two different formulations of OMS-1697 were used, a slow release form, SR-10 and a formulation also active by ingestion, 10 F. Effectiveness was measured both in terms of larval mortality and reduction in adult emergence. While larval mortality due to exposure to OMS-1697 was found to be negligible, the compound was effective in preventing adult emergence from the pupae; when applied at a target dosage of 1000 gm/ha (0.67 ppm to 0.72 ppm), it caused a total mortality of pupae and above 70% of adults failed to emerge successfully for 16 days for OMS-1697 SR-10 F and for about 30 days for OMS-1697, SR-10 formulation. Lower dosages of about 200 gm/ha prevented emergence for shorter periods of about a week. The main action of OMS-1804 was in causing larval mortality and at application of about 200 gm/ha or about 0.21 ppm, mortality was greater than 70% for some 10 days.

Still more recent and as yet unpublished field trials were carried out by another WHO research unit in Jakarta, Indonesia. Highly polluted sewage ditches with heavy breeding of *C.p.fatigans* were treated with a target dosage of 1 ppm of OMS-1697, SR-10 F formulation in an area of 1 km^2; five months after treatment adult female landing rates and indoor mosquito resting densities were still below the pre-treatment levels. Thus the particular formulation of this compound can certainly be considered as an alternative to the O-Ps at least as far as effectiveness against mosquito populations is concerned.

Inasmuch as the insect growth regulators are either synthesized chemical mimics of hormones or chemical compounds found to have growth inhibiting or regulating action, one might suspect that mosquito resistance to these compounds might also develop; while this has not been actually reported from the field, studies on laboratory colonies have shown that such resistance can be developed in these strains and there is no reason to believe that this may not eventually occur in the field. *Georghiou* et al. (1974) pressured a strain of *C. tarsalis* from California by exposing larvae to Altosid or ZR 515 at a concentration which would produce an average of 70.8% mortality; after 14 generations the dose required to give this kill rose from an initial 0.1 ppb to 5 ppb or an increase of 50-fold. They were unable to produce a resistance to propoxur by selecting larvae at 75% level of mortality for 9 generations. *Cerf* and *Georghiou* (1974) also found that house flies were capable of developing a high level of resistance to TH 60-40; they studied eight strains of house flies representing resistance to O-Ps, carbamates and the organochlorines and found high levels of existing cross resistance to TH 60-40 following exposures of fly pupae; levels of cross resistance ranged from ten-fold in a parathion resistant strain to considerably higher in a strain selected by O-ethyl O-2(2,4-dichlorophenyl)phosphoremidothioate. Earlier work (*Cerf* and *Georghiou*, 1974 a) had already shown a high level of cross resistance in a carbamate resistant strain of house flies to 5 IRGs rising to as high as 100-fold at the level of a dose which would ordinarily prevent 95% of emergence from the pupae.

10.1.4. Alternative Methods of Control

While the main concern of this paper is with chemical control of insect vectors and here of *C.p.fatigans*, the ability of this and other mosquito species to develop resistance to such a broad spectrum of insecticides combined with concern with environmental contamination has led to a search for alternative methods of vector control. The success of the "sterile-male technique" against the screw-worm fly in the southern U.S. has developed interest in the possible use of genetic techniques against *C.p.fatigans*. So far, three small-scale studies have successfully applied genetic principles against *C.p.fatigans*. The first, in the small village of Okpo, Burma (*Laven*, 1967), was based on the release of males of a nonindigenous cytoplasmically incompatible strain of males of the species; within six generations, no viable egg rafts were observed. In the second study (*Patterson* et al., 1970), males of *C.p.fatigans* sterilized by thiotepa were released into a natural population on an isolated island off the coast of Florida; again with six generations, the natural population was eliminated. It must be emphasized that in both of these studies the trial areas were very small and isolated. A WHO research unit in New Delhi, India, investigated the possibility of genetic control of *C.p.fatigans* on a large scale; following extensive ecological studies on the local *C.p.fatigans* population, especially on such factors as seasonal changes in population density, migration and dispersal, mating behaviour and length of life, releases were made of 100000 males per day which had previously been chemosterilized by exposure to thiotepa at the pupal stage. The release area was protected by creating a barrier zone 3 km wide around in the village in which all drains were treated by 0.5 ppm fenthion and all wells by 0.2 ppm Abate. The released males mated readily with the females in the villages and virtually overwhelmed the local fertile male population; while very high levels of sterility were reached in the egg rafts in the village, 100% was not reached and apparently there was still enough immigration of fertile mosquitos from beyond the barrier zone to maintain the population at its previous levels (*Pal* and *Whitten*, 1974). In view of the complex and exacting nature of preparing for genetic releases including the necessity of genetic studies of target populations, the development of mass-rearing facilities, the requirement of precise monitoring of population dynamics and the desirability of working against an isolated population, it seems quite unlikely that any of the genetic control techniques will be used for the control of *C.p.fatigans* in tropical countries for some years to come.

In considering the state of development of genetic and biological control agents for their possible use in programmes for the control of *C.p.fatigans* populations, it appears that there is much more likelihood that the latter group may be utilized in the near future. Indeed, as will be seen below, larvivorous fish have long been used against a number of different mosquito species, including *C.p.fatigans*.

There are a number of different groups of biological control agents which might be considered for actual or potential use against *C.p.fatigans;* the first of these groups is that of predacious insects. Unfortunately, the polluted water larval habitats of *C.p.fatigans* are not favourable for the development of many species of insects which might otherwise be considered for this purpose. The mosquito genus *Lutzia* has been proposed as a possible larval predator as the larvae inhabit a variety of different types of water bodies including some in which *C.p.fatigans* breeds. The adults feed only on birds while the larvae are predacious on other mosquito larvae. It would be necessary to develop mass-rearing techniques for any species of this genus before large-scale releases even could be considered as part of an extensive field trial.

Many species of Mermithid nematodes parasitize insects and species of the genera *Romanomermis* and *Reesimermis* have been shown to parasitize mosquitos. *Reesimermis nielseni* has been shown to parasitize North American strains of *C.p.fatigans* (*Petersen* et al., 1969). *Mitchell* et al. (1972) carried out laboratory and field trials in Taiwan with *R.nielseni* and while the laboratory results showed that *C.p.fatigans* was the species most susceptible to infection, the results of field trials were not encouraging as in no case was evidence obtained that the parasite had become established in nature after release. The progress in biological control of mosquito larvae by the use of parasites and pathogens has been recently reviewed by *Chapman* (1974) who emphasized that only a very few field releases of pathogens or parasites have been attempted against mosquitos and that the monitoring of the results has usually been insufficient to provide solid evidence as to the value of these agents. It is thus likely that a considerable period of time may pass before any of the agents in this group could be considered as suitable alternatives to chemicals for the control of mosquito larvae. It must also be pointed out that the use of pathogens and parasites against mosquitos and other arthropods is not without potential risk to non-target organisms both vertebrate and invertebrate, and these possible risks and the manner in which they might be averted have been reviewed by *Smith* (1973).

The only biological agent that is now in actual use against mosquito larvae are small predacious fish. *Gambusia affinis,* the so-called mosquito fish, has been widely used since the early part of the century. It thrives in a great variety of water types, consuming as many as 100 mosquito larvae a day when conditions are favourable.

Sasa et al. (1965) reported that the guppy *Lebistes reticulatus* (now *Poecilia reticulata*) had established itself in Bangkok and could often be found in very large numbers in the pools of polluted water under houses eating virtually any organic matter in the water including mosquito larvae. *Bay* and *Self* (1972) studied the guppy in Bangkok, Rangoon, and Taipei and concluded that, while there were many areas in which it might not establish itself, the contribution it could make where it was successful would compensate for failed introductions.

Biological agents will certainly have a role in urban mosquito control, but their use is even more exacting than that of chemical pesticides; while perhaps more economical in the long run, great care is demanded in their application and they, too, are probably unlikely to come into wide-scale use for some years.

10.2. Onchocerciasis

Another serious helminthic disease of man, onchocerciasis is also widely known as "river blindness". The disease is caused by the presence of the filarial parasite *Onchocerca volvulus* in the skin, subcutaneous and other tissues of man where it often produces fibrous nodules and frequently causes eye lesions which lead to blindness. The disease is transmitted from one human host to another only by bites of female blackflies of the genus *Simulium.* These become infected when they engorge on blood or tissue fluids from the skin of an infected host. Some of the ingested microfilariae are digested along with the blood meal but a proportion succeed in penetrating the wall of the fly's stomach and find their way to the thoracic muscles where development of the larvae then takes place. Depending on the ambient temperature the larvae develop for a period of about six days passing through two moults. The infective stage larvae then passes to the labium of the fly where it may gain entrance through the skin of another human host when the fly next takes a blood meal.

In the tissues of the human host the larvae develop into adult worms fairly rapidly. Usually an individual must receive many infective bites before one or several couples of adult worms can establish themselves in the human body. In about nine months time the larva can change into a fertile female worm; at that point the female begins to produce large numbers of microfilariae which infiltrate into the skin and tissues; about 2500 microfilariae are produced daily. In an infant this daily output would be sufficient to populate the skin with one microfilaria to every 4 mm^2 of skin within a month (*Mills,* 1969).

Generally, little pathology is due to the presence of adult worms in the subcutaneous nodules each of which contains one or more female worms, gravid or nongravid, intact or degenerating. A male worm may or not be present in the nodules but they often can be found in great numbers in the centre and walls of the nodules. The nodules are distributed over regions of the body where there is a convergence of the superficial lymphatics. The adult worms have an approximate life span of 15 years or more and thus, producing about a million microfilariae a year, can produce about 14 million microfilariae in their entire life.

The clinical manifestations of onchocerciasis include intensely itching rashes, wrinkling, thickening and depigmentation of the skin, the skin nodules which have been described above and, most important from the clinical viewpoint and from the viewpoint of the community, eye lesions which may involve both anterior and posterior segments of the eye, and may lead to blindness. Only the microfilariae and not the adult worms appear to be responsible for the cutaneous and occular lesions of onchocerciasis (*Buck*, 1974).

Onchocerciasis occurs throughout the greater part of tropical Africa in both the rain forest regions and the savannah belt stretching from Senegal across to the Sudan in the north and south to Angola in the West and Tanzania in the East. A focus of the disease occurs in Yemen. In tropical America its distribution is more limited and up to recently, confirmed foci were thought to be limited to Guatemala, Mexico, Columbia and Venezuela. However, the presence of the disease has now been confirmed in the Amazonas state of Brazil, (*Moraes* et al., 1973) and the focus is believed to be quite an extensive one.

It is thought that throughout the world as many as 30 million people are infected by the disease (*Choyce*, 1972), and further foci will probably yet be found. In many parts of West and equatorial Africa more than 50% of the inhabitants are infected with onchocerciasis, 30% have impaired vision and 4 to 10% are blind, WHO (1966). In one village surveyed in Upper Volta the prevalence of onchocerciasis was 90% (*Rolland*, 1972). Where the age-specific prevalence of blindness is studied in greater detail, it may be found that as much as 30% of the adult male population in small communities in hyperendemic areas is blind. Percentages of infection and blindness in some of the Sudanese and central American foci are also very high. Very little was known about the magnitude of onchocerciasis in Ethiopia until a recent survey showed that the disease is widespread in South-east Ethiopia (*Oomen*, 1969). The author calculated that in three provinces with a population of $2^1/_2$ million people and an area of 132000 sq. km, probably 500000 people have positive skin snips for microfilariae. In many areas of West Africa there appears to be a pattern of human population retreat from the river villages many of which, though they are in the most fertile land, are also highly endemic for river-blindness and onchocerciasis is probably the primary reason for this retreat. However, in many areas of the West African savannah there is a serious land pressure due to over-population of favourable farming areas and occasionally resettlement attempts are made in areas of high onchocerciasis transmission. In one case described by *Rolland (ibid)* within 5 years of settlement 90% of the settlers had onchocerciasis and 29% of the subjects showed microfilariae in the anterior chamber of the eye; this village has since been deserted. It is thus clear that onchocerciasis is of very considerable economic importance particularly in those areas of West Africa where the better land is restricted to the river valleys highly infested by the vector fly and the disease. Many of those fertile areas remain unsettled because of fear of river blindness and where communities have remained the large percentage of blind among adult males is obviously a serious impediment to farming and fishing.

10.2.1. The Vectors of Onchocerciasis

As stated earlier *O. volvulus* is transmitted from man to man only by blackflies of the family Simulidae. There are about 1300 species of blackflies but only a small number of these are vectors of the disease. Three species of blackflies have been incriminated as vectors of onchocerciasis in the Americas—*Simulium onchraceum* which is the main vector of the disease in Guatemala, Columbia and Mexico, *S. metallicum* which is the chief vector in Venezuela and *S. callidum* which may be of some vectorial importance in Guatemala (WHO, 1971c). In West Africa all vectors of the disease belong to the *S. damnosum* complex of which seven forms are at present known in the Volta River basin area. *S. damnosum* is also the vector of onchocerciasis in most of its range but in certain foci of East Africa, especially in Kenya and Zaïre, *S. neavei* is also a vector.

Blackfly females lay their eggs in batches of from 200 to 500 on partly submerged vegetation or stones in fast flowing water. The eggs of *S. callidum* may be laid singly or in small groups and those of *S. ochraceum* on floating vegetation, a few eggs in any one place by the hovering flies. Upon hatching after 36 hrs to several days, the larvae immediately move down below the water surface of whatever the substrate on which the eggs have been laid. Presumably the larvae of *S. neavei* which live on the carapace of fresh water crabs move on to their host after hatching as eggs are not found on the crabs (*de Meillon*, 1957).

The larvae of the blackfly fastens a bit of salivary "silk" to the substrate and then attaches itself by posterior abdominal hooks. Food particles, in the form of drifting plankton and organic detritus are caught by the extended mouthbrushes which intermittently close, transferring the accumulated material to the mouth. Silt and indigestible organic matter are passed through the gut unaltered. In the case of *S. damnosum* the larvae generally inhabit the upper 50 cm of the river. The larvae pass through 6 or 7 instars usually in a week to 10 days in the tropical species though in the case of temperate species breeding at lower water temperatures this period may be extended to weeks or even months. At the end of the larval period the larvae surround themselves with a cocoon of silk firmly attached to the substrate and then within this moult into a pupa. Following a period of about three days the adults emerge even through rushing water in a bubble of air and immediately take flight as soon as they reach the surface of the water. The females mate a single time shortly after their emergence. The males of *S. damnosum* feed only on plant juices while the females also feed on plant juices before taking their first blood meal. Each blood meal is followed by the maturation of eggs laid three to five days later; this is then followed within 24 hrs by another blood meal and so on until the death of the insect. Adults in general are not long lived and up to three weeks survival or less is a reasonable estimate for most species. Females of *S. damnosum* have a marked preference for man and when numerous, as is also the case for temperate species, they can constitute a major nuisance.

142

10.2.2. Control of Onchocerciasis

Control of the disease can take three forms: denodulization or excision of the individual tumours or nodules containing the adult worms, drug treatment of infected individuals or prevention of transmission by control of the vector fly.

Denodulization is frequently impracticable when large numbers of nodules are present nor is it necessarily followed by disappearance of the microfilariae since other adult worms may remain in less obvious nodules deeper in the patients tissues. A survey of an endemic area of Guatemala following an intensive denodulization campaign showed that onchocercal morbidity had not decreased and the authors concluded that more efforts would have to be made towards vector control (*Marroquin* and *Guillioli*, 1971).

Only two drugs can be considered as effective against the parasite *O. volvulus* and be used for the treatment of patients with onchocerciases; the first of these is suramin which kills the adult worm and also has some effect on the microfilariae. However, reported reactions to this drug include fever, headache, muscle and joint pains, nausea and pruritus and occular reactions that are probably allergic in nature. The second drug is diethycarbamazine (Hetrazan); it has little or no effect on the adult worm but rapidly kills the microfilariae; severe allergic reactions are a not uncommon side effect of its use. While both drugs can be recommended for individual use under the supervision of an experienced physician, the toxic and side effects they may commonly produce make their use in mass drug treatment campaigns impracticable.

From the preceding, it can be seen that in view of the impracticability of mass surgical intervention or of mass drug treatment and in the total absence of any immunizing agent, the only feasible method of interrupting transmission of onchocerciasis is by control of the blackfly vector.

10.2.3. Blackfly Control

The control of the blackfly vectors of onchocerciasis is restricted to the control of the larvae. Control of adult blackflies can be carried out especially by aerial sprays but the control would be of very short duration and the adult population would be replenished almost immediately, either by fresh emergence from pupae or by the invasion of adult blackflies from adjacent uncontrolled areas. Blackfly larvae because of their specific and restricted habitat, are particularly susceptible to control with chemicals (*Jamnback*, 1973). Insecticides sprayed or poured into the moving water of a stream is transported and dispersed below the treatment point. The toxic particles are filtered out of the current by the larvae while filtering out their food and this ensures a concentration of the insecticide within the body of the larva. After ascertaining that *S. neavei* was the only vector in Kenya and that it was highly susceptible to insecticides, a control project was initiated by *Garnham* and *McMahon* with 13 weekly applications of DDT at the rate of 2—5 ppm for 30 min which resulted in eliminating this vector from the area (*Garnham* and *McMahon*, 1947); later this larviciding was extended and succeeded in eliminating the vector from all the treated focal areas. By 1955 this campaign had achieved complete interruption of transmission of the disease in areas where up to 70% of the children were infected before the larviciding campaign. No drug treatment was provided to the infected population; 11 years after interruption of transmission live *Onchocerca volvulus* adults were still present in the skin; 18 years after interruption of transmission, no microfilariae were found and it was concluded that all *O. volvulus* adults had lost their reproductive potential and probably died by about 16 years after elimination of the vector if not earlier (*Roberts* et al., 1967). The prevalence of onchocerciasis in children born in the focus after interruption of transmission is zero, a further proof of the efficacy of the insecticide treatments. This success in eradicating onchocerciasis in East Africa, will serve as a guide for the period of time in which it is necessary to suppress vectors elsewhere if it is desired to interrupt transmission of the disease.

Through the 1950's and 1960's, many control operations were undertaken in Africa utilizing DDT (*Brown*, 1962; *Waddy*, 1969), and were based almost entirely on the use of DDT applied at weekly intervals. In a large, steadily flowing river, a single application of as little as one part in 20 million maintained for 30 minutes, has been known to eliminate *Simulium* larvae for a distance of 160 km downstream. Since *S. damnosum* breeds not only in large rivers, treatment of all small streams is also necessary. If the purpose of the treatment is focal protection such as to protect the labour force working on a dam or a settlement near a river, the treatment must be broad enough to prevent infiltration by adult *S. damnosum* whose flight range may extend as far as 100 km (*Le Berre*, 1960) and result in the rapid repopulation of treated streams.

While there are many serious foci of onchocerciasis throughout those areas in Africa where the disease in present, it is particularly severe in the Volta River basin area where, on the basis of surveys carried out by national health services, it has been estimated that over one million inhabitants of an area of about $700\,000\ \mathrm{km}^2$ are infected by onchocerciasis and that of these at least 70 000 people are either blind or have a serious impairment of sight.

In 1968 the WHO, the United States Agency for International Development (USAID) and the Organisation de Coordination et de Coopération pour la lutte contre les Grandes Endémies (OCCGE) convened a technical conference in Tunis to consider the problem of onchocerciasis and to assess whether control is possible with currently available methods (WHO, 1969b). Based on the results of certain projects, such as that in Kenya mentioned above, the conference concluded that control is technically feasible providing that the area placed under control is large enough to reduce the necessity of continually protecting it against reinvasion of blackfly vectors. As a result financing has been found on an international basis by WHO and the Food and Agriculture Organization (FAO) mainly assisted by the United Nations Development Programme and the International Bank for Regional Development to support a programme for the eradication of onchocerciasis in parts of the seven most severely affected countries of the Volta River basin; Dahomey, Ghana, Ivory Coast, Mali, Niger, Togo and most of Upper Volta. The objective will be to obtain a very high level of vector control for a period of 20 years to ensure the natural disappearance of the adult worms once transmission has ceased. While a previous, much more restricted programme, in the same area conducted with the assistance of the Fond Européen de Développement and the OCCGE utilized weekly treatments with DDT by ground applications to all *S.damnosum* infested watercourses, the Onchocerciasis Control Programme will make weekly treatments with 20% Abate emulsion concentrate at a target dosage of 0.1 ppm for 10 min to all areas where blackfly vector breeding is taking place. Inasmuch as at least 14000 km of river systems are within the programme area and a large proportion must be treated each week for a good part of the year it would be virtually impossible to do so by ground treatment; spray applications will therefore be made by a number of fixed winged aircraft and helicopters fitted with specially designed rapid delivery systems to enable the desired quantity of insecticide to be delivered immediately upstream from the *S.damnosum* larval habitats. The estimated total cost of this 20 year programme, which will be one of the largest vector control operations ever undertaken, will be US $ 120 million. Abate was selected as the larvicide of choice because of its high efficacy against the blackfly larvae (*Quélennec*, 1970, and *Quillévéré* et al., 1973), its very low mammalian toxicity and its comparatively innocuous effect against non-target organisms in the streams such as fish and the invertebrate fauna on which they feed (*Dejoux*, 1973). While other compounds have been tested, e.g. fenthion (*Garms* and *Post*, 1967), carbaryl (*Quélennec* et al., 1970), Dimethrin (*Jamnback*, 1969), etc., they were either less effective than Abate or more damaging to non-target organisms. Nevertheless an active research programme is being carried out to develop alternative compounds that are as effective and ecologically acceptable for use in case *S.damnosum* populations in the programme area develop resistance to Abate.

Research is also being carried out on the possible use of biological agents to control *Simulium* larvae; high percentages of natural populations of blackfly larvae are often found infested with mermithids which are obligate nematode parasites of many insect species; they appear to have potential as a biological control agent though actual field use, should this technique be successful, is probably many years off and the continued use of chemical larvicides will very likely be necessary throughout the 20 year period of the Onchocerciasis Control Programme.

If the epidemiological evaluations being carried out along with vector control operations show that this ambitious and far-reaching programme has successfully interrupted transmission of the disease and that a level of vector control sufficient to prevent transmission renewing can be maintained then similar programmes will certainly be started elsewhere in Africa and the Americas where this disease causes blindness and hampers economic development.

11. Schistosomiasis

The schistosome parasites of man are the most important human parasites of the trematode group from the public health viewpoint. The disease has been known to occur in earliest antiquity in Egypt and Mesopotamia, associated with agricultural civilizations of the river valleys. It has been estimated that as many as 200 million people are infected with these parasites (WHO, 1965) in many different areas of the world. Furthermore, in recent years there has been a clearly demon-

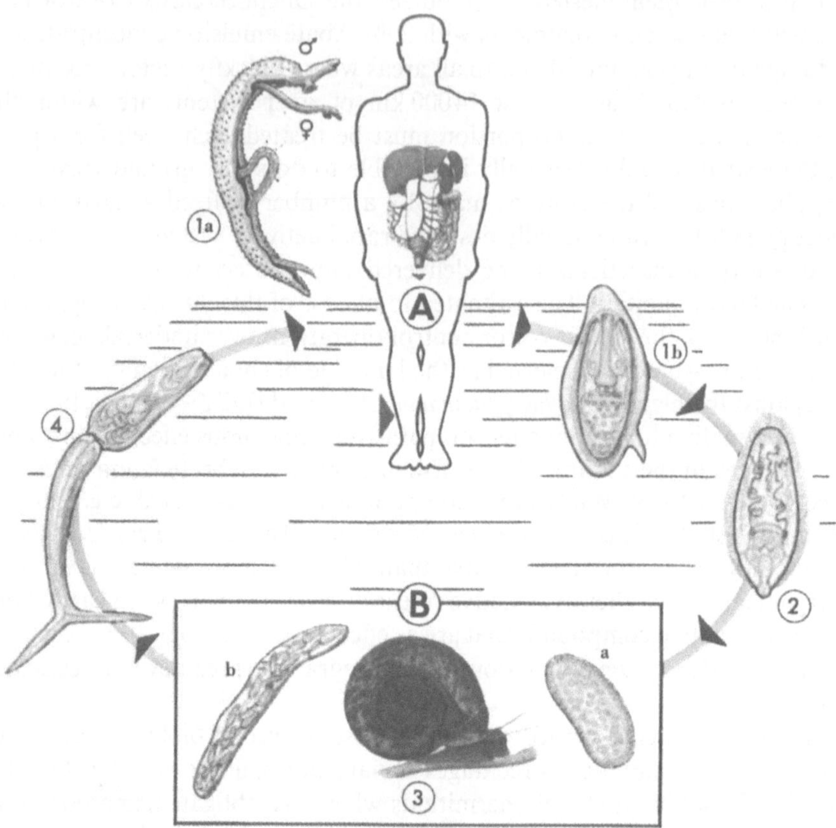

Fig. 1. Life-cycle of *Schistosoma* (coupled schistosomes) A. Final host: man: site of mature worms in mesenteric vessels. 1a. Pair of mature *S. mansoni* Sambon, 1907. 1b. Fertile egg of *S. mansoni* (side spine). 2. Miracidium. B. Intermediate host: water snails (i.e. *Biomphalaria galabrata, Bulinus truncatus*). 3a. Sporocyst 1st stage (mother sporocyst). 3b. Sporocyst 2nd stage (daughter sporocyst). 4. Free-living cercaria (fork-tailed cercaria).

strated spread of the disease to newly developed areas as a result of the development of extensive irrigation schemes and dams and the prevalence has also increased in some already known foci. In addition, in recent years apparently long standing foci have been newly discovered such as a small focus in the Maharashtra State of India, as well as foci in southern Thailand, Lebanon and Libya. It is probable that other foci of the disease will be discovered in the future.

While effective schistosomiasis control programmes have eliminated the disease in Israel and greatly reduced its incidence in Japan, Mauritius and Venezuela, this is, unfortunately more than balanced by the increased transmission which has occurred in the Philippines, Ghana, Brazil and Egypt among other countries. This trend of increased transmission in existing foci and geographical spread to new foci is likely to continue and perhaps accelerate as further water resource development programmes are put into operation and irrigated agriculture expands. As an example, experience in Egypt has shown that the introduction of perennial irrigation in areas previously served only by basin irrigation increased the schistosomiasis prevalence rate from as low as 0—5% to 60% or more within five years (*Dawood*, 1951). In 1967 the general incidence of schistosomiasis in autopsy material in Egypt was 44 to 45%; examination of autopsy records of the years 1903—1908 showed an incidence of 14% and again the author ascribes the demonstrated increase to the change to perennial systems of irrigation (*Elwi*, 1967).

Although it is difficult in some countries to assess the socio-economic importance of the disease due to the problems of accurately measuring its public health importance (WHO, 1967d), there is no question but that the disease is of very great public health importance in some countries such as Egypt, Tanzania, the Sudan and Brazil among others. Estimates have been made in Egypt that the productivity of the working population infected by schistosomiasis has been reduced by one third.

The dynamics of transmission of the disease are basically similar for all species of schistosomes with people becoming infected by cercariae emerging from infected snails and penetrating the skin of people who are washing, bathing or working in water infested with schistosome infected snails. The intermediate host snail becomes infected when eggs which have been deposited with human excreta into water, hatch and the emerging miracidia then seek out and penetrate into an appropriate species of snail which serves as an intermediate host in which they multiply (Fig. 1).

11.1. The Species and Distribution of Human Parasitic Schistosomes

There are three species of schistosome worms which are important parasites of man: *Schistosoma haematobium* occurs very widely throughout much of tropical and North Africa, the Middle East, Madagascar, Mauritius, Iran and there is a small focus in India. The adult worm of this species lives primarily in the blood vessels of the urinary bladder and adjacent areas and infections may eventually give rise to severe hematuria and cystitis. The eggs of this species are discharged from man principally in the urine. In endemic regions of *S.haematubium* practically the entire population of some communities may be infected. Between 10 and 75% of the population of villages lower Egypt and as high as more than 90% of those in Tanzania may be infected (*Hunter* et al., 1960) and, as stated above, the prevalence of the disease is increasing. Transmission of the disease in certain moslem countries is facilitated by the religious stipulation that the anal and urethral orifices must be washed by water after urination or defacation and this custom is usually carried out in rivers or irrigation canals. Unfortunately the species of snail intermediate host thrive in water with a high degree of sewage pollution. The chief intermediate hosts of this parasite in North Africa and the Middle East are fresh water snails of the genus *Bulinus* and in Africa south of the Sahara *Bulinus (Physopsis)* species are the main intermediate host. At one time, foci were present in limited areas in Portugal and southern France where *Planobarius metidjensis* was the intermediate host.

The pathologic changes caused by *S.haematobium* in man are mainly due to the eggs of the worm. Eggs deposited by the adult female worm in the urinary bladder wall produce necrosis and minute abscess formulation. Eventually the scar formation may become malignant causing cancer of the bladder, bacterial infection may occur and the bladder loses its elasticity. Eggs may be carried by the bloodstream to the lungs and brain.

S.mansoni probably originated in Africa but the disease was carried with slaves to the West Indies and South America. It is common in the Nile Delta of Egypt, in a single focus in Libya, and in a belt across Africa from Sierra Leone in the north to Zaïre and Angola in the south and in the east from the Sudan and Ethiopia, south through Mozambique into South Africa and on the island of Madagascar, and several severe foci are also found in Yemen, Aden and Saudi Arabia. In the Western Hemisphere it is found in the West Indies including Puerto Rico and the Dominican Republic and on the mainland in Brazil, Guyana and Venezuela.

The eggs of *S.mansoni* contaminate water through defacation rather than urination. The snail intermediate hosts of *S.mansoni* are all fresh water snails of the family Planorbidae. In the Western Hemisphere they belong to the genera *Biomphalaria* and *Tropicorbis* and in Africa and the Middle East to the genus *Biomphalaria*.

The eggs of *S.mansoni* are deposited almost entirely in the capillaries and venules of the large intestine or the lower portion of the small intestine and eggs may be carried by the blood to the liver. As a result of irritation from the presence of the eggs, the intestinal wall thickens and heavy infections may lead to prolapse of the rectum, or development of perianal masses. Eggs in the liver may cause cirrhosis and eggs carried to the lungs may gradually produce a fibrosis. Dysentry with bloody stools is a common symptom.

S.japonica occurs only in the Far East in parts of China, Japan, the Philippines, on the island of Taiwan and in Indonesia in a single known focus in the Lindu Valley of Central Sulawesi (Celebes). The disease has recently been reported for the first time in Pahang State of Malaysia (*Murugasu* and *Por*, 1973), in Thailand (*Chaiyaporn* et al., 1959) and in Laos (*Barbier*, 1967), thus considerably extending its known distribution and other foci will probably be found. Before extensive control measures were carried out in China, large portions of the Yangtze Valley, coastal areas from the Yangtze delta to Canton and river valleys inland from Canton, the Mekong Valley in Yunnen Province and Hainan island were infested with the disease whereas in Japan only several small foci were infested.

The snail intermediate host of *S.japonicum* are amphibious snails of the genus *Oncomelania* that normally inhabit the banks of irrigation ditches and canals, marshes or slow flowing streams. Infection of the snails usually results from use of egg contaminated human faeces from nightsoil buckets as fertilizer. Human infection among agricultural workers occurs when they wade in the shallow water along irrigation ditches, canals or rice fields containing cercariae which have emerged from infected snails in these sites. Infection may also be acquired during bathing or while washing clothes in infested water.

Animal reservoir hosts are important in maintaining the disease in an endemic area; they include cattle, water buffalo, rodents, cats, dogs, horses and pigs.

S.japonicum causes a more serious infection in man than the other two species of schistosomes; one of the reasons for this is that the female *S.japonicum* extrudes about ten times as many eggs per day as *S.mansoni*. Egg deposition begins about four weeks after infection and occurs in the venules of both the small and large intestine. Eggs break through the intestinal wall and are deposited along with blood and mucus in the faeces. Abscesses and scars can occur not only in the intestine but also in the liver and spleen. Death may result from hepatic failure or haemorrhage.

11.2. The Control of Schistosomiasis

There are a number of possible approaches to controlling transmission of this disease; use of chemotherapeutics to cure the human host of the disease and thus prevent dispersal of schistosome eggs, destruction of eggs, miracidia or cercariae or destruction of intermediate snail hosts. In every case it is necessary to adapt the method chosen to the circumstances and resources of the given country.

11.2.1. Chemotherapeutics

Although many compounds are known to possess schistosomicidal activity, only a few can be considered for mass therapy (WHO, 1973 d). No very effective drug is available for use against *S.japonicum* infections. Hycanthone can be effectively used against *S.mansoni* and its side effects are usually mild. Niridazole is also effective against *S.mansoni* especially in young age groups but there is a high incidence of side effects and it can only be used under close medical supervision in certain advanced forms of the disease. The antimonial drugs have long been used against *S.mansoni* in Egypt but they are unlikely to find wide use in mass chemotherapy due to the necessity of intravenous administration.

Niridazole appears to be the drug of choice against *S.haematobium* but has the disadvantage of requiring a 4 to 7 day course of treatment. Metrifonate, an organophosphorous compound appears to show considerable promise against *S.haematobium* and is still undergoing testing for mass chemotherapy.

All chemotherapeutics suffer from one important tactical disadvantage, however; while an individual or group of individuals may be cured of the disease by use of one or another of the chemotherapeutics, they can be quickly reinfected by coming into contact with water infested by infected snails. With the presently available drugs, it would be virtually impossible to keep the entire population of a focus under drug treatment for the long period that would be required until the infection has been eliminated from the snail population thereby eliminating the risk of human reinfection. If interruption of transmission is the objective, it would be equally futile to treat only a few individuals at a time as again they will be quickly reinfected by cercariae from snails infected by individuals still excreting eggs.

In view of the limitations on the use of chemotherapeutics, especially for mass treatments, it is clear that for the immediate future reliance will have to be placed on an integrated approach combining two or more of the possible methods of which control of the snail intermediate hosts will have an important, if not the most important, place.

11.2.2. Snail Control

Control of the snail intermediate hosts can be achieved either by altering the environment so as to make it unfavourable for snail propagation or by the use of chemicals in the aquatic habitat of the snails to destroy them i.e. by molluscicides. There are prospects for the biological control of snails though these are not immediate and this will be touched on below.

Many of the sites where transmission of schistosomiasis takes place are man made e.g. irrigation canals, rice fields; obviously, therefore, the most desirable approach to controlling transmission would be to design or operate these sites in a manner which would not favour snail breeding and such methods are available. Due to their initial cost and the conservatism of certain traditional farming methods, this environmental approach is not widely implemented. Over a long period of time, health education aimed at stopping the individual or community from disposing man's wastes into canals, pools and irrigation channels would go far towards reducing the introduction of schistosome eggs to these habitats but experience has shown that this is also a lengthy approach.

It would thus appear that continued use will have to be made of molluscicides where they can be successfully introduced.

11.2.3. Molluscicides

In those situations where the use of environmental measures cannot be anticipated, the use of molluscicides either alone or in conjunction with chemotherapeutics may be decided upon. Such molluscicide use has certain advantages and disadvantages as follows: *Advantages:* a) a rapid cessation of transmission can be obtained; b) the close co-operation of the public is usually not necessary; c) in certain situations it is possible to completely eradicate the snails in a given focus; d) the technology of application is well known. However, such use also has *disadvantages* as follows: a) if eradication is not achieved, the snail populations can rapidly re-establish themselves and this frequently occurs; b) in many situations it is necessary to continue mollusciciding over long periods of time; c) several of the available molluscicides have a high toxicity to non-target fauna and flora in the aquatic biotype in which they must be applied.

Among the earliest molluscicides used were lime, calcium cyanamide, copper sulfate and calcium arsenate. An extensive bibliography of the papers published up to 1962 on the use of these and other compounds exists (*Warren* and *Newill*, 1967) and a more recent bibliography covers the newer compounds (*Duncan*, 1974).

In any event, molluscicides are now available which can be used successfully in the control of the snail intermediate hosts of schistosomiasis. In general the problem lies not with the efficacy on some of the compounds, but on the problem

Table 3. Effective molluscicides and their characteristics

Characteristic	Niclosamide	N-trityl-morpholine	NaPCP	Yurimin	Copper sulfate
Active ingredient	2'5-dichloro-4'-nitro-salicylanilide ethanolamine salt	N-trityl-morpholine	sodium penta-chloro-phenate	3,5-dibromo-4-hydroxy-4'-nitroazo-benzene	Copper ion
Physical properties					
Form of technical material	crystalline solid	crystalline solid	crystalline solid	crystalline solid	crystalline solid
Solubility in water	230 ml/l (pH dependent)	1 mg/l	33%	very slight	32%
Toxicity					
Snail LC_{90} (mg/l $\times$ h)[a]	3—8	0.5—4	20—100	4—5	20—100
Snail eggs LC_{90} (ml/l $\times$ h)[a]	2—4	240	3—30	—	50—100
Cercaria LC_{90} (mg/l)	0.3	no effect	—	—	—
Fish LC_{90} (mg/l)	0.05—0.03 (LC_{50})	2—4	—	0.16—0.83 (LC_{50})	—
Rats, acute oral, LD_{50} (mg/kg)	5000	1400	40—250	168 (mice)	
Herbicidal activity	None	None	None	None	Yes
Stability (affected by)					
U.V. light	no	no	yes	no	no
Mud, turbidity	yes	no	no	yes	yes
pH	optimum 6—8	yes	no	slight	yes
Algae, plants	no	no	no	—	yes
Storage	no	no	no	—	no
Handling qualities					
Safe	yes	yes	varies	yes	yes
Simple	yes	yes	yes	yes	yes
Formulations	70% W.P. 25% E.C.	16.5% E.C. 4% granules	75% flakes 80% pellets 80% briquettes	5% granules	
Field dosage					
Aquatic snails (mg/l)[a]	4—8	1—2	50—80	—	
Amphibious snails on moist soil (g/m²)	0.2	—	0.4—10	5	

[a] The term "mg/l $\times$ h" indicates that the figures given are the produce of the concentration and the number of hours of exposure.

of developing an adequate strategy for their application. The available and effective molluscicides of proven effectiveness are listed in Table 3.

Of the compounds listed the two outstanding ones are niclosamide (Bayluscide) and N-tritylmorpholine (Frescon) both of which were comparatively recently developed and which are the molluscicides of choice against aquatic snails though Yurimin is more suitable against *Oncomelania* in Japan (WHO, 1973d).

Niclosamide. Niclosamide or 5,2′-dichloro-4′-nitro-salicylic-anilide-ethanol-amine, is highly effective against snails and snail eggs as well as schistosome cercariae while at the same time it has a low mammalian toxicity. One of the drawbacks of this compound is its high toxicity to fish which will limit or exclude its use in and around fish ponds or pools or streams containing food fish. *Webbe* (1961) used niclosamide in field trials in ponds in Tanzania; at 0.3 and 1.0 ppm, he found that large numbers of fish were killed including *Tilapia* spp. and *Protopterus* etc. though the compound was highly effective against the snail intermediate hosts. *Gönnert* (1961) summarized the results of a number of different laboratory and field trials with niclosomide; field trials against the snail intermediate hosts of *S. mansoni* and *S. haematobium* showed that the optimum concentration for killing snails in standing and flowing water was 1 ppm. This also killed *Lebistes reticulatus* and *Xiphophorus helleri* though use at 0.3 ppm allowed all fish to survive.

Schistosomiasis is a serious problem in Southern Rhodesia where the incidence of *S. haematobium* can be as high as 29% among the human population and the development of extensive irrigation schemes are likely to increase the magnitude of the problem. Field trials were carried out applying niclosamide in drip cans to irrigation canals once every 6—8 months to give a target concentration of 0.3 mg/litre of water. The results of the study showed that transmission of both *S. haematobium* and *S. mansoni* were reduced to a level below that measured in areas where irrigation is not practised (*Shiff* et al., 1973).

The compound is now available at a 25% emulsion concentrate which appears to be efficient and easy to apply. A successful programme based on the use of niclosamide was carried out on St. Lucia island in the Caribbean against *Biomphalaria glabrata* as the host of *S. mansoni* (*Sturrock* et al., 1974); following a generalized and intensive mollusciciding in the entire area infested with the snails, search was made for any surviving snail colonies and focal treatment then carried out against them. It proved impossible to eliminate the snails from static water foci but relatively easy to do so from streams.

S. mansoni with both *B. glabrata* and *B. tenagophila* as the snail hosts is a serious problem in Brazil being endemic in some 1000 municipalities and possibly some 10 million individuals are infected. Trials with niclosamide were very successful, reducing snail densities by 99% and the use of this compound along with hycanthone as a chemotherapeutic has been recommended by the Federal Ministry of Health (*Paulini*, 1974).

A large scale trial was carried out in the Fayoum area of Egypt covering some 168000 ha of land with a human population of one million. In this area the use of niclosamide showed that it was possible to effectively reduce the threat of transmission of *S. mansoni* and *S. haematobium* (*Technau*, 1974) by snail control.

N-tritylmorpholine. N-tritylmorpholine or Trifenmorph is the most active molluscicide known. The compound is available as a 16.5% emulsion concentrate as well as in a granular form containing 4% of the active ingredient. Apparently *Bulinus* spp. are less susceptible than *Biomphalaria* spp. to N-tritylmorpholine. It has a low mammalian toxicity and in use can be somewhat less toxic to fish in that it can be used at a dosage low enough to be molluscicidal while not seriously affecting fish; however, *Boyce* et al. (1966) reported a variable effect to this compound on fish; *Barbus* and *Tilapia* were killed in canals treated for six hours at 0.1 ppm of the molluscicide but survived treatment at 0.025 ppm for 30 days, a dose which was fully effective against snails.

Several field trials of N-tritylmorpholine were carried out in Tanzania against *Biom. pfeifferi* the snail host of *S. mansoni* in the area. A dose of 0.025 ppm applied for 30 days to the head of irrigation canals in a 2025 ha area gave effective control of the snail (*Crossland*, 1967).

A larger operational study was also carried out by *Fenwick* (1972) in Tanzania using N-tritylmorpholine. In this area the irrigation systems of the sugar estates favour the development of *Biom. pfeifferi*. The incidence of *S. mansoni* infection was over 80% among field workers who had been employed on the estates for over six months and 56.9% in newly employed workers in the first six months. In children as young as five years old, the incidence was already 50%. In these studies N-tritylmorpholine was applied as in the trial described above, to the headwater of the irrigation system to give a target concentration of active ingredient of 0.025 mg/litre for five days every seven weeks. After three years the results showed that the target snail was effectively controlled by use of the molluscicides, probably to a level lower than 0.1% of what its population would have been if untreated. The incidence of *S. mansoni* in newly employed workers in the protected area also fell drastically to 3.9%.

Field trials in three sites in Brazil (*Gilbert*, 1973) showed that a 4% granular formulation of Trifenmorph provided 100% control of *Biomphalaria glabrata* and *B. tengrophila* at a dosage rate of 2 kg of active material per hectare except to one site where the pH was 5.6 and a reduction of only 50% in the snail population was obtained.

Yurimin. Yurimin or 3,5-dibromo-4-hydroxy-4′nitroazo-benzene, is a relatively new molluscicide which has been mainly used against *Oncomelania nosophora* the intermediate host of *S. japonicum* in Japan. It is almost insoluble in water and has been applied as 5% granular formulation and has given 80 to 100% snail mortality in field trials. While also toxic to fish, its lethal concentration for fish is a little higher than that for snails. It has a much higher mammalian toxicity that niclosamide or N-tritylmorpholine (WHO, 1973 e).

Older molluscicides. In light of the availability of more efficient compounds such as those described above, the use of two long-used molluscicides, sodium pentachlorophenate and copper sulfate has greatly declined over the last two decades, though they are still in limited use in some places. Sodium pentachlorophenate or NaPCP or Santobrite has a greater mammalian toxicity than either niclosamide or N-tritylmorpholine and some human fatalities have been reported from its use. Fish are badly affected by molluscicidal concentrations of NaPCP.

There are a substantial number of compounds not in routine use but thought to have varying degrees of merit as molluscicides and several of the more outstanding will be mentioned.

Organo-Tin Compounds. Several of these compounds, which are fungicides have also proved to be highly molluscicidal. Bis (tri-n-butyltin) oxide, tri-n-butyltin acetate and tri-n-propyltrin oxide (TBTO) are about comparable in activity to niclosamide (*Ritchie*, 1973). They are, however, slower acting though stable and not affected by environmental factors. They are probably not effective against *O. nosophora*. The safety record of these compounds in agricultural use is good, though they are more toxic to mammals than niclosamide.

Organo-Leads. At least five of these compounds which have been studied have activity against snails at levels below 1 ppm with a 24 hrs exposure. Triphenyl-lead acetate and tributyl-lead acetate are among the most active. These compounds may be even more practical than the organo-tins as they are more selective for snails, have less effect on rice-seedlings and are less expensive. Their mammalian toxicity requires further study (*Ritchie* ibid).

Considerable interest is being expressed in various slow release formulations of molluscicides. The organo-tin toxicants in elastomiers have been shown to have promise in this field and TBTO in laboratory tests was shown to be continually effective for several months. In Brazil, field trials of biocidal rubber formulations were effective in irrigation systems. The question of the possible effect of continuous long-term exposure to these chemicals on man, animals and plants needs more investigation.

In some habitats baits attractive to snails and containing molluscicides such as niclosamide have proven effective and this technique has further promise.

12. Rodents

The economic and public health importance of rodents. Earlier, descriptions have been given of some of the more important diseases with rodent reservoirs such as plague, murine typhus, scrub typhus and leptospirosis. Rodents are also reservoirs of a number of other diseases and their public health importance is thus considerable. In addition, however, the economic losses caused by rodents to man's crops and stored food products is enormous and justifies active programmes for their control quite aside from their public health importance. Rodent populations can cause serious problems in temperate areas such as in Europe and North America, causing considerable damage both in agricultural areas and in urban areas. *Lhoste* (1972) has presented a detailed review of the literature dealing with material damage and economic losses from rodents, primarily in the developed countries with some reference to the tropics as well and this should be consulted for details. Most of the developed countries however, have fairly effective, long standing rodent control programmes both in agricultural areas and in settlements and rodent populations, while troublesome and costly, are relatively well under control. State and municipal supported organizations assist the farmer or city dweller in keeping rat or field rodent populations under control and commercial pest control firms carrying out rodent control (and insect control) under contract are common. In the tropics, however, rodent populations sometimes reach enormous proportions and in many tropical countries are comparatively unchecked, neither by the reduction caused by the winter of the temperate countries nor by the existence of any efficient rodent control organizations. A few examples can be given to show the seriousness of economic losses in the tropics, though it must be emphasized that accurate information on economic losses due to rodents is, in general, sparse and particularly so from the tropical areas such as Africa. In part, this is due to the pattern of much of African and South East Asian agriculture with a good deal of the food crops around villages being raised and stored on a small scale (*Gratz* and *Arata*, 1975). Nevertheless, some accurate and impressive data are available on the extent of losses caused by the predations of rodents on growing crops or to stored food.

In the Western Pacific and south-east Asia the main food grain and the most important crop in most countries is rice. As an example, well over 3000000 hectares of land are devoted to rice culture in the Philippines; rats are considered the major pest of rice in that country, attacking germinating seeds, growing seedlings, panicle-bearing plants and stored grains. A conservative estimate of loss of rice due to rat infestations is 10% which exceeds the value of the rice imported annually by the Philippines to cover its rice shortage (*Alfonso*, 1968). In Indonesia serious damage from rats varies from year to year; in 1963 and 1964 more than 8000000 ha of rice with an average damage of 40% and 14000 hectares of sugar cane with 30 to 100% damage by rats have been reported from the island of Java (*Soekarna*, 1968). *Rattus argentiventer* and *R. exulans*, are the most important species damaging rice. In 1970 in Indonesia 25430 ha of rice were completely destroyed and in 1971, 37164 ha. By 1973 heavy rat damage to more than 77000 ha of rice was reported (*Partoatmodjo*, 1974). Similar degrees of damage have been reported from Taiwan, Thailand and Malaysia and probably occur to rice in virtually every country where no rodent control measures are undertaken.

Sugarcane is an important cash crop throughout much of the Pacific region. In Hawaii alone annual losses to attack by *R. exulans* (the polynesian rat), *R. norvegicus* (the Norway rat) and *R. rattus* (the black or roof rat) are estimated at 4.5 million (*Teshima*, 1968); damage to sugarcane has also been reported from Taiwan. In Uttar Pradesh State, India, the loss due to rat damage to sugarcane for the entire state is estimated at rupees 78800000 annually (*Gupta* et al., 1968).

One of the most important export crops in the South Pacific is copra. Rat damage to the coconut crop in the Gilbert and Ellice islands ranged from 21 to 73% in 1965, in Tarawa 23% and in French Polynesia between 25 and 30% (*Wilson*, 1969).

India is perennially short of food and one of the most important reasons for this is very likely the heavy rodent populations found virtually throughout the country. *Krishnamurthy* (1968) reported that in the average village around Hapur, India there were 1057 rats per village, 9.7 per house and 1.3 per person. In Hapur town there were 7.6 rats per shop and 10.7 rats per godown (storehouse). The villages were losing an average of 2.34 tons of foodgrains a year to rats. In the Punjab annual wheat losses per acre (0.4 ha) was 21 kg, groundnuts 20 kg per 0.4 ha and sugarcane 81 kg per 0.4 ha (*Bindra* and *Sagar*, 1968). Similar figures could be given for virtually anywhere in India, Pakistan, Bangladesh and Sri Lanka; it is precisely these countries, all of them short of food, which can least afford such serious losses to rodents. Rodent densities in many urban areas of large Asian cities are, if anything, even higher than in the villages. *Drummond* (1974) thought that between 90 and 100% of the properties he saw in Bombay, India were infested by rodents as compared to about 1% infestation in the United Kingdom. He calculated the rat populations of Bombay at more than six million.

Rangoon, Burma was heavily infested by rodents as well and here too perhaps 90 to 100% of the properties seen in the older part of the city were infested by one or more species of rat. While about 145000 rodents a year are collected a year in Hong Kong, the population appears to remain fairly stable with about 30% of the properties infested.

Rodent damage in rural areas of Africa, especially to cash crops, is often serious; in an outbreak of rodents mainly due to *Mastomys natalensis* and *Arvicanthis niloticus* in Kenya in 1962, *Taylor* (1968) found that 20% of the maize crop was so badly damaged that it had to be replanted; serious damage is often caused to growing cocoa in West Africa and one estimate showed 10% of the crop lost to rodent damage.

Rodents consume enormous quantities of stored food throughout the world and losses in the tropics are particularly severe. Adult rats such as *R. norvegicus* or *Bandicota bengalensis* comsume from 10 to 30 grams of foodstuff a day and along with the direct consumption they also waste a good deal of additional food by damage and fouling with urine or droppings in addition to what is hoarded in their burrows. *Spillett* (1968) considered that the average bandicoot rat in Calcutta probably consumes or destroys at least six times the amount of food it actually needs per day. The mean population estimate for a godown in *Spillett's* study was 191 rats or an average of 0.78 rats per square metre of floor space but the true number was probably higher. Food losses in a typical Calcutta grain storage godown were calculated at approximately 4200 kg per year or a daily ration for approximately 6983 people in India.

"Commensal" refers to rodent populations living in close contact with man in his cities or villages or on his farms, inside or around his homes. The most common species, as indicated above, are in most of the world *R. norvegicus*, *R. rattus*, the house mouse *Mus musculus*, and in South East Asia the lesser bandicoot *B. bengalensis* and *R. exulans* in the Pacific area. *M. natalensis* is commonly found in and around dwellings in much of tropical Africa where it has not been displaced by *R. rattus*.

The Norway rat and bandicoot are burrowing rats usually digging about 40 to 50 cm into the soil close to sources of food. The roof rat and polynesian rat usually do not burrow. All rodents have an excellent sense of smell, touch, and hearing, though vision usually specialized for the dark, is not acute. The sense of taste is highly developed and rodents can quickly distinguish new tastes added to food they are ordinarily used to.

For detailed studies and reviews of the behaviour and biology of commensal rats, the reader should consult *Spillet* (ibid) for the bandicoot as well and *Calhoun* (1962) and *Brooks* (1973) and WHO (1970b) for the biology and control of rats and the house mouse.

12.1. Rodent Control

Control of commensal rodents can be carried out either by environmental manipulation, biological methods or chemicals, i.e. rodenticides.

12.1.1. Environmental Manipulation

The most desirable manner in which to control commensal rodent populations is to so alter the environment as to make it unsuitable for rodents. This can take the form of environmental sanitation which by proper collection of garbage and other refuse denies rodents the food and harbourage they require. It also implies the proper sanitation of stored foodstuffs to reduce access and attractiveness to them by rats. Rodent exclusion or what is often called "rat proofing", implies the construction of structures, whether homes, food production or food storage facilities or vessels, in such a manner so that rodents can either not easily or not at all gain entry or should they do so, that their movements are limited to small areas. Unfortunately, as desirable as these methods are, there are few tropical cities and towns where sanitation is itself of high enough a level to control rodent populations or prevent their expansion. Nor, for that matter, is rat-proofing easily carried out in most dwellings or warehouses in the tropics which are frequently constructed in a very open fashion to allow for maximum ventilation in the host climates.

12.1.2. Biological Control

As with insects, biological control implies the use of either pathogens, predators or parasites against the target species.

The only pathogen that has actually seen widespread use as a rodenticide and, in fact, was at one time available as a commercial preparation, were cultures of *Salmonella typhimurium* or *S. enteritidis*. Results of campaigns using these cultures were not always consistently good and some of them failed badly. Investigation showed that rodent populations could develop a very high degree of resistance to the strains being dispensed and that, worse yet, the *Salmonella* strains were definitely not species specific to rodents alone, but were spreading to and causing infection to man and domestic animals; this has been shown to occur both in Europe and the USA (*Wodzicki*, 1973). As a result of these findings, a joint WHO/ FAO expert committee on zoonoses (1967) stated "In connection with salmonellosis in rodents, it should be emphasized that salmonellas should under no circumstances be used as rodenticides. Rodents rapidly develop resistance to *Salmonella* serotypes; thus, this method has little practical value. Moreover, it has been shown in different countries that such practices are a public health hazard because the serotypes used are also dangerous to man."

Predators have been used against rodents for almost as long as agriculture has existed; the cat may well have been domesticated in ancient Egypt for this purpose. Other animals that have been used, usually as introduced predators, are ferrets, the monitor lizzard, weasels and the mongoose. Such introductions must be done with great caution since the predator has often found it easier to prey on domestic and wild fowl and other small animals desirable to man than on rats. Predators in fact, may even assist in maintaining rodent populations at a more constant level than they would be in the absence of the predators (*Howard*, 1968); the predators, who in any event usually breed at a slower rate and in lower numbers than their prey, tend to cull the surplus numbers from the prey population, reducing competition for food among the rodents and keeping the total population at an optimum size. It has generally been concluded by the many individuals who have considered the possibility of using predators as part of a rodent control programme, that while they may occasionally be of local importance and highly effective, they usually cannot maintain long-term control of rodent populations. Furthermore, the liberation of exotic species on to islands or in new geographical areas may have serious ecological consequences to the wild non-target fauna of animals and birds. While the search for species specific predators, parasites or pathogens should certainly continue, none are now available, other than perhaps the domestic cat, whose routine use can safely be encouraged.

Thus, as has often been seen to be the case with insect populations, rodent control must continue to rely for the foreseeable future on chemical rodenticides, though it is clearly realised that the optimum control measures are environmental.

12.1.3. The Chemical Control of Rodents

Chemical rodenticides have been known and used for centuries, mainly red squill, arsenic and strychnine. Practically all rodenticides can be placed into one of three groups, viz. single-dose (or acute) rodenticides, multiple dose or anticoagulants and fumigants.

Single-Dose Rodenticides. Almost any mammalian poison with a high enough toxicity can be considered as a potential rodenticide; there are, however, certain highly selective criteria which must be applied to any candidate compound that quickly eliminate all but a few of the enormous number of available chemical and biological products. The number of single-dose rodenticides in common use, and the length of time that these compounds have been in use, shows that the situation is surprisingly stable, especially compared with that for other pesticides, particularly insecticides. This does not mean that the available rodenticides are completely satisfactory; each of them has certain shortcomings and, in fact, none will give satisfactory control of even a single species in all circumstances.

The ideal characteristics of an acute rodenticide would be a high degree of toxicity to rodents at a dosage likely to be consumed at a single feeding of bait, a very ready acceptability, the failure to induce "bait shyness" when sub-lethal quantities are consumed or, in other words, a high degree of re-acceptance, and as high a degree as possible of specificity to the target rodents. The relative importance of other characteristics, such as persistence in baits, solubility, cost, availability, ease of use, etc. would vary from one set of circumstances to another.

There are considerable variations among rodent populations, between sexes, and often among individuals in their response to the single-dose rodenticides. In addition, the effectiveness of even the best rodenticides will be negated if they are offered in an unattractive or repellent bait, or if they are presented in a manner that does not allow full expression of the efficacy of the compound, e.g. at too low a dosage.

With the introduction of the anticoagulant rodenticides in the early 1950s, the use of single-dose rodenticides declined to some extent. Since most of the latter are toxic to a broad spectrum of warm-blooded animals, there is almost always a risk of accidental poisoning of man, his domestic animals, or desirable wild animal species. In addition, the frequent development of bait shyness to several of the single-dose toxicants also favoured the use of anticoagulants in many circumstances where either group of compounds could be utilized. There are, however, many situations where rodenticides applied in a single dose (as opposed to the multiple dosing required with anticoagulants) may be used to advantage. Many large-scale rodent control campaigns against field or domestic rodent species are expensive in labour and bait materials and the costs of multiple rebaiting may prove excessive, especially in the developing countries. In the case of outbreaks of disease, where immediate rat control is required, the use of single-dose toxicants will usually provide a more rapid reduction in the rodent population. In epidemics of plague, rodent control should, of course, follow the use of insecticides to control the ectoparasites.

The appearance of rats resistant to the entire gamut of anticoagulant rodenticides in areas of Denmark and the United Kingdom, however, has virtually excluded the use of this group of compounds in these places. Anticoagulant resistance has also appeared in the Netherlands but the resistant population appears to have been eliminated by the rapid use of a single-dose rodenticide—fluoroacetamide—in the town in which the resistance had appeared (*Ophof* and *Langeveld*, 1968). More recently, resistance to the anticoagulant rodenticides has appeared in *Rattus rattus* in the Liverpool dock area of England, and shortly after, it was detected for the first time in the USA in 1971 (*Jackson* et al., 1971) and has, within a few years, been recognized as occurring in virtually every major geographical area of the United States (*Jackson* et al., 1973). There is thus most decidedly a place for the single-dose rodenticides in rodent control campaigns both now and probably for a long time to come (*Gratz*, 1973).

Only those single-dose rodenticides whose use is still widespread or that may be available to anyone considering the use of one of the compounds of this group will be reviewed below. The characteristics of the most important of these compounds are summarized in Table 4.

Alpha-chloralose. This compound has only recently been developed (*Cornwell* and *Bull*, 1967) and is effective against mice by retarding metabolic processes and lowering the body temperature so that death results from hypothermia. It is therefore most effective at lower temperatures below about 15° C. It is not recommended for rats and would probably not be dangerous to larger mammals except at lower ambient temperatures; the toxic dose to dogs is 3 to 4 times greater than that for rats. It is restricted to indoor use since birds are susceptible to it. The recommended concentration is 4% in a ready-to-use bait for such sites as cold stores.

Antu. This rodenticide was developed over 20 years ago by *Richter* (1945). It is effective against Norway rats but roof rats and house mice are much more resistant to its action. Antu is fairly well accepted by Norway rats but has the decided disadvantage of producing a long period of bait shyness among survivors of treatment; in fact, it is usually not recommended for re-use within a year of the previous application. Young Norway rats are fairly tolerant to this compound. Its

Table 4. Summary of the main characteristics and recommendations for use of the most

Rodenticide	Lethal dose for rats mg/kg	Concentrations used in baits %	Time to death[a] h	Degree of effectiveness in rats[b]	Acceptance	Reacceptance	Tolerance developed
α-chloralose	300[d]	4.0	48[i]	poor[i]	good	good	no
antu	7—8[d]	1—3	12—36	good	good	poor	yes
arsenic (III) oxide	25—250+[e]	1—3	5—48	fair	fair	fair	yes
barium carbonate	700—1480	20	2—24	poor	fair-poor	fair-poor	unknown
castrix	1—5	0.5	1—12	good	fair	?	?
norbormide	12[d] 35—40[f]	0.5 1.0[f]	0.5—4.0	good[g]	fair	fair-poor	unknown
phosphorus (yellow)	6—100	1—3	12—48	fair	fair	poor	no
red squill[h]	400—600	10	6—120	fair	fair	poor	no
sodium fluoroacetate	0.22—5.00	0.22—0.32	1—72	good	good	good	no
fluoroacetamide	13—15	2	3.5—96.0	good	good	good	no
strychnine	4.8—6.0	0.6	0.2—2.0	poor	poor	poor	yes
thallium sulfate	15.8—31.0	0.5—1.5	12—120	good	good	good	no
zinc phosphide	40	1.0	12—120	good	good	good	no

[a] See *Mallis, A.* (1960).
[b] After US Department of the Interior (1968).
[c] After *Ward, J. C.* (1916).
[d] Norway rats only, first exposure.
[e] LD_{50} depends on fineness of arsenic particles.
[f] For roof rats.
[g] *Rattus* only.
[h] For details of the active ingredient scilliroside see text.
[i] For house mice only.

action on rats is slow; 12—48 hrs, and occasionally even several days, elapse before death.

Since it cannot be used in areas with mixed rat populations and gives rise to such a marked bait shyness, there seems to be little reason to use this compound other than for occasional campaigns in those cities where pure *R. norvegicus* populations exist. It should also be remembered that the compound is comparatively toxic to cats, dogs, pigs and chicks. Owing to its several drawbacks, use of this compound has already substantially declined. It has found recent use, however, in treating seed being used for the regeneration of coniferous forests where it acts as a fairly effective repellent or seed protectant against small rodents (*Passof* et al., 1974).

Arsenic (III) oxide. At one time Arsenic (III) oxide and closely related compounds were widely used rodenticides. Owing, however, to the general restrictions imposed by most countries on the sale of arsenical compounds, their use has sharply decreased in recent years. Arsenic (III) oxide is very effective against rats, but ineffective against mice. It is also dangerous to man and other mammals and birds, and frequent cases of accidental human death have been associated with its use (*Hayes*, 1963). Baits prepared with this compound should also include tartar emetic[a]. It certainly should not be made generally available for commercial pur-

---

[a] Potassium bis [U-tartrato(4-)diantimonate(2-)dihydrate].

important available single-dose rodenticides

Soluble in oil or water	Hazard to man	Accepted LD_{50} for man mg/kg	Weight (g) of bait containing lethal dose for a 68 kg man	Recommendation
neither	low	unknown	moderate	For house mice only
neither	moderate	unknown	probably large	Against urban Norway. Single application
water	moderate	1.5—15.0	3.4—34.6	Not recommended
neither	moderate	800	280.6	Not recommended
oil	extreme	probably the same as with sodium fluoracetate		Restricted use against rats
oil	low	unknown (probably no effect)	large	Against Norway
oil	moderate-extreme	approx. 10	6.8	Not recommended
both	low	unknown	unknown	Against urban Norway
water	extreme	5	89.2	Restricted use against all species
water	extreme	probably the same as with sodium fluoroacetate		Restricted use against all urban species
water	moderate-extreme	1	22.7	Not recommended
water	extreme	20	90.6	Restricted use against all species
oil	moderate	40	138.9	Against all urban and rural species

chase and it has no advantages that would justify its use in mass campaigns, especially in areas where there is a danger that baits might be consumed by man or domestic animals.

An interesting insight into the toxicity of arsenic to humans is found in a book by *Russell* in 1774; writing of the rat in Aleppo at that time he found that most of the houses were infested with "*Mus rattus*" and that "the natives who seldom take the trouble of using traps sometimes lay arsenic" but due to accidents with poisoned water this method was seldom used in families with children.

Barium carbonate. Use of this compound is quickly declining. It was once widely used in Europe, including the United Kingdom, and it is still occasionally used in Burma, India and elsewhere. It is a weak rodenticide, of uneven performance, probably easily detected by rats in many baits, and toxic enough to represent a hazard to domestic animals. *Pollitzer* (1954) stated that "in the opinion of most recent workers, in view of the availability of more efficient rodenticides, barium carbonate should not be used any more." The present author's experience confirms this view.

Castrix. Castrix or 2-chloro-4-(dimethylamino)-6-methyl-pyrimidine was developed in Germany during the 1940s in the search for new rodenticides. Its toxicity was studied by *Du Bois* et al. (1948) who found it to be highly toxic to Norway rats with an LD_{50} of about 1 to 5 mg/kg and quick acting, causing convulsions after a latent period of 15 to 45 min.

The compound is also very toxic to mice, dogs and cats. It is acceptable to rats in concentrations of 0.25 to 1% in the diet. The 1% concentration killed all rats in two hours. The lesser concentrations were lethal in less than 12 hrs (*Du Bois* et al. ibid). Sodium pentobarbital has been shown to be an effective antidote against

Castrix (*Brooks*, ibid) as has Vitamin B_6 (*Knudsen*, 1963). Because of its high toxicity it has not gained widescale use other than in Germany and Denmark.

Norbormide. This comparatively recently developed rodenticide, described by *Roszkowski* et al. (1964), is characterized by a high degree of specificity for the genus *Rattus*, with an LD_{50} of 12 mg/kg for wild *R. norvegicus* and 60 mg/kg for *R. rattus*, but with no effect on dogs, cats, or monkeys at doses as high as 1000 mg/kg. Death in poisoned rats occurs rapidly, generally within 4 hrs of consumption of a lethal dose. Such a high degree of species specificity (and, consequently, a very low hazard to animals other than the genus *Rattus*) is attractive and numerous field and laboratory trials have been carried out with this compound. The results have been variable, ranging from excellent to poor. *Crabtree* et al. (1964) carried out a number of simulated and actual field trials and concluded that the compound was practical for use against Norway and roof rats at a bait concentration of 0.5%. Since then the variable results against *R. rattus* have led to the recommendation that norbormide be used against this species at a concentration of 1.0%. *Brooks* et al. (1966) conducted three field trials against Norway rats, one of which was successful and two of which gave unsatisfactory results. The poor results were ascribed to refusal of the baits by the rats. Mice in the trial area survived unharmed. *Rennison* et al. (1968) described comparative trials in which it was found that norbormide was less effective than zinc phosphide for the control of rats and also stated there seemed to be relatively few places where norbormide could be put where zinc phosphide could not be put and be adequately protected; in any case both poisons needed equal protection to prevent them being eaten by other animals before the rats could reach them. It seems that what is needed is not so much specific poisons but baits that are only attractive to pest species.

Maddock and *Schoof* (1967) carried out field and laboratory tests against both roof rats and Norway rats; a variety of norbormide baits along with unpoisoned food were available. Mortality was low in both species, indicating that the rats detected the poison and mostly ceased feeding upon the poisoned baits before a lethal amount had been consumed. Of the 33 field trials conducted in the southern states of the USA against Norway rats, 21 gave poor results and in 18 trials against roof rats, only 3 gave good results. Freshly prepared attractive baits gave better results than commercial baits.

A number of field trials have been carried out in cooperation with WHO in Czechoslovakia, Denmark, France, and Israel. In all of these tests, acceptance of the norbormide baits was poorer than might have been expected especially where alternative food supplies were readily available. Although the results of some of the trials were good, it appears that the rats were able to detect the presence of norbormide in the baits.

Norbormide seems to have most potential as a household rodenticide or for use in such critical areas as food plants where low toxicity to non target species is extremely important. Its greatest effect is against Norway rats; for the present, its cost and high species specificity probably exclude it from use in any public health rodent control work in rural areas or in urban areas where other genera of rats are a problem.

Its lack of effect on mice would also limit its use in general rodent control.

Phosphorus (yellow). Yellow phosphorus has been mainly utilized as "ready-to-use" commercial preparations sold in the form of a 1% or 2% paste to be spread on bread, vegetables or other suitable baits. In this manner it has been reasonably effective against rats, though it is not acceptable to house mice. However, phosphorus is extremely hazardous and cannot be used in any area where the poisoned baits might be accessible to children or domestic animals. There is no effective antidote to phosphorus. It certainly should not be considered for use in large-scale urban campaigns, although it has been used against rats in cane fields in Queensland (*Redhead*, 1968). Its use by householders should be strongly discouraged in favour of the anticoagulants or other less hazardous single-dose poisons. The household use of this substance is banned in Great Britain and the USA.

Yellow phosphorus is available as a paste formulation; the unformulated element must be handled with great caution, since it ignites spontaneously in air at about 30° C and can produce very severe skin burns. No attempt should be made to prepare phosphorus paste other than on a commercial scale or under safe laboratory conditions.

Red squill. Red squill is the oldest of the rodenticides in current use. Its rodenticidal properties were known in the Mediterranean area in mediaeval times and it was recommended for rodenticidal use in a number of eighteenth and early nineteenth century publications. Despite this long history, it did not come into large-scale use until the late nineteenth century. The slowness with which it was adopted may well have been due to the very considerable variations in the potency of the different batches prepared at that time. The need to ensure a minimum efficiency of the prepared material led to the development of biological standardization tests that require a given lot of red squill to have an LD_{50} of not more than 500 mg per kg of body weight for wild Norway rats. Specifications have been prepared for red squill powder by WHO (Specification No. WHO/SRT/4) reading as follows:

"The material shall consist essentially of the dry, powdered, fleshy inner-bulb scales of the red variety of *Urginea maritima*, fortified when necessary with the alcohol-soluble extract of the same ..."

A description than follows of the chemical, physical, and biological requirements[b].

Perhaps the main reason for the continued use of red squill in Norway rat control has been its limited acceptance by animals other than rodents. It will cause vomiting in many animals but it is effective against rodents since they cannot vomit and thus eliminate the material. However, cases have been reported of poisoning of cattle, sheep, chickens, and dogs. Red squill is extremely irritating to the skin and rubber gloves should be worn when preparing baits from this material.

A serious limitation to the use of red squill is its comparative ineffectiveness against *R.rattus;* much higher doses are necessary to achieve a kill of this species and these high concentrations are not readily accepted by the roof rat or the

---

[b] World Health Organization (1961) Specifications for pesticides 2nd ed., Geneva. In subsequent editions this specification has been omitted.

mouse. Its use is therefore restricted to Norway rat populations. An additional limitation is the fact that individual rats that have ingested a sublethal dose of red squill will develop an aversion or bait shyness that is likely to last for several weeks.

Koren and *Good* (1964) have described a community programme in Philadelphia, USA, where red squill was widely used for rat control: 10% by weight of fortified red squill powder was mixed with 27% of rolled oats and 63% of mixed cracked corn and cornmeal; corn oil was added as a binder instead of water and it was found that this prevented baits from becoming mouldy for 2—4 weeks. In a test comparing red squill with an anticoagulant, pindone, the authors concluded that the red squill formulation, which required 1 visit per station only as opposed to 3 for the anticoagulant, was considerably cheaper in material and labour and even more effective than the anticoagulant. *Dykstra* (1957) reported that red squill applied as a tracking powder against house mice provided excellent control but pointed out that this usage was unlikely to be acceptable in food industries or other circumstances where the dust might be tracked into foodstuffs.

Red squill baits are still being distributed in a number of other municipalities in the USA and it is reported to be in use in India, Hungary, and the USSR. Two countries, England and Israel, have banned its use owing to the prolonged and violent reaction often caused in rats poisoned with this material.

A recent significant development in the use of red squill is a new method for stabilizing the active ingredient—scilliroside. *Maddock* and *Schoof* (1970) have reported on field and laboratory tests with this preparation against *R. norvegicus*. In the laboratory, the effect of the stabilized scilliroside was superior to that of fortified red squill against Norway rats, though not against roof rats and mice. In the laboratory, females accepted the 0.015% bait more readily than males but, in field tests in Georgia, USA, excellent control was achieved with a 0.015% corn-meal, oatmeal, and corn oil bait in most of the 20 rural premises treated. If work in other areas substantiates the potential shown in these trials, this preparation could certainly be recommended for mass campaigns against Norway rat populations.

Sodium fluoroacetate. Sodium fluoroacetate is a highly effective rodenticide, developed by the US Fish and Wildlife Service through the screening of over 1000 potentially rodenticidal compounds (*Kalmbach*, 1945). It causes death rapidly in rodents, often within 1 hr, after the consumption of very small quantities (the LD_{50} for *R. norvegicus* is about 3—5 mg/kg). Unfortunately, it is also almost as toxic to man and other animals; through either direct or secondary poisoning. It does not penetrate unbroken skin. In many countries restrictions are such that it may only be used by trained rodent control specialists, either commercially or governmentally employed. With such limitations, there are many "safe" areas, either not readily accessible to the public or easily placed under the surveillance of the operator, where this compound has been and may be used with considerable success, including ships (*Hughes*, 1950), sewers (*Bentley* et al., 1961), and closed warehouses. Precautionary measures are of the utmost importance and should include the strictest control of poisoned baits and liquid, and the prevention of access to the carcasses of poisoned rodents by cats or dogs (by burning or deep burial of the carcasses) in order to exclude the possibility of secondary poisoning. It should be emphasized that no specific antidote to this compound is available; there have been a number of cases of human death resulting from its use. Sublethal doses do not appear to lead to any tolerance in rodents and it is apparently not detected by them in liquid or solid baits, at least until a lethal amount has been ingested. There appears to be little, if any, aversion to the toxicant in baits. Liquid baits are preferable to solid baits as the rodents consume the poison on the spot and cannot carry it to a place from which it may be difficult to recover.

Fluoroacetamide. Fluoroacetamide is closely related to sodium fluoroacetate and is said to have a number of advantages over the latter compound. Its use as a rodenticide was first suggested by *Chapman* and *Phillips* (1955). Its toxicity to mammals is somewhat lower than that of sodium fluoroacetate and it is probably safer to handle. *Bentley* and *Greaves* (1960) studied its effect on enclosed colonies of *R. norvegicus*. They estimated that the LD_{50} was 13 mg/kg that the speed of action of a dose of twice the LD_{50} was somewhat slower than that of sodium fluoroacetate. The compound was palatable to the rats tested. *Bentley* et al. (1961) compared sodium fluoroacetate, fluoroacetamide, zinc phosphide, and arsenic (III) oxide in field trials against rats in sewers; 3 monthly treatments with either 0.25% sodium fluoroacetate or 2% fluoroacetamide gave a more complete kill and a longer effect than 6 monthly treatments with 2.5% zinc phosphide or 10% arsenic (III) oxide; 2% fluoroacetamide gave better results than 0.25% sodium fluoroacetate. Since no information is available on the effect of this compound on man, it should be handled with the same care and with the same restrictions as sodium fluoroacetate. While its mammalian LD_{50} is lower, the recommended dosage is higher and thus the hazards involved in its use are probably similar. *Braverman* (1968) refers to cases of poisoning of cattle in Israel with fluoroacetamide where the compound is used in poisoned grain against field mice.

Strychnine. This alkaloid is a constituent of the seeds of *Strychnos nux-vomica;* these seeds have been used for killing dogs, cats, and birds in Europe since as early as the seventeenth century. Strychnine is still widely used against vertebrate pests, mainly against such animals as jackrabbits (*Wetherbee*, 1967), coyotes, and wolves, but also against bird pests (*Crabtree*, 1962). The bitter taste of this compound may interfere with its success in rodent control campaigns, since it appears that rodents quickly associate it with the toxic effect caused by consuming strychnine baits. The material is hazardous to man and domestic animals either through direct consumption or by secondary poisoning; it has, however, a low toxicity to gallinaceous birds. The open sale of strychnine has been banned in many countries but its extremely bitter taste makes it in any case unlikely that it will be readily consumed by man. There seems to be little or no advantage in its use today in commensal rat control campaigns and one can only agree with *Pollitzer* (1954) that "in view of its poor acceptance by commensal rats it is unsuitable for the control of these species."

Thallium sulfate. Until very recently thallium sulfate was a rather widely used rodenticide owing to the readiness with which it is accepted in baits and its high toxicity to all rodent species. It is one of the most effective of all rodent poisons

(*Mallis*, 1960). The action of the compound is slow, at times extending, in the case of the Norway rat, from $1^1/_2$ days to as long as 6 days. Field trials and field experience with this compound have generally produced excellent results when proper baiting procedures have been followed. Despite the excellent record of this compound for the control of rodents and such other animals as coyotes, jackals, and pest birds, it is unfortunately one of the most hazardous compounds to nontarget species including man, both through direct or chronic poisoning and through secondary poisoning, and its use is now being greatly restricted. The compound gives no warning since it lacks an unpleasant taste or odour and is not irritating to the skin. Further, it is readily absorbed through the unbroken skin. Symptoms of poisoning in man and animals may not occur for some time after exposure. The compound is cumulative and the handling, absorption, or consumption of sublethal doses may only later give rise to serious, painful poisoning and death. In animals, sublethal doses may cause irreversible damage to the central nervous system. Cases of thallium poisoning in man and domestic animals have been so widespread that its household use has recently been banned in the USA by action taken under the Federal Insecticide, Fungicide, and Rodenticide Act. Elsewhere, as in France (*Lhoste*, 1972), its use is severely restricted. If use is made of this otherwise excellent compound, at least the same stringent safety precautions practised with sodium fluoroacetate or fluoroacetamide must be observed. It should be used in large-scale campaigns, and baits should only be prepared by trained staff completely conversant with its hazards.

Zinc phosphide. While not all reports of results of its use have been uniformly favourable, it is generally accepted that zinc phosphide is an efficient rodenticide. Though it is not as effective as thallium sulfate, the toxic hazards involved in its use are so much less than those with thallium that zinc phosphide is to be preferred for general use. When moist, the chemical slowly releases phosphine, whose garlic-like odour is repellent to man and domestic animals but seems to have no adverse effect on consumption by rats and may even be attractive to them. Baits exposed in the field will deteriorate over 2—3 days. It has been suggested that the keeping qualities will be extended if the bait is prepared with a mineral oil, rather than with water, and distributed in paper-wrapped "torpedos". Care must be taken that domestic fowls do not have access to baits as zinc phosphide is highly toxic to them. In some municipal rodent control campaigns (*Emlen* and *Stokes*, 1947), 1% of tartar emetic was added to baits in order to increase their safety to man and domestic animals. However, the acceptability of the baits to rats was reduced by this treatment and the results of the campaigns were poor. In campaigns elsewhere, zinc phosphide has been used in considerable quantities without adding tartar emetic and without serious mishap. It remains one of the most widely use rodenticides today owing to its fairly good safety record, low cost and reasonably high effectiveness.

Hilton et al. (1972) selected zinc phosphide as the preferred toxic substance to be made up in grain bait form for aerial distribution over Hawaiian sugarcane fields. The very satisfactory results obtained both in the laboratory and in the field led to an application for registration for such use. In 1970 the US Government granted approval for broadcast application of zinc phosphide over sugarcane, the first rodenticide to receive such registration. They concluded that zinc phosphide is the safest acute rodenticide with the least environmental impact. It is indeed, one of the few single-dose or acute rodenticides that can be currently recommended for large scale use against rats, both in urban and rural areas. The WHO has established a specification for this compound which is available on request.

Other rodenticides. There are a number of newer rodenticides, some of them promising, whose status is still uncertain as far as national registration or manufacture is concerned.

A comparatively recently developed organophosphorus rodenticide is 0,0-bis (4-chlorophenyl)(1-iminoethyl) phosphoramidothioate (Gophacide) (*Richens*, 1967); its toxicity to rats is similar to that of sodium fluoroacetate but it has the additional hazard of being readily absorbed through the skin. However, its action is relatively slow, and atropine can be used as an antidote in case of accidental poisoning. The compound is used primarily for the control of gophers; *Schoof* and *Maddock* (1968) found that acceptance was fair for Norway rats and mice in the field but less satisfactory for roof rats. It has not yet come into use against domestic rodent species.

Another single-dose rodenticide recently developed is 1-(4-chlorophenyl) 2,8,9-trioxa-5-aza-1-silabicyclo-(3.3.3)undecane (RS-150). This compound has a very high toxicity for mammals—1—4 mg/kg for Norway laboratory rats and 14.0 mg/kg for monkeys, putting it into the same class as sodium fluoroacetate with respect to limitations on its general use and the precautions that must be observed. However, the manufacturer claims that owing to the rapid hydrolysis of the compound prepared baits are self-detoxifying within 3 days and that there is little hazard of secondary poisoning. Further field studies are under way on Norway rats and mice.

An even more recent development is that of a series of rodenticides with carbamate structures in the USA, the most promising of which RH-787 or (1-(3-pyridlmethyl)-3-(4-nitrophenyl)urea is now under extensive laboratory and field trials in the USA and other countries. The compound will be recommended for use at a concentration of 2% and has an LD_{50} for Norway rats of 4.75 mg/kg, 710 mg/kg for chickens, more than 500 mg/kg for dogs and between 2000 and 4000 mg/kg for the Rhesus monkey. The compound is well accepted and is relatively slow acting and the manufacturer believes that this will avoid the development of bait shyness (*Peardon*, 1974).

The Anticoagulant rodenticides. Until the appearance and spread of rodent resistance to them in Europe and the United States, the advent of the anticoagulant rodenticides marked a turning point in rodent control. This group of compounds with a similar mode of action have two main advantages over the conventional acute or single-dose rodenticides. The first is that their action is cumulative and they only produce symptoms of poisoning after the animal has consumed a dose which is likely to be lethal, which usually takes several feedings; as a result no "bait shyness" develops from the use of this group and it is usually possible to keep baiting with them until a given rodent infestation is eliminated. Secondly, use of this group is far safer to nontarget animals than with most acute rodenticides. Since more than one feeding is almost always necessary to produce a lethal

Table 5. Recommended dosage levels for anticoagulant rodenticides given as concentration in ready-to-use bait[a]

Anticoagulant	Concentration in baits %		
	R. norvegicus	R. rattus	M. musculus
diphacinone	0.005—0.01	0.005—0.01	0.0125—0.025
chlorophacinone	0.005—0.01	0.005—0.01	0.01
coumafuryl	0.025	0.025	0.025—0.05
pindone	0.025	0.025	0.025—0.05
warfarin	0.025	0.025	0.025—0.05
coumatetralyl	0.03 —0.05	—	0.05
isovalerylindandione (PMP)	0.055	0.055	—

[a] Adapted from *Brooks* (1973).

effect, accidents are less frequent; when they do occur, vitamin K is an effective antidote for animals and man. The main disadvantage of the group is the necessity for rebaiting and the use of considerably larger quantities of food as baits which may be a drawback in some parts of the world where grain is already scarce.

All the anticoagulant rodenticides in current use are either coumarin derivatives or indandiones. By and large, the Norway rat is more susceptible to anticoagulants than the roof rat, *R. rattus* while the house mouse is intermediate in its susceptibility. The anticoagulants have also been used with success against rodent species in the genera *Citellus, Bandicota, Rhombomys, Otomys, Arvicanthis, Mastomys, Sigmodon, Microtus, Holochilus, Peromyscus, Myocastor, Pitymus,* and *Ondatra* (*Bentley,* 1972).

Table 5 lists the more commonly available anticoagulants and their recommended dosage levels.

Warfarin (Coumafene). Warfarin or 3-(a-acetonylbenzyl)-4-hydroxycoumarin was the first anticoagulant to be introduced and probably still the one most widely used. It is somewhat more effective against *R. norvegicus* than *R. rattus* or *M. musculus. Bentley* and *Larthe* (1959) compared warfarin with 5 other anticoagulants and concluded that warfarin at 0.005% was as good as any of the other compounds tested against *R. norvegicus* but that diphacionone at 0.0125% was superior against *R. rattus. Hayes* and *Gaines* (1959) concluded that "the performance of warfarin against the commensal rodents was not excelled by the other anticoagulants tested. Diphacinone was about as good as warfarin against wild Norway rats. Pindone was about equal to warfarin against roof rats *(Rattus rattus)* but, like coumachlor, was somewhat inferior against wild Norway rats." PMP was considered inferior to the other compounds against all three species of rodents.

The sodium salt of warfarin is available as a 0.5% concentrate which is dissolved in sufficient water to give a final concentration of 0.05% mg/ml. Sugar is usually added to mask the taste.

Diphacinone. Diphacinone or 2-diphenylacetyl-1, 3 indandione is available as 0.1% concentrate and in a soluble sodium salt as a 0.106% concentrate. The concentrate is mixed with the bait at a ratio of 1:19 to give a final concentration of 0.005% diphacinone in the ready-to-use bait. Good results have also been reported (*Szuber* and *Diechtiar*, 1968) in the use of this compound as a 0.1% tracking powder. It has also been formulated into parafin blocks containing grain and 0.005% diphacinone and given good results in this formulation against *R.rattus*. *Kusano* (1973) reported that the LD_{50} for male and female albino laboratory rats were 43.3 and 22.7 mg/kg respectively and that death occurred in 1 to 5 days, increased doses shortening the period. Acceptance of diphacinone baits was good.

Chlorophacinone. Chlorophacinone or 2(a-p-chlorophenyl-aphenylacetyl)-1,3-indandione is a rather fast acting anticoagulant and gives a relatively high mortality after a single feeding, but nevertheless appears to be fairly effective against most commensal rodents and probably superior to warfarin against the house mouse (*Rowe* and *Redfern*, 1968). The compound is more widely used in Europe where it was developed in France. It is available as a 0.28% concentrate in mineral oil to be mixed to a finished bait of 0.005% concentration. It is also available as a 0.2% tracking dust to be used against Norway rats and house mice.

Coumafuryl. Coumafuryl or 3-(1-(2-furanyl)-3-oxybutyl)-4-hydroxy-2-*H*-1-benzopyran-2-one is also known as fumarin. Developed in Germany the compound is available as a 0.5% concentrate and a water soluble salt for liquid baits. *Bentley* and *Larthe* (1959 ibid) found that it is about the equivalent of warfarin against *R. norvegicus* and *R.rattus*, but less effective against house mice.

Pindone. Pindone or 2-pivalyl-1,3-indandione is also known as Pival and in France as Piraldione. The water soluble sodium salt is known as Pivalyn. The fact that this compound had rodenticidal properties was first noted by *Kilgore* et al. (1942), but it was only commercially developed later. 0.5% and 2.0% concentrates are available as well as prepackaged sodium salt units ready to add to water. The compound works rather more slowly than warfarin, but in the field has generally proved satisfactory against commensal rodents, providing that baiting is carried out long enough.

Coumatetralyl. Coumatetralyl or 3-(a-tetralyl)-4-hydroxycoumarin was developed in Germany and used in Europe under the commercial name "Racumin" (*Hermann* and *Hombrecher*, 1962). It seems to be more acceptable to wild Norway rats at 0.1% than warfarin at 0.05% and was at least as effective as warfarin. It was rather more effective than warfarin against anticoagulant resistant rats (*Greaves* and *Ayres*, 1969). It is available as a 0.75% concentrate to be mixed at 1 part per weight with 19 parts of bait and also as a 0.75% tracking powder. It is certainly a suitable alternative anticoagulant to warfarin. *Rowe* and *Redfern* (1968) found that it was at least as suitable as warfarin against susceptible house mice, but unlikely to control warfarin-resistant populations of house mice.

Isovaleryl-Indandione (PMP). Isovaleryl-indandione is also known as valone or PMP. It has only found restricted use as the compound is apparently not as well accepted as most other anticoagulants (*Hayes* and *Gaines*, 1959 ibid.). It is available as a 1.1% concentrate used at 0.055% final concentration, as a sodium salt for liquid baits and as a 2% tracking powder.

New Anticoagulant Rodenticides. Considerable research is being undertaken to find anticoagulant rodenticides which could be used in geographical areas where resistance has appeared to warfarin. Until recently, warfarin-resistant rats were also resistant to all other anticoagulants including the other hydroxycoumarins and indandiones.

A formulation of warfarin at 0.025% and calciferol (vitamin D_2) called "Sorexa CR" appeared to give an effective kill of anticoagulant resistant house mice, Norway and roof rats (Pest Infestation Laboratory Report, 1973). Field trials against anticoagulant resistant populations of Norway rats in Denmark supported this contention, but later work in Denmark (*Lund*, 1974) showed that calciferol or vitamin D_2 by itself was just as effective without the warfarin and that calciferol in appropriate baits was acceptable to the rats. At the time of writing there has been little further development as calciferol appears to be in short supply and is very toxic to other mammals.

Hadler and *Shadbolt* (1975) described a group of new 4-hydroxycoumarin anticoagulants which are effective against warfarin resistant rats. One of these compounds, difenacoum or 3-(3-p-diphenyl-1,2,3,4 Tetrahydronaphth-1-yl)-4- hydroxycoumarin is now available commercially as 2% and 0.1% concentrates and as ready-to-use products containing 0.005% active ingredient. Even though this rodenticide is slightly less acceptable to rodents than warfarin, field and laboratory trials have shown that it is effective against warfarin-resistant populations of Norway rats. Its effect on warfarin-resistant *R. rattus* and warfarin-resistant house mice is now under study. Since the mode of action of this compound is very similar to that of the other anticoagulant rodenticides it is probably the particular molecular structure that in some manner enables it to overcome warfarin-resistance (Pest Infestation Control Laboratory, 1974). The availability of such an alternative anticoagulant, providing that resistance does not also develop to it as well, is an important development in rodent control.

Fumigants. Fumigant gases have been widely used as rodenticides mainly by governmental organizations and commercial pest control operators. All of them are general mammalian poisons and their use by the general public should not be permitted as all of them are dangerous. Furthermore, unless the person using them has a good knowledge of the biology of the target rodent species and the physical properties of the fumigant, the results are likely to be poor. Brief mention will be made below of the most commonly used fumigants.

Calcium cyanide. Calcium cyanide, $Ca(CN)_2$ is a dark grey powder which, in reaction to moist air or moist soil yields hydrocyanic acid gas (HCN). HCN is a powerful, quick-acting poison very highly toxic to rodents, insects, man and domestic animals. As a rodenticide it should be limited to outdoor use only for pumping into rodent burrows. Since it is lighter than air the toxic gas often collects in the higher part of the burrow system leaving rodents at the bottom untouched. HCN gas is also available in cylinders and, in the form most often used for the fumigation of vessels against rodents, as cardboard discs impregnated with HCN and sealed in cans. No formulation whatsoever among those described above should be used by untrained personnel.

Methyl bromide. This gas is widely used as a fumigant for the control of insect pests in stored products, mills and warehouses (*Monro*, 1969). It penetrates quickly and deeply into sorptive materials at normal atmospheric pressures. It is odourless at toxic concentrations which increases its danger in use to untrained personnel. It is phytoxic to some plants and should be used with care for the fumigation of rodent burrows near roots of trees and shrubs. Again its high toxicity to mammals excludes its use by other than highly trained personnel. Chloropicrin can be added to methyl bromide as a warning gas.

Carbon monoxide. In many urban rodent control groups in tropical cities, one can see the use of carbon monoxide against rodents produced from automobile exhaust. A tube is attached to the exhaust pipe and the other end put into a burrow. While a cheap way to control rodents, it is not especially effective since rats may have enough time to plug off the part of the burrow from which the gas is entering and surviving rats are frequently found in burrow systems.

Other fumigant gases that have seen occasional use are sulfur dioxide, carbon sulphide and carbon tetrachloride.

Chemosterilants. Following certain successful uses of chemosterilants for the control of insect populations, there has been a growth of interest in the possibility of using chemosterilants against rodents and the extensive literature on this subject was reviewed by *Marsh* and *Howard* in 1973. The strategy of use of chemosterilants is not as yet entirely clear, though they certainly would be useful as an alternative to the acute rodenticides for the control of anticoagulant resistant rodent populations. This depends upon the host specificity of the chemosterilant as there would otherwise be a danger to non-target animals. None of the currently available compounds which have been reviewed by *Marsh* (1973) are completely satisfactory and their use still remains experimental.

13. The Control of Pest Insects

All of the preceding part of the chapter has dealt primarily with the control of insect, rodent and snail vectors, reservoirs or intermediate hosts of disease. It must be added, however, that a large number of insect species, especially in the tropics, while not necessarily vectors of disease, can be serious pests either through the annoyance they cause to man through their bites such as is the case with bedbugs, most fleas other than the vectors of plague and murine typhus, and many species of pest mosquito, or by their consumption of his food, as is the case with cockroaches and many species of beetles and other stored product pests or by their presence as is the case with the house fly. Certain insect species which are vectors of disease can also make life in certain areas of the tropics almost intolerable by their biting unless controlled, among them being black flies and many culicine mosquitos.

To deal with the control of the many insect species in the above groups would require far too much space and would go beyond the bounds of the subject of this chapter, i.e. chemicals for the control of disease. Suffice it to say, however, that very considerable quantities of pesticides are used against the above groups and, in fact, the quantity is constantly increasing as people are less and less prepared to suffer such annoyances, knowing that there is a way of averting them. As an example, several malaria control operations have been severely hampered after bedbugs developed resistance to the insecticides used against the local *Anopheles* vectors. Even though the vector mosquito could still be controlled, the bedbug populations returned to their previous level and since no relief was afforded against this annoying pest by the malaria spraying, the villagers refused to allow their huts to be sprayed.

14. Conclusion

From all of the above, it can be seen that the chemical control of insect and tick vectors, of rodent reservoirs and snail intermediate hosts of disease, remains the foundation of most programmes for the control of tropical diseases. While in the long run such alternative methods as environmental sanitation, where they are applicable, are to be preferred for the other benefits they confer, the universal awareness, use and cooperation in undertaking environmental approaches is not easily obtained. Again it must be emphasized that there are many target species, which, due to the manner of site of their breeding, will for the most part be unsuitable targets for environmental control. Thus, for the foreseeable future, chemical pesticides are likely to be an essential part of any vector borne tropical disease programme whether as the main method of control or as part of an integrated control programme.

15. Bibliography

Albornoz, J. E. (1935): La peste loca de las bestias (Enfermedad de Borna). Columbia. Min. Agr. Com. Bogata, Bol. de Agr. (Suppl.) *26*, 1—5.

Alfonso, P. (1968): Rice damage by rats in the Philippines. In Proc. Rodents as factors in diseases and economic loss, Asia-Pacific Interchange, Honolulu, pp. 53—54.

Ashcroft, M. T. (1963): Some biological aspects of the epidemiology of sleeping sickness. J. Trop. Med. Hyg. *66*, 133—136.

Bang, Y. H., Gratz, N. G., Pant, C. P. (1972): Suppression of a field population of *Aedes aegypti* by malathion thermal fogs and Abate larvicide. Bull. Wld Hlth Org *46*, 554—558.

Bang, Y. H., Pant, C. P. (1972): A field trial of Abate larvicide for the control of *Aedes aegypti* in Bangkok, Thailand. Bull. Wld Hlth Org. *46*, 416—425.

Bang, Y. H., Sabuni, T. B., Tonn, R. J. (1973): Integrated control of urban mosquitos in Dar es Salaam using community sanitation supplemented by larviciding. WHO unpublished document WHO/VBC/73.451.

Bang, Y. H., Self, L. S. (1971): Pesticide spray practices in rice fields and control of culicine mosquitos in South Korea. WHO unpublished document WHO/VBC/71.269.

Barbier, M. (1967): Determination d'un foyer limité de bilharziose antérioveineuse dans la province de Sithadone (Sud Laos). Unpublished WHO document WHO/BILH/67.61.

Barnes, A. M., Ogden, L. J., Carnpos, E. G. (1972): Control of the plague vector *Opisocrostis hirsutus* by treatment of prairie dog *(Cynomys ludovicianus)* burrows with 2% carbaryl dust. J. Med. Ent. *9* (4), 330—333.

Bar-Zeev, M., Bracha, P. (1965): A village scale trial with the insecticides carbaryl and folithion in Southern Nigeria. Bull. Wld Hlth Org. *33*, 461—470.

Bay, E. C., Self, L. S. (1972): Observations of the guppy *Poecilia reticulata* Peters in *Culex pipiens fatigans* breeding sites in Bangkok, Rangoon and Taipei. Bull. Wld Hlth Org. *46*, 407—416.

Bentley, E. W. (1972): A review of anticoagulant rodenticides in current use. Bull. Wld Hlth Org. *47*, 275—280.

Bentley, E. W., Greaves, J. H. (1960): Some properties of fluoracetomide as a rodenticide. J. Hyg. Camb. *58*, 125—132.

Bentley, E. W., Hammond, L. E., Bathard, A. H., Greaves, J. H. (1961): Sodium fluoracetate and fluoracetamide as 'direct' poisons for the control of rats in sewers. J. Hyg. Camb. *59*, 413—417.

Bentley, E. W., Larthe, Y. (1959): The comparative rodenticidal efficiency of five anti-coagulants. J. Hyg. Camb. *57*, 135—149.

Berman, S. H., Tsai, Che-chung, Holmes, K., Fresh, J. W., Watten, R. H. (1973): Sporadic anicteric leptospirosis in South Vietnam. Ann. of Intern. Med. *79* (2), 167—173.

Bindra, O. S., Sagar (1968): Study on the losses to wheat, groundnut and sugar-cane crops by the field rats in Punjab. In Proc. International Symp. Bionomics & Control of rodents, Kanpur, pp. 28—31.

Boyce, C. B. C., Crossland, N. O., Shiff, C. J. (1966): A new molluscicide N-tri-tylmorpholine. Nature *210*, 1140—1141.

Brezina, R., Murray, E. S., Tarizza, M. L., Bôgel, K. (1973): Rickettsiae and rickettsial diseases. Bull. Wld Hlth Org. *49*, 433—442.

Brooks, G. D., Neri, P., Gratz, N. G., Weathers, P. B. (1970): Preliminary studies on the use of ultra-low-volume applications of malathion for control of *Aedes simpsoni*. Bull. Wld Hlth Org. *42*, 37—54.

Brooks, J. E. (1973): A review of commensal rodents and their control. Crit. Rev. in Environ. Control *3* (4), 405—453.

Brooks, J. E., Sherman, E. J., Rohe, D. L. (1966): Norbormide field trials against Norway rats. Vector Views *13* (1), 3—5.

Braverman, J. (1968): The toxicity of fluoracetamide for jirds (*Meriones tristrami*). Refuah Vet. *25* (3), 166—171.

Brown, A. W. A. (1962): A survey of *Simulium* control in Africa. Bull. Wld Hlth Org. *27*, 511—527.

Bruce-Chwatt, L. J. (1972): The role of drugs in a malaria program. Amer. J. Trop. Med. & Hyg. *21* (5), 731—735.

Buck, A. A. (1974): Onchocerciasis, symptomatology, pathology, diagnosis. Wld. Hlth Org. Genève. 80 pp.

Burden, G. S., Smittle, B. J. (1968): Laboratory methods for evaluation of toxicants for the bed-bug & the oriental rat flea. J. Econ. Ent. *61*, 1565—1567.

Calhoun, J. B. (1962): The ecology and sociology of the Norway Rat. U.S. Public Health Service Pub. No. 1008, U.S. Gov. Print Off., Washington.

Carmichael, G. T. (1972): Anopheline control through water management. Amer. J. of Trop. Med. & Hyg. *21* (5), 782—786.

Cavalie, Ph., Limousin, E. (1966): Studies with dichlorvos residual fumigant as a malaria eradication technique in Haiti; II. Parasitological Studies. Amer. J. Trop. Med. & Hyg. *16* (5), 670—671.

Cavanaugh, D. C., Dangerfield, H. G., Hunter, D. H., Joy, R. J., Marshall, J. D. jr., Quy, D. V., Vivora, S., Winter, P. E. (1968): Some observations on the current plague outbreak in the Republic of Vietnam. Amer. J. Pub. Hlth *58* (7), 742—752.

Center for Disease Control (1974): Leptospirosis Annual Summary, 1973. Atlanta, Georgia.

Cerf, D. C., Georghiou, G. P. (1974a): Cross resistance to juvenile hormone analogues in insecticide resistant strains of *Musca domestica* L. Pestic. Sci. *5*, 759—767.

Cerf, D. C., Georghiou, G. P. (1974b): Cross-resistance to an inhibitor of Chitin synthesis, TH 60-40 in insecticide resistant strains on the house fly. Agr. & Food Chem. *22* (6), 1145.

Chaiyaporn, V., Koonvisal, L., Dharamadhach, A. (1959): The first case of schistosomiasis japonica in Thailand. J. Med. Assoc. Thailand *42*, 438.

Chamberlain, R. W. (1972): Venezuelan encephalitis prevention and control: vector control in Venezuelan encephalitis. PAHO Sci. Pub. No. 243, 390—393.

Chapman, C., Phillips, A. (1958): Fluoracetamide as a rodenticide. J. Sci. Fd. Agric. *6*, 231—232.

Chapman, H. C. (1974): Biological control of mosquito larvae. Ann. Rev. of Entom. *19*, 33—59.

Chow, C. Y. (1970): Present status of insecticide resistance in the oriental rat flea (*Xenopsylla cheopls*) in Vietnam. WHO unpublished document, WHO/VBC/70.214.

Choyce, D. P. (1972): Epidemiology and natural history of onchocerciasis. Israel J. Med. Sci. *8* (8—9), 1143—1149.

Cornwell, P. B., Bull, J. O. (1967): Alphakil a new rodenticide for mouse control. Pest Control *35* (8), 31—32.

Coz, J., Venard, P., Attiou, B., Somda, D. (1966): Etude de la rémanence de deux nouveaux insecticides: OMS-43 et OMS-658. Bull. Wld Hlth Org. *34*, 313—317.

Crabtree, D. G., Robison, W. H., Perry, V. A. (1964): Compound S-6999 (MCN-1029) new concept in rodent control. Pest Control *32* (5), 26—32.

Crossland, N. O. (1967): Field trials to evaluate the effectiveness of the molluscicide N-tritylmorpholine in irrigation systems. Bull. Wld Hlth Org. *37*, 23—42.

Dawood, M. M. (1951): Bilharziasis in Bilad-el-Nuba in Egypt. J. Roy. Egypt Med. Ass. *34*, 660—669.

Dejoux, C. (1973): Etude en laboratoire de la toxicité sur la faune aquatique non cible de nouveaux insecticides employés en lutte anti-simulies. ORSTOM rapport no. V 2-181-81 1 ère partie.

De Meillon, B. (1957): Bionomics of the vectors of onchocerciasis in the Ethiopian geographical region. Bull. Wld Hlth Org. *16*, 509—522.

De Meillon, B., Paing, M., Sebastian, A., Khan, Z. H. (1967): Outdoor resting of *Culex pipiens fatigans* in Rangoon, Burma. Bull. Wld Hlth Org. *36*, 67—73.

Deoras, P. J. (1964): Rats and their control. Ind. J. Ent. (Suppl.) 1964, 409—418.

Dizon, J. J. (1967): Philippine haemorrhagic fever—epidemiological aspects. J. Phil. Med. Assoc. *43* (5), 346—365.

Drummond, D. C. (1974): Rat control requirements in some large Asian cities. WHO unpublished document WHO/VBC/74.487.

Du Bois, K. P., Cochran, K. W., Thomson, J. F. (1948): Rodenticidal action of 2-chloro-4-dimethylamine-G-methylpyrimidine (Castrix). Proc. Soc. Exp. Biol. Med. *67*, 169—171.

Duncan, J. (1974): A review of the development and application of molluscicides in schistosomiasis control. In Molluscicides in Schistosomiasis Control, New York: Academic Press.

Dykstra, W. W. (1957): New weapons for rodent control. Pest control *25* (1), 16—20.

Edeson, J. F. B., Wilson, T. (1964): The epidemiology of filariasis due to *Wuchereria bancrofti* and *Brugia malayi*. Ann. Rev. Entom. *9*, 245—268.

Elwi, A. M. (1967): Pathological aspects of bilharziasis in Egypt. In Bilharziasis, 39—44. Berlin: Springer 357 pp.

Emlen, J. T., Stokes, A. W. (1947): Tests with rodenticides. Amer. J. Hyg. *45*, 254—257.

Fenwick, A. (1972): Effect of a control programme on transmission of *Schistosoma mansoni* on an irrigated estate in Tanzania. Bull. Wld Hlth Org. *47*, 325—330.

Finlay, C. J. (1881 *et* seq.): Trabajos selectos. Havana: Rep. de Cuba. Sec. de Sanidad y Beneficencia, 1912, 657 pp.

Foll, C. V., Pant, C. P. (1966): The conditions of malaria transmission in Katsina Province, Northern Nigeria, and the effects of dichlorvos applications. Bull. Wld Hlth Org. *34*, 395—404.

Francis, J. F., Barnes, J. M. (1963): Studies on the mammalian toxicity of fenthion. Bull. Wld Hlth Org. *29*, 205—212.

Gahan, J. B., Travis, B. V., Lindquist, A. W. (1945): DDT as a residual-type spray to control diseases carrying mosquitos: Practical tests. J. Econ. Ent. *23* (2), 231—235.

Gahan, J. B., Travis, B. V., Lindquist, A. W. (1945): DDT as a residual-type spray to control disease carrying mosquitos: laboratory tests. J. Econ. Ent. *38* (2), 236—240.

Garms, R., Post, A. (1967): Freilandversuche zur Wirksamkeit von DDT und Baytex gegen Larven von *Simulium damnosum* in Guinea, Westafrika. Anzeiger für Schädlingskunde *40* (4), 49—56.

Garnham, E., McMahon, J. (1947): The eradication of *Simulium neavei* Roubaud from an onchocerciasis area in Kenya colony. Bull. Entomol. Res. *37*, 617—627.

Georghiou, G. P., Calman, J. R. (1969): Results of fenitrothion selection of *Culex pipiens fatigans* Wied. and *Anopheles albimanus* Wied. Bull. Wld Hlth Org. *40*, 97—101.

Georghiou, G. P., Lin, Chis., Posternak, M. E. (1974): Assessment of potentiality of *Culex tarsalis* for development of resistance to carbamate insecticides and insect growth regulators. Proc. Calif. Mosq. Contr. Assoc. *42*, 117—118.

Gilbert, B., Castleton, C., Bulhôes, M. S. (1973): Molluscicidal activity of trifenmorph in field trials. Bull. Wld Hlth Org. *49*, 377—379.

Gönnert, R. (1961): Results of laboratory and field trials with the molluscicide Bayer 73. Bull. Wld Hlth Org. *25*, 483—501.

Gonzalez-Valdivieso, F. E., Sanches Diaz, B., Nocerino, F. (1971): Susceptibility of *R. prolixus* to chlorinated hydrocarbon insecticides in Venezuela. WHO unpublished document WHO/VBC/71.264.

Gratz, N. G. (1966): The effect of the development of dieldrin resistance on the biotic potential of house flies in Liberia. Acta Trop. *23* (2), 108—136.

Gratz, N. G. (1973): A critical review of currently used single-dose rodenticides. Bull. Wld Hlth Org. *48*, 469—477.

Gratz, N. G. (1973a): Mosquito-borne disease problems in the urbanization of tropical countries. Crit. Rev. in Environ. Control *3* (4), 455—495.

Gratz, N. G. (1973b): The current status of louse infections throughout the World. In The control of Lice and Louse-borne Diseases, PAHO Sci. Pub. No. 263, Washington, D.C. 23—31.

Gratz, N. G. (1973c): Urban rodent-borne disease and rodent distribution in Israel and neighbouring countries. Isr. J. Med. Sci. *9*, 969—979.

Gratz, N. G. (1974a): The persistence and recrudescence of some arthropod and vector-borne diseases. Pub. Hlth. Rev. *3* (2), 117—148.

Gratz, N. G. (1974b): The role of the WHO in the study and control of rodent borne diseases. In Proc. Pest Cont., Anaheim, Calif. pp. 73—77.

Gratz, N. G., Arata, A. A. (1975): Problems associated with the control of rodents in tropical Africa. Manuscript submitted to Bull. Wld Hlth Org.

Gratz, N. G., Bracha, P., Carmichael, A. (1963): A village scale trial with dichlorvos as a residual fumigant insecticide in Southern Nigeria. Bull. Wld Hlth Org. *29*, 251—270.

Gratz, N. G., Carmichael, A. (1963): A village scale trial of fenthion as a residual spray in Nigeria. Bull. Wld Hlth Org. *29*, 197—203.

Greaves, J. H., Ayres, P. (1969): Some rodenticidal properties of coumatetralyl. J. Hyg. Camb. *67*, 311—315.

Greaves, J. H., Rennison, B. D., Redfern, R. (1973): Warfarin resistance in ship rat in Liverpool. International Pest Control *15* (2), 17.

Gupta, K. M., Singh, R. A., Misra, S.-C. (1968): Economic loss due to rat attack on sugarcane in Uttar Pradesh. In Proc. International Symp. Bionomics & Control of Rodents, Kanpur, pp 17—19.

Hadaway, A. B. (1972): Toxicity of insecticides to tsetse flies. Bull. Wld Hlth Org. *46*, 353—362.

Hadler, M. R., Shadbolt, R. S. (1975): Novel 4-hydroxycoumarin anticoagulants active against resistant rats. Nature *253* (5489), 275—277.

Halstead, S. B. (1966): Mosquito-borne haemorrhagic fever of south and southeast Asia. Bull. Wld Hlth Org. *35*, 3—15.

Hamon, J., Burnett, G. F., Adam, J. P., Rickenback, A., Grajebine, A. (1967): *Culex pipiens fatigans* Wiedmann, *Wuchereria bancrofti:* et le développement économique de l'Afrique Tropicale. Bull. Wld Hlth Org. *37*, 217—237.

Hamon, J., Sales, P., Sales, S., Fay, R. W., Eyraud, M., Barbie, T. (1965): Etudes complémentaires sur l'efficacité du dichlorvos (DDVP) dans la lutte contre les vecteurs du paludisme en Haute-Volta. Riv. di Malar. *44* (1—3), 9—47.

Hayes, W. (1963): Clinical handbook of economic poisons. Atlanta, Ga., U.S. Public Health Service Pub. No. 476.

Hayes, W. J. jr., Gaines, T. B. (1959): Laboratory studies of five anticoagulant rodenticides. Pub. Hlth. Rep. *74* (2), 105—113.

Hermann, G., Hombrecher, S. (1962): Control of rats and mice with Racumin 57 products. Pflanzenschutz-Nachrichten 'Bayer' *15* (2), 89—108.

Heyneman, D. (1961): Leishmaniasis in the Sudan Republic. 1. A programme of epidemiological research. E. Afr. Med. J. *38*, 196—205.

Hilton, H. W., Robison, W. H., Teshima, A. H. (1972): Zinc phosphide as a rodenticide for rats in Hawaiian sugarcane. In Proc. 14th Congress ISSCT, pp 561—570.

Howard, W. E. (1968): Controlling rodents biologically and with sound. In Proc. rodents as factors in disease and economic loss Asia-Pacif. Interchange, Honolulu, pp 220—241.

Hsieh, M. Y. G., Steelman, C. D. (1974): Susceptibility of selected mosquito species to five chemicals which inhibit insect development. Mosq. News *34* (3), 278—282.

Hughes, J. H. (1950): 1080 (sodium fluoroacetate) poisoning of rats on ships. Publ. Hlth Rpts. *65* (32), 1021—1028.

Hunter, G. W., Frye, W. W., Swartzwelder, J. C. (1960): A manual of tropical medicine. 3rd edit. Philadelphia: W. B. Saunders. 892 pp.

Hurlbut,H.S., Altman,R.M., Nibley,C. (1952): DDT resistance in Korean body lice. Science *115*, 11—12.

Jackson,W.B., Brooks,J.E., Bowerman,A.M., Kaukeinen,D.E. (1973): Anticoagulant resistance in Norway rats in U.S. cities. Pest Control *41* (4), 56, 81.

Jackson,W.B., Spear,P.J., Wright,C.G. (1971): Resistance of Norway rats to anticoagulant rodenticides confirmed in the United States. Pest Control *39* (9), 13—14.

Jamnback,H. (1969): Field tests with larvicides other than DDT for control of blackfly (Diptera, Simuliidae) in New York. Bull. Wld Hlth Org. *40*, 635—638.

Jamnback,H. (1973): Recent developments in control of blackflies. Ann. Rev. Entom. *18*, 281—304.

Johnson,K.M., Halstead,S.B., Cohen,S.N. (1967): Haemorrhagic fevers of south-east Asia and South America, a comprehensive appraisal. Progr. Med. Virol. *9*, 105—158.

Jordan,A.M. (1974): Recent developments in the ecology and methods of control of tsetse flies (*Glossina* spp.)—a review. Bull. Ent. Res. *63*, 361—399.

Jukes,T.H. (1974): Insecticides in health, agriculture and the environment. Naturwissenschaften *61*, 6—16.

Kalmbach,E.R. (1945): "Ten-eighty", a war-produced rodenticide. Pest Control *38* (8), 32—35.

Kerr,J.A., de Camargo,S., Abedi,S.H. (1964): Eradication of *Aedes aegypti* in Latin America. Mosq. News *24* (3), 276—282.

Kilgore,L.B., Ford,J.N., Wolfe,W.C. (1942): Insecticidal properties of 1,3 indandiones. Industr. Engng. Chem. *34*, 484—487.

Knudsen,E. (1963): The toxicity of the rodenticide Castrix (2-chloro-4-diamethylamino-G-methylpyrimidine) and the antidotal effect of vitamin B6. Acta. pharmacol et toxicol *20*, 295—302.

Koren,H., Good,N.E. (1964): A study of the continuing effective killing power of red squill. Pest Control *32* (8), 24—30.

Krishnamurthy,B.S., Putatunda,J.N., Joshi,G.P., Chandrahas,R.K., Krishnaswami,A.K., (1965): Studies on the susceptibility of the oriental rat fleas, *Xenopsylla* spp. to some organophosphorous and carbamate insecticides. Bull. Ind. Soc. Mal. Com. Dis. *2* (2), 131—138.

Krishnamurthy,K. (1968): Rats—their economic k importance. In Proc. International Symp. Bionomics & Control of rodents, Kanpur pp 20—22.

Kundin,W.D., Jones,G.S. (1972): Isolation of *Rickettsia tsutsugamushi* from rodents, insectivores and ectoparasites from Danang, South Vietnam. S.E. Asian J. Trop. Med. Publ. Hlth. *3*, 310—313.

Kusano,T. (1974): The toxicity of diphacinone (2-diphenylacetyl 1-3-indandione) to laboratory rats and mice. Jap. J. Sanit. Zool. *24* (3), 207—213.

Laven,H. (1967): Eradication of *Culex pipiens fatigans* through cytoplasmic incompatibility. Nature (Lond.) *216*, 383.

Laws,E.R., Sedlak,V.A., Miles,J.W., Joseph,C.R., Lacomba,J.R., Rivera,A.D. (1968): Field study of the safety of Abate for treating potable water and observations on the effectiveness of a control programme involving both Abate and malathion. Bull. Wld Hlth Org. *38*, 439—445.

Le Berre,R. (1966): Contribution à l'étude biologique et écologique de *Simulium damnosum* (Theobald, 1903) (Diptera, Simulidae). Mém. ORSTOM *17* Paris, 204 pp.

Lhoste,J. (1972): Les rongeurs nuisibles. Rullière-Libeccio Morières, France. 269 pp.

Lofgren,C.S. (1970): Ultra-low-volume applications of concentrated insecticides in medical and veterinary entomology. Ann. Rev. of Entom. *15*, 321—342.

Lofgren,C.S., Ford,H.R., Tonn,R.J., Jatanasen,R. (1970): The effectiveness of ultra-low-volume applications of malathion at a rate of 6 U.S. fluid ounces per acre in controlling *Aedes aegypti* in a large-scale test at Nakhon Sawan, Thailand. Bull. Wld Hlth Org. *42*, 15—25.

Lund,M. (1974): Calciferol as a rodenticide. Internatl. Pest Control *16* (6), 10—11.

Maddock,D.R., Schoof,H.F. (1967): Laboratory and field evaluation of norbormide against wild rats. Pest Control *35* (8), 22—28.

Maddock,D.R., Schoof,H.F. (1970): New red squill derivative. Pest Control *38* (8), 32—35.

Manson,P. (1878): On the development of *Filaria sanguinis hominis*, and on the mosquito considered as a nurse. J. Linn. Soc., Zool. London *14*, 304—311.

Marroquin,H.F., Guillioli,C.G. (1971): Observations on the prevalence of Robles' disease (onchocerciasis) in Guatemalan foci, with special reference to denodulization. WHO unpublished document WHO/ONCHO/71.86.

Marsden,P.D. (1974): South American trypanosomiasis (Chagas' disease). Trop. Doctor *1*, 12—16.

Marsh, R. E. (1973): Potential chemosterilants for controlling rats. In Internationales Symposium über Fragen der Rattenvertilgung in Budapest. Beihefte der Zeitschrift für angewandte Zoologie *3*, 191—198.

Marsh, R. E., Howard, W. E. (1973): Prospects of chemosterilant and genetic control of rodents. Bull. Wld Hlth Org. *48*, 309—316.

Martinez, A., Cichero, J. A., Alania, I. R., Gonzalez, F. F. (1974): Control of *Triatoma infestans* with malathion concentrate. J. Med. Ent. *11* (6), 653—657.

Mathis, L., Graham, J. E., Abdulcader, M. H. M., Self, L. S. (1969): Relative costs of oil and fenthion for larvicidal control of *Culex pipiens fatigans* in Rangoon. WHO unpublished document WHO/VBC/69.138.

Mathis, H. L., Ree, H. E., Jolivet, P. H. A., Shim, J. C. (1975): A field trial of the insect growth inhibitors, OMS-1697 (Altosid) and OMS-1804 against *Culex pipiens* in Seoul, Korea. WHO unpublished document WHO/VBC/75.494.

Mathis, W., Schoof, H. F. (1958): Field effectiveness of malathion deposits against dieldrin-resistant *Anopheles quadrimaculatus*. Ind. J. of Malar. *12* (4), 433—437.

Mathis, W., Schoof, H. F. (1963): The effect of surface material, retreatment and formulation on the residual activity of several insecticides. Mosq. News *23* (2), 145—149.

Mathis, W., St. Cloud, A., Eyraud, M., Miller, S., Hamon, J. (1963): Initial field studies in Upper Volta with dichlorvos residual fumigant as a malaria eradication technique. 2. Entomological Evaluation. Bull. Wld Hlth Org. *29*, 237—241.

McKiel, J. A., Rappay, D. E., Cousineau, J. G., Hall, R. R., McKenna, H. E. (1970): Domestic rats as carriers of leptospires and salmonellae in Eastern Canada. Can. J. Pub. Hlth. *61*, 336—340.

Metcalf, R. L. (1955): Organic insecticides, their chemistry and mode of action. New York: Interscience Publ. 522 pp.

Mills, A. R. (1969): A quantitative approach to the epidemiology of onchocerciasis in West Africa. Trans. Roy. Soc. Trop. Med. & Hyg. *63* (5), 591—602.

Miura, T., Takahashi, R. M. (1973): Insect developmental inhibitors, and effects on non target aquatic organisms. J. Econ. Ent. *66* (4), 917—922.

Monro, H. A. U. (1969): Manual of fumigation for insect control. FAO Agricultural studies No. 79, Rome. 381 pp.

Moraes, M. A. P., Fraiha, H., Chaves, G. M. (1973): Onchocerciasis in Brazil. Bull. PAHO 7 (4), 50—56.

Mrope, F. M., Bang, Y. H., Tonn, R. J. (1973): Comparative trial of three larvicides against *Culex pipiens fatigans* in Morogoro, Tanzania. WHO unpublished document WHO/VBC/73.452.

Mulla, M. S., Darwazeh, H. A., Norland, R. L. (1974): Insect growth regulators: Evaluation procedures and activity against mosquitos. J. Econ. Ent. *65* (5), 329—332.

Mulligan, H. W. (1970): The African trypanosomiasis. London: Grg. Allen & Unwin, 950 pp.

Murugasu, R., Por, P. (1973): First case of schistosomiasis in Malaysia. S.E. Asian J. Trop. Med. Pub. Hlth. *4* (4), 519—523.

Nadim, A., Faghih, M. (1968): The epidemiology of cutaneous leishmaniasis in the Isfahan province of Iran. Trans. Roy. Soc. Trop. Med. Hyg. *62*, 534—549.

Najera, J. A., Shidrawi, G. R., Gibson, F. D., Stafford, J. S. (1967): A large scale field trial of malathion as an insecticide for antimalarial work in Southern Uganda. Bull. Wld Hlth Org. *36*, 913—935.

Nityananda, K. (1971): Leptospirosis in Ceylon—Epidemiological and laboratory studies. Ceylon J. Med. Sci. *20* (1), 5—14.

Oomen, A. P. (1969): The epidemiology of onchocerciasis in South-West Ethiopia. Trop. Geogr. Med. *21*, 105—137.

Ophof, A. J., Langeveld, D. W. (1968): Warfarin resistance in the Netherlands. WHO unpublished document WHO/VBC/68.109.

PAHO (1970): Report of a study group on Chagas' disease. PAHO Sci. Pub. No. 195.

PAHO (1972): Dengue Newsletter for the Americas *1* (1).

PAHO (1972): Venezuelan Encephalitis. PAHO Sci. Pub. No. 243, Washington, D.C.

Pal, R. (1973): The present status of insecticide resistance in anopheline mosquitos. WHO unpublished document WHO/VBC/73.461.

Pal, R., Gratz, N. G. (1968): Larviciding for mosquito control. PANS Sect. A. *14*, 447—455.

Pal, R., Whitten, M. J. (1974): WHO/ICMR programme of genetic control of mosquitos in India. The use of Genetics in Insect Control. Amsterdam: Elsevier, 241 pp.

Pant, C. P., Joshi, G. P., Rosen, P., Pearson, J. A., Renaud, P., Ramasamy, M., Vandekar, M. (1969): A village scale trial of OMS-214 (Dicapthon) for the control of *Anopheles gambiae* and *Anopheles funestus* in Northern Nigeria. Bull. Wld Hlth Org. *41*, 311—315.

Pant, C. P., Mount, G. A., Jatanasen, S., Mathis, H. L. (1971): Ultra-low-volume ground aerosols of technical malathion for the control of *Aedes aegypti*. Bull. Wld Hlth Org. *45*, 805—817.

Pant, C. P., Nelson, M. J., Mathis, H. L. (1973): Sequential application of ultra-low-volume ground aerosols of fenitrothion for sustained control of *Aedes aegypti*. Bull. Wld Hlth Org. *48*, 455—459.

Park, P. O., Gledhill, J. A., Alsop, N., Lee, C. W. (1972): A large scale scheme for the eradication of *Glossina morsitans morsitans* in the Western province of Zambia by aerial ultra-low-volume application of endosulfan. Bull. Ent. Res. *61*, 373—384.

Parker, J. D., Kahumbura, J. M., Tonn, R. J., Shikony, E. N., Bang, Y. H. (1972): Ultra-low-volume application of malathion for the control of *Aedes simpsoni* and *Aedes aegypti* in East Africa. WHO unpublished document WHO/VBC/72.411.

Partoatmodjo, S. (1974): Rat problem on foodcrops in Indonesia. In Report of Regional Training Seminar on field rat control and research. Manila.

Passof, P. C., Marsh, R. E., Howard, W. C. (1974): Alpha-naphthylthiourea as a conditioning repellent for protecting conifer seed. In Proc. sixth vert. Pest Con. Anaheim, Calif. pp 280—292.

Patel, T. B., Bhatia, S. C., Deobhankar, R. B. (1960): A confirmed case of DDT resistance in *Xanopsylla cheopis* in India. Bull. Wld Hlth Org. *23*, 301—312.

Patterson, R. S., Weidhaas, D. E., Ford, H. R., Lofgren, C. S. (1970): Suppression and elimination of an island population of *Culex pipiens quinquefasciatus* with sterile males. Science *168*, 1368—1369.

Paulini, E. (1974): Control of schistosomiasis (Bilharziasis) in Brazil, past, present and future. PANS *20* (3), 265—274.

Peardon, D. L. (1974): RH-787, a new selective rodenticide. Pest Control Sept. 1974 *14*, 18, 22.

Pest Infestation Control Laboratory (1973): A new rodenticide. Technical circl. No. 30.

Pest Infestation Control Laboratory (1974): Difenacoum, a new anticoagulant rodenticide for control of the common rat. Technical circl. No. 32.

Petersen, J. J., Chapman, C. C., Willis, O. R. (1969): Fifteen species of mosquitos as potential hosts of a mermithid nematode *Romanomermis* spp. Mosq. News *29* (2), 198—201.

Pollitzer, R. (1954): Plague. Wld. Hlth Org. Mon. Series No. 22.

Pratt, H. D. (1958): The changing picture of murine typhus in the United States. Ann. N.Y. Acad. Sci. *70*, 516—527.

Quarterman, K. D., Lotte, M., Schoof, H. F. (1963): Initial field studies in Upper Volta with dichlorvos residual fumigant as a malaria eradication technique. I. General considerations. Bull. Wld Hlth Org. *29*, 231—235.

Quélennec, G. (1970): Essais sur le terrain de nouvelles formulations d'insecticides OMS-187, OMS-786 et OMS-971, contre les larves de simulies. Bull. Wld Hlth Org. *43*, 313—316.

Quélennec, G., Philippon, B., Cordelier, R., Simonkovich, E. (1970): Essais d'activité d'une poudre insecticide a base de sevin contre les larves de simulies. Med. Trop. *30* (4), 3—6.

Quillévéré, D., Escaffre, H., Pendriez, B., Grebaut, S., Quedraaogo, J., Kulzer, H., Bellec, C., Phillippon, B., Le Berre, R. (1973): Expérimentation par helicoptere de nouvelles formulations & simulation d'une campagne insecticide IV. OCCGE, Section Onchocercose, Rapport No. 1.

Raisaku, K., Kim, K. H. (1969): Comparative epidemiological features of Japanese encephalitis in the Republic of Korea, China (Taiwan) and Japan. Bull. Wld Hlth Org. *40*, 263—277.

Ramachandran, C. P. (1970): A guide to methods and techniques in filariasis investigations. Inst. For Medical Research, Kuala Lumpur. Bull. No. 15.

Redhead, T. D. (1968): Rodent control in Queensland sugar-cane fields. In Proc. rodents as factors in disease and economic loss, Asia-Pacif. Interchange, Honolulu, pp 37—42.

Reed, W. (1900): The etiology of yellow fever. Philadelphia Med. J. *6*, 790—796.

Reeves, W. C. (1972): Can the war to contain infectious diseases be lost? Amer. J. Trop. Med. & Hyg. *21*, 263—277.

Rennison, B. D., Hammond, L. E., Jones, G. L. (1968): A comparative trial of norbormide and zinc phosphide against *Rattus norvegicus* on farms. J. Hyg. Camb. *66*, 147—158.

Richens, V. B. (1967): Gophacide, latest findings from studies of the new rodenticide. Pest Control *35* (9), 28—30, 58.

Richter, C. P. (1945): The development and use of alpha-naphthyl thiourea (ANTU) as a rat poison. J. Amer. Med. Assoc. *129* (14), 927—931.

Ritchie, L. S. (1973): Chemical control of snails. In Epidemiology & Control of Schistosomiasis. Basel: Karger & Baltimore: University Cork Press. 752 pp. pp 458—532.

Roberts, J. M. D., Neumann, E., Göckel, C. W., Highton, R. B. (1967): Onchocerciasis in Kenya 9, 11 and 18 years after elimination of the vector. Bull. Wld Hlth Org. 37, 195—212.

Rodriguez, M. A. (1971): Accion triatomicida del o-isopropexifenil metilcarbamate (Baygon-Arprocarb-Bayer 39007—OMS-33). Riv. Ecuatorina de Hig. y Med. Trop. 28, 39—46.

Rolland, A. (1972): Onchocerciasis in the village of Saint Peirre: an unhappy experience of repopulation in an uncontrolled endemic area. Trans. Roy. Soc. Trop. Med. & Hyg. 66 (2), 913—915.

Rosen, P. (1967): The susceptibility of *Culex pipiens fatigans* larvae to insecticides in Rangoon, Burma. Bull. Wld Hlth Org. 37, 301—310.

Rosen, P., Fontaine, R. G., Sundararaman, S. (1970): A village scale trial of OMS-597 for the control of *An. gambiae* and *An. funestus* in Northern Nigeria. WHO unpublished document WHO/VBC/ 70.192.

Roszkowski, A. P., Poos, G. I., Mohrbacher, R. J. (1964): Selective rat toxicant. Science 144 (3617), 412— 413.

Rowe, F. P., Redfern, R. (1968): Laboratory studies on the toxicity of anticoagulant rodenticides to wild house-mice (*Mus musculus* L.). Ann. Appl. Biol. 61 (2), 322—326.

Rowe, F. P., Redfern, R. (1968): Comparative toxicity of the two anticoagulants, coumatetralyl and warfarin to wild house-mice (*Mus musculus* C.). Ann. Appl. Biol. 62, 355—361.

Russell, A. (1774): The natural history of Aleppo. London. 430 pp. Vol. 2.

Russell, P. F., West, L. S., Manwell, R. D., Macdonald, G. (1963): Practical Malariology. London: Oxford University Press. 750 pp.

Sasa, M., Kurihara, T., Dhamverij, O., Harinasuta, C. (1965): Observations on a mosquito eating fish "Guppy" *Lebistes reticulatus* breeding in polluted waters. Jap. J. Exp. Med. 35 (1), 63—80.

Schaefer, C. H., Wilder, W. H. (1972): Insect developmental inhibitors: A practical evaluation as mosquito control agents. J. Econ. Ent. 65 (4), 1066—1071.

Schaefer, C. H., Wilder, W. H. (1973): Insect developmental inhibitors and effects on target mosquito species. J. Econ. Ent. 66 (4), 913—916.

Schliessman, D. J., Calheiros, L. B. (1974): A review of the status of yellow fever and *Aedes aegypti* eradication programmes in the Americas. Mosq. News 34 (1), 1—9.

Schoof, H. F., Maddock, D. R. (1968): Effective and safe use of rodenticides In Proc. Rodents as factors in disease and economic loss; Asia Pacific Interchange, Honolulu. pp 242—256.

Schoof, H. F., Mathis, W., Austin, J. R. (1961): Field tests on the residual effectiveness of deposits of malathion and Bayer 29493 against resistant *Anopheles albimanus* in El Salvador. Bull. Wld Hlth Org. 24, 475—487.

Schoof, H. F., Mathis, W., Brydon, H. W., Goodwin, W. J. (1974): Effectiveness of deposits of Sevin, DDT, Bayer 39007 and Bayer 37344 against *Anopheles albimanus* in Haiti. Amer. J. Trop. Med. & Hyg. 13 (6), 876—880.

Schoof, H. F., Mathis, W., Taylor, R. T., Brydon, H. W., Goodwin, W. J. (1966): Studies with dichlorvos residual fumigant as a malaria eradication technique in Haiti: I. Operational Studies. Amer. J. Trop. Med. & Hyg. 15 (5), 661—669.

Schrader, G. (1960): Höfchen-Briefe, Bayer Pflanzenschutz-Nachrichten 13.1.

Self, L. S., Tun, M. M. (1970): Summary of field trials in 1964—69 in Rangoon, Burma of organophosphorous larvicides and oils against *Culex pipiens fatigans* larvae in polluted water. Bull. Wld Hlth Org. 43, 841—851.

Self, L. S., Ree, H. I., Shim, J. C., Shin, H. K., Jolivet, P. (1973a): ULV application of fenitrothion from a large aerosol generator for the control of *Culex tritaeniorhynchus*. WHO unpublished document WHO/VBC/73.424.

Self, L. S., Ree, H. I., Lofgren, C. S., Shim, J. C., Chow, C. Y., Shin, H. K., Kim, K. H. (1973b): Aerial applications of ultra-low-volume insecticides to control the vector of Japanese encephalitis in Korea. Bull. Wld Hlth Org. 49, 353—357.

Sérié, C. (1968): Etudes sur la fièvre jaune en Ethiopie. I. Introduction. Bull. Wld Hlth Org. 38, 835— 841.

Shenberg, E., Birnbaum, S., Torten, M. (1973): Epidemiologic-ecologic aspects of *Leptospira icterohaemorrhagiae* carrier rodents in Israel seaports. Trop. Geogr. Med. 25, 53—58.

Sherlock, L. A., Serafim, E. M. (1974): Fauna triatominae do estado da Bahia Brazil VI—Prevalência geográfica da infecção dos tratomineos por *T. cruzi*. Rev. Soc. Braz. Med. Trop. 8 (3), 129—142.

Shiff, C. J., Clarke, V. de, Evans, H. C., Barnish, G. (1973): Mollusicide for the control of shistosomiasis in irrigation schemes. Bull. Wld Hlth Org. *48*, 299—307.

Smith, A., Hocking, K. S. (1963): Assessment of the residual toxicity to *Anopheles gambiae* of the insecticides Sevin and Sumithion. Bull. Wld Hlth Org. *29*, 277—278.

Smith, R. F. (1973): Considerations on the safety of certain biological agents for arthropod control. Bull. Wld Hlth Org. *48*, 685—698.

Soekarna, D. (1968): The ricefield rat and its control in Indonesia. In Proc. Rodents as factors in disease and economic loss, Asia-Pacific Interchange, Honolulu, pp 265—272.

Spillett, J. J. (1968): The ecology of the lesser Bandicoot rat in Calcutta. Bombay Natural History Society. 223 pp.

Stoenner, H. G. (1971): Differential diagnosis of leptospirosis in man. Rocky Mt. Med. J. *68* (5), 23—24.

Sturrock, R. F., Barnish, G., Upatham, E. S. (1974): Snail findings from an experimental mollusciciding programme to control *Schistosoma mansoni* transmission on St. Lucia. Intl. J. Parasit. *4*, 231—250.

Subra, R., Bouchite, B., Gayral, Ph. (1970): Evaluation à grande échelle du Dursban et de l'Abate pour le contrôle des larves de *Culex pipiens fatigans* Weidemann, 1828 dans la ville de Bobo Dioulasso (Haute Volta). Med. Trop. *30* (3), 393—402.

Sudia, W. D., Newhouse, V. F., Beadle, L. D., Miller, D. L., Johnston, J. G. jr., Young, R., Calisher, C. H., Maness, K. (1975): Epidemic Venezuelan equine encephalitis in North America in 1971: Vector studies. Amer. J. Epid. *101* (1), 17—35.

Szuber, T., Diechtiar, M. (1968): Effectiveness of the anticoagulant rodenticide idophacinone. Rocz. Panstw. Zaki Hig. *19* (3), 343—353.

Tadano, T., Brown, A. W. A. (1966): Development of resistance to various insecticides in *Culex pipiens fatigans* Wiedemann. Bull. Wld Hlth Org. *35*, 189—201.

Tan, D. S. K. (1973): Occupational distribution of leptospiral (SEL) antibodies in West Malaysia. Med. J. of Malaysia *27* (4), 253—257.

Tan, D. S. K., Lopes, D. A. (1972): A preliminary study of the status of leptospirosis in the Malaysian armed forces. S. E. Asian J. Trop. Med. Pub. Hlth. *3* (2), 208—211.

Tarizzo, M. (1973): Geographic distribution of louse-borne diseases. In The control of lice and louse-borne diseases, PAHO Sci. Pub. No. 263, 50—59.

Taylor, A. (1963): Observations on human exposure to the organophosphorous insecticide fenthion in Nigeria. Bull. Wld Hlth Org. *29*, 213—218.

Taylor, K. D. (1968): An outbreak of rats in agricultural areas of Kenya in 1962. E. Afr. Agr. & Forestry J. *34* (1), 66—77.

Technau, G. (1974): Bilharziose — ein lösbares Problem. Naturwissenschaften *61*, 111—116.

Teshima, A. H. (1968): Rats and the Hawaiian sugar industry. In Proc. Rodents as factors in Disease and Economic loss, Asia-Pacific Interchange, Honolulu. pp 69—71.

Thomas, V. (1970): Fenthion resistance in *Culex pipiens fatigans* Wiedemann in Kuala Lumpur, West Malaysia. S. E. Asian J. Trop. Med. Publ. Hlth. *1* (1), 93—98.

Traub, R., Dowling, M. A. C. (1961): The duration of efficacy of the insecticide dieldrin against the chigger vectors of scrub typhus in Malaya. J. Econ. Ent. *54* (4), 654—659.

Traub, R., Wisseman, C. L. (1968): Ecological considerations in scrub typhus. 1. Emerging concepts. Bull. Wld Hlth Org. *39*, 209—218.

Traub, R., Wisseman, C. L. Jr. (1968): Ecological considerations in scrub typhus. 3. Methods of area control. Bull. Wld Hlth Org. *39*, 231—237.

Traub, R., Wisseman, C. L. jr. (1974): The ecology of chigger-borne rickettsiosis (scrub typhus). J. Med. Ent. *11* (3), 237—303.

Tsai, C. C., Kundin, W. D., Fresh, J. W. (1971): The zoonotic importance of urban rats as a potential reservoir for human leptospirosis. J. Form. Med. Assoc. *70* (1), 1—4.

Tun, M. M., Self, L. S. (1968): The susceptibility of *Culex pipiens fatigans* larvae to fenthion after two years of larval control in Rangoon, Burma. WHO unpublished document WHO/VBC/68.77.

Turner, G. R., Labrecque, G. C., Hoogstraal, H. (1965): Leishmaniasis in the Sudan Republic. 24. Effectiveness of insecticides as residues and fogs for control of *Phlebotomus langeroni orientalis*. J. Egypt. Pub. Hlth. Ass. *40* (2), 59—64.

Ulmann, E. (1972): Lindane, monograph of an insecticide. Freiburg im Breisgau: Verlag K. Schillinger. 384 pp.

U.S.P.H.S. (1947): Malaria control on impounded water. U.S. Gov. Print. off Washington, D.C. 422 pp.

Van der Hoeden,J. (1964): Zoonoses. Amsterdam, London, N.Y.: Elservier Pub. Co.

Van Peenen,P.F.D., Light,R.H., Sulianti Saroso,J. (1971): Leptospirosis in wild mammals of Indonesia—recent surveys. S.E. Asian J. Trop. Med. & Pub. Hlth. 2 (4), 496—502.

Von Emmel,L. (1943): Autotomie bei *Anopheles maculipennis* als Reaktion auf ein Kontaktgift (Gesarol). Z. Hyg. Zool. *35*, 119—124.

Waddy,B.B. (1969): Prospects for the control of onchocerciasis in Africa. Bull. Wld Hlth Org. *40*, 843—858.

Warren,K.S., Newill,V.A. (Eds.) (1964): Schistosomiasis. Year Book. 2 vols. Chicago: Medical Publishers Inc.

Wattel,B.H., Bhatnagar,V.N., Joshi,G.P., Sharma,S.K. (1970): Laboratory and field evaluation of dursban (0,0-diethyl-0-3,5,6-trichloro-2-pyridyl phosphorothioate) as a larvicide against *Culex pipiens fatigans* Weid. larvae. Jour. Comm. Dis. *2* (1—4), 1—8.

Webbe,G. (1961): Results of laboratory and field trials with the molluscicide, Bayer 73. Bull. Wld Hlth Org. *25*, 483—501.

Wetherbee,F.A. (1967): A method of controlling jack rabbits on a range rehabilitation pronect in California. In Proc. third vertebrate Pest Conf., San Francisco, pp 111—117.

WHO (1965): WHO Expert Committee on bilharziasis. Tech. Rep. Ser. No.299.

WHO (1966): WHO Expert Committee on onchocerciasis. Tech. Rep. Ser. No.335.

WHO (1967a): Safe use of pesticides in Public Health. Tech. Rep. Ser. No.356.

WHO (1967b): Arboviruses and human disease. Tech. Rep. Ser. No.369.

WHO (1967c): Current problems in leptospirosis research. Tech. Rep. Ser. No.380.

WHO (1967d): Measurement of the public health importance of bilharziasis. Tech. Rep. Ser. No. 349.

WHO (1969a): African trypanosomiasis. Tech. Rep. Ser. No.434.

WHO (1969b): Report of a joint USAID/OCCGE/WHO Technical meeting on the feasibility of onchocerciasis control, Tunis, 1—8 July 1968. WHO unpublished document WHO/ONCHO/69.75.

WHO (1970a): Insecticide resistance and vector control. Tech. Rep. Ser. No.443.

WHO (1970b): The biology, behaviour and control of the house mouse. WHO unpublished document WHO/VBC/70.215.

WHO (1971a): The place of DDT in operations against malaria and other vectorborne diseases. Off. Rec. *190*, 176—182.

WHO (1971b): WHO Expert Committee on Yellow Fever, Third Report. Tech. Rep. Ser. No.479.

WHO (1971c): Blackflies in the Americas. WHO unpublished document WHO/VBC/71.283.

WHO (1973a): Specifications for pesticides used in public health. 4th edition. WHO, Geneva, 333 pp.

WHO (1973b): Safe use of pesticides. Tech. Rep. Ser. No.513.

WHO (1973c): Technical guide for plague surveillance. Wkly. Epidem. Rec.: 149—164.

WHO (1973d): Schistosomiasis control. Tech. Rep. Ser. No.515.

WHO (1974a): The malaria situation in 1973 WHO Chron. *28*, 479—487.

WHO (1974b): Malaria control in countries where time-limited eradication is impracticable at present. Tech. Rep. Ser. No.549.

WHO (1974c): Equipment for vector control. 2nd edition. Geneva, 179 pp.

WHO (1974c): Yellow Fever in 1973. Wkly. Epidem. Rec. No.31, 261—265.

WHO (1974d): Louse-borne typhus in 1973. Wkly. Epidem. Rec. No.49, 149—152.

WHO (1974e): International Health Regulations (1969) Second annotated edition. Geneva.

WHO (1974f): WHO Expert Committee on filariasis, Third Report. Tech. Rep. Ser. No.542.

WHO (1975): Communicable diseases in the Americas, 1969—1972. WHO Chron. *29*, 140—153.

WHO/FAO (1967): Expert Committee on Zoonoses, Third Report. Tech. Rep. Ser. No.378.

Wilson,E.J. (1969): Rats in the Pacific. South Pacific Bull. 2nd quarter 5 pp.

Wodzicki,K. (1973): Prospects for biological control of rodent populations. Bull. Wld Hlth Org. *48*, 461—467.

Wright,J.W., Fritz,R.F., Haworth,J. (1972): Changing concepts of vector control in malaria eradication. Ann. Rev. Entom. *17*, 75—102.

Wright,J.W., Fritz,R.F., Hocking,K.S., Babione,R., Gratz,N.G., Pal,R., Stiles,A.R., Vandekar,M. (1969): Ortho-isopropoxphyenyl methylcarbamate (OMS-33) as a residual spray for control of anopheline mosquitos. Bull. Wld Hlth Org. *40*, 67—90.

Yasutomi,K. (1974): Insecticide resistance in *Culex pipiens pallens* larvae of Amagasaki City. Botyu-Kagaku *39* (II), 59—61.

Arthropod-Borne Diseases of Animals in the Tropics

M. Abdussalam

Veterinary Public Health, World Health Organization, CH–1211 Geneva 27

Contents

Introduction

Infectious diseases of domesticated animals which are transmitted by invertebrate vectors with or without cyclic development of the causal agent occur in all parts of the world but assume particular importance in the tropics. The prevailing ambiant temperatures often combined with high humidity provide excellent conditions for the arthropod and other vectors to multiply and persist in large numbers over a large part of the year, unless eliminated by aridity or cold. The animals in the tropics are generally imperfectly housed and the shelters built to protect them against the sun and rain are rarely insect-proof. Often the animals are out on pasture or in and around forests over a large part of the year, thus facilitating contact with vectors. In the semi-arid tropical areas the animals often converge on to the few watering places during the dry season. This results in crowding even though vast arid spaces may be available in the neighbourhood. This crowding not only facilitates contact infection but also the transmission of vector-borne pathogens, particularly as the vectors may also gather in the well watered areas.

Several other conditions favour transmission of infection. These include the susceptibility of the vector to the pathogen in order to build up the titre required for infecting a vertebrate host or a structural capability to carry such titres mechanically. Usually, the reciprocal evolution of the host and parasite which has gone on in the past assures such adaptations.

The pathogen may circulate in wild animal populations through the agency of vectors present in such foci and independent of domesticated animals and their ectoparasites. When domesticated animals enter such foci they may get infected and bring the infection back to the herds to which they belong, where local vectors may take up the infection and assure continuation of transmission. Such is the case, for example, with viral encephalitides and certain forms of trypanosomiasis and leishmaniasis (*Abdussalam*, 1959).

Wild animal reservoirs play an important role in the perpetuation of infections in the temperate climates where the activities of vectors slow down or cease in winter, but in warm climates this cessation may be minimal or absent. The mild or symptomless infections in domesticated animals themselves along with the cyclic development and persistence of infection in vectors assure the continuation of the infection. In some vectors, e.g. in ticks and mites, the infection can be transmitted transovarially from one generation to another thus assuring its continuation.

The epidemiological picture of a vector-borne disease is determined largely by the ecology of the vector and by other factors which determine host-vector contacts. Thus the peak of the disease incidence may coincide with the maximum activity of the stage of the vector which transmits the infection and on the opportunities for delivering it. In many cases, the incidence is seasonal and restricted to certain localities where the foregoing conditions for transmission prevail. Systems models have been used to elucidate the complex situations of this kind, to forecast outbreaks and to determine the best time for the application of control measures (WHO Scientific Group, 1972).

It will be seen from the foregoing that vector-borne diseases constitute a rather complex phenomenon which makes their surveillance and control difficult, especially in the tropics where the resources of trained men and materials are usually inadequate. However, in recent years the application of relatively cheap insecticides and acaricides has produced remarkable results in control and prevention, thus making it possible to save the tremendous losses these diseases cause to the livestock industry. Resistance to these useful drugs is not such a formidable obstacle as it looks; for a discussion of the problem and methods of dealing with it, see WHO Expert Committee on Insecticides[a] (1976).

[a] The alternative approach of biological control of vector insects has been reviewed and discussed by *Weiser* (1975).

In the following pages, the principal features of the more important arthropod-borne diseases of animals and approaches to their therapy and control are briefly discussed. Because of the limitation of space these descriptions are necessarily sketchy. For details reference should be made to the various reviews referred to under individual diseases. The whole or large parts of this subject have been dealt with, among others, by *Mitscherlich* and *Wagener* (1973), *Levine* (1973), and *James* and *Harwood* (1969). The review by *Henning* (1956) is now old but is still very useful for information on clinical, pathological and epidemiological features of various diseases.

In describing the geographical distribution and prevalence of various diseases the names of infected countries are not given in all cases. This information, based on official reports, is published every year in the FAO/WHO/OIE *Animal Health Yearbook*, the last issue of which appeared in 1975 and contains information for 1974. In spite of known shortcomings of such data, this is the most important and useful source of information on the prevalence of animal diseases in the world.

The so-called tropical diseases are by no means restricted to the tropics. Most of them extend to sub-tropical and temperate zones. Tick-borne infections (babesiosis, viral encephalitis) may extend into the far north.

Trypanosomiases

This is a group of infections caused by flagellates of the genus *Trypanosoma*, the pathogenic species of which are widely distributed in the tropics and subtropics. The diseases caused by them in domesticated animals are some of the most ravaging diseases, especially in the tsetse-fly areas of Africa where trypanosomiasis is the main hindrance to the development of livestock farming particularly cattle husbandry. Because of the abundance of natural fodder grasses and the possibility of growing fodder crops in these areas, it has been estimated that control of tsetse flies would enable cattle farmers in Africa to increase production by 120—125 million head or more than double the present number with consequent economic and nutritional benefits (*Wilson* et al., 1963). Outside Africa also where blood sucking flies (Tabanids, *Stomoxys*, etc.) are the principal vectors, trypanosomiasis causes serious economic losses, but the main burden here falls on transport animals (equines, camels, elephants) although cattle, dogs and other domesticated animals are also affected.

In East Africa cattle act as reservoir hosts of human sleeping sickness (*T. gambiense* infection), and in Latin America dogs and cats as well as other domiciliary (synanthropic) animals act as reservoirs of Chagas disease (*T. cruzi* infection). Thus animal infections with trypanosomes may affect human health directly as zoonoses, but more important are indirect losses which deprive people of valuable protein diet and affect their economic well-being.

Pathogenesis

Trypanosomes have been classified according to their biological characteristics and morphology (see *Hoare*, 1972, for details). However, from the point of view of pathogenesis and chemotherapy they are more conveniently grouped (*Losos* and *Ikede*, 1972) as: (a) intracellular parasites (such as *T. cruzi*) which, after a short parasitaemia invade cells of the reticuloendothelial system, heart, striated muscles and other tissues; (b) humoral group (such as *T. brucei*, *T. rhodesiense* and *T. gambiense*) which, in addition to infecting the plasma, invade intercellular tissue fluids and fluids in body cavities; and (c) haematic group (such as *T. congolense*, *T. vivax* and *T. evansi*) which invade, and are generally confined to, the plasma in blood vessels. These locations govern the haematological changes, tissue reactions, immunological responses and other effects associated with these parasites.

T. cruzi produces enlargement of the organs of which it invades the cells (liver, spleen, lymph nodes) and myocarditis. In certain geographical areas it produces mega-oesophagus and mega-colon. All these changes are observed in man only. In dogs, these changes are rare and milder and the infection is generally symptomless.

The humoral group, characterized by *T. brucei* and the two species infecting man *(vide supra)*, causes inflammatory, degenerative and necrotic changes when they invade connective tissues. The response by mononuclear cells and the tissue changes indicate that the latter are brought about by a cell mediated immune reaction.

In the pathogenicity of the haematic group (*T. congolense*, *T. vivax*, etc.) anaemia appears to play a major role but the mechanism of its causation remains to be clarified. *T. congolense* swarms in the brain capillaries and may cause obstruction.

Forms of disease

Following are the principal groups of trypanosomiases of livestock. Protozoological and other details are not dealt with in this chapter and can be seen in extensive reviews by *Hoare* (1972), *Mulligan* and *Potts* (1970) and others.

1. *Nagana* (from Zulu *ngana* = weak, feeble) is a collective term applied to an acute or chronic disease of livestock, especially cattle, caused by one or more of *Trypanosoma* species of subgenera *Duttonella* (*vivax, uniforme*), *Nannomonas* (*congolese, dimorphon, simiae*), *Pycnomonas* (*suis*) and *Trypanozoon* (*brucei*). Most of these trypanosomes have a wide host range though individual species are more frequently found in some hosts than the others. For example, *T. congolense* and *T. vivax* are more frequent in cattle, *T. brucei* in horses and *T. simiae* and *T. suis* in pigs. A large number of wild ungulate species act as reservoirs. Various species of *Glossina* transmit the infection through their bites, and the trypanosomes undergo cyclic development in their gut. Nagana is therefore limited to the tsetse-fly areas of Africa, although mechanical transmission through other biting flies apparently takes place on the fringes of the tsetse belt. At least one trypanosome species causing Nagana, *T. vivax*, has adapted itself to mechanical transmission by tabanids, and *Stomoxys*, and has established itself in Mauritius and Latin America (Venezuela, Colombia, Panama, Surinam, etc.) where there are no tsetse flies.

2. *Surra* (from Punjabi *Surra* or *Sar gaya* = rotten) is an acute or chronic disease of equines, camels, elephants, dogs and sometimes cattle and buffaloes

characterized by intermittent fever, anaemia, oedema of dependent parts and progressive weakness, usually ending in death if untreated. It is widely distributed in North and East Africa (outside the tsetse belt), in central, southern and western Asia and in neotropical America. Over its very extensive area of distribution, the disease, as well as the trypanosome, has an extensive synonymy (Disease: *el debab, mbori, guifar, murrina, derrengadera*, etc. Parasite: *T. venezulense, T. equinum, T. sudanense, T. ninae Kohl-Yakimovi, T. hippicum, T. cameli*, etc.). The usual vectors are horse-flies (Tabanids), but *Stomoxys, Haematopota* and *Lyperosia* can also transmit the infection. In Latin America the vampire bats (*Desmodus* spp.) act as vectors. The trypanosomes pass through their oral mucous membranes into the blood during feeding, multiply and pass back into the mouth during subsequent feeding. Thus the bat acts as a vector as well as amplifier of infection (*Hoare*, 1965). Camels which develop a protracted infection extending over two or three years and cattle and buffaloes which are usually symptomless carriers of the infection act as sources of infection for the flies which are only mechanical carriers of trypanosomes. Dogs and jackals can infect themselves by feeding on the meat of infected herbivores.

3. *Chagas Disease.* This is a disease of man caused by *T. cruzi*. Dogs and cats are among the many host species which get infected without showing marked symptoms. Their importance in endemic areas lies in the possibility of their acting as reservoirs of the parasite. Transmission with cyclic development is through hemiptera of the family Reduviidae (kissing bugs, conenose bugs). The disease is restricted to tropical America although the trypanosome in wild animals occurs as far north as the United States. Trypanosomes resembling the non-pathogenic strains of *T. cruzi* have been isolated from monkeys in Indonesia and Malaysia (*Weinman* and *Wiratmadia*, 1969; *Weinman*, 1970).

4. *Dourine* is a venereal infection of equines caused by *T. equiperdum* which is widely distributed in tropical as well as temperate regions. As the infection is transmitted sexually and is not vectorborne, it is not dealt with further in this chapter. ·

5. *Other Trypanosome Infections.* A number of other trypanosome species infect domesticated animals which are ordinarily non-pathogenic or only slightly pathogenic. Under conditions of immunological stress, e.g. after rinderpest vaccination or during the course of another disease, some of them may get resuscitated and produce clinical manifestations. They include *T. theileri, T. melophagium* and *T. rangeli*. The first two species are widely distributed while *T. rangeli* is restricted to Latin America. None of the trypanosomes of rodents, birds and cold-blooded animals have any veterinary importance.

Immunology

The antigenic structure of trypanosomes, particularly the mechanism of antigenic variation in successive parasitaemias, is poorly understood. There is, however, some evidence that surface antigens elicit neutralizing, and precipitating IgM antibodies which are specific for each parasitaemic population and are newly

Table 1. Drugs used against Trypanosomiases in Animals (Modified from FAO/WHO Expert Committee, 1969, and *Finelle*, 1975)

Drug[a]	Trade name	Field use			Toxicity	Prophylactic use	Treatment of relapses
		Animal	Infection	Dose (Mg/kg) and Admn.[b]			
Quinapyramine sulfate	Antrycide sulfate	Cattle Sheep Goats Camels	*T. congolense* *T. vivax* *T. brucei* *T. evansi*	5 s.c.	General toxic reaction in dogs and local reactions in equines	Prosalt (chloride + sulfate) in camels, equines and cattle against *T. brucei* and *T. evansi*	Isometamidium
Homidium bromide Homidium chloride	Ethidium Novidium	Cattle Sheep Goats	*T. vivax* *T. congolense*	1 i.m.	Possible local reactions in equines		Diminazene Isometamidium
Diminazene aceturate	Berenil		*T. congolense* *T. vivax* *T. brucei* (less active)	3.5 s.c. or i.m.	Reactions in equines, camels and dogs		Isometamidium
Isometamidium chloride	Samorin Trypanidium	Cattle Sheep Goats Equines Dogs	*T. vivax* *T. congolense* *T. brucei* (less active)	0.25 to 1 deep i.m.	Possible local reactions in cattle		Diminazene
Suramine sodium	Naganol Antrypol Germanin Moranyl, etc.	Camels Equines	*T. evansi*	10 i.v.		Suramine — quinepyramine complex against surra and against *T. simiae* in pigs	Quinapyramine

[a] Chemical names of the drugs are given in Table 2.
[b] s.c. = subcutaneous, i.v. = intravenous, and i.m. = intramuscular.

produced repeatedly during the course of the infection. The so-called common antigens located within the trypanosome cell elicit IgG antibodies which are detectable by fluorescent and complement fixation tests and indirect agglutination. They are released when trypanolysis occurs at the end of each parasitaemic wave and when chemotherapy is started (*de Raadt*, 1974).

Animals can be immunized against homologous strains by inoculation of inactivated or attenuated trypanosomes or by infection and drug treatment. Practical application of vaccines in prophylaxis is however hindered by repeated antigenic variation, the number of such variants being large, if not unlimited. Further work on this phenomenon may provide the key to vaccination of animals against important trypanosomes.

Diagnosis

Diagnosis is generally, and more reliably, based on the microscopic demonstration of trypanosomes in blood and/or tissue fluids. In some cases culture or experimental animal inoculation is necessary. Immunoserological methods such as direct agglutination, immunofluorescence, complement fixation, single- and double-diffusion methods are used under certain conditions (FAO/WHO Expert Committee, 1969).

Therapy

Chemotherapy of animal trypanosomiases is based on a small number of synthetic drugs, of which diminazene aceturate and salts of homidium have been used more often. Table 1 lists the drugs used as curative trypanocides in nagana, surra and related infections. No effective drug treatment of *T. cruzi* is known.

Unfortunately, resistance to all these drugs has been observed to develop in the field and gives cause for concern especially as the number of available drugs is small and none have been developed in recent years. Furthermore cross-resis-

Table 2. Chemical names of trypanocides

Drug	Chemical name
Quinapyramine sulfate	4-amino-6[(2-amino-1,6-dimethylpyrimid-4-yl)amino]-1,2-dimethylquinolinium sulfate
Homidium bromide Homidium chloride	3,8-diamino-5-ethyl-6-phenylphenanthridinium bromide (and chloride)
Diminazene aceturate	4,4'-(diazoamine)benzamidine aceturate
Isometamidium chloride	8-[3-(*m*-amidinophenyl)-2-triazeno]-3-amino-5-ethyl-6-phenyl-phenanthridinium chloride
Suramine sodium	hexasodium salt of 8,8'-{ureylenebis[*m*-phenylenecarbonylimino (4-methyl-*m*-phenylene)carbonylimino]}di(1,3,5-naphthalenetrisulfonic acid)

tance has been shown to occur against other drugs. For a discussion of this important problem see FAO/WHO Expert Committee (1969) and *Peters* (1974).

Control and Prevention

It is now generally agreed that eradication of trypanosomiases, especially in tsetse areas, may involve unjustifiably high expenditure and may not be necessary. Control to a level at which the economic losses are reduced to a minimum using available resources may be sufficient.

Control operations are necessary when an epizootic occurs either in previously known infected areas or in situations where social or ecological changes have intensified vector (fly) contact with host animals. Furthermore, control is necessary where development projects require control of flies and trypanosomes. In certain type of land use, such control efforts may be superfluous, e.g. on land used primarily for crop production where animal production and animal power play a minor role. Also lands used for wildlife and forestry production or areas for which resource studies indicate no economic use at present can be excluded.

There are a number of approaches to control, of which the choice and relative effort they merit can be decided after a careful assessment of local conditions. The more important measures include control of tsetse flies and other vector flies, chemotherapy and chemoprophylaxis, and elimination of reservoirs. Vector control using chemical, ecological, and/or biological methods is usually the most important component and is discussed elsewhere (chapter by Dr. *Gratz*, p. 85). Chemoprophylaxis may be used in case of temporary exposure, e.g. during transit through endemic areas, but it may lead to production of resistant strains of the trypanosome. Elimination of reservoirs is usually impossible as, apart from wild animals, domesticated animals may also act as reservoirs.

International efforts in the control of trypanosomiases are essential, especially for the development of cheaper and more effective surveillance and control methods and for training of workers in the many disciplines involved in planning and carrying out control programmes. FAO and WHO are co-ordinating efforts in this field and have established an information service. Trypanosomiasis is also included in a large WHO programme for research in tropical diseases initially concentrating on Africa. Subsequently, this programme will extend to other tropical areas as well.

Leishmaniases

These are acute, chronic or latent infections of dogs and human beings, focally distributed in warm climates and affecting mainly the reticuloendothelial system, marcophages, the skin and mucous membranes. In man, the visceral form *(kala azar)* is distinguished from the skin and mucous membrane forms (oriental sore, espundia, etc.). In dogs, the visceral form generally affects the skin also and is more important than the form confined to the skin. Various species of sand-flies *(Phlebotomus)* transmit these infections in different parts of the world. Hence, the infection is commoner in seasons when these insects are active.

Visceral leishmaniasis

This infection generally known as *kala azar* (Hindustani: black disease) has several geographical forms caused by strains of *Leishmania* which are sometimes given different specific names but are now considered as synonyms of *L.donovani*. Following are the principal forms (*Levine*, 1973):

— Mediterranean or infantile Kala azar found in countries of the Mediterranean basin extending eastwards into central Asia. Dogs are more commonly infected than children. The jackal *(Canis aureus)* is an additional reservoir in central and western Asia.

— Chinese Kala azar occurs in northern parts of the People's Republic. It is common in dogs and occurs in Children as well as adult humans.

— South American Kala azar is distributed focally in American tropics from Mexico to northern Argentina. The dog is commonly infected and is considered to be the main reservoir of the human infection in the urban areas.

— The Indian and the Sudanese or East African forms of human Kala azar have not been found to occur in dogs in nature although these animals can be infected experimentally with strains of *L.donovani* from these areas. Some species of rodents and wild carnivores are found infected with the Sudanese form (*Hoogstraal* et al., 1969).

Kala azar is essentially a reticuloendotheliosis in which the cells of this system are increased in number and invaded by the parasite. Dogs may harbour *L.donovani* in the bone marrow, liver and spleen without showing any signs of overt disease for a long time. In this symptomless form a large proportion of dogs may have numerous infected marrophages in apparently healthy skin, thus acting as a source of infection for the vector *Phlebotomus* spp. feeding on them.

In acute stages of clinical disease, dogs show irregular fever, enlargement of liver and spleen and weakness. Later, scaling of skin, loss of hair, keratitis and seborrhoea with pronounced anaemia and emaciation appear. Skin lesions on ears and around the eyes are more frequent in the Chinese form. Severe anaemia and emaciation often result in death.

The diagnosis depends on demonstration of the parasite in biopsied or aspirated material from spleen, liver, lymph nodes, etc., by microsopic or cultural methods. Serological tests are available for cases where parasites are not readily demonstrable.

The disease in man is treated successfully with antimony compounds, especially pentavalent compounds which are less toxic than tartar emetic. Aromatic diamidines are also effective. Apparently, this treatment is not effective in dogs.

Prevention depends on elimination of sand-flies by the use of insecticides and repellents and by cleaning up their breeding places. Stray dogs in endemic areas should be eliminated.

Cutaneous and Mucocutaneous leishmaniasis

Old world cutaneous leishmaniasis of man caused by *L.tropica* is widespread especially in the semi-arid areas in Asia and Africa, with which dogs also get infected. Desert rodents such as the gerbil *Rhombomys opimus* and *Meriones* spp.

191

are reservoirs. The South American mucocutaneous form caused by *L.brasiliensis* occurs in forests or nearby clearings in Central and South America. Several species of rodents are natural reservoirs. Dogs and cats get infected in endemic areas.

Both forms are transmitted by sand-flies (*Phlebotomus* spp.) and recovery results in solid immunity.

Antimony compounds are used as therapeutic agents as for Kala azar. A prolonged course of injections is required which is a handicap. Preventive measures are also similar.

Babesiosis

Babesiosis or piroplasmosis is a collective name of a group of serious and economically important diseases of livestock which are prevalent both in the tropical and temperate regions but are particularly ravaging in warm climates. In fact, they dominate the animal disease picture in the tropics along with trypanosomiasis and other tick-borne diseases. Bovine babesiosis is the most important component of this group of infections. Even though the extent of economic losses caused by bovine babesiosis alone has not been calculated in most countries, an idea of its ravages can be formed from two estimates of losses from tick-borne disease of which babesiosis is the most important. In early sixties, the average annual loss in Mexico was estimated at 160 million US dollars and in the Republic of South Africa at over 3 million US dollars. In the United Kingdom, a country with a temperate climate and efficient veterinary services, the losses from bovine babesiosis were calculated at 50000 dollars annually (FAO, 1962). At present, these figures may have to be doubled to take into account the increased prices of commodities and other monetary changes.

Babesiosis has also a historical interest inasmuch as it was the first infection shown by Smith and Kilbourne in 1893 to be transmitted by an arthropod, in this case the tick *Boophilus annulatus*.

For a detailed review of babesiosis, reference may be made to *Riek* (1968) and *Levine* (1973). The immunological aspects have been discussed by *Ristic* (1969).

Bovine babesiosis

This is one of the most important infections of cattle and water buffaloes in the tropics and sub-tropics but causes heavy losses in temperate climates as well. The causal agents are usually classed as five species of *Babesia*, viz., *B. bigemina*, *B. bovis*, *B. divergens*, *B. argentina* and *B. berbera*. Some authors consider *B. berbera* to be a synonym of *B. bovis*. Of the foregoing species *B. bigemina* and *B. bovis* (including *berbera*) are widely distributed. The other species have a relatively restricted distribution.

For practical purposes species of *Babesia* are divided into two groups—the large and small forms—the parasite being larger than the radius of the erythrocyte in the former and smaller in the latter case. As a rule, the large forms can be treated with trypan blue while the small forms are refractory to this drug. Of the cattle *Babesia*, only *B. bigemina* is of the large variety.

The infection is transmitted by ixodid ticks of the genera *Boophilus*, *Haemaphysalis*, *Rhipicephalus* and *Ixodes*. The parasites undergo cyclic development in ticks and are passed on from one generation to the other.

In endemic areas, young calves are less susceptible than adult cattle. Even the latter are usually resistant and develop the disease in a mild form. They may, however, develop the acute disease when under stress or as a complication of another disease (e.g., rinderpest). Cattle imported from noninfected areas develop the acute disease and die if untreated. Thus, babesiosis and other tick-borne diseases are a serious hindrance to the development of livestock industry based on introduction of improved breeds. The acute disease is characterized by rise of body temperature, severe anaemia, haemoglobinuria and jaundice. Mortality is high in the acute disease. Animals which survive develop a chronic phase with intermittent rise of temperature, anaemia and debility. Recovery may take several weeks after which also emaciation may continue for some months. The recovered animals resist reinfection; this resistance depends on persistence of latent infection (premunition).

The infection is diagnosed by detection of the parasite in thin or thick blood smears after staining. Carriers may be detected by using a complement fixation test (*Mahoney*, 1962). Fluorescent antibody and haemagglutination tests are also available but are less suitable for use in the field.

A number of drugs are used in the treatment of bovine babesiosis. Usually the large form *B. bigemina* yields more readily to treatment than the smaller species. Trypan blue, the quinoline derivative pirevan or acaprin (quinuronium sulphate) and aromatic diamidines are all effective against *B. bigemina*, the recovered animals being premunized. Acaprin or pirevan and the acridine derivative acriflavine are of some value against the smaller forms *B. bovis* and *B. argentina*.

The prevention and control of babesiosis depends on the elimination of ticks. This can be done by regular dipping in baths containing long-acting acaricides. This is usually an expensive process, although fully compensated by prevention of losses from this and other tick-borne infections. Presently, many of the tropical countries are only treating the sick animals. Another preventive measure is the premunization of young animals with a mild strain especially before sending them to or through endemic areas (*Callow*, 1974). Chemoprophylaxis has been proposed (*Roy-Smith*, 1971 and others) but needs further critical trials.

Babesiosis in Other Animals

Babesia species also infect other domesticated animals, viz. sheep and goats, equines, pigs and dogs. Usually, they are infected by a large *Babesia* and one or more small species of the genus. The transmission, pathogenesis, therapy and prevention of these infections is in general similar to that of the disease in cattle.

Babesiosis in Man

Authenticated babesiosis in man has been reported relatively recently and the first
two or three cases were observed in persons who had been splenectomized previously. A recent infection in a non-splenectomized woman has been reported in
the United States (*Western* et al., 1970). The species of the piroplasm in the first
cases was probably *B. divergens* and was identified as *B. microti* in the last case. It
is possible that the infection is sometimes misdiagnosed as malaria.

Theilerioses

These are mild to highly fatal infections of domesticated ruminants of which the
causal parasites (*Theileria* spp.) multiply in lymphocytes or other cells and eventually invade the red cells. Two important forms of the bovine infection are East
Coast fever (*T. parva*) and tropical theileriosis (*T. annulata*). A third type (*T. mutans*) is widespread in Africa, Asia and southern Europe but causes symptomless
or very mild infections. For details reference may be made to the review by
Barnett (1968).

East Coast fever is one of the most important cattle diseases in the areas where
it occurs. It is endemic in humid tropical areas in East Central and South Africa;
from the latter it has been or is being eliminated. In Rhodesia and parts of South
Africa a form of this disease called "corridor disease" occurs in cattle which come
in contact with ticks from premune African buffaloes (*Syncerus caffer*). The
causal organism, *T. lawrencei*, is now considered to be a modified strain of
T. parva and not a separate species. The most important vector of *T. parva* ist the
tick *Rhipicephalus appendiculatus*, although other species of this genus and *Hyalomma* spp. can also transmit the infection. The tick which acquires the infection
as larva can transmit it as a nymph, and a nymph transmits it as adult. The
parasite does not survive in the tick through more than one moult and is not
passed to the next generation through the egg. Several studies of the life-cycle in
ticks and cattle have been reported (*Levine*, 1973).

The principal signs of the disease are fever, swelling of lymph nodes, oedema
of the eyelids, ears and the jowl, dyspnoea, emaciation and diarrhoea. Mortality is
generally high (90—100%), but in endemic areas it may be lower especially in
calves (5—50%). Animals which recover are solidly immune for many years and
do not show any demonstrable residual infection. The diagnosis is based on
microscopic demonstration of the parasites in erythrocytes and (of schizonts) in
the fluid from lymph nodes or spleen. A capillary agglutination test has also been
used but is not specific enough to distinguish different species of *Theileria*.

No success in treatment of East Coast fever with drugs has been substantiated
although some claims have been made following insufficiently critical observations in endemic areas. There is some evidence that tetracyclines administered
repeatedly during the incubation and reaction periods prevent development of
clinical symptoms, propably by suppressing the schizonts. The animals so treated
become immune to subsequent challenge.

Control of the disease depends on the control of ticks by dipping regularly in acaricide baths usually at intervals of 7 to 10 days. Quarantine is applied where the disease has been eliminated. Immunization by using tetracyclines in artificially infected animals is possible but is expensive and usually impracticable. Corridor disease is controlled by keeping cattle separate from wild buffaloes, i.e.protected from exposure to their ticks.

Tropical theileriosis caused by *T.annulata* is a disease of varying severity but generally of considerable economic importance, widely distributed in Asia, southern USSR and in the Mediterranean basin. Usually, the cattle indigenous to an endemic area are resistant, but animals imported from nonendemic areas are highly susceptible. Because of this variation and the variable virulence of the different strains of *T.annulata*, the mortality may vary between 10 and 90%.

Several species of ticks of the genus *Hyalomma* (*H.detritum*, *H.truncatum*, *H.dromedarii*, *H.excavatum*, *H.turanicum*, etc.) transmit the infection stage to stage (larva-nymph and nymph-adult) but not through the egg to the next generation.

The signs of the disease are similar to those of East Cost fever, but the calves are not more resistant than adults as in the latter infection; in fact, in endemic areas calves are more susceptible than adults. The average course of the disease is also somewhat shorter. The animals which recover are premunized against *T.annulata* but not against *T.parva* and *T.mutans*. Diagnosis is based on microscopic identification of the parasites in red cells and smears of lymph-node fluid. Among the serological tests, capillary agglutination, complement fixation and fluorescent antibody techniques have been proposed.

No reliable chemotherapeutic measures are known; berenil (4,4-diamidinodiazoaminobenzene aceturate) and other drugs which were tried have proved ineffective. For control, the elimination of vector ticks by dipping of animals in acaricide baths, usually at fortnightly intervals, is carried out. Immunization of cattle by inoculation of a strain of low virulence reduces mortality from this disease and has been practised over many years in north Africa and to some extent in Israel. Avirulent or only slightly virulent strains are not suitable as they produce insufficient resistance against a virulent strain. Furthermore, animals inoculated as calves do not remain resistant throughout life.

Benign theileriosis of cattle and water buffaloes caused by *T.mutans* is widespread in Asia, Africa, southern Europe and USSR, and sporadic infections have been reported from other parts of the world (Australia, USA, etc.). The infection seldom manifests itself as clinical disease, except in imported cattle exposed to massive tick infestation or as a resuscitated disease in other infections like rinderpest, foot-and-mouth disease, etc. Transmission is stage to stage through ticks of the genera *Rhipicephalus* (*R.appendiculatus*, *R.evertsi*) and *Boophilus* (*B.annulatus*) and possibly some others. The disease resembles a mild *T.annulata* infection and results in premunition which does not protect against the other more virulent species of *Theileria*.

Theileriosis of sheep and goats resembles that of cattle inasmuch as there is a pathogenic species *T. hirci* which produces a disease resembling tropical theileriosis, and a second species *T. ovis* which resembles *T. mutans* in its low and less common pathogenic effects.

Anaplasmosis

Two species of *Anaplasma* (*A. marginale* and *A. centrale*) occur in cattle, but only *A. marginale* is important as cause of debility, anaemia and jaundice. In sheep and goats, infections with *A. ovis* are usually symptomless or mild. These organisms were previously considered as protozoa but are now classed along with *Epery-throzoon* spp. as rickettsiae. (For a review of the subject see *Ristic*, 1968).

Bovine anaplasmosis is widespread in the tropics and sub-tropics, but morbidity and mortality varies widely according to the susceptibility of animals vis-à-vis the virulence of prevailing strains of the anaplasm. In endemic areas most animals are premunized early in life and losses are slight; animals introduced from clean areas are highly susceptible and mortality in young-adult animals (over 3 years) may be as high as 50%. In the United States the average animal loss from mortality has been estimated at $ 9.5 million, in Rhodesia at $ 56000 and in Guiana at $ 35000 (FAO, 1962).

At least 20 species of ticks (hard and soft) have been shown to be capable of transmitting the infection experimentally and several others also probably do so in nature. Transmission is stage to stage and in some cases generation to generation of ticks. In addition, several species of common biting flies *(Tabanus, Chrysops, Stomoxys)* transmit the infection mechanically. Experimentally, some mosquitos (*Psorophora* spp.) have also been shown to transmit the infection.

In the United States and USSR wild ruminants (deer, elk) have been found to be infected or susceptible and seem to act as reservoirs in addition to the carriers among cattle. Such wild carriers probably exist in other endemic regions as well.

The clinical picture of anaplasmosis is variable and its severity increases with age, as calves develop only the mild disease and animals over three years of age may suffer the acute disease. Common features of the disease are rise of temperature (40.5° C) with irregular fluctuations, anaemia, progressive emaciation, debility; jaundice and severe dyspnoea are often seen in acute cases. Concurrent disease, stress of a long rail journey and malnutrition may precipitate or aggravate the disease.

The infection responds very well to treatment with tetracyclines (5—10 mg/kg body weight).

Because of the larger number of carriers among cattle as well as among wild animals, and the ease which many species of ticks, biting flies and mosquitos can transmit the infection, control by elimination of vectors is not always beneficial and even practicable in many endemic areas. Most control programmes in such areas consist of identification of susceptible animals (imported cattle and those under stress) and of increasing their resistance by premunization. Three types of vaccines available for this purpose are: (a) living *A. marginale* for young, partially resistant animals, (b) living *A. centrale* for more susceptible animals, and (c) killed *A. marginale* to which an adjuvant may be added. Living vaccines require the maintenance of donor animals, but deep-freeze storage methods are being developed to overcome this difficulty.

Eperythrozoonosis

This disease caused by *Eperythrozoon suis*, *E. wenyoni* and *E. ovis* is widespread in swine, cattle and sheep respectively. In pigs, the disease is of particular importance at least in the USA. The symptoms constitute a range of clinical patterns varying from mild anaemia to acute fatal heamolytic anaemia with haemorrhages. Sub-clinical infections are common but may be resuscitated by intercurrent disease and other forms of stress. In the tropics and sub-tropics, infections in cattle, water buffaloes and sheep are encountered but their importance has not been fully assessed. Transmission is believed to be mainly through blood-sucking insects and ticks.

Tetracyclines, neoarsphenamine and antimosan are usually effective in treating the acute disease but do not clear up the carrier condition.

Heartwater

This disease of sheep, goats and cattle caused by the rickettsial organism *Cowdria ruminantium* is endemic in many parts of southern, eastern and central Africa. The disease is characterized by high fever and nervous symptoms; hydropericardium from which the disease derives its name is commonly but not consistently present. Oedema of lungs is a more constant lesion. Heartwater is an important cause of morbidity and mortality especially in animals imported into endemic regions. Certain breeds of animals indigenous to endemic areas and wild ungulates carry the organim without showing marked symptoms and act as sources of infection for ticks. *Amblyomma hebraeum* is the most important vector. Other species of *Amblyomma* also transmit the infection.

Diagnosis is usually made by microscopic demonstration of *C. ruminantium* in stained smears of scrapings from the intima of large blood vessels or of cerebral gray matter. Confirmation is usually obtained by transmission of the infection to susceptible lambs. (Animals immune to bluetongue are used to avoid intercurrent infections with that virus.)

Heartwater responds to treatment with tetracyclines and sulphonamides. Control of the infection by elimination of ticks is feasible but may not be advisable because of the frequent carriers among domesticated and wild animals. Premunization with a living strain of the organism protects against homologous infection, but the animal remains partially or wholly susceptible to other strains.

Ephemeral Fever

Ephemeral fever or three-day sickness of cattle and water buffaloes is an acute disease characterized by rise of temperature, shivering, stiffness, lameness and enlargement of lymph nodes. Usually, only about 10 to 50% of animals in a herd are attacked, but in some outbreaks the morbidity may be higher. Mortality is l̈ow and is frequently due to medication with draughts which the animal is unable to swallow and which may pass into the trachea and bronchi. Rarely, other intercurrent disease may cause death of the animal. Working animals are unable to provide traction during the period of stiffness and dairy herds suffer a very significant loss of milk.

The infection is widespread in the tropics, and in the sub-tropics in Africa and Asia. In some temperate regions (Japan, Australia) the disease occurs only sporadically.

The disease is caused by a Rhabdovirus which resembles in some of its characteristics the rabies and vesicular stomatitis viruses. It is transmitted by *Ceratopogon* spp. in which cyclic development is considered to occur. In Kenya, *Culicoides* spp. may be acting as vectors (*Davies* et al., 1975). In most endemic areas the peak incidence is observed in warm humid parts of the year. The vectors may be carried over large distances by prevailing winds, thus spreading the infection to clean areas. The disease tends to disappear and return in epizootic form when a new generation of susceptible animals have come up. In Kenya, evidence of infection in wild ruminants (buffalo—*Syncercus caffer* and waterbuck—*Kobus ellipsiprimnus*) has been found. These species may be acting as interepidemic hosts (*Davies* et al., 1975).

The clinical picture of the disease is fairly characteristic but the diagnosis can be confirmed by complement fixation, serum neutralization or fluorescent antibody tests. Final confirmation is obtained by transmission of infection from an animal in acute stages of the disease to a susceptible animal.

After experimental or natural infection an animal is protected against homologous strains for two years, but immunity against heterologous strain is weak or short-lived. Strains of low virulence occur in nature; they can also be produced experimentally by serial passage in small laboratory animals or in tissue culture.

Control by the reduction or elimination of vectors is plausible but is not easily practicable in the tropics where cattle remain in the open in the disease season; furthermore, the vector status of different chironomids and mosquitos is not quite clear. In these circumstances, the vaccination of exposed animals is indicated. Earlier attempts using inactivated and attenuated living vaccines did not give satisfactory results. Recently, *Inaba* et al. (1974) used a two-dose immunization procedure in which an inoculation of attenuated virus was followed by one of an inactivated vaccine. In Australia, two doses of an attenuated live-virus strain combined with aluminium hydroxide adjuvant have been used (*Spradbrow*, 1975). Further trials of these vaccines are needed.

Rift Valley Fever

Rift Valley fever is an acute febrile disease of sheep and cattle characterized by a short incubation period, a rapid course resulting in high mortality in lambs and calves, and abortion in pregnant animals. The most characteristic pathological change is hepatitis and focal liver necrosis leading to acute hepatic insufficiency. The infection is also transmissible to man who develops an influenza-like illness which is severe but not fatal. For a review of the disease, see *Easterday* (1965), and *Davies* (1975) for information on its epidemiology.

The infection is confined to the African continent with major outbreaks reported from central and southern Africa. The disease has a potential for spread to other continents because of the ease with which it is transmitted by various species of mosquitos and other blood-sucking insects. Accidental laboratory infections in man have occurred in Japan, United Kingdom and USA. During outbreaks among animals in Africa, serious losses are caused by abortions and mortality in young animals. Furthermore, thousands of human cases have been observed during these epizootics.

There is some evidence that the infection occurs in natural foci in forests with a cycle involving wild reservoir animals, probably rodents and mosquitos. The virus has been isolated from several species of mosquitos in endemic areas and during the course of outbreaks in domestic animals; they appear to be the most important vectors. Human beings get infected when handling animal tissues.

Clinical diagnosis can be confirmed by complement fixation, serum neutralization and fluorescent antibody tests. The virus can be isolated in mice, lambs or in tissue culture.

Control measures include vector control and vaccination. The importance of vector control, especially mosquito control, was shown when affected sheep flocks from an endemic area in Kenya were moved to a higher altitude where mosquitos were absent; deaths continued for five or six days only in already affected animals; but no new cases occurred. A vaccine prepared from tissue culture virus inactivated with formalin gives protection and is safe. A live virus vaccine prepared from a strain attenuated by intracerebral passage in mice has also been used in sheep. Import of animals from infected areas into uninfected ones should be allowed only under veterinary supervision.

African Horsesickness

African horsesickness is an acute or sub-acute, generally highly fatal, disease of horses and other solipeds which occurs principally in southern and central Africa but has spread at times to western and southern Asia and to north Africa and southern Europe (Spain). The equine populations of Europe and Asia therefore remain under constant threat of the disease. Because of the high mortality in newly infected areas (50—95%) the disease has devastating effects in the newly invaded regions. In endemic areas in Africa, the mortality rate is lower and could be only 10% even during severe epizootics. Mules are more resistant than horses, and donkeys in south Africa are practically immune. During the outbreaks in Asia, however, the donkeys were also found to suffer from the disease. (For a review of the disease see *Howell*, 1963.)

The disease is caused by a Reovirus which occurs in at least nine immunologically distinct types, so that immunity against one does not fully protect against the others. The virulence of strains in nature also differs and in endemic areas in Africa different viral types and strains of varying virulence have been found to prevail simultaneously. Serial intracerebral passage of the virus in mice produces a progressive loss of virulence for horses and an enhanced virulence for mice. This phenomenon provides a method of vaccination which is currently used to control outbreaks, in addition to the control of vectors *(vide infra)*.

The infection is transmitted through nocturnal blood-sucking insects, principally *Culicoides* spp., which are known to carry the virus in their tissues in the horsesickness season. Anopheline and culicine mosquitos are also biological carriers and have been found to transmit the infection in some experiments *(Ozawa et al., 1970)* but not in others *(Howell, 1963)*. When highly susceptible populations of horses are affected, as in Asia or Europe, other blood-sucking insects *(Stomoxys calcitrans, Lyperosia* spp.) may, in addition, transmit the virus mechanically. The extent of the affected geographical area and the seasonal occurrence of the disease follows the distribution and seasonal activity of its insect vectors. It occurs in warm, humid areas mostly in relatively flat plains or river valleys; in the latter it can occur also at considerable altitudes. The peak incidence of the disease is observed in late summer but it disappears quickly after the frosts, where the latter occur. It reappears in the following summer. Partly susceptible animals, such as mules, donkeys and dogs, are believed to act as carriers.

Clinically, the disease occurs in an acute or pulmonary form, a cardiac or subacute form, and a mild form know as "horsesickness fever". An intermittent fever (40—41° C) is however observed in all forms. The clinical diagnosis is confirmed by isolation of the virus in suckling mice. For identification of the immunological type a serum-neutralization test in mice or in tissue culture is required. Lately, a heamagglutination test has also been used.

Of control measures, the most useful is the application of insecticides to the breeding sites of vectors, but this may be attended with practical difficulties especially in countries with limited resources. In such circumstances, the application of insect repellents and insecticides to individual animals would be a practical method of control. The horses should, where possible, be kept indoors in dark, preferably screened premises built on high ground. These measures can be supplemented by immunization with a polyvalent vaccine prepared in mouse brain. No successful chemotherapeutic or chemoprophylactic measures are known.

Possible spread of infection to non-endemic areas through infected insects carried in aircraft is a real danger. Necessary general measures to prevent such spread have been discussed in a WHO Monograph (1972).

Bluetongue

Bluetongue is an acute or subacute disease of sheep, rarely of cattle, characterized by catarrhal stomatitis, rhinitis, enteritis and lameness due to inflammation of sensitive laminae and coronary bands of the feet. Degenerative changes in skeletal muscles lead to protracted convalescence and profound weakness and emaciation. Mortality varies in different breeds and is usually low in adult sheep but heavy in lambs.

The disease is caused by a Reovirus which has multiple antigenic types, at least 18 having been identified until a decade ago *(Howell, 1966)*. In this and in several features of its epidemiology bluetongue resembles African horsesickness. Like the latter, it was known to be endemic in southern and eastern Africa, but it has spread in recent years to north-west Africa, southern Europe (Spain and Portugal), eastern Mediterranean, Pakistan and the United States of America. Unlike horsesickness, it has not been possible to eliminate bluetongue from most of the countries it has invaded where the veterinary services have generally accepted the disease with resignation.

The infection is transmitted by gnats, *Culicoides* spp., but not by mosquitos. Mechanical transmission by various blood-sucking insects has not been reported but is possible. The disease occurs seasonally in mid summer or somewhat later and is generally worst in wet seasons or on irrigated pastures. Cattle and other ruminants (possibly also rodents) may act as carriers of the virus. Latent infection in cattle has been discussed by *Luedke* et al., 1970.

Control of bluetongue is similar to that of horsesickness inasmuch as measures against *Culicoides* and other insects are concerned, but the presence of more numerous carriers makes the elimination of the disease difficult. A vaccine is used to increase the resistance of sheep but it should not be used on pregnant animals. Lambs should be kept indoors from later afternoon to late morning the next day and no lights should be allowed in the premises as they attract insects. Measures against the international spread of bluetongue are similar to those mentioned under African horsesickness.

Viral Encephalitides

A number of arboviruses circulate in nature among arthropods (mosquitos and other blood-sucking insects, ticks, etc.) and small mammals or birds. Domesticated animals and human beings get infected when they enter such foci and are bitten by virus-carrying insects or through other routes of infection. Many of these infections produce clinical signs indicating damage to the central nervous system. In the following pages only the diseases of importance in farm animals have been discussed briefly. Several useful reviews of arbovirus infections have been published. The study and classification of these viruses and the world distribution of infections caused by them is organized by WHO through a dozen collaborating centres in different parts of the world; included among these is the Arbovirus Unit at the Department of Epidemiology and Public Health, Yale University School of Medicine, New Haven, Connecticut, USA.

Equine Encephalomyelitis

This is an infectious disease of horses and other equines characterized by fever, deranged consciousness, excitement and paralysis. Three important forms of the disease, the Eastern, Western and Venezuelan encephalomyelitis are dinstinguished on the basis of antigenic characters, virulence and also the geographical distribution of the causal viruses. They are all restricted to the Americas and belong to group A (alphaviruses) of arboviruses.

In the neotropics, the Venezuelan type is much more important than the others, although the Western type has also been found in Jamaica, Brazil and Argentina. In the late sixties, an outbreak of the Venezuelan type (VEE) started in Guatemala and spread to other middle American countries, as well as northwards to Mexico and reached the United States in 1971. Serious losses from mortality in horses and human beings were suffered in the affected countries which spent very large sums of money on control measures. In the United States, some 1.3 million horses were vaccinated and 8 million acres of land were sprayed from the air with malathion within a few weeks. (For a review of the subject see PAHO/WHO, 1972; US Dept. of Agriculture, 1973.)

Equine encephalomyelitis has a marked seasonal incidence, and the largest number of cases occur in the middle or latter part of summer when mosquitos and other haematophagous insects are abundant and active. In warmer regions this seasonal variation is less marked and cases may occur in all parts of the year. Young equines are more susceptible than adults and mortality among them is higher, although it occurs at other ages as well.

Under natural conditions a variety of arthropods (mosquitos, bugs, lice, ticks, mites, etc.) have been found to harbour the virus, but mosquitos of the genera *Aedes*, *Culex*, and *Mansonia* are considered to be the principal vectors. The virus persists in them through a few generations, thus making them capable of maintaining it in the inter-epidemic periods in addition to its persistence in vertebrate hosts. Of the latter, a large number of species are found infected in an endemic area. However, considering the extent of viraemia and the biting habits of mosquitos, young birds and for some strains of virus, the horses appear to be the principal sources of infection. Irrigation and other operations favouring the increase of mosquitos increase the chances of the disease breaking out and persisting in endemic areas. The epidemiology of these infections, especially of VEE, needs further clarification (*Eddy* et al., 1972; *Walton* and *Johnson*, 1972).

The seasonal occurrence and symptoms of the disease in equines are strongly suggestive, but the diagnosis can be confirmed by isolation of the virus in laboratory animals and by identification of the strain by neutralization tests. Rapid diagnosis by fluorescence microscopy is also possible (*Erickson* and *Maré*, 1975).

Other forms of viral encephalomyelitis in horses have been observed in the Mediterranean basin and in Asia but they do not appear to be transmitted by mosquitos. They are not yet known from the areas where the foregoing types (Western, Eastern and Venezuelan) are prevalent.

Control is based on two types of measures. Firstly, the control and elimination of mosquitos. Spraying from air of large areas with malathion in the southern United States has already been mentioned. Such extensive measures are expensive and may be beyond the resources of several tropical countries. However, other modes of application of insecticides and antimosquito measures should be tried (see chapter by Dr. *Gratz*, p. 85).

The second type of measure consists of vaccinating the animals at risk, especially young animals. Inactivated vaccines prepared from virus cultivated in chick embryos are now extensively used and are more effective and safer than the formolized brain-tissue vaccines or attenuated live virus vaccines (see reviews cited above). The vaccine used in the large-scale campaign in the United States were of the above type and had been prepared and stored for some years before use.

Japanese Encephalitis

This infection is more important as cause of human disease than of domesticated animals. In the latter it is generally a symptomless infection, but fatal cases in horses, cattle, sheep and goats have been reported. In Japan, serious losses in young pigs have been reported from a non-suppurative encephalitis caused by this virus. Abortion and stillbirths are common during outbreaks and usually precede epidemic occurrence in man; the pig in some areas is considered to be an amplifying host.

The infection is widely distributed, occurring from the maritime territory of the USSR through Japan, Korea, China and South-East Asia. It is seasonal in occurrence in the temperate areas, but in the tropical regions it remains endemic rather than epidemic. In Australia and New Guinea, a related virus causes the Murray Valley encephalitis. Two similar infections in the United States—St. Louis encephalitis and California encephalitis—are also caused by related viruses of group B (Flavoviruses). All these infections also infect a variety of animal hosts but are not important as causes of disease in domesticated animals. They are transmitted by mosquitos, mostly of the genus *Culex*. In its northern areas of distribution Japanese encephalitis is transmitted by *Culex tritaeniorhynchus* which feeds on pigs, birds and other animal hosts of the virus. The control of Japanese encephalitis is mostly based on antimosquito measures.

Louping-Ill and Related Infections

Louping-ill is an acute encephalomyelitis of sheep and occasionally of cattle and man caused by a group B arbovirus transmitted by the ticks *Ixodes ricinus* and *Rhipicephalus appendiculatus*. In sheep, the disease is characterized by fever, abnormal locomotion, convulsions and paralysis. It occurs in Scotland, northern England and in Ireland. A related encephalitis occurs in the USSR and in central Europe. In the latter infections, sheep, goats and cattle do not often show clinical symptoms and are transmitted by *Ixodes persulcatus* and *I. ricinus*. None of the above-mentioned diseases occur in the tropics, but they are mentioned here as examples of tick-borne viral encephalitides. Their control depends on control of ticks by dipping and proper range management. A vaccine for the protection of sheep against louping-ill is used in the United Kingdom for protecting animals over four months of age (*Brotherston* et al., 1971).

Nairobi Sheep Disease

This viral infection is characterized by fever and severe haemorrhagic gastroenteritis with mortality varying between 30 and 70% of clinically affected animals. It is endemic in the Kikuyu country between Nairobi and Mount Kenya. Outbreaks occur among sheep flocks brought from the northern part of Kenya and losses among them are considerable.

The virus is transmitted by adult ticks of the species *Rhipicephalus appendiculatus* which have fed as nymphs on infected animals. Urine and blood are infective during the febrile stage. Recovered animals are immune.

Control depends on elimination of ticks by dipping of sheep as well as cattle in acaricide baths. Cattle are included in control measures as the same tick species transmits East Coast fever (see page 194). Immunization has been attempted on a limited scale.

Wesselbron Disease

This is a disease of sheep caused by a B group arbovirus in which ewes abort and young lambs die showing jaundice, haemorrhages and meningoencephalitis. The virus is transmitted by mosquitos (*Aedes caballus* and *A. circumluteolus*). Laboratory workers and others who handle infected tissues get infected, apparently by contact. The symptoms in man are fever, muscular pains and hyperaesthesia of the skin.

Turkey Meningoencephalitis

This is a progressive paralysis associated with a non-purulent meningoencephalitis occurring in Israel. The causal virus appears to be transmitted by mosquitos and is a member of the B group. Little is known of the prevalence and importance of this disease in the tropics where it is likely to be prevalent.

Arthropod-Borne Helminthiases

A number of helminths of domesticated animals use insects, arachnids, crustacea or other arthropods as intermediate hosts. In many cases the arthropod is only a carrier (paratenic) host and the worm does not divide or undergo important development in its tissues. However, even the carrier arthropod plays an important part in the epidemiology of the infection.

In the following paragraphs brief reference is made only to those arthropod-borne parasitic infections which show high endemicity or are otherwise significant in tropical veterinary medicine. Several good reviews of parasitic diseases of animals are available and may be consulted for details; among these are those of *Soulsby* (1965 and 1968) and *Euzeby* (1961—1966). Much useful information on anthelmintic therapy is given by *Gibson* (1965). The monograph by *Davis* (1973) is also of interest to veterinary workers in the tropics.

Hepatic Dicrocoeliasis

This trematode infection is caused by the lancet fluke *(Dicrocoelium dendriticum)* which occurs in the bile ducts of sheep, goat, cattle, pig, dog, horse and in a variety of wild animals. It occurs both in the tropics and temperate areas in Europe, Asia, the Americas and North Africa. It has not been reported from central and southern Africa or from Australasia.

The parasite develops and multiplies asexually in land snails (species of *Helicella, Zebrina, Macrochlamys, Cionella*, etc.) and groups of cercariae are extruded in slime balls. They are ingested by ants of the genera *Formica* and *Proformica* in which the metacercariae develop and accumulate in the abdomen. Sheep and other animals get infected by swallowing the sluggish or moribund infected ants with herbage. The immature flukes migrate to the bile ducts where they mature.

The sheep and other infected animals show symptoms only when the infection is heavy. They consist of general wasting, anaemia, oedema and sometimes enteritis. Diagnosis is confirmed by microscopic demonstration of eggs of the parasite in faeces. Postmortem examination of an animal that dies or is killed also confirms existence of the parasite in a flock or herd.

The infection can be treated with Hetolin [$\beta\beta\beta$-tris-4-chlorophenyl propionic acid-4-methylpiperazine hydrochloride] or thiabendazole. Control measures include the treatment of infected animals and the elimination of snails and ants. However, the presence of infected wild animals and the scattered distribution of land snails over the pasture make field control difficult.

Cestode Infections of Herbivora

Several species of cestodes of the family Anoplocephalidae occur in sheep and goats, cattle and horses, and some of them cause important losses particularly in lambs when they are present in large numbers. The known intermediate hosts of these cestodes are mites of the family Oribatidae (moss mites) which are usually abundant in pastures, especially in permanent pastures with a matt. The mites ingest oncospheres and the cysticercoids develop in their body cavities. Animals get infected when they ingest infected mites with herbage. The tapeworms mature in definitive hosts in about six weeks.

Sheep and goats are infected with adult cestodes of the genera *Moniezia, Avitellina, Stilesia, Thysanosoma*, and *Helictometra*. Species of the first three genera are widespread in regions with warm climates and are particularly important in semi-arid climates. Light infections are well tolerated, but heavy infections in young animals provoke digestive disturbances, diarrhoea, emaciation, anaemia and loss of wool. Death may occur following convulsions or toxoaemia.

Several of the species infecting sheep and goats may occur in cattle and buffaloes, but in these hosts they are of relatively minor importance.

In horses, species of *Anoplocephala, Paranoplocephala* and of *Moniezia* have been reported. Of these *A. magna* is considered to be the most pathogenic and occurs in the small intestine, particularly jejunum. Heavy infections cause catarrhal and sometimes haemorrhagic inflammation with associated intermittent colic and diarrhoea. There is progressive emaciation and anaemia.

Diagnosis of tapeworms in herbivores is confirmed by finding gravid segments or eggs in faeces.

Draughts containing copper sulphate alone or in combination with nicotine have been used widely in treating tapeworms of sheep, but Dichlorophen [5:5'-dichloro-2:2'-dihydroxydiphenymethane] has been shown to be more effective in doses of 300—600 mg/kg bodyweight. In equines, somewhat higher doses are required. Mebendazole, a synthetic wide-spectrum anthelmintic, is also quite active.

Control of these tapeworms depends on regular treatment of animals, and pastures should be cultivated and reseeded to reduce populations of oribatid mites.

Cestode Infections of Poultry

Cestodes are among the commonest parasites of domestic birds (chickens, turkeys, guinea fowl, pigeons, ducks and geese) and many species have a cosmopolitan distribution. Cestodes belonging to the following four families are found in poultry: Davaineidae (genera *Davanainea, Raillietina, Cotugnia*), Dilepididae (genera *Amoebotaenia, Choanotaenia, Metroliasthes*), Anoplocephalidae (only one species *Aporina delafondi* of pigeons) and Hymenolepididae *(Hymenolepis, Fimbraria)*. Medium to heavy infections cause reduction in growth rate and egg production, emaciation and anaemia which may end in death. *Davainea proglottina* is the smallest of poultry cestodes but is the most pathogenic of them. It causes an enteritis manifested by diarrhoea which may be dark because of admixture of blood. Diagnosis is confirmed by finding eggs or gravid segments in faeces (coarse intestinal faeces and not the fine pasty caecal faeces). A post-mortem examination of a representative bird is a more reliable method of confirmation of infection in the flock.

Most of the poultry cestodes use coprophagous arthropods found around poultry runs or poultry houses as intermediate hosts. These are mostly beetles but also the housefly and some grasshoppers. In some cases earthworms act as intermediate hosts. Some of the species parasitic in ducks and geese use crustacea as intermediate hosts.

For treatment, tin compounds are used. Of these the most satisfactory is Di-*n*-butyl tin dilaurate given in doses of 100—500 mg/kg bodyweight. Other anthelmintics which have proved effective are dichlorophen [5:5-dichloro-2:2'-dihydroxydiphenylmethane] and hexachlorophene [bis-(2'-hydroxy-3,5,6-trichlorophenyl)-methane].

Control depends on improvement of hygiene in poultry houses and on poultry management. The faeces which are a source of infection for intermediate hosts should be collected in properly constructed manure pits protected from insects. The soil may be treated with insecticides (DDT, parathion, etc.) to kill insect hosts. The crustaceans in water where ducks and geese are kept may be killed similarly with insecticides.

Habronemiasis of Equines

Two species of the spirurid nematode *Habronema* (*H. muscae* and *H. microstoma*) live on the stomach mucosa of horses and other equines. A third species (*H. megastoma*) produces fibrotic tumours in the stomach which may contain caseous or necrotic material or a cavity. The larvae pass out with the faeces and develop in the larvae of flies which breed in horse dung. Infective larvae of the nematode eventually reach the mouth parts of the flies which develop from the maggots in horse dung. They are attracted by moisture and warmth and are deposited on the lips, nasal cavity, eyes or wounds in the skin of horses. Those which enter the alimentary canal reach the stomach and develop into adults. Those in the skin, eyes and respiratory tract produce granulomatous lesions of varying extent. The skin lesions known as *bursati* or "granular dermatitis" have been reported from many tropical and sub-tropical regions. They are seasonal in character and occur in summer and the rainy season, regressing in winter.

Chemotherapy of habronemiasis is unsatisfactory; antimony compounds and ethyl chloride have been used with varying success. Control depends on proper disposal of dung and control of flies; both approaches may be difficult in the tropics where equines remain outdoors throughout the year.

Dirofilariasis of Dogs

The heartworm *Dirofilaria immitis* occurs in the right ventricle of dogs and other canines and is common in the tropics; its distribution extends into the sub-tropics and to some extent into the temperate regions.

The parasite causes dilatation and endocarditis of the right ventricle and changes in blood vessels and heart valves. When in large numbers, heartworms cause mechanical interference with the heart functions and obstruct the full flow of blood to lungs. This provokes signs of cardiac insufficiency, rapid breathing and collapse on exercise. In smaller numbers the worm causes chronic venous congestion and nervous disorders. Sometimes, sudden death occurs following the formation of thrombi. The diagnosis is confirmed by finding the microfilariae in the peripheral blood, but they should be distinguished morphologically from those of *Dipetalonema* which may be found in the same areas.

The intermediate hosts and vectors are mosquitos of the genera *Aedes*, *Anopheles* and *Myzorhynchus*.

Chemotherapy (reviewed by *Gibson*, 1965) in heavy infections carries the risk of dead worms causing emboli in pulmonary arteries. The drug commonly used is diethylcarbamazine [1-diethylcarbamyl-4-methyl-piperazine hydrochloride] given orally in doses of 25 mg/kg bodyweight three times daily for 30 days. Fouadin, a trivalent antimony compound, is also used intravenously, intramuscularly or intraperitoneally.

Some arsenic compounds have also been used with satisfactory results.

Haemorrhagic Filariasis of the Skin

Haemorrhagic swellings or "boutons" of horses and cattle are known since antiquity and are widespread in the tropics. The disease is caused by *Parafilaria multipapillosa* in horses and *P. bovicola* in cattle. The worms occur in subcutaneous and intramuscular connective tissue and produce nodules up to 2 cm in diameter on the neck, shoulders, barrel and other parts of the body. These nodules are formed by accumulation of blood and are evacuated through an opening made by the female worm. The blood flows out and some of it coagulates in streaks on the hair coat, thus making it prominently visible especially if the hair coat is white or light. Loss of blood sometimes adds to the already existing weakness but usually has little effect on health.

The life history of these parasites is not fully known, but flies feeding on escaped blood are suspected to be intermediate hosts. In the USSR, an anthomyid fly *Haematobia atripalpis* is reported to be the intermediate host of *P. multipapillosa* (*Gnedina* and *Osipov*, 1960). In the tropics the infection occurs particularly after the rains and in the sub-tropics it begins in spring, persisting through summer and disappearing in autumn. An animal may show the lesions annually for three to four years, after which it recovers.

Treatment and control of the infection are unsatisfactory. It is possible that antifilarial drugs such as diethylcarbamazine will be found effective in treatment.

References

(This is not an exhaustive bibliography of the subject. Reference should be made to review articles in the following list and to abstracting journals for a fuller bibliography.)

Abdussalam, M. (1959): Significance of ecological studies on wild animal reservoirs of zoonoses. Bull. Wld Hlth Org. *21*, 179.

Barnett, S. F. (1968): Theileriasis. In: *Weinman, D., Ristic, M.:* Infectious Blood Diseases of Man and Animals. Vol. *2*, 269. New York: Academic Press.

Brotherston, J. G., Bannatyne, C. C., Mathieson, A. O., Nicolson, T. B. (1971): Field trials of an inactivated oil adjuvant vaccine against louping-ill (Arbovirus group B). J. Hyg. Camb. *69*, 479.

Callow, L. L. (1974): Epizootiology, diagnosis and control of babesiosis and anaplasmosis. Relevance of Australian findings in developing countries. Bull. Off. int. Epiz. *81*, 825.

Davis, A. (1973): Drug treatment in intestinal helminthiasis. pp. 125. Geneva: World Health Organization.

Davies, F. G. (1974): Observations on the epidemiology of Rift Valley fever in Kenya. J. Hyg. Camb. *75*, 219.

Davies, F. G., Shaw, T., Ochieng, T. (1975): Observations on the epidemiology of ephemeral fever in Kenya. J. Hyg. Camb. *75*, 231.

Easterday, B. C. (1965): Rift Valley fever. Adv. vet. Sci. *10*, 65.

Eddy, G. A., Martin, D. H., Johnson, K. M. (1972): Epidemiology of the Venezuelan equine encephalomyelitis virus complex. Proc. 2rd int. Conf. Equine Inf. Dis., Paris, p. 126.

Erickson, G. A., Maré, C. J. (1975): Rapid diagnosis of Venezuelan equine encephalomyelitis by fluorescence microscopy. Amer. J. vet. Res. *36*, 167.

Euzeby, J. (1961—1966): Les maladies vermineuses des animaux domestiques et leur incidence sur la pathologie humaine. Tomes 1 et 2. Paris: Vigot frères.

Finelle, P. (1975): Chemotherapy of African animal trypanosomiasis. Mimeographed (unpublished) WHO document TDR/TRYP/WP/75.4.

F.A.O. (1962): The economic losses caused by animal diseases. FAO/WHO/OIE Animal Health Yearbook, 1962, p. 284.

F.A.O./W.H.O. Expert Committee on African Trypanosomiasis (1969): Wld Hlth Org. techn. Rep. Ser. *434*, pp. 79.

F.A.O./W.H.O./O.I.E. (1975): Animal Health Yearbook, 1974. Rome: Food and Agriculture Organization.

Gibson, T. E. (1965): Veterinary anthelmintic medications, 2nd edn. Farnham Royal, England: Commonwealth Bureau of Helminthology.

Gnedina, M. P., Osipov, A. N. (1960): Contribution to the biology of the nematode *Parafilaria multipapillosa* (Condamine et Drouilly, 1878) parasitic in the horse (In Russian). Helminthologia 2, 13.

Henning, M. W. (1956): Animal diseases in South Africa, 3rd edn. pp. 1239. S. Africa: Central News Agency Ltd.

Hoare, C. A. (1965): Vampire bats as vectors and hosts of equine and bovine trypanosomes. Acta tropica *22*, 204.

Hoare, C. A. (1972): The trypanosomes of mammals. pp. 749. Oxford and Edinburgh: Blackwell Scientific Publications.

Hoogstraal, H., Heyneman, D. (1969): Leishmaniasis in the Sudan Republic. 30. Final epidemiologic report. Amer. J. trop. Med. Hyg. *18*, 1091.

Howell, P. G. (1963): African horsesickness. In: Emerging Diseases of Animals, p. 71, Rome: Food and Agriculture Organization of the United Nations.

Howell, P. G. (1966): Some aspects of the epizootiology of bluetongue. Bull. Off. int. Epiz. *66*, 341.

Inaba, Y., Kurogi, H., Takahashi, A., Sato, K. Omori, T., Goto, Y., Hanaki, T., Yamamoto, M., Kishi, S., Kodama, K., Harada, K., Matumoto, M. (1974): Vaccination of cattle against bovine ephemeral fever with live attenuated virus followed by killed virus. Arch. ges. Virusforsch. *44*, 121.

James, M. T., Harwood, R. F. (1969): Herms' Medical Entomology, 6th edn. pp. 484. London: Macmillan.

Levine, N. D. (1973): Protozoan parasites of domestic animals and of man, pp. 406. 2nd edn. Minneapolis: Burgess Publishing Co.

Losos, G. J., Ikede, B. O. (1972): Review of pathology of diseases in domestic and laboratory animals caused by *Trypanosoma congolense, T. vivax, T. brucei, T. rhodesiense* and *T. gambiense.* Vet. Path. 9 (Supplement), pp. 71.

Luedke, A. J., Jochim, M. M., Bowne, J. G., Jones, R. H. (1970): Observations on latent bluetongue virus infection in cattle. J. Amer. vet. med. Assn. *156*, 1871.

Mahoney, D. F. (1962): Bovine babesiosis: diagnosis of infection by a complement fixation test. Austral. vet. J. *38*, 48.

Mitscherlich, E., Wagener, K. (1970): Tropische Tierseuchen und ihre Bekämpfung, 2. Auflage. pp. 383. Berlin und Hamburg: Paul Parey.

Mulligan, H. W., Potts, W. H. (editors) (1970): The African trypanosomiases. pp. 950. London: George Allen and Unwin Ltd.

Ozawa, Y., Shad-Del, F., Nakata, G., Navai, S. (1970): Transmission of African horsesickness by means of mosquito bites and replication of the virus in *Aedes aegypti.* Arch. Inst. Razi *22*, 113.

PAHO/WHO (1972): Venezuelan encephalitis. Scientific publication No. 243. pp. 416. Washington, D.C.

Peters, W. (1974): Drug resistance in trypanosomiasis and leishmaniasis. In: Trypanosomiasis and Leishmaniasis with special reference to Chagas disease, p. 309. Ciba Foundation Symposium 20. Amsterdam, London, New York: Associated Scientific Publishers.

de Raadt, P. (1974): Immunity and antigenic variation: clinical observations suggestive of immune phenomena in trypanosomiasis. Ibid., p. 199.

Riek, R. F. (1968): Babesiosis. In *Weinman, D., Ristic, M.:* Infectious Blood Diseases of Man and Animals, Vol. 2, 220. New York: Academic Press.

Ristic, M. (1968): Anaplasmosis. In *Weinman, D., Ristic, M.:* Infectious Blood Diseases of Man and Animals, Vol. 2, 474. New York: Academic Press.

Ristic, M. (1969): Babesiosis and theileriosis. In *Jackson, G. J., Herman, R., Singer, I.:* Immunity to Parasitic Animals, Vol. 2, 831. New York: Appleton-Century-Crofts, Meredith Corporation.

Roy-Smith, F. (1971): The prophylactic effects of imidocarb against *Babesia argentina* and *Babesia bigemina* infections in cattle. Aust. vet. J. *47*, 418.

Soulsby, E. J. L. (1965): Textbook of veterinary clinical parasitology, Vol. *1*, pp. 1120. Oxford: Blackwell Scientific Publications.

Soulsby, E. J. L. (1968): Helminths, arthropods and protozoa of domesticated animals. pp. 824. London: Baillière Tindall and Cassell.

Spradbrow, P. B. (1975): Attenuated vaccines against bovine ephemeral fever. Aust. vet. J. *51*, 464.

U.S. Department of Agriculture (1973): The origin and spread of Venezuelan equine encephalomyelitis. pp. 51. Hyattsville, Maryland: Animal and Plant Health Inspection Service, US Dept. Agric.

Walton, T. E., Johnson, K. M. (1972): Epizootiology of Venezuelan equine encephalomyelitis in the Americas. J. Amer. vet. med. Assn. *161*, 1509.

Weinman, D. (1970): Trypanosomiasis in macaques and in man in Malayasia. South East Asian J. trop. Med. Publ. Hlth *1*, 11.

Weinman, D., Wiratmadia, N. S. (1969): The first isolates of trypanosomes in Indonesia and in history from primates other than man. Trans. Roy. Soc. trop. Med. Hyg. *63*, 497.

Weiser, J. (1975): Significant recent advances in biological control of vector insects. Adv. vet. Sci. comp. Med. *19*, 47.

Western, K. A., Benson, G. D., Gleason, N. N., Healey, G. R., Schultz, M. G. (1970): Babesiosis in a Massachusetts resident. N. Engl. J. Med. *283*, 854 (Oct. 15).

Wilson, S. G., Morris, K. R. S., Lewis, I. J., Krog, E. (1963): The effects of trypanosomiasis on rural economy. Bull. Wld Hlth Org. *28*, 595.

W.H.O. (1972): Vector control in international health, pp. 144. Geneva.

W.H.O. Expert Committee on Insecticides (1976): Resistance of vetors and reservoirs of disease to pesticides. 22nd Report. Wld Hlth Org. techn. Rep. Ser. No. 585.

W.H.O. Scientific Group (1972): Vector ecology. Wld Hlth Org. techn. Rep. Ser., No. 501, pp. 38.

Wollschutzmittel

G. Höller

Institut für Tierische Schädlinge, Pflanzenschutz Anwendungstechnik,
Biologische Forschung der Bayer AG, D-5090 Leverkusen-Bayerwerk

Inhalt

1. Biologische Grundlagen

Wie alle Naturprodukte, die der Mensch für sich beansprucht und in Lagerhaltung oder Haushalt anhäuft, so ist auch die Wolle von Schädlingen bedroht. Diese Wollschädlinge sind ausgesprochene Verdauungsspezialisten, die in der Lage sind, das Keratin von Wolle, Haaren und Federn, das wegen seiner Disulfidbindungen für die normale Tierverdauung unzugänglich ist, aufzuschließen. Die Tiere gehören der großen Gruppe der Insekten an und sind, ihrer natürlichen Bestimmung nach, Mitglieder der Kadaverfauna. Wenn Frisch- und Faulfleischverzehrer die Leichenbeseitigung so weit vollzogen haben, daß das übrigbleibende Fell zu mumifizieren beginnt, werden Haare, Federn und auch das Fell von den Keratinverdauern angegriffen und beseitigt.

Wenn Nützlinge, so wie die Keratinverdauer, ihrer Nahrung in das Lager oder den Haushalt folgen, werden sie zu Schädlingen. In der Gruppe der Kleinschmetterlinge besitzen die Raupen mehrerer Arten die Fähigkeit, Keratin zu verdauen. Da jedoch die meisten von ihnen in Wohnung oder Lager nicht die physikalischen Bedingungen antreffen, derer sie zur normalen Entwicklung bedürfen, kennen wir als wirtschaftlich wichtigen Schädling in der Hauptsache einen Vertreter aus der Familie der echten Motten, oder *Tineidae*, die Kleidermotte, *Tineola bisselliella*.

Dort, wo höhere relative Luftfeuchtigkeiten die Regel sind, treffen wir gelegentlich noch die Pelzmotte *Tinea pellionella* bzw. die Samenmotte *Hofmannophila pseudospretella* im Hause als Wollschädling an.

Bei den Käfern sind die Larven zweier Gattungen der Familie der Speckkäfer oder *Dermestidae* an der Keratinverdauung beteiligt. Es sind dies die Gattungen *Anthrenus* (Teppichkäfer) und *Attagenus* (Pelzkäfer). Beide kommen in mehreren Arten vor, deren Larven alle als Wollschädlinge auftreten können.

In der folgenden Aufstellung sind die wirtschaftlich wichtigen Schädlinge noch einmal genannt:

1. *Tineola bisselliella*   Kleidermotte
2. *Anthrenus verbasci*   Wollkraut-Blütenkäfer
3. *Anthrenus pimpinellae*   Bibernell-Blütenkäfer
4. *Anthrenus scrophulariae*   Gemeiner Teppichkäfer
5. *Anthrenus fasciatus*   Gebänderter Teppichkäfer
6. *Attagenus pellio*   Gefleckter Pelzkäfer
7. *Attagenus piceus*   Dunkler Pelzkäfer

Die Schäden, die von diesen Tieren an Wollwaren angerichtet werden, gibt *Langheinrich*[7] alleine für die Bundesrepublik mit 60 Mio. DM jährlich an. Dabei müßte diese Zahl sicherlich wesentlich höher angesetzt werden, wenn es keine Möglichkeit gäbe, Wolle mottenecht auszurüsten. Es zeigt jedoch auch, daß diese Möglichkeit noch lange nicht voll ausgenutzt wird.

Wenn auch im allgemeinen nur die Kleidermotte als Wollschädling bekannt ist, so sollte der Fachmann doch wissen, daß auch die Käferlarven erhebliche Schäden verursachen können. Nur ist es meist so, daß Infektionen mit Mottenraupen in ihrem Ausmaß sehr viel stärker werden als solche mit Käferlarven. Das hat seinen Grund darin, daß sich die aus der Puppe geschlüpften, jungen *Imagines* verschieden verhalten. Die Kleidermottenschmetterlinge sind nach dem Schlüpfen aus der Puppenhaut unmittelbar geschlechtsreif und copulationsbereit, so daß die Weibchen in der Regel ihre Eier gleich am Infektionsort ablegen. Damit wächst die Population von Generation zu Generation an und kann an versteckten Stellen, wenn keine Störungen eintreten, verheerende Ausmaße annehmen.

Ganz anders ist das Verhalten der jungen Käfer. In den meisten Fällen verlassen sie nach dem Schlüpfen aus der Puppenhaut den Ort, an dem sie als Larve gelebt haben. Ihre positive Phototaxis läßt sie gegen das Licht fliegen. Im Freiland suchen sie helle Lichtpunkte auf, das sind weiße Blüten, die über der Laubregion stehen, also ungehindert das Sonnenlicht reflektieren können[4]. Hier fressen sie Pollen und Nektar und werden erst nach diesem Reifungsfraß copulationsbereit. Dann jedoch schlägt ihre Lichtreaktion um, und zu Copula und Eiablage suchen sie wieder die Dunkelheit auf. Es wäre aber jetzt lediglich Zufall, wenn das Weibchen seine Eier dort ablegen würde, wo es als Larve gewesen ist.

So ist es begründet, daß die Population der bei uns auftretenden wollschädlichen Käferlarven im allgemeinen mehr verteilt ist und nicht an ein und derselben Stelle so ungeheure Schäden anrichtet.

Abb. 1. Raupe der Kleidermotte; Vergr. 1 : 11

Abb. 2. Kleidermottenschmetterling; Vergr. 1 : 7

Abb. 3. Anthrenuslarve; Vergr. 1 : 7

Abb. 4. Anthrenus fasciatus; Vergr. 1 : 7

Abb. 5. Attagenuslarve; Vergr. 1 : 4

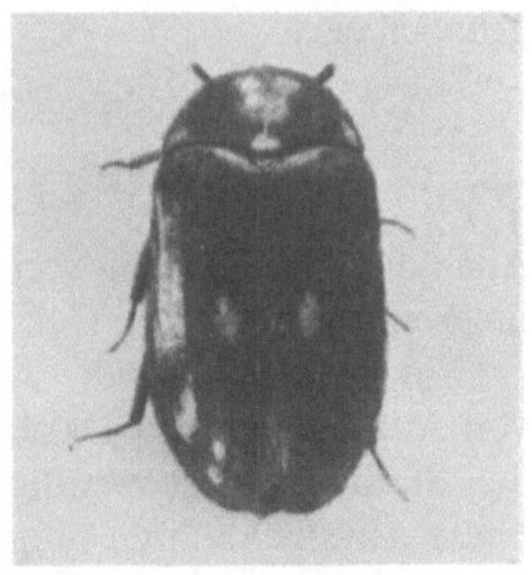

Abb. 6. Attagenus pellio; Vergr. 1 : 6

2. Wollschutz als Sondergebiet der Schädlingsbekämpfung

Die Schädlingsbekämpfung im Pflanzen- bzw. Vorratsschutzsektor hat die möglichst rasche Abtötung des Schädlings zum Prinzip, d.h. es wird mit insektiziden Giften gearbeitet. Dabei ist es wünschenswert, daß die Wirkstoffe nach der Abtötung der Schädlinge abgebaut, abgewaschen oder auf andere Weise eliminiert werden, um eine Intoxikation des Nutznießers der behandelten Ware zu vermeiden.

Ganz andere Wege muß der Wollschutz einschlagen. Es genügt der Textilindustrie nicht, eine temporäre Bekämpfung von vorhandenen Schädlingen durchzuführen, ihr geht es vielmehr darum, hochwertiges Wollmaterial so auszurüsten, daß Schäden durch Wollschädlinge dauernd ausgeschlossen sind. Das bedeutet auf der einen Seite, daß der Wirkstoff so aufgebracht werden muß, daß er mit dem Keratin der Wolle eine echte Bindung eingeht, die auch mehrere Wäschen, denen das Material während des Gebrauchs unterworfen wird, übersteht. Andererseits darf das aufgebrachte Mottenschutzmittel keine toxischen Risiken haben. Es muß gewährleistet sein, daß weder der Ausrüster, noch der Verbraucher gefährdet sind. Durch diese besonderen Anforderungen, die an ein Wollschutzmittel gestellt werden müssen, scheiden die gebräuchlichen Insektizide für diesen Bereich aus. Wollschutzmittel sollten in ihrer Art Textilhilfsmittel sein, deren Wirkstoff nicht den Schädling direkt angreift, sondern auf das Keratin aufzieht und seine Wirkung in Verbindung mit diesem Substrat entfaltet, um Fraßschäden zu verhindern. Man sollte eher von Schutzausrüstung als von Schädlingsbekämpfung sprechen.

Das Ziel, Fraßschäden an Wolle zu verhindern, kann auf verschiedenen Wegen erreicht werden.

Man kann z.B. die Wolle chemisch modifizieren, das heißt, so verändern, daß eine Keratinverdauung ausgeschlossen ist. Dies kann dadurch geschehen, daß die Cystinbrücke des Keratinmoleküls stabilisiert wird. Mit Formaldehyd kann man zu einer Quervernetzung kommen [3].

$$2\,W-SH+HCHO \rightarrow W-S-CH_2-S-W$$

$$(W = Wolle).$$

Außerdem tritt wahrscheinlich noch eine Vernetzung mit Amino- bzw. Hydroxylgruppen ein:

$$2\,W-NH_2+HCHO \rightarrow W-NH-CH_2-NH-W.$$

$$2\,W-OH\ +HCHO \rightarrow W-O-CH_2-O-W.$$

Auch diese Neubildung von Brücken wirkt der Wollverdauung durch die Schädlinge entgegen.

Ein anderer Weg, die Keratinverdauung zu verhindern, ist die Anwendung von Antimetaboliten. Darunter versteht man Antagonisten von Stoffen, die für den Stoffwechsel notwendig sind, seien es nun Vitamine oder Nährsubstanzen. Diese Antimetaboliten ähneln in ihrem Aufbau den Vorbildern, sind aber ein wenig abgewandelt, in der Stellung eines Atoms etwa. Wenn sie nun statt des Vorbildes aufgenommen werden, kommt es im Stoffwechsel des betreffenden Tieres zu Komplikationen und z.T. schweren Schädigungen.

Im Department of Entomology der University of California arbeitete man sowohl mit Vitamin- als auch mit Aminosäureantimetaboliten zur Verhinderung von Fraßschäden durch Wollschädlinge [8, 9].

Diese beiden oben beschriebenen Methoden des Wollschutzes erlangten jedoch in der Textilpraxis keine Bedeutung, da sie sich nicht rationell in die normalen Ausrüstungsvorgänge, denen die Wolle unterworfen wird, einbauen lassen.

3. Geschichtliche Entwicklung der Mottenschutzmittel

Befaßt man sich mit der Geschichte der Mottenbekämpfung, so stellt man fest, daß schon sehr früh Empfehlungen gegeben wurden, die Motten aus Wolltextilien fernzuhalten. Starke Besonnung, Ausklopfen und Lüften der Kleidung wurde vielfach empfohlen. Eine Behandlung, die in begrenztem Rahmen gewiß gute Wirkung zeigte, aber doch Schäden nicht völlig verhindern konnte.

Das Streuen von Pflanzenteilen, die aromatische Öle enthalten, wie Myrte, Anis oder Lavendel zwischen die gefährdeten Textilien wird von manchen Hausfrauen noch heute durchgeführt. Wissenschaftliche Untersuchungen zeigten jedoch, daß dieses Rezept absolut wirkungslos ist. Auch das Einschlagen der Textilien in Zeitungspapier — die Druckerschwärze soll die Mottenraupen vom Fraß abhalten — hat keinen Sinn. Sinnvoller ist da schon die Verwendung von Mottenkugeln, deren Wirkstoffe Atemgifte wie p-Dichlorbenzol, Naphthalin, oder Hexachloräthan sind. Die Abtötung der Wollschädlinge ist dann gewährleistet, wenn in einem geschlossenen Raum die Giftkonzentration stets genügend hoch ist. Das besagt, daß nur dort die Anwendung von Mottenkugeln wirkungsvoll ist, wo Wolltextilien für längere Zeit, für den Sommer bzw. den Winter etwa in geschlossenen Kisten oder Schränken aufbewahrt werden. Dort, wo diese häufig geöffnet werden, sinkt die Giftkonzentration jedesmal unter die kritische Schwelle und die abtötende Wirkung bleibt aus. Das gleiche gilt für Papierstreifen, die mit insektiziden Wirkstoffen (z. B. Lindan) getränkt sind und in der letzten Zeit häufig zu dem gleichen Zweck verwendet werden. Ein weiterer Nachteil der Mottenkugeln ist ihr starker Geruch, der sich in den Textilien festsetzt und nur nach längerem Lüften zurückgeht.

Einen ähnlich begrenzten Schutz von Wolltextilien, man könnte sagen, einen gewissen Lagerschutz, erreicht man durch insektizide Sprays. Der Wirkstoff lagert sich an die Wollfasern an und tötet die eindringenden Insektenlarven durch Kontaktinsektizidie ab. Diese Wirkung dauert jedoch nur eine begrenzte Zeit und das Besprühen der gelagerten Textilien muß von Zeit zu Zeit wiederholt werden.

Man kann also weder beim Einsatz von Mottenkugeln oder insektiziden Streifen noch bei der Verwendung von Sprays von Wollschutz im eigentlichen Sinne sprechen.

Die Entwicklung von wirklichen Mottenschutzmitteln wurde von den Farbenfabriken Bayer in Leverkusen begonnen, die 1922 bereits Ammonium-hexafluoroaluminat als „Motten Eulan®" in den Handel brachten. Da es sich bei der Ausrüstung mit diesem Mittel um eine Anlagerung von Salzen an die Wolle handelte, konnte natürlich keine Waschechtheit erzielt werden. Auch die späteren

Eulanmarken „Eulan" und „Eulan extra", die auf dem gleichen Wirkstoff basierten und das „Eulan W extra", bei dem der Wirkstoff Kaliumbifluorid war, konnten wegen ihrer geringen Waschechtheit keinen Eingang in die Textilausrüstung finden.

Erst eine Zufallsentdeckung wies den richtigen Weg, den man einschlagen mußte. Es wurde festgestellt, daß Wolle, die mit dem Farbstoff Martiusgelb (2,4-Dinitro-α-naphthol) eingefärbt war, von Mottenraupen nicht angegriffen wurde. Es mußten farblose Verbindungen gefunden werden, die wie Farbstoffe auf die Wolle aufzogen und in der Wirkung die Echtheiten eines guten Säurefarbstoffes aufwiesen.

Man ging vom Martiusgelb aus, nahm der Verbindung die farbgebenden Nitrogruppen und fügte statt dessen nicht färbendes Halogen ein. Durch das Einbauen einer Carboxylgruppe wurde der Körper wasserlöslich gemacht. Das Ergebnis dieser Umstellung war die Chlorkresotinsäure, die 1927 von Bayer als Eulan RHF in den Handel kam (Abb. 7).

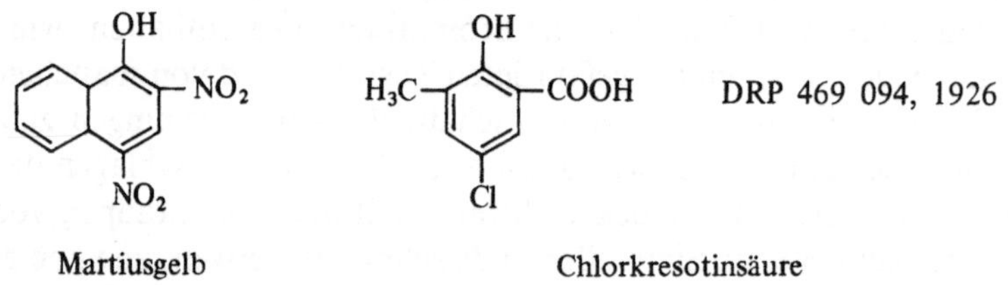

$$\text{Martiusgelb} \qquad \text{Chlorkresotinsäure} \qquad \text{DRP 469 094, 1926}$$

Abb. 7

Diese Verbindung zog zwar aus saurer Flotte auf die Wolle auf, hatte jedoch noch keine Waschechtheit. Diese wurde durch Mottenschutzmittel auf der Basis von Triphenylmethan erreicht. Noch 1927 wurde die 2,2′,4,4′-Tetrachlor-1,1′-dihydroxy-triphenylmethan-2″-sulfonsäure als „Eulan neu" auf den Markt gebracht. Verbesserungen wurden dann Mitte der dreißiger Jahre dadurch erreicht, daß ein weiterer Chlorsubstituent in den die Sulfogruppe tragenden Phenylrest eingebaut wurde. Dieser als „Eulan CN" bezeichnete Körper zeigte noch bessere Wasch- und Walkechtheiten und zog auch aus neutraler Flotte auf die Wolle auf, konnte also zur Ausrüstung von Halbwolle und Mischfasern ebenfalls angewandt werden [10] (Abb. 8).

Nachteilig war jedoch, daß nach alkalischer Wäsche mit Essigsäure abgesäuert werden mußte, da in der Flotte lichtempfindliche ONa-Gruppen entstanden, die Vergilbungen entstehen ließen. Durch die Essigsäure wurden wieder freie OH-Gruppen gebildet. Dieser Nachteil konnte bei den Eulan-Marken FL und FLE dadurch behoben werden, daß die Hydroxylgruppen umgesetzt wurden (Abb. 8).

Um auch schon konfektionierte Wollwaren, Pelze, Möbelstoffe oder Federn ausrüsten zu können, mußten neben diesen „Färbe-Eulanen" Körper gefunden werden, die aus kalter bis lauwarmer Flotte aufzogen. Quaternäre Phosphoniumsalze erwiesen sich hier als brauchbar, und so erschien bereits 1930 eine Triphenylphosphoniumverbindung unter dem Namen „Eulan NK" auf dem Markt (Abb. 9).

Zur Abrundung des Sortiments sollte auch dem Chemischreiniger die Möglichkeit gegeben werden, Wollwaren in organischen Lösungsmitteln mottenecht

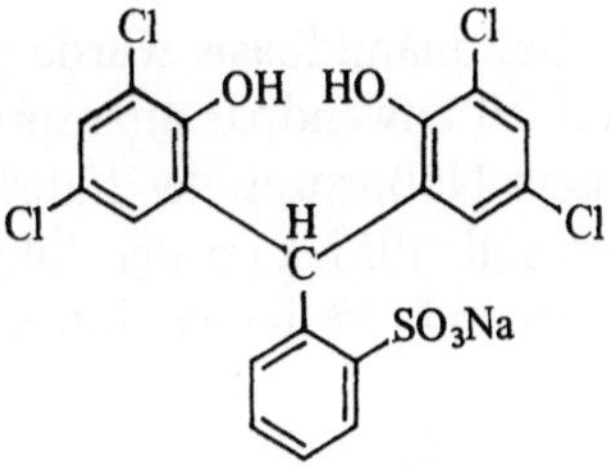

Eulan neu[®]
DRP 503 256, 1930

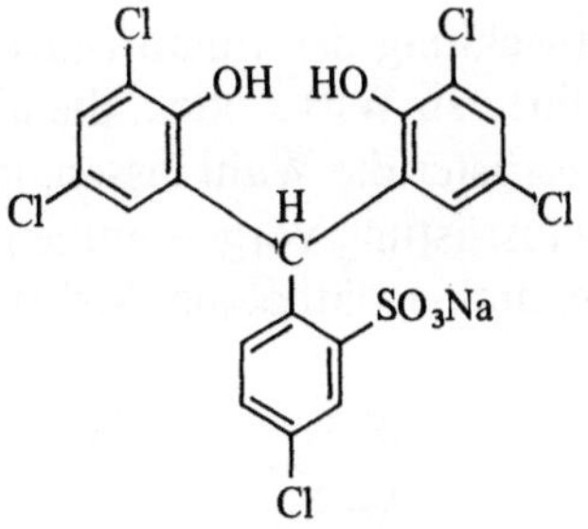

Eulan CN[®]

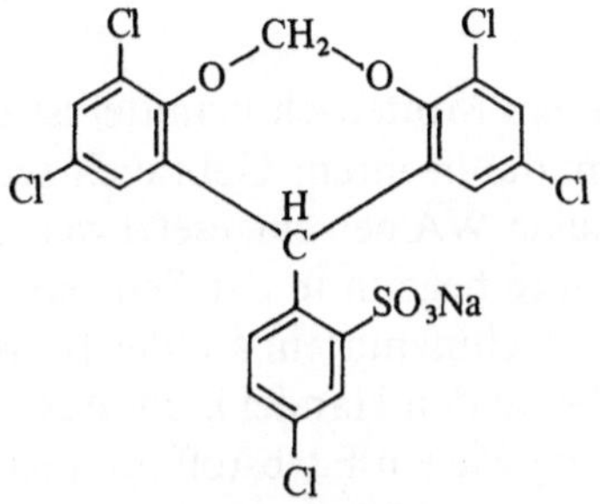

Abb. 8

Eulan FL[®]
D.P. 877 764, 1951

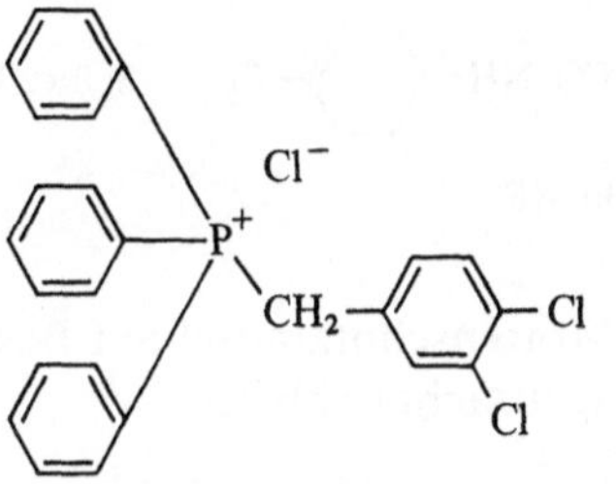

Abb. 9   Eulan NK[®]   DRP 506 987, 1930

auszurüsten. Für diesen Zweck eigneten sich Arylsulfonamide, von denen 1934
das „Eulan BL", 1951 „Eulan BLN" und 1952 Eulan WA extra konz. herausgebracht wurden (Abb. 10).

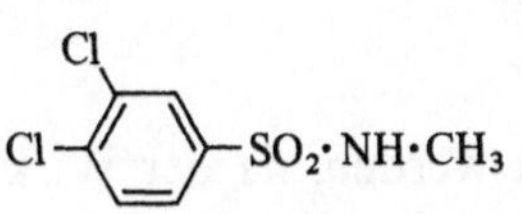

Eulan BL[®] 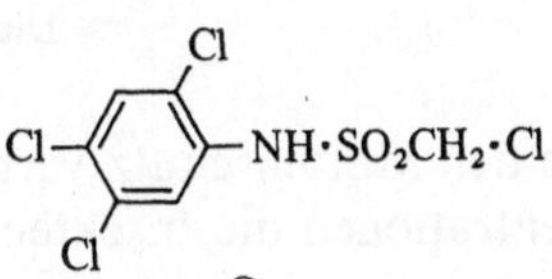   Eulan BLN[®]   DP. 869 137, 1944

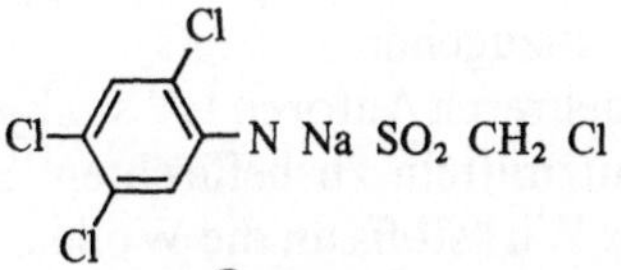

Abb. 10   [®]Eulan WA extra konz.

Die Entwicklung der Eulan-Marken auf Sulfonamidbasis wurde weiter verfolgt und führte zu Wirkstoffen, die als universell anwendbar anzusprechen sind und dem Ausrüster die Wahl lassen, in welchem Naßprozeß der Fabrikation die Mottenechtausrüstung vorgenommen werden soll. 1957 kam der Alkyl-sulfonamidohalogendiphenyläther als Wirkstoff des Eulan U 33 in den Handel (Abb. 11).

Abb. 11   Eulan U 33$^{®}$ DP. 890 883 v. 24.9.1953

Die Ausrüstung mit diesem Mottenschutzmittel ist durch höchste Echtheiten gekennzeichnet. Bei Waren, die in ihrem Gebrauch seltener gewaschen werden, kann die billigere Marke Eulan WA neu eingesetzt werden.

Anfang der dreißiger Jahre begann in der Schweiz die Firma J. R. Geigy mit der Entwicklung von Mottenschutzmitteln auf der Basis von Harnstoffderivaten, von denen „Mitin FF$^{®}$" 1939 in den Handel kam. Auch dieses Mottenschutzmittel zieht aus wäßriger Lösung wie ein Farbstoff mit den entsprechenden Echtheiten auf die Wolle (Abb. 12).

Abb. 12   Mitin FF   Schwz.P. 215 328, 1938
                                                    220 682, 1940

Im Jahre 1953 wurden Mottenschutzmittel auf Basis des chlorierten Kohlenwasserstoffs Dieldrin herausgebracht (Abb. 13).

Abb. 13   Dieldrin$^{®}$

Durch sie sollte der Mottenschutz verbilligt werden, da der Wirkstoff schon in geringen Konzentrationen die Insekten abtötete und so Schäden an Wollwaren verhinderte.

Nach Lipson und Hope[5] scheint die Epoxidgruppe des Dieldrin eine chemische Bindung mit der Wolle einzugehen.

Nach Untersuchungen mehrerer Autoren[1,6] sind jedoch toxische Risiken bei dieldrinhaltigen Mottenschutzmitteln zu befürchten. So konnte festgestellt werden, daß sich nur ein Teil des Wirkstoffs an die Wolle bindet. Der übrige Teil liegt weniger fest auf und wird nicht nur ausgewaschen, sondern auch vom Schweiß abgelöst. Dadurch aber kommt Dieldrin mit der Haut in Berührung und dringt durch sie in den Organismus ein. Das kann durch Kumulierung des Wirkstoffs zu toxischen Affektionen führen.

Außerdem wird darauf hingewiesen, daß Dieldrin mit Wasserdampf flüchtig ist und so von der Lunge aufgenommen wird. Dadurch entstehen Gefahren für das Färbereipersonal, das Ausrüstungen mit dem Insektizid vornimmt.

Ein weiterer schwerer Nachteil ist die hohe Fischtoxizität des dieldrin-haltigen Abwassers der Ausrüstungsbetriebe. Aus diesen Gründen wird Dieldrin heute als Wirkstoff von Mottenschutzmitteln kaum noch eingesetzt.

4. Wirkungsweise der heute gebräuchlichen Wollschutzmittel

Aus der Reihe der im Laufe der Jahre entwickelten Mottenschutzmittel werden heute noch die Sulfonamidabkömmlinge der Bayer AG und die Harnstoffderivate der Firma Geigy eingesetzt, da sie in der textilen Anwendungstechnik problemlos und rationell einzusetzen sind. Bei den Harnstoffderivaten handelt es sich nach *Zinkernagel*[11] um ein Fraßgift, bei dem die Tiere einige Wollstückchen aufnehmen müssen. Durch den Verdauungsvorgang wird Wirkstoff zur Aktion gegen das Tier frei. Die Wirkung ist also spezifisch gegen Keratinverdauer gerichtet. Nehmen Tiere, die keine Wolle verdauen können, ausgerüstete Wollstücke auf, kann, da keine Verdauung abläuft, kein Wirkstoff frei werden, und eine Intoxikation unterbleibt. Die unverdauten Wollstücke werden mit den Exkrementen ausgeschieden.

Auch bei den Eulan-Marken auf Sulfonamidbasis nehmen die keratinverdauenden Insektenlarven eine Darmfüllung an Wollstücken auf. Nach eigenen Untersuchungen handelt es sich dabei um 5—10 Stückchen einer Größenordnung von 5—25 µ. Es kommt also, auch bei starkem Besatz eines kleinen Wollstückes, nicht zu einem sichtbaren Schaden. Wenn der Darm gefüllt ist, wird das Fressen eingestellt und die Tiere sterben wesentlich früher ab, als wenn sie verhungern würden. Das zeigt, daß auch bei den Sulfonamidabkömmlingen unter den Mottenschutzmitteln eine Wirkung gegen den Schädling eintritt.

5. Anwendung der Mottenschutzmittel

Wie weiter oben schon angeführt wurde, muß die Textilindustrie von einem Ausrüstungsmittel verlangen, daß es in einem der in der Fabrikation üblichen Naßprozesse eingesetzt werden kann. Die beste Aussicht auf Einführung haben solche Mittel, die dem Ausrüster die Wahl lassen, an welcher Stelle des Fabrikationsprozesses die Ausrüstung vorgenommen werden kann.

Auf der anderen Seite muß die Möglichkeit bestehen, daß der Ausrüster, je nach den an die Ware gestellten Echtheitsanforderungen, wie bei Farbstoffen, aus einer Palette das entsprechende Mittel wählen oder aber die Konzentrationen eines Schutzmittels variieren kann.

Im Prinzip ist die Anwendung der Mottenschutzmittel auf Sulfonamid- bzw. der auf Harnstoffbasis die gleiche. Einige spezielle Unterschiede werden bei der Besprechung der Ausrüstungsverfahren erkennbar werden.

Der gebräuchlichste Einsatz der Mottenschutzmittel ist der im Färbebad. Die Arbeitsweise braucht dabei nicht geändert zu werden. Beim Zubereiten des Bades setzt man das Mottenschutzmittel vor der Säurezugabe zu, und dann kann der Färbevorgang normal ablaufen. Bei der Färbung mit Chromfarbstoffen kann das entspr. Mottenschutzmittel sowohl im Färbe- als auch im Chromierungsbad eingesetzt werden.

Loses Wollmaterial bzw. Garne werden häufig mit den Sulfonamidabkömmlingen bei der Wäsche kontinuierlich ausgerüstet. Hier muß, nach einer Startdosierung, Eulan kontinuierlich dem letzten Bottich des Leviathans (kontinuierliche Wollwaschanlage) zugesetzt werden, damit eine gleichmäßige Auflage des Mittels auf den Fasern der gewaschenen Partie gewährleistet ist.

In der Bleiche lassen sich die Eulan-Marken auf Sulfonamidbasis sowohl im Superoxid- als auch im Bisulfitbad einsetzen. Das Mitin auf Harnstoffbasis dagegen kann zwischen Oxidations- und Reduktionsbleiche angewandt werden.

Bei der Ausrüstung während der Hydrophobierung arbeitet man mit Sulfonamidabkömmlingen im Zweistufenverfahren, d.h. man läßt die Ware zunächst 10 min mit dem Mottenschutzmittel vorlaufen und kann dann, nach Absäuerung der Flotte, hydrophobieren.

Eine weitere Rationalisierung für den Anwender ist es, daß sich die Mottenschutzmittel auch in die Druckpaste für den Vigoureuxdruck einarbeiten lassen.

Wenn während der Fabrikation keine Mottenechtausrüstung vorgenommen wurde, kann in einer Nachbehandlung gearbeitet werden. Dieses Nachbehandlungsverfahren ist für Wolldecken, Möbelbezugs- und Dekorationsstoffe besonders geeignet. Es wird auf der Waschmaschine oder der Haspelkufe, bei Garnen auf dem Apparat vorgenommen. Die Badtemperatur soll dabei für die Harnstoffderivate je nach Material und Echtheitsanforderung zwischen 45° und 90° C gehalten werden. Bei den Sulfonamidabkömmlingen spielt es ab 35° C keine Rolle, welche Badtemperatur vorliegt.

6. Prüfung des Mottenschutzeffektes

Mottenschutzmittel dürfen naturgemäß die textilen Eigenschaften der ausgerüsteten Ware nicht beeinflussen. Die erfolgte Ausrüstung ist also weder am Griff, noch am Geruch oder der Färbung etwa festzustellen. Es mußten deswegen, um dem Ausrüster und dem Verbraucher die ordnungsgemäße Ausrüstung und damit eine wirkliche Mottenechtheit zu gewährleisten, Prüfverfahren erarbeitet werden. Auf der einen Seite geben die Hersteller der Mottenschutzmittel Analysenverfahren an, mit denen der prozentuale Gehalt der Wolle an Mottenschutzmittel festgestellt werden kann. Dabei werden die Wirkstoffe von der Faser extrahiert und im Extraktionsrückstand durch Farbreaktionen etwa nachgewiesen.

Diese Analysenmethoden geben Aufschluß über den Gesamtgehalt an Wirkstoff einer bestimmten Fasermenge, können aber nichts aussagen über die Egalität der Ausrüstung. Die Prüfung der Egalität kann nur über den Tierversuch erfolgen. Der betr. Wollschädling wird nur dort, wo vielleicht ein lokal begrenztes Konzentrationsgefälle besteht, fressen können.

Ebenso kann nur der Tierversuch darüber Aufschluß geben, ob ein neu entwickelter Wirkstoff fraßhemmende Wirkung besitzt. Aus diesen Gründen mußten neben den analytischen auch biologische Prüfmethoden entwickelt werden. Dabei genügte es nicht, als Testtier einen Vertreter der keratinophagen Insektenfauna heranzuziehen. Da die Physiologie der diversen Gattungen verschieden ist, mußten sowohl die Motten-, als auch Anthrenus- und Attagenuslarven als Prüfinsekten eingesetzt werden. Um das zu verdeutlichen, sei angeführt, daß z.B. die Attagenuslarven einer höheren Dosierung der Schutzmittel auf Sulfonamidbasis bedürfen, als Kleidermotten- und Anthrenuslarven, um vom Fraß abgehalten zu werden. Bei den Harnstoffderivaten muß die Konzentration gegen Anthrenus und Attagenus angehoben werden.

Die Entwicklung geeigneter biologischer Prüfverfahren von Mottenschutzmitteln wurde in Speziallaboratorien durchgeführt, die das notwendige Tiermaterial aus Zuchten zur Verfügung hatten. Dabei war es wichtig, durch Vereinheitlichung der Zuchtmethoden und durch Festlegung der Gefräßigkeit der Tiere in den verschiedenen Altersstadien auf möglichst einheitliches Tiermaterial für die Versuche zurückgreifen zu können. Des weiteren mußten die Versuchsdauer, die Anzahl der auf den Prüfling aufgesetzten Insekten und die Optimalbedingungen (R.L. u. Temperatur), unter denen die Versuche durchgeführt werden müssen, festgelegt werden. So gelang es, solche Fraßversuche in weitem Maß objektiv und reproduzierbar zu machen.

Die erste Prüfmethode, die gut reproduzierbare Ergebnisse erbringt, ist die sogen. visuelle Beurteilung, die in den 20er Jahren entwickelt, aber erst 1958 von *Frey*[2] veröffentlicht wurde. Sie beruht darauf, daß eine bestimmte Anzahl von Prüfinsekten auf ein Teststück gesetzt werden. Nach 14 Tagen, in denen die Versuchsschale unter den für die Tiere optimalen physikalischen Konditionen gehalten wurde, wird festgestellt, ob die Tiere den Prüfling beschädigt haben, und wesentliche Mengen von Wolle gefressen werden konnten. Als Kriterien werden mehrere Merkmale des Versuchs herangezogen:

1. Das Aussehen des Prüflings gibt Aufschluß darüber, ob die Fraßmöglichkeit für die Tiere normal oder gehemmt, oder etwa, wenn keine Schäden zu erkennen sind, unterbunden ist (Abb. 14—16).

2. Anzahl und Aussehen der während des Versuchs abgesetzten Kotbrocken zeigt an, ob eine normale Fraßaktivität vorgelegen hat. Dort wo die Tiere ungehindert fressen und verdauen können, wird eine normale Anzahl von Kotbrocken abgesetzt, die in ihrer Form und Größe für die einzelnen Arten charakteristisch sind. Je mehr Fraß und Verdauung gehemmt werden, um so weniger Kot, der anormale Formen annimmt, wird abgesetzt, bis — bei 100%igem Schutz — das Koten fast völlig eingestellt wird.

3. Die Überlebensrate der Versuchstiere und das Verhalten der Überlebenden gibt Hinweise auf die Toxizität des angewandten Mittels.

Aus dem Gesagten wird klar, daß Voraussetzungen für die einwandfreie Beurteilung der Versuche entomologische Spezialkenntnisse und Erfahrung des Beurteilers sind.

Abb. 14. Nicht ausgerüsteter Möbelbezugstoff im Mottenversuch

Abb. 15. Aus einem Mischgewebe wurden die Wollanteile von Kleidermottenraupen herausgefressen.

Abb. 16. Ein Pullover wurde zur Hälfte mottenecht ausgerüstet und dann einem Mottenfraßversuch ausgesetzt.

Es wurde nun versucht, statt der visuellen Beurteilungsmethode, die auf die Erfahrung weniger Spezialisten angewiesen ist, Methoden zu entwickeln, die auch von Laborpersonal durchgeführt werden können. Dazu mußten meßbare Größen eingeführt werden, die das Versuchsergebnis unabhängig von der Erfahrung machten.

Die Fraßmöglichkeit für die Insekten kann man am Gewichtsverlust, den das geprüfte Muster während des Versuchs erleidet oder aber am Gewicht der angefallenen Exkrementmenge feststellen.

Die gravimetrische Beurteilung wurde in zahlreichen veröffentlichten Prüfmethoden als Grundlage genommen. Einige seien als Beispiel genannt:

1. Methode zur Prüfung der Mottenechtheit von wollenen Textilien. Schweizerische Normenvereinigung SNV 95901.

2. Tentative methods of tests for resistance of textile fabrics and yarns to insect. American Society for Testing Materials, Designation D 582-49 T.

3. Larval testing of mothproofed wool serge (Tentative specification) International Wool Textile Organisation, Bradford, 156 (engl./franz./deutsch).

Bei diesen Methoden sind Limits festgelegt, die den zulässigen Gewichtsverlust bzw. die zulässige Kotmenge festgelegen, mit denen noch eine Mottenechtheit gewährleistet ist.

Allerdings haben diese Methoden entscheidende Nachteile. Sie bedingen ein äußerst minutiöses Arbeiten, was die Auswertung der Versuche zeitlich stark verzögern kann. Es ist zu berücksichtigen, daß die Exkrementbrocken der Kleidermotten in den meisten Fällen mit Seidenfäden versponnen sind und eine Trennung hier unmöglich ist. Die Exkrementgewichtsbestimmung kann also bei Kleidermottenraupen nicht durchgeführt werden. Auch bei der Gewichtsverlustmethode müssen die angesponnenen Seidenfäden entfernt werden, um den echten Gewichtsverlust zu ermitteln. Ebenso müssen Häutungsrückstände bzw. Leichenteile entfernt werden. Diese Schwierigkeiten sind der Grund dafür, daß im allgemeinen für Routineuntersuchungen die visuelle Beurteilungsmethode problemloser ist und auch meist durchgeführt wird.

7. Zusammenfassung

1. Als Wollschädlinge sind die Tiere zu betrachten, die in der Lage sind, Keratin zu verdauen.

2. Mottenschutzmittel sind Textilhilfsmittel, die während des Fabrikationsprozesses aufgebracht werden. Sie dienen weniger der direkten Bekämpfung der Schädlinge als vielmehr dem Schutz der Wolle vor Fraßbeschädigungen.

3. Die Mottenschutzmittel sollen permanenten Effekt haben; sie müssen daher mit der Wolle echte Bindungen eingehen, etwa wie echte Farbstoffe.

4. In der Entwicklung der Mottenschutzmittel wurden im Laufe der Zeit verschiedene Wege beschritten. Heute werden in der Hauptsache Produkte auf Sulfonamidbasis und Harnstoffderivate eingesetzt.

5. Zur Prüfung des nicht merkbaren Effektes wurden analytische und biologische Verfahren ausgearbeitet.

8. Literatur

[1] *Freundt, Kiese:* Arch. Toxikol. *19*, 313—320 (1962).
[2] *Frey, W.:* Nachrichtenbl. Deutsch. Pflanzenschutzdienst *10*, 12 (1958).
[3] *Frieser, E. P.:* Textil-Industr. *67*, 3 (1965).
[4] *Höller, G.:* Anz. Schädlingskunde *22*, 3 (1959).
[5] *Lipson, Hope:* Internat. Wool. Text. Res. Center 1955.
[6] *Maier-Bode:* Med. Experiment. *5*, 65—72 (1961).
[7] *Langheinrich, K.:* Textil-Praxis *1965*, 2.
[8] *Pence, R. J.:* Soap and Chemical Specialties, Aug. 1959.
[9] *Pence, R. J.:* Californ. Agricult. *14*, 2 (1960).
[10] *Stötter, H.:* Anz. Chem. *59*, 5/6 (1947).
[11] *Zinkernagel, R.:* Textil-Rundschau *4*, 5 (1949).

Importance and Spread of Resistance to Insecticides

G. Zoebelein

Leiter des Instituts für Tierische Schädlinge, Pflanzenschutz Anwendungstechnik,
Biologische Forschung der Bayer AG, D-5090 Leverkusen-Bayerwerk

A process which has been observed for many years past and one that continues to spread is the development of resistance in insects and spider mites to insecticides. In some quarters the resistance problem is given undue emphasis and highly overrated especially by commentators wholly opposed to the use of pesticides and by mass media lacking expert knowledge and ignorant of the real scientific facts; in fact, they claim it will soon mean the end of chemical pest control. Even though insect resistance has not yet reached menacing proportions, research and development must take full account of it. Work directed towards clarifying the underlying biochemical principles involved in resistant species has become an interesting and important area of research. It is hoped that fuller understanding of the biological mechanisms of insecticide degradation in the arthropod organism will enable synthesizing chemists to search with greater direction for compounds effective against resistant species.

It is an age-old law of nature that every kind of living being can only continue to exist in the long term, provided it is capable of eluding changed hostile influences of the environment through the survival of more resistant members of its species. Organisms which do not possess such capabilities are unable to adapt in their entirety and succumb, in other words, as natural history shows, they often become completely extinct.

Insect resistance is a subject which today preoccupies not only individual crop protection authorities and scientists working in university and industrial research institutes but also national and international panels. Examples of this far-reaching involvement are furnished by the Reports of the FAO Working Party of Experts on Resistance of Pests to Pesticides and the Reports on Cotton Insect Research and Control (commonly known as the Memphis Reports) published by the United States Department of Agriculture. Both publications present a review—the Memphis Reports, in fact an annual one—of the status of insect resistance to individual insecticides or groups of active ingredients. With the aid of these Reports it would be possible to write a history of insect resistance had not *Brown*[2, 3] already done so. According to his tabulations there were 10 insect species in 1945 which had developed resistance to inorganic insecticides and in 1962 there were about 160. In 1967 resistance was known to have developed in

224 species of insects and acarines, by then also to modern organic insecticides. Of these 224 resistant species 97 were of public health or veterinary importance and 127 were species attacking field or forest crops or stored products. The most widespread type in 1967 was cyclodiene-resistance, involving 135 species, followed by DDT-resistance (91 species) and organophosphate-resistance (54 species). On average the number of resistant species had increased since 1946 by about 20 yearly. There are approximately 5000 species of economically important noxious arthropods[6]. Therefore, assuming the same annual increase, it could be worked out that in about 200 years time, resistance would be present in all harmful arthropods. Certain people take much pleasure in doing sums like this to demonstrate what implications chemical pest control ultimately has in their view. But they forget some very essential facts:

1. The effectiveness of integrated pest control measures such as the use of crop varieties bred for resistance to insects or nematodes, is also of short duration, in fact usually shorter than that of an organic insecticide. It is known that the golden nematode *(Heterodera rostochiensis)* very quickly produces strains capable of breaking, within a few years, the resistance of a newly bred potato variety.

2. One or several insect species do not become simultaneously resistant to all active ingredients or active ingredient groups in all crop-growing regions of the world. If an early warning is given in a particular country by the occurrence of a resistant strain in a small part of the area where a crop is grown, it is mostly possible to use other active ingredients immediately or at least to search for and develop them in good time. With very few exceptions which will be referred to later, it has always been possible so far to find one or several chemical insecticides for the control of resistant species.

3. Insect resistance is reversible. When the use of an active ingredient which has induced resistance is discontinued for several years, the insect species concerned becomes susceptible again. The insecticide withdrawn some years ago can then be used again. It is, however, known that a re-development of resistance then takes place more quickly.

4. There are insect species like *Doralis fabae*, the black bean aphid, in which resistance is difficult to induce even under heavy selection pressure. Yet the black bean aphid has several generations a year, which is generally considered to be a condition for fast development of resistance.

The FAO Working Party of Experts on Pest Resistance to Pesticides at its 1967 Session[4] considered that out of the 224 resistant insect species then known, there was a need to develop standard test methods for the detection and measurement of resistance for only 23 insect species, equivalent to 10% of the total. Of these 23 insect species, the following received priority:

1. *Tetranychidae* (Spider mites)
2. *Chilo suppressalis* (Rice stem borer)
3. *Hylemyia spp.* (Root flies)
4. *Spodoptera littoralis* (Egyptian cotton leafworm)
5. *Distantiella theobroma* (Cocoa capsid)
6. *Boophilus microplus* (Cattle tick)
7. *Myzus persicae* (Green peach aphid)
8. *Dacus spp./Ceratitis capitata* (Fruit flies)

9. *Nephotettix cincticeps* (Green rice leafhopper)

10. *Tribolium spp.* (Flour beetles)

An addition of single reports on insect resistance to 200 and more cases can be misleading at least with regard to the importance of the problem as such. Considering how many such reports arise, it is also essential that the relevance of the cases is carefully checked. The importance of the problem becomes problematic in itself when it is considered that all reported cases, even when some could not be confirmed or were only of the slightest local importance, repeatedly appear in tabulations even though the "problem" is perhaps no longer relevant for some reason or other. For example, the 1969 publication of *Brown*[3] contains some data, repeatedly cited by other authors, on cases of resistance which today are quite different. For example, *Brown* mentions Colorado potato beetle *(Leptinotarsa decemlineata)* resistance to DDT in Germany in 1966. However, this resistance existed in only very few parts of the potato-growing region and it is now of no interest on account of the ban on DDT. Perhaps the beetles have meanwhile lost their resistance, a point which ought to be checked. For those familiar with the situation, the same holds for the report in 1953 of *Spodoptera littoralis* having developed resistance to DDT in Egypt. Trials we conducted in the cotton-growing region of the Nile Delta demonstrated that it was still possible in 1969 to achieve quite satisfactory control of *Spodoptera littoralis* with DDT/methyl parathion or with DDT/methyl parathion/toxaphene in some provinces of Egypt although there had been reports of toxaphene-resistance in 1961 and of organophosphate-resistance in 1967.

The intimated misgivings about reporting that is done in an all too liberal manner should not, however, be construed as representing an attempt to belittle what are important and very unpleasant problems. Without doubt, there are cases of resistance for which practicable solutions of control cannot yet be provided. These include resistance of *Heliothis virescens* to DDT and organophosphates in the USA, resistance of *Psylla pyri* in North Italy, the problematic control of *Boophilus microplus* and the resistant *Tribolium* species as well as other stored-product pests. Whereas it is still possible to find a relatively quick solution for the chemical control of resistant pests of agricultural crops, resistance in animal parasites and stored-product pests is particularly problematic, not only from the viewpoint of industry. However, the development of resistance in these latter pests is easiest to understand.

Due to the very much higher standard of safety required to be satisfied by active ingredients used for the control of stored-product pests, their number has always been very small. In addition to fumigants, only malathion has been granted world wide registrations for the control of stored-product pests, with lindane being approved for this use in some countries. These two active ingredients have been in use in this sector for decades. According to an FAO Report[5], the following stored-product pests are resistant to malathion in many parts of the world:

Sitophilus oryzae and *granarius*,

Rhyzopertha dominica,

Tribolium castaneum and *confusum*,

Oryzaephilus surinamensis and *mercator*.

The solution for the chemical control of these resistant species through the provision of new active ingredients will take some time to emerge, the reason being the same as that which accounts for the development of this resistance—the number of useful active ingredients is very small due to the considerable length of time taken to develop insecticides for the protection of stored products. Intensive cooperation between regional and international authorities and industry, free of bureaucracy, as planned by the FAO, is the only way of achieving a quicker solution to the problem. Development of resistance can also have its advantages. The beneficial arthropods so essential to programmes of integrated chemical and biological pest control can likewise become resistant to insecticides or resistance can be induced in them by breeding. According to *Croft* and *Brown*[1], nine species of predators and parasites of insect pests are resistant to one or more insecticides. Among these natural enemies, the one displaying the broadest spectrum of insecticide tolerance is the predatory mite *Amblyseius fallacis* which is resistant to DDT, azinphosmethyl, carbaryl, Gardona, methoxychlor, parathion and phosmet. These resistant arthropod natural enemies are able to render their useful services without being endangered by insecticides which must be used for the control of pests. With the aid of insecticide-resistant predatory mites, research workers in the USA, for example, succeeded in solving the problem of spider mite resistance in orchards. Today, it is only occasionally necessary to control mite pests in these orchards with a selective insecticide, whilst the control of other fruit pests is usually carried out with azinphosmethyl without harming the extremely beneficial resistant predatory mites.

Literature Cited

[1] *Croft, B. A., Brown, A. W. A.:* Responses of arthropod natural enemies to insecticides. Ann. Rev. Ent. Vol. *20*, 285—335 (1975).

[2] *Brown, A. W. A.:* Insecticide Resistance Comes of Age. Bull. Ent. Soc. of Ann. *14*, 19 (1968).

[3] *Brown, A. W. A.:* Insect Resistance. Farm Chemicals No. *9, 10* (1969).

[4] FAO: Report of the second Session of the FAO Working. Party of Experts on resistance of pests to pesticides (1967).

[5] FAO: Report of the 9th Session of the FAO Working. Party of Experts on resistance of pests to pesticides (1973).

[6] *Unterstenhöfer, G.:* In: *Wegler* (Hrsg.): Chemie der Pflanzenschutz- und Schädlingsbekämpfungsmittel. Bd. 1, p. 57—86. Berlin-Heidelberg-New York: Springer 1970.

Chemical Foundation of the Development of Resistance against Insecticides

A. W. A. Brown

Department of Entomology and Pesticide Research Center,
Michigan State University, East Lansing, MI 48824, USA

Contents

1. Introduction

Resistance against insecticides may develop in an insect population as a result of the selection pressure from chemical-control agents so changing its genetic composition that the bulk of the population comes to consist of resistant genotypes. Such developed resistance, to one or more insecticide types, has now been proven in more than 270 species of insects and acarines. It is the chemical and physiological basis of such gene-determined resistance that is the subject of this chapter.

Since most resistances are specific, the cross-resistance being usually restricted to compounds in the same chemical group as the selecting insecticide, the chapter is divided into the 7 resistance types which are prevalent and well studied. Within these major types several resistance mechanisms may be discovered, especially in the detailed study conducted on the housefly. The meshing of genetical with chemical studies has been most helpful in distinguishing between different mechanisms and in discovering gene-enzyme relationships.

Chemical degradation of the insecticide furnishes the most important mechanisms for resistance to DDT, the organophosphorus and carbamate compounds, and the pyrethroids. Among the enzymes responsible, microsomal mixed-function oxidases are especially important for resistance to carbamates, pyrethroids and organophosphorus compounds, and are significant in some DDT-resistant strains. Desalkylation of the organophosphorus compounds by alkyl transferases may also contribute, as well as hydrolysis of the aryl-phosphate linkage by A-esterases (phosphatases). DDT is mainly detoxified by a DDT-dehydrochlorinase, and a related enzyme may contribute to HCH-resistance.

Other mechanisms imparting resistance to carbamate and organophosphorus compounds include an insensitive cholinesterase found in certain strains of the two-spotted mite, the cattle tick, the housefly, the sheep blowfly and the malaria mosquito *Anopheles albimanus*. The principal resistance mechanism for cyclodiene insecticides and γ-HCH is not detoxicative, but may involve protective proteins binding to the toxicant. Insensitivity of the nerve itself furnishes a resistance mechanism effective against both DDT and the pyrethroids. Finally, reduced cuticular permeability is a commonly-occurring non-specific resistance mechanism which is often the main component of the general "vigor tolerance" which characterizes strains and populations in the initial stages of developing some type of specific resistance.

2. DDT-Resistance

In the first DDT-resistant strains of the housefly to be studied, evidence was obtained that the resistance could be due to a thicker cuticle[195] and a higher lipoid content[145, 196]. But examination of a number of resistant and susceptible strains revealed no consistent difference from the normal in cuticular absorption[132] or in quantity and quality of lipoid[103]. Moreover, no consistent inter-strain difference was found in the levels of cytochrome oxidase[132] or succinic dehydrogenase[3], nor in the oxygen consumption rate[143].

All the DDT-resistant strains, however, were found to differ from the normal by their capacity to dehydrochlorinate DDT to the non-insecticidal metabolite DDE (Fig. 1)[127, 164], and the amount converted was proportional to the resistance of the strain[132]. The detoxication was enzymic and required glutathione (GSH)[168], and the activity of this DDT-dehydrochlorinase enzyme was also proportional to the resistance of the strain[167]. On purification, the enzyme proved to be a simple protein with a molecular weight of 36000 and an isoelectric point at pH 6.5. At its optimum pH of 7.4, the turnover value for DDT is still low, dehydrochlorinating DDD (TDE) and methoxychlor to their ethylene derivatives faster, but at equilibrium nearly all the DDT is converted to DDE[84]. It is inhibited by chlorfenethol (DMC), which can act as a DDT synergist against DDT-resistant flies[85]. Strains in which selection pressure from DMC and DDT together has induced resistance to the mixture prove to have an even higher level of the DDT-dehydrochlorinase enzyme[107]. The enzyme activity is inherited as if due to a single gene allele, the heterozygous flies containing half as much as the

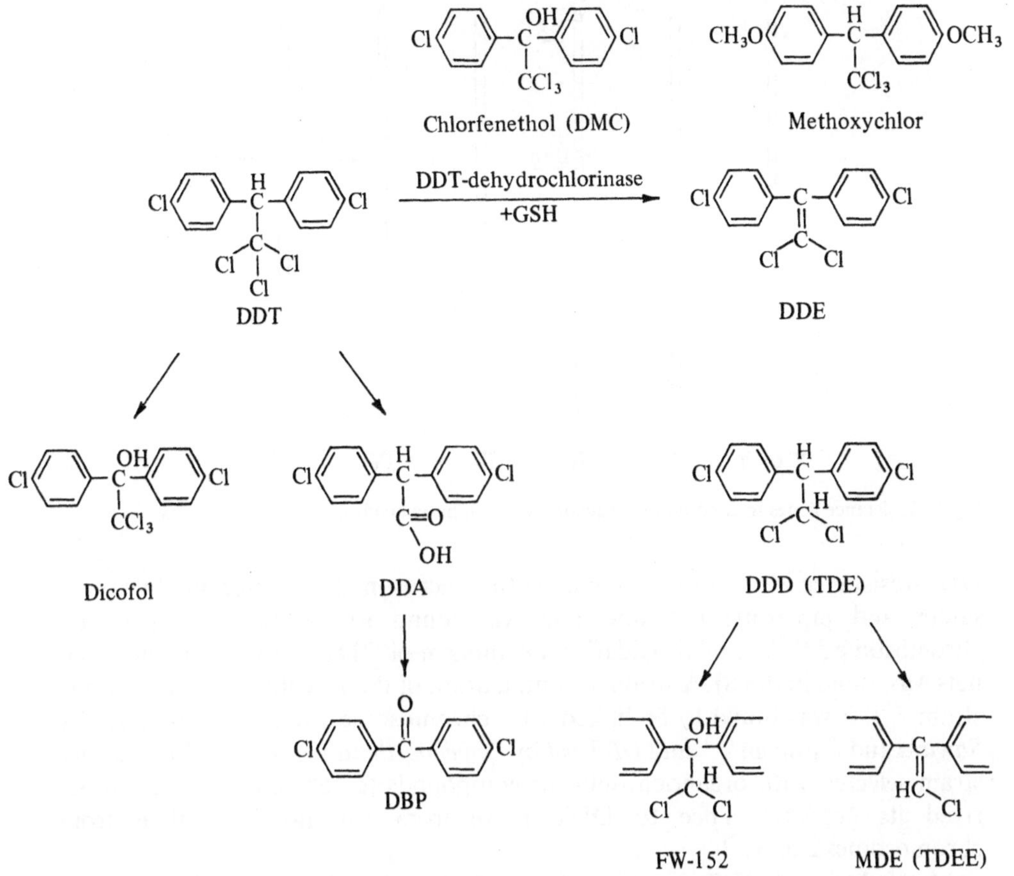

Fig. 1. Metabolites of DDT produced by the housefly, *Drosophila* and *Pediculus:* the oxidative and dehydrochlorinative metabolites of DDD, the DDT analogue methoxychlor, and the dehydrochlorinase inhibitor DMC, are also shown

homozygotes[87]. This gene, called *Deh*, has been located close to the marker *cm* in the middle of the 2nd of the 6 housefly chromosomes (Fig. 2), not only in Japanese[181] but also in Florida, Illinois and Netherlands strains.

Examination of 7 DDT-resistant strains revealed that DDE was the principal metabolite, and the only ether-soluble one[128]. When topically applied to the cuticle, DDE was not further metabolized in the Multi-l resistant strain[164], but in the Bellflower strain only about half of it could be recovered unchanged[172]. In a Japanese strain, small amounts of dicofol (Fig. 1) were produced by hydroxylation of the DDT applied[178]. In the Orlando resistant strain, much of the DDT applied was eventually converted into a water-soluble metabolite, not DDA, which was excreted in conjugated form[173]. The Danish F_c strain, which had been selected with the organophosphorus compound diazinon but was moderately cross-resistant to DDT, proved to have little DDT-dehydrochlorinase activity but converted about half of the applied DDT to water-soluble metabolites[67]. Microsomes from the F_c strain, incubated with DDT in the presence of NADPH, produced 4 unidentified metabolites, none being dicofol or DDA[32]. This type of

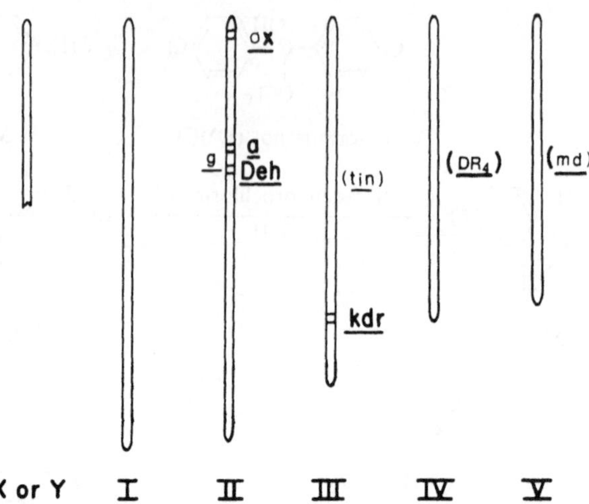

Fig. 2. Resistance genes located on or associated with (in brackets) housefly chromosomes

DDT-resistance is notably overcome by the microsomal-oxidation inhibitors sesamex and piperonyl butoxide, and was found to be due to a gene on chromosome 5[118]. Similar oxidative metabolism of DDT to water-soluble products was found in the SKA strain, a combination of the F_c with the Italian Latina strain[150]; it was found to be linked with chromosome 5 and was called R_3 by *Sawicki* and *Farnham*[150] and *DDT-md* by *Oppenoorth* and *Houx*[121]. Yet another strain selected with organophosphorus compounds (chlorthion and ronnel) derived its cross-resistance to DDT more from chromosome 5 than from chromosomes 2 or 3[43].

A third type of DDT-resistance derives from reduced nerve sensitivity to the action of the toxicant[185,202]; it imparts cross-resistance to other organochlorines and even to pyrethroids[133,140]. First found in a Japanese composite strain to be due to a gene (termed *r-DDT*) on chromosome 3[179], it is probably the same type as the knockdown-resistance present in the Orlando strain and due to the gene *kdr-0* linked with the marker genes *bwb* and *div* on chromosome 3, as was the original *kdr* gene discovered in the Latina strain. While flies DDT-resistant due to the *kdr* gene have little dehydrochlorinating activity as compared to flies equally DDT-resistant due to the *Deh* gene[118], nevertheless a reduced nerve sensitivity could result from dehydrochlorination, since nervous tissue is particularly rich in the DDT-dehydrochlorinase enzyme[106].

Yet another gene *(tin)* on chromosome 3, found in a substrain of the California parathion-resistant strain selected with tributyltin, has the effect of reducing the cuticular absorption of DDT, as also of dieldrin[141]. The gene *ox* on chromosome 2, so important for the microsomal oxidation of carbamates (see below), can also slightly increase the DDT-resistance level[133].

Each of the 5 resistances compound each other's effect when present together. While heterozygotes for *kdr* and homozygotes for *low-Deh* each have little DDT-resistance, flies with these genes present together are highly DDT-resistant, since the less sensitive nerve can withstand a moderate persistence of undehydrochlorinated DDT in the body[47]. The gene *tin* greatly compounds the modest resistance given by *DDT-md*, since penetration of DDT is reduced to the point where it can be handled by this oxidative detoxication mechanism; similarly, the genes *tin* and *ox* compound with *kdr-0*[133].

In the yellow-fever mosquito *Aedes aegypti*, larvae of DDT-resistant strains produce much more DDE than those of susceptible strains[1], and the same applies to the salt-marsh mosquito *A. taeniorhynchus*[19]. Dehydrochlorination is the only metabolic path detectable in *A. aegypti*, but its DDT-dehydrochlorinase enzyme somewhat differs in substrate specificity from that in the housefly[68]. In the tropical house mosquito *Culex pipiens fatigans*, whose DDT-ase is yet again slightly different[69], dehydrochlorination is not so important as a defence mechanism[62], the resistant larvae being characterized by reduced intake of DDT[56]. In the encephalitis mosquito *C. tarsalis*, DDT-dehydrochlorination proved important in an Oregon resistant strain[69], but oxidation is also important and resistance extends to non-dehydrochlorinatable analogues[139]. Among the malaria mosquitoes, increased adult production of DDE has been found in DDT-resistant *Anopheles sacharovi*[124], but not in *A. stephensi*, *A. albimanus* and *A. quadrimaculatus*[83].

In the body louse *Pediculus humanus*, a Korean DDT-resistant strain metabolized DDT to a mixture of DDA and DBP (p,p'-dichlorobenzophenone), which a normal strain could not do *in vivo*[125]. Since homogenates of normal lice could effect this degradation *in vitro*, it was suggested that an inhibiting factor was involved *in vivo* which did not hinder the resistant strain. The DDT-degrading activity of R and S homogenates was quite stable to heat[125], but purified enzyme fractions were more sensitive[105]. The activity is potentiated by cysteine and ascorbic acid as well as by GSH, and is not inhibited by DMC[130]. Of the purified enzyme fractions, one produces a mixture of DDA and DBP, and the other a small amount of DDE[105].

The cockroach *Blattella germanica* normally produces little DDE and much dicofol from DDT; a DDT-resistant strain was found to produce even more dicofol, and excrete more unchanged DDT, than normal[22]. The microsome fraction of cockroach homogenates produced much dicofol provided NADPH was added[2]. DDT-resistant larvae of the pomace flies *Drosophila melanogaster* and *D. virilis* also produced much dicofol and little DDE, along with DBP and FW-152 (Fig. 1) as secondary metabolites; however this characteristic was not consistently inherited along with the DDT-resistant gene[178]. In the cone-nose bug *Triatoma infestans* the natural tolerance of the full-grown nymphs to DDT is associated with its detoxication to DDE, although dicofol is also produced by the nymphs and is the principal metabolite of the adult males[28]. In the Australian cattle tick *Boophilus microplus*, the adult females produced only DDE while the larvae produced dicofol and DBP, besides DDE and 6 unidentified phenols; however, a DDT-resistant strain did not differ from a susceptible one in the rates either of DDT metabolism or DDT absorption[154].

Two species of plant-feeding caterpillars have been studied for the mechanisms of their DDT-resistance. In the pink bollworm *Pectinophora gossypiella* a resistant strain was found to absorb only one-third as much DDT as normal and to detoxify three times more of it to DDE[20]. In the tobacco budworm *Heliothis virescens*, a strain from State College, Mississippi with 20-fold DDT-resistance metabolized DDT to DDE and DDA about 4 times as fast as normal[182]. Another Mississippi strain from the South Delta area with only 8-fold resistance absorbed DDT through the cuticle about half as fast as the normal[182]; this reduced penetration was also shown to endrin, and 2 generations of selection with endrin further increased the resistance to DDT as well as to endrin[123].

Among those insects characterized normally by DDT-tolerance, *Melanoplus* grasshoppers are protected by impeded absorption of DDT through the cuticle, while the Mexican bean-beetle *Epilachna varivestis* vigorously detoxifies it to DDE[165]. The *Epilachna* DDT-dehydrochlorinase requires GSH not only for its activation but also to prevent the activity from disappearing during the homogenization process[23]. The increased tolerance of adult *Epilachna* to DDD with increasing age was correlated with an increase of DDT-dehydrochlorinase activity on DDD substrate[175]. The enzyme is most active in the gonads of the bean-beetle, whereas in the housefly it was most active in the fat body. Another DDT-tolerant coccinellid, the lady beetle *Coleomegilla maculata*, vigorously metabolizes DDT to DDE and rapidly excretes both compounds[6]. The boll weevil also rapidly degrades DDT, but to compounds other than DDE[10], and so does the milkweed bug *Oncopeltus fasciatus*[37]. The tobacco hornworm *Manduca sexta*, so much more DDT-tolerant than the tomato hornworm *M. quinquemaculata*, produces copious amounts of DDE[58]. The red-banded leafroller *Argyrotaenia velutinana* is DDT-tolerant because it produces DDE from DDT so rapidly[165], but it is DDD-susceptible because it dehydrochlorinates DDD to MDE (TDEE) only very slowly[42].

3. Cyclodiene-Resistance

The resistance developed to the cyclodiene derivatives is characterized by a high intensity, with resistance ratios about 1000-fold, and by its being inherited as a single decisive gene allele, the heterozygotes being intermediate in resistance. Whatever cyclodiene insecticide is employed as the selecting agent, the resistance developed extends to all the cyclodiene insecticides.

Initial work with houseflies established that both R and S strains epoxidized topically-applied aldrin to dieldrin[17, 31, 131]. A similar epoxidation converts applied isodrin to endrin[17], and heptachlor to heptachlor epoxide[129]. This epoxidation, which is intoxicative rather than detoxicative, is effected by NADPH-dependent microsomal oxidases, governed by the gene *ox* on chromosome 2 of the housefly[65]. Although in one investigation it bad been found to proceed faster in a California multiresistant strain than in the normal NAIDM strain, this was because at the common dosage rate employed the R flies showed higher survival and absorption rates[31]. The general picture is that there is no difference between cyclodiene-R and S strains in the rate of epoxidation[17, 129], nor in the rate of cuticular absorption[45], nor in the rate of excretion of the cyclodiene toxicants[198]. Again, although those boll weevils and alfalfa weevils which contain more total lipid are the more tolerant to cyclodiene insecticides, and although certain R strains of houseflies and mosquitoes had a higher lipoid content, yet

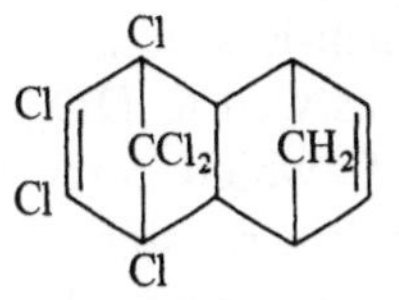

Aldrin

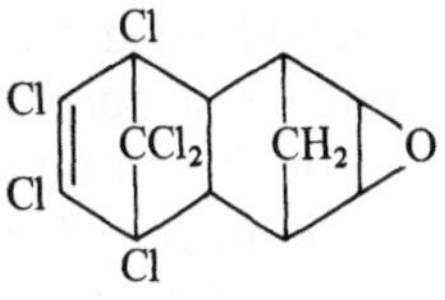

Dieldrin

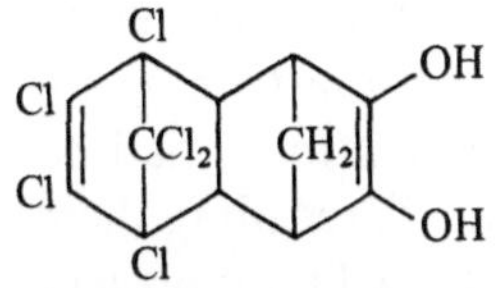

trans-Aldrin Glycol
(6,7-dihydroxy-aldrin)

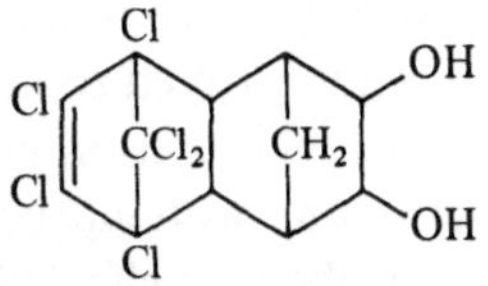

Dieldrin *trans*-Diol
(6,7-dihydroxy-dihydro- aldrin)

Fig. 3. Metabolites of aldrin and dieldrin produced by mosquitoes and rabbits

there are no consistent interstrain differences in this direction and therefore the "fat barrier" cannot be considered as the important cyclodiene-resistant mechanism [66].

Small amounts of a ketonic metabolite were detected as further degradation products of aldrin by R and S strains [17], and flies of the Omdurman strain resistant to HCH and cyclodienes degraded about 10% of the applied dieldrin to water-soluble metabolites [45]. But neither the California multiresistant strain nor the NAIDM strain metabolized dieldrin to a measurable extent [31], while in the cyclodiene-R and S strains derived from NAIDM stock no further metabolism of dieldrin [131] or of heptachlor epoxide [129] could be detected. Although sesamex showed a slight synergistic effect for dieldrin on S flies [170], a series of more moderately insecticidal cyclodienes proved not to be synergized by this oxidase inhibitor [18].

Larvae of a dieldrin-R strain of the mosquito *Aedes aegypti* were found capable of converting 80% of the aldrin absorbed into a polar metabolite, and 25% of the dieldrin absorbed into this metabolite and 3 others [74]. Dieldrin topically applied to adults of a dieldrin-R strain of *Culex pipiens quinquefasciatus* was partly degraded into aldrin glycol (Fig. 3), which is excreted [114]. The metabolite in this species proved to be aldrin *trans*-diol (i.e. the *trans* isomer of aldrin glycol) [176]; since it has been found to be neuroactive on cockroach ganglia, this conversion is not truly detoxicative. When dieldrin was orally administered to laboratory rabbits, the principal metabolite was dieldrin *trans*-diol (6,7-dihydroxy-dihydro-aldrin), constituting 80% of the urinary metabolites [73].

The site of action of dieldrin probably being the presynaptic membranes in the ganglion, it is relevant that studies on a Japanese dieldrin-R strain (Hikone) of the housefly showed that application of dieldrin to the thoracic ganglionic mass evoked a response only after an abnormally long latent period [201]. Studies on dieldrin-R houseflies in Japan, the Netherlands and the United Kingdom [151] have shown that the major gene responsible (DR_4) is on chromosome 4. On chromosome 3, which carries the *kdr* gene for reduced DDT-sensitivity of nerve, the only influence (secondary and not in all dieldrin-R strains) is the gene *tin*, which reduces the cuticular absorption of dieldrin as well as DDT[141], diazinon and mexacarbate[151]; while chromosomes 2 and 5, which carry the genes for oxidase activity, are without an influence on the dieldrin-resistance level.

When the uptake of dieldrin into the entire CNS or nerve cord was studied, no difference between R and S strains was found either by injection of houseflies[153] or by topical application to German cockroaches[144]. When, however, homogenates of the brain were exposed to dieldrin, those of the dieldrin-R cockroaches as compared to an S strain proved to have less dieldrin attaching to the particulate (crude nuclear) centrifugal fraction because so much more had been protectively bound to the supernatant proteinaceous fraction[92], recalling the protective binding for dieldrin and isobenzan effected by the soluble blood proteins in the laboratory rat[108]. When dieldrin was topically applied and the nerve-cord tissue fractionated by centrifugation, the crude nuclear fraction sedimenting between the 0.8 M and 1.5 M sucrose concentrations contained an average of 20% less dieldrin in this R strain (from London, Canada) than in the S strain. By 4 generations of selection of R × S hybrid backcrosses with dieldrin, a substrain was obtained which absorbed 60% less dieldrin than the S in that fraction, thus proving the association of this characteristic with the dieldrin-resistance[93]. The strong resistance of that substrain was not abolished by sesamex, although this synergist did reduce the moderate resistance of the Fort Rucker strain[96]. There was no interstrain difference in lipid content[93].

In *Aedes aegypti* also, homogenates of the brain exposed to dieldrin absorbed about 10% less in the case of dieldrin-R larvae than in S larvae[91]. In the mosquito-fish *Gambusia affinis*, exposure *in vivo* to dieldrin-treated water resulted in fish of a dieldrin-R Mississippi strain taking up 30% less dieldrin in a form attached to the nervous tissue (i.e. extractable in chloroform-methanol 3:1 after the initial n-hexane extraction) as compared to an S strain; in addition, this dieldrin-resistant strain was more active in epoxidizing aldrin, and produced twice as much water-soluble metabolites as the S strain[189]. In the pine mouse *Pitymys pinetorum*, an endrin-resistant strain from Berryville, Virginia showed twice as much mixed-function oxidase (benzpyrene hydroxylase) activity in the liver as a normal strain from Hagerstown[51]. It may therefore be concluded that oxidative detoxication is an important dieldrin-resistance mechanism in these two vertebrates.

Among plant-feeding insects, samples of the cotton bollworm *Heliothis zea* and of the tobacco budworm *H. virescens* taken recently in Texas and therefore cyclodiene-resistant were capable of metabolizing aldrin into conjugates of polar metabolites, which were excreted[135]. In an endrin-resistant strain of *H. virescens* from State College, Mississippi, characterized by a cuticular absorption of endrin that was only one-seventeenth of that in an S strain, there was no interstrain difference in the metabolism of endrin, which was very slight and mainly to endrin-aldehyde and endrin-ketone. The cuticular difference was evidently a secondary mechanism, since the resistance ratio on injection of endrin was still 400-fold. No interstrain difference being found in the distribution of endrin in the various tissues, that found in the nerve cord was fractionated by successive extraction; in this case twice as much endrin unextractable by hexane but extractable by

236

chloroform-methanol was found in the R strain as in the S, and *Polles* and *Vinson*[142] concluded that it was this binding to protective proteins that accounted for the resistance. In the European chafer *Amphimallon majalis*, which degrades dieldrin to small amounts of aldrin *trans*-diol and other metabolites, a dieldrin-resistant strain from East Rochester, New York state showed no difference from S larvae in cuticular penetration, tissue absorption, or in the activities of ATP-ase or glucose-6-phosphate dehydrogenase[79].

4. HCH-Resistance

γ-HCH (γ-BHC, lindane) resembles the cyclodiene insecticides in being a ganglionic poison, and strains developed by selection with γ-HCH or with cyclodiene derivatives shows essentially the same resistance spectrum. Thus houseflies resistant to HCH and cyclodienes show the same lack of sensitivity of nerve-ganglion preparations to perfuse γ-HCH as to dieldrin[200]. Microcrystals of γ-HCH placed on the thoracic ganglionic mass of the R flies elicited none of the symptoms shown on similar treatment of S flies (*R. G. Bridges*, WHO Inf. Circ. Insect. Resist. *16*, 7. 1959).

In HCH-resistance, detoxication may be an important additional mechanism, and reduced absorption may also contribute. Houseflies from 2 Danish resistant strains degraded γ-HCH more than twice as fast as normal houseflies[115]. When 8 HCH-resistant strains were tested by employing the less toxic alpha and delta isomers, the resistance levels showed good correlation with the degradation rates and were inversely correlated with the absorption rates[116]. Nevertheless, the fact that R flies from a somewhat reverted strain, while still considerably more dieldrin-resistant than S flies, metabolized α-HCH more slowly than the S flies indicates that degradation is not the major resistance mechanism[16].

The first metabolite to be discovered was pentachlorocyclohexene (Fig. 4) as a product of an Illinois HCH-resistant strain which lacked DDT-dehydrochlorinase[164], but this may have been partly chlorobenzene or a precursor thereof[15]. A Uruguay HCH-resistant strain was found to produce 11 water-soluble degradation products[11], with pentachlorocyclohexene (PCCH) constituting only 3% of the total metabolites[13]. Dichlorothiophenols constituted about 65% of the water-soluble products, and homogenates of the Uruguay flies could convert γ-HCH to dichlorothiophenols by utilizing added GSH[14]. A GSH-utilizing enzyme of m.w. 54000 that degrades the HCH and PCCH isomers to unknown water-

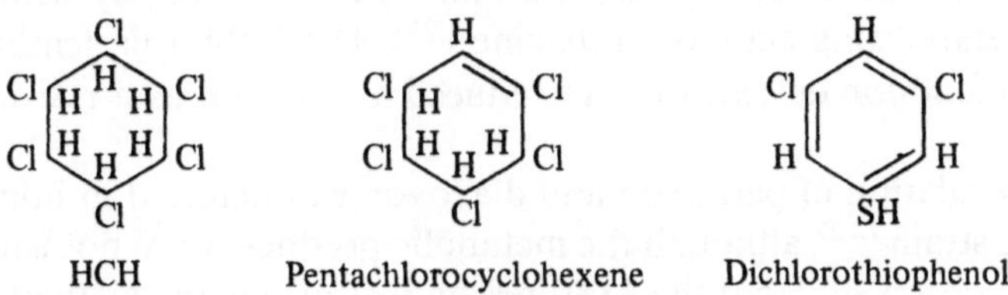

Fig. 4. Metabolites of HCH and PCCH isomers produced by houseflies

soluble metabolites is more active in male houseflies (but not females) of the Cradson-R than the CMSA-S strain; curiously enough it readily dehydrochlorinates DDT[61].

A Nigerian strain of the mosquito *Anopheles gambiae*, in which HCH-resistance had been induced by field applications of dieldrin, showed no increase in detoxication nor decrease in absorption of γ-HCH[12]. On the other hand, an HCH-resistant strain of the rice stem borer *Chilo suppressalis* in Japan metabolized γ-HCH much more rapidly than susceptible strains[148].

5. Organophosphorus-Resistance

Possible resistance mechanisms to OP compounds initially investigated in houseflies included reduced cuticular absorption, decreased intoxicative conversion to the oxon anticholesterase derivative, and a less sensitive cholinesterase. Although OP-resistant strains initially studied in California[88] and the Netherlands[117] were found to be no less active than the normal in oxidizing phosphorothioates to phosphates, more recent study of this desulphuration process effected by microsomal oxidases in a number of strains revealed that R strains tended to oxidize parathion more than S strains[112]. Reduced cuticular absorption of fenthion was evident in a California fenthion-resistant strain[102], and of diazinon in diazinon-resistant strains from New Jersey[40, 75, 99] and Denmark[36]. This minor mechanism was found in the California P-R and the Danish F_c strains to be due to the gene *tin* on chromosome 3 of the housefly, to be non-specific since it also operated against DDT, dieldrin, pyrethrins and tributyltin chloride, and to be lacking in the malathion-resistant Grothe strain from Florida[141]. A dichlorvos-resistant strain from Jalasjarvi, Finland proved to absorb dichlorvos vapour only half as fast as normal[46]. Although the cholinesterase in the OP-resistant strains originally studied was of normal sensitivity[86, 117], the ChE of a strain from New York state resistant to tetrachlorvinphos has recently been found to be 10—100 times less sensitive to inhibition by OP and carbamate insecticides[177a].

That the principal OP-resistance mechanism(s) are detoxicative was discovered by *in vivo* studies on houseflies of parathion-resistant strains from the Netherlands[117] and Florida[136]. The Tropical P strain from Miami, normal in cuticular absorption rate, produced about twice the quantity of water-soluble metabolites from topically applied parathion or paraoxon as the Orlando S strain, and this difference in the breakdown of the active toxicant paraoxon was also evident in the Netherlands strain. Whereas the Danish diazinon-resistant strain also degraded diazoxon more rapidly than normal[36], the New Jersey strain limited its increased metabolizing activity to diazinon[99]. The California fenthion-resistant strain added fenthion detoxication to reduced absorption as a resistance mechanism[102].

Slow degradation of paraoxon and diazoxon was detected in homogenates of the Italian C strain[120], although the metabolic products were not isolated. It had been already observed[5] that the 7 OP-resistant strains in the Netherlands laboratory were characterized by a low activity of a B-type esterase hydrolysing methyl butyrate, termed at that time aliesterase[a]. The association of a low titre of this enzyme with OP-resistance was proved through a series of RS × S backcrosses [5] and was found to be associated with gene a located on chromosome 2 very close to the *Deh* gene[41]. It was shown that the effect of the mutant allele was to transform an esterase with a high turnover for aliphatic and aromatic esters (and inhibited by paraoxon) into one with an appreciable turnover for oxon organophosphates[4]. While the 7 New Jersey diazinon-resistant strains in the Rutgers laboratory were also characterized by low aliesterase titre[25], 6 of the OP-resistant strains at the Riverside laboratory, California were not (*R. B. March*, unpublished, 1968).

A diazinon-resistant Danish strain, freed of the a allele for mutant esterase, was found to have its 10-fold diazinon-resistance abolished by co-treatment of the flies with sesamex, an inhibitor of mixed-function oxidases (mfo's). This F_c strain had also a DDT-resistance similarly inhibited by sesamex, and this was traced to a gene (*md*) located on chromosome 5 (see Fig. 2). On the other hand, the resistance of a dithion-resistant strain from the Netherlands to this OP compound and to DDT, which was also cancelled by sesamex, was traced to a gene on chromosome 2[121]. Microsomal preparations from both these strains, when fortified with NADPH, proved to degrade diazoxon more than 10 times as rapidly as those from 3 susceptible strains. Since the concomitant oxidative activation of diazinon to diazoxon was little more than 5 times in the R as in the S strains, this increased mfo activity was a net advantage as a resistance mechanism. Moreover, a similar differential was found between paraoxon degradation and parathion activation[33].

Microsome preparations from the parathion-resistant Cradson strain from Florida, NADPH-fortified, were found to degrade parathion itself, producing diethylphosphorothioic acid (DEPTA) and p-nitrophenol as metabolites (Fig. 5); paraoxon was also produced, but not further metabolized[111]. Since these two metabolites would also be the products of a phosphatase-type hydrolysis, the mfo aryl-phosphate cleavage observed demands the assumption of an intermediate oxidation product[119]. *In vivo*, however, the production of DEPTA was only 13% inhibited when the Cradson flies were pre-treated with sesamex before parathion was applied, as compared to 60—70% inhibition in 2 susceptible strains. Moreover, no more DEPTA was produced from topically-applied parathion in the Cradson-R than in the Orlando-S strain, also from Florida; and the California parathion-resistant strain showed similarly modest DEPTA production and sesamex inhibition[112]. As judged by the ability of their microsomal preparations to epoxidize aldrin and hydroxylate naphthalene, flies of the California P-R strain had no more mfo activity than those of the Orlando-S, while flies of the F_c strain had 2—4 times as much[155]. In the absence of the mfo co-factor NADPH, microsomal preparations of the California, Cradson or other OP-resistant strains at the Ames laboratory were never observed to convert (hydrolyse) more than 2% of the parathion added[26], although preparations from the parathion-resistant Italian C

---

[a] For the terms aliesterase and B-esterase, the 1964 Recommendations of the International Union of Biochemistry on the Nomenclature and Classification of Enzymes (Elsevier Press, Amsterdam, 1965) have substituted the systematic name carboxylic-ester hydrolase (3.1.1.1.), the trivial name for which is carboxylesterase.

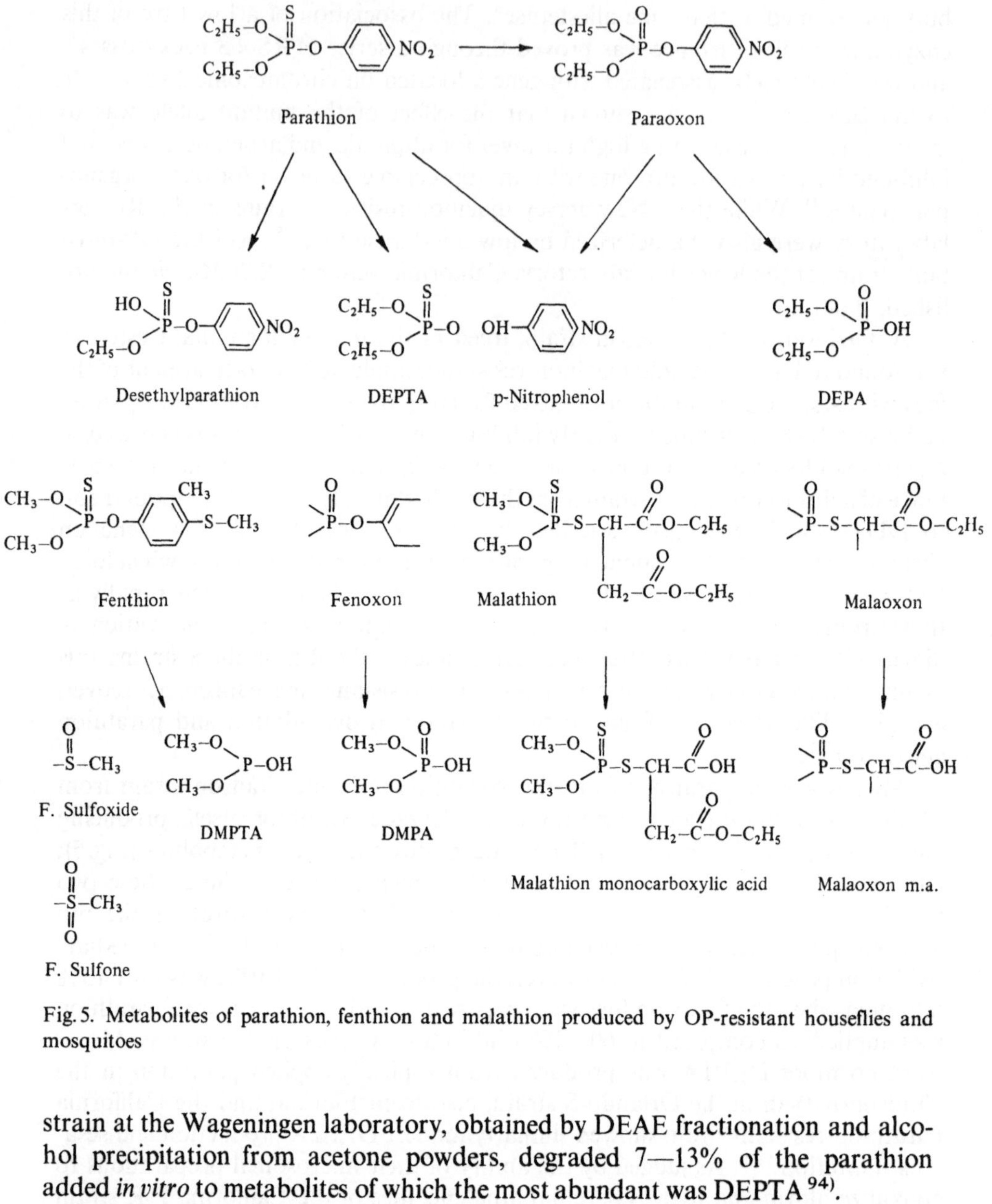

Fig. 5. Metabolites of parathion, fenthion and malathion produced by OP-resistant houseflies and mosquitoes

strain at the Wageningen laboratory, obtained by DEAE fractionation and alcohol precipitation from acetone powders, degraded 7—13% of the parathion added *in vitro* to metabolites of which the most abundant was DEPTA[94].

In the absence of NADPH, microsomes from the highly diazinon-resistant Rutgers strain were no different from those from the CSMA susceptible strain in degrading azinphosmethyl; but when NADPH was added, this R strain produced 5 times more of the metabolites DMPTA (dimethylthiophosphoric acid) and DMPA (dimethylphosphoric acid) than the normal strain[109]b. Microsomes from

---

[b] The microsomal DMPTA-DMPA production in the S strain in the absence of NADPH was about 40% of that in its presence, which could be taken to indicate that microsomal esterases are normally only slightly less important than microsomal oxidases in cleaving the aryl-phosphate linkage in azinphosmethyl.

240

these R flies degraded diazoxon to DEPA and diazinon to DEPTA and DEPA respectively 3 and 6 times more rapidly than those from the CSMA strain[201]. The cytochrome complex in the microsomes of this Rutgers strain showed a Soret peak at 448 nm, in contrast to the 452-nm peak found in susceptible, DDT-resistant and malathion-resistant strains[126].

Evidence for the importance of a phosphate-hydrolysing enzyme (A-esterase[c]) was obtained from the Italian C strain, in which sesamex reduced the LD_{50} of paraoxon by only 5 times in contrast to the 20 times in the F_c strain[119]. In the Italian C substrain E_1, with an 80-fold parathion-resistance, activity has been found in the supernatants of homogenates, NADPH-independent and not inhibited by sesamex, that converts paraoxon to diethylphosphoric acid (DEPA) and p-nitrophenol. By contrast, in another substrain E_2 freed of the a allele and found lacking in this activity, the parathion-resistance has fallen to only 4-fold, presumably deriving from a slightly-enhanced paraoxon-*oxidizing* activity also showed by the E_1 strain[188]. In the diazinon-resistant Hokota strain from Japan, the principal detoxication mechanism is the NADPH-independent hydrolysis of diazoxon[159]. These last 2 examples would contrast with the Danish dimethoate-resistant strain, in which the overriding importance of mfo's was indicated by the effect of sesamex in fully cancelling the resistance[63], while the resistance ratios were higher to the oxon phosphates than to the thion insecticides themselves[171].

Desalkylation of one of the two 0-methyl or 0-ethyl groups (Fig. 5) is an additional type of cleavage of the organophosphorus compounds. The enzyme responsible, found in the supernatant (soluble) fraction of homogenates and stimulated by GSH, may be glutathione S-alkyl transferase[54]. The ability of the parathion-resistant California SC strain to break down methyl parathion and fenitrothion faster than normal was mainly due to an increase in desalkylation[55]. The diazinon-resistant Rutgers strain yielded homogenate supernatants which when treated with GSH were able to degrade both diazinon and diazoxon, which treated supernatants from the normal CSMA strain were unable to do[203]. The supernatants from this resistant strain were 5 times as active as those of the CSMA strain in converting azinphosmethyl and added GSH to the metabolites desmethyl-azinphosmethyl and methyl glutathione[109]. Desethylation of both diazinon and diaoxon by the GSH-treated soluble fraction was particularly strong in the SKA strain, derived partly from the diazinon-resistant F_c strain, and in substrain 29 derived from the SKA strain[81,122]. Moreover, GSH-treated homogenate supernatants from this substrain converted parathion into large quantities of desethyl-parathion and ethyl glutathione. The desethylation character was traced to a gene (g) on chromosome 2, closer to the marker *carmine* than the a gene, and not a itself since it was found present in the dithion-resistant Nic strain which lacks a. GSH-treated supernatants are also remarkable in producing DEPTA from parathion, in amounts several times greater than those of the desethyl metabolites; this phenomenon occurs not only in the Nic strain, which lacks the mutant a esterase, but also is especially pronounced in the malathion-

---

[c] For the term A-esterase, sometimes loosely called phosphatase, the recommendations of the Commission on Enzymes adopted by the International Union of Biochemistry, and published in *M. Dixon* and *E. C. Webb*'s book "Enzymes" (Academic Press, New York, 2nd Ed., 1964), the systematic name aryl ester-hydrolase should be substituted.

resistant G strain which is scarcely resistant to parathion. Since this type of DEPTA production is no greater than the normal in the F_c strain, whose parathion-resistance is due to mfo oxidation, it is possible that it derives from enzymic activity determined by the *g* gene[122].

A summary of the resistance mechanisms developed by the housefly against parathion and diazinon is afforded by the analysis by *Lewis*[81] of the biochemical genetics of various strains, in which the three principal mechanisms are contributed by chromosome 2, as follows:

(i) Oxidation by mfo enzymes in the microsome fraction, dependent on NADPH and inhibited by sesamex, producing DEPTA from parathion and diazinon and DEPA from paraoxon and diazoxon, a mechanism developed by most R strains;

(ii) Hydrolysis by a gene-converted "aliesterase", present in the soluble fraction, mitochondria and microsomes in roughly 2:1:1 ratio, producing DEPTA from paraoxon and diazoxon but not from parathion and diazinon;

(iii) Desethylation by an enzyme in the soluble fraction, activated by GSH and probably an S-alkyl transferase, producing ethyl glutathione and desethyl metabolites from parathion and diazinon, and probably from their oxon derivatives;

(iv) Degradation of diazoxon to unknown metabolites by a mechanism found in the SKA strain, microsomal and sesamex-inhibited, but due to a gene on chromosome 5 instead of chromosome 2;

(v) Reduced cuticular absorption due to a factor on chromosome 3, which can greatly increase the resistance due to the chromosome-2 detoxicative factors in a synergistic rather than a logarithmically additive way, as found in the California P-R strain[60], the SKA strain[149], and certain synthetic strains at the Riverside laboratory[45].

Malathion is an organophosphorus insecticide characterized by additional cleavage points at the carboxyl ester sites on the succinyl side chain (Fig. 5). Tissues of the highly resistant Riverside strain were found to break down malaoxon twice as rapidly as those of a normal strain[88]. Homogenates from the malathion-resistant G (Bethesda 45) and H (Anderson 45) strains from Georgia cleaved malathion at the succinyl ester sites at many times the normal rate, this carboxyesterase enzyme being more heat-labile than in normal strains[95]. The specific carboxyesterase present in the G strain degraded both malathion and malaoxon to their corresponding α- and β-*mono*carboxylic acids in roughly a 4:1 ratio[186]. Enzyme preparations from this strain were almost completely inactive against the diethyl phosphate diazoxon and the dimethyl phosphates dichlorvos and methyl paraoxon[120]. The GSH-fortified supernatants from this G strain, which was only slightly tolerant (4-fold) to parathion, nevertheless proved to be extremely active in producing DEPTA from this substrate[122]. The NADPH-fortified microsomes from the G strain degraded malaoxon 10 times as fast as those of a S strain, producing malaoxon β-carboxylic acid oxidatively. The malaoxon-resistance of the E_1 substrain of the Italian C strain of the housefly, only slightly resistant to malathion, was completely oxidative and independent of carboxyesterase, since the malaoxon-resistance was not cancelled by the carboxyesterase inhibitor triphenyl phosphate[188].

Among other cyclorrhaphous flies, a malathion-resistant strain of the coprophagous fly *Chrysomyia putoria* from Kinshasa, Zaire was found to be characterized by a greatly increased carboxyesterase activity, producing monoacids from the diethylsuccinate moiety[177]. Inhibitors of this enzyme such as tri-o-cresyl phosphate and the insecticide EPN acted synergistically to overcome this malathion-resistance[7]. Diazinon-resistant strains of the sheep blowfly *Phaenicia (Lucilia) cuprina* in Australia did not show decreased absorption but came to contain one-quarter as much diazoxon as the normal, while one of the strains had a less OP-sensitive cholinesterase[156]. Among mosquitoes, whereas an OP-resistant strain of *Culex tarsalis* had a cholinesterase of normal sensitivity, an OP-resistant strain of *Anopheles albimanus* was characterized by a ChE nearly 400 times less sensitive to paraoxon than the normal[6a].

Among the mosquitoes of the central valley of California, where organophosphorus larvicides have been widely used, a 100-fold larval resistance to parathion developed by *Aedes nigromaculis* proved to be due not to a decreased absorption rate but to an increased production of water-soluble metabolites after exposure to parathion, which was quickly converted to paraoxon[101]. A 50-fold resistance to malathion developed by *Culex tarsalis*, extending to no other OP larvicide, was not due to a reduced conversion to malaoxon[100], but to an increased catabolism in which the carboxyesterase products exceeded the phosphatase products[9, 89], and among the latter there was an increase in the malaoxon metabolite DMPA and a decrease in the malathion metabolite DMPTA[89]. The 5-fold increase in carboxyesterase hydrolysis observed was due to a 13-fold higher content of an enzyme of m.w. 16000 that was present mainly in the mitochondrial fraction[90]. This increased carboxyesterase activity was inherited along with the malathion resistance, the gene allele responsible being partially dominant[89]. Larvae of a *C. tarsalis* strain with a 50-fold (or more) resistance to various OP compounds responded to parathion by absorbing 30% less and by producing twice as much water-soluble metabolites as their susceptible counterparts[3a].

The resistance to fenthion developed in larvae of *Culex pipiens fatigans* from Bangkok by selection in the laboratory was found to be due partly to reduced uptake; although the production of oxidative metabolites (fenthion and fenoxon sulphoxides and sulphones) was similar in the R and S strains, the principal difference was in the degree to which fenthion was metabolized to DMPTA and fenoxon to DMPA. Although DMPTA was the most abundant metabolite, the greatest increase shown by the R strain was in the production of DMPA from fenoxon. The net result of the reduced absorption and increased detoxication taken together was that the R larvae came to contain only one-seventh as much chloroform-soluble toxicants as S larvae on exposure to 0.025 ppm fenthion, which would account for the 7-fold resistance observed. When homogenates of the R strain were incubated with 2-naphthyl acetate, they were found to be twice as hydrolytically active as those of the S strain, and this enzymic activity was isolated in a band on an agar-gel chromatogram that was not inhibited by fenoxon, but degraded it[169]. The inheritance of this active band, along with the fenthion-resistance, was monofactorial and associated with chromosome 2 of this mosquito species[29].

The rust-red flour beetle *Tribolium castaneum* has developed strains resistant to malathion applied as a protectant for stored grain; these resistant strains degrade malathion to carboxyesterase products more than normal strains, and their resistance is reduced by carboxyesterase inhibitors[30]. Malathion-resistance in the green rice leafhopper *Nephotettix cincticeps* of Japan was also associated with increased carboxyesterase acting on the succinylester side-chain of malathion, though not of malaoxon[71]. The parathion-resistance developed in Japanese populations of the rice stem borer *Chilo suppressalis* was found to involve a doubling of the ability of these caterpillars to degrade parathion and para-oxon[72]; 0-dealkylation was the most important detoxicative mechanism[70], although an increased content of an esterase hydrolysing 2-naphthyl acetate was detected by thin-layer chromatography[63].

The organophosphorus-resistance developed by methyl parathion in the tobacco budworm *Heliothis virescens* infesting cotton in southern Texas and northern Mexico has been extensively studied at the College Station laboratory, Texas. Although fairly resistant larvae obtained from adults collected near the laboratory showed a higher cuticular penetration rate for malathion than the S laboratory strain[152], a highly resistant strain from Weslaco, south Texas, showed no difference from the normal in the penetration of GC-6506 (dimethyl p-methylthiophenyl phosphate), nor in the excretion of the radiolabelled insecticide and its metabolites. The main difference was that the Weslaco R strain was nearly 3 times as active as the S laboratory strain in producing water-soluble metabolites of this phosphate insecticide, while the R homogenates were twice as active as the S in hydrolysing 1-naphthyl acetate, a process inhibited by paraoxon[193]. Subsequent studies with the sulphone of GC-6056 confirmed that the most important mechanism was the aryl-phosphate cleavage due to an enzyme in the supernatant fraction (phosphotriesterase, A-esterase) not stimulated by GSH, followed by 0-dealkylation of one methyl substituent by a similarly soluble aryl transferase stimulated by GSH. The aryl-phosphate cleavage was not inhibited by sesamex, NADPH-dependent microsomal oxidation being of minor proportions[21].

On the other hand, the degradation of chlorpyrifos and chlorpyrifos-methyl by the Weslaco R strain heavily involved microsomal oxidation, being 25% faster than in the S strain. Microsome preparations fortified by NADPH showed a cleavage of these phosphorothioates to trichloropyridinol which was nearly 5 times as fast in the R as in the S strain[194]. The contrast with the fate of GC-6056 points up the generalization that while A-esterases are largely limited to phosphates, microsomal oxidases are largely limited to phosphoro-thioates as substrates[197]. The soluble-enzyme preparations fortified by GSH were also more active in the R than the S strain, producing several metabolites but only chlorpyrifos-methyl being dealkylated[194]. This latter interstrain difference is of minor importance, since the OP-resistant *H. virescens* has less dealkylating activity (as shown by the action of GSH supernatants on fenitrothion) than the OP-susceptible *H. zea*[135], and the greater resistance of *virescens* than that of *zea* is shown most to compounds detoxified by oxidative aryl-phosphate cleavage such as methyl parathion and monocrotophos and least to compounds such as ronnel and bromophos primarily degraded by dealkylation[134].

In the two-spotted spider mite *Tetranychus urticae (telarius)*, the parathion-resistance of the Blauvelt strain at Ithaca, New York proved to be due to a 3-fold increase in hydrolysis of parathion and paraoxon by A-esterase action[97, 183]; a similar type of resistance was shown by the Niagara strain from Gasport, New York, and the character was inherited as a single dominant gene[53]. The Blauvelt strain was also malathion-resistant, its homogenates showing a 5-fold increase in A-esterase activity on malathion substrate, and a 3-fold increase in carboxyesterase activity[97], and its carboxyesterase had a 20-fold greater affinity for malathion than this enzyme in a normal strain[98]. On the other hand, an OP-resistant strain developed at Leverkusen, by selection first with demeton and then with parathion, had a cholinesterase showing an activity only one-third of the normal[163]. This characteristic was determined by a mutant gene allele producing a changed ChE not only less sensitive to inhibition by paraoxon but also with less affinity than normal to acetylcholine, both types of ChE being present in the $R \times S$ hybrids[183, 184].

Mutant changes in the anticholinesterases were also found in two types of OP-resistance in the Australian cattle tick *Boophilus microplus*. The resistance to diazinon (and diazoxon) developed near Rockhampton, Queensland involved no difference from the normal in cuticular absorption or detoxicative metabolism, but in a lower proportion of the ChE activity being inhibited[157]; at least one of the cholinesterases present in the R strain was phosphorylated more slowly than the normal[80]. A general OP-resistance developed at Biarra in the Brisbane Valley of southern Queensland[190], extending to every OP compound eventually including chlorpyrifos, was explained by the observation with the phosphate coroxon that three of its five cholinesterase forms were insensitive to this phosphorylating inhibitor[113]. A third resistance type was found in the coumaphos-resistance developed near Mackay in northern Queensland that derived from increased degradation to DEPTA and DEPA, resulting in a greatly decreased body content of the inhibitor coroxon; however since neither tri-o-tolyl-phosphate nor piperonyl butoxide showed synergism in the R strain, it could not be decided whether the degradation was hydrolytic or oxidative[147].

Organophosphorus-resistance has also developed in the mite *Neoseiulus (Amblyseius) fallacis*, particularly to the azinphosmethyl used in orchards where this phytoseiid species is a predator of the tetranychid spider-mites. The azinphosmethyl-resistant Fletcher strain from North Carolina was found to degrade this acaricide *in vivo* about 35% more actively than the Rutgers susceptible strain, the major metabolite being desmethyl-azinphosmethyl. Homogenate supernatants fortified by GSH were 6 times more active in the R than the S strain in degrading azinphosmethyl. In addition to this enhanced desalkylation, the R strain showed 3 times more A-esterase activity than the S strain on 1-naphthyl acetate, and 2 extra esterase bands[110].

6. Carbamate-Resistance

In the housefly, a cross-resistance to carbamate insecticides may be engendered by selection pressure from organophosphorus compounds and even organochlorines, though this is a characteristic of American rather than European strains. Cuticular absorption of carbamates is rapid in normal strains[34], and no slower than normal in carbamate-resistant ones[44, 162], the main difference being in detoxicative metabolism. A strain made resistant to AC-5727 (N-isopropyl methylcarbamate) by laboratory selection degraded 85% of this compound where the normal NAIDM strain degraded only 23% of it[44]. A strain similarly made resistant to Isolan showed a notable increase in the normally rapid metabolism of this carbamate, with a concomitant loss in aliesterase activity[138]. The California P-R strain, with a 25-fold cross-resistance from parathion to carbaryl, degraded and excreted this carbamate more rapidly than the normal SCR strain; the resistance and the *in vivo* degradation was reduced by sesamex, and since the same metabolites were produced from 1-naphthol as from carbaryl, it was suggested that the sesamex had inhibited the hydrolysis of carbaryl to 1-naphthol[34].

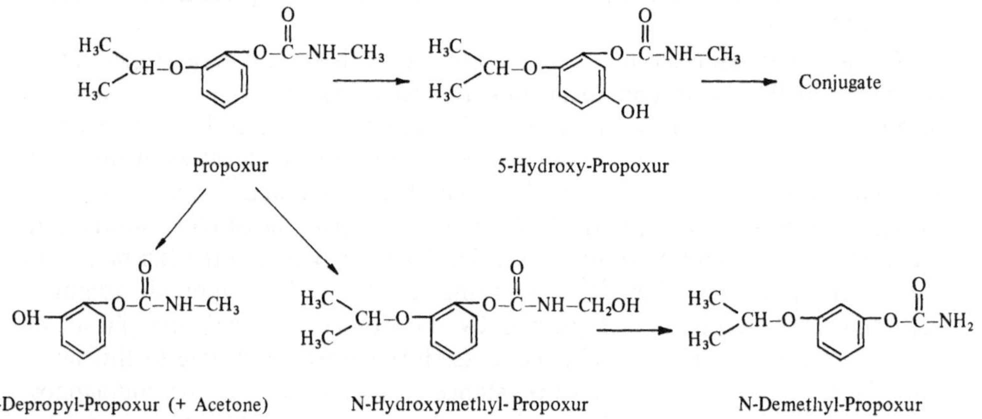

Fig. 6. Metabolites of propoxur produced by carbamate-resistant houseflies

However, when homogenates of the Isolan-resistant strain mentioned above and of a diazinon-resistant strain selected with propoxur (R-Baygon) were fortified with $NADPH_2$, there was no evidence for hydrolysis of propoxur, Isolan, aminocarb or 6 other carbamates, but only of O-dealkylation, N-dealkylation and N-methyl hydroxylation (Fig. 6). The homogenates of the R-Baygon strain degraded propoxur twice as fast, and aminocarb 3 times as fast, as those of susceptible strains; and this metabolism was associated with chromosome 2 of the housefly[180]d. When the flies of the R-Baygon and its parent diazinon-resistant strain from Hokota, Japan were injected with propoxur, they excreted about 4 times as much metabolites and insecticide as the S strains, leaving only about 1/100th as much propoxur in the bodies of the R as in the S flies. The principal metabolite was 5-hydroxy-propoxur, the amounts in the R flies being 5 times greater than in the S; N-hydroxymethyl- and N-demethyl-propoxur also occurred, and 2 metabolites of the hydrolysis product isopropoxyphenol (Table 1). The metabolites were excreted in conjugated form, being released by enzyme

---

d Evidence obtained from the aldrin-epoxidase activity characteristic of the Isolan-resistant strain[65] indicates that the gene responsible is probably the gene *ox* located at one end of chromosome 2 (vide Fig. 2).

246

Table 1. Metabolism of propoxur by susceptible and resistant houseflies: percent of total radio-activity recovered[162]

	in vivo, injection[a]				*in vitro*, microsomes[b]			
	S-WHO	S-Ber-keley	R-Ho-kota	R-Bay-gon	S-WHO	S-Ber-keley	R-Ho-kota	R-Bay-gon
5-Hydroxy-propoxur	5.0	7.3	23.3	38.2	2.6	2.9	30.2	42.6
N-Hydroxymethyl-propoxur	3.1	2.0	4.4	4.4	0.4	0.4	7.6	3.4
N-Desmethyl-propoxur	0.9	0.6	1.1	0.6	0.8	0.5	0.7	0.5
O-Depropyl-propoxur					1.3	1.4	16.9	20.6

[a] Metabolites in housefly bodies 1 hr after injection.

[b] Metabolites in NADPH-treated preparations after 2 hrs incubation.

reagents splitting glucosides, glucuronides and sulphates. Microsomal preparations fortified with NADPH produced the 3 metabolites specified above in similar proportions, those of the R strain being over 10 times more active in producing 5-hydroxy-propoxur than those of the S strain. There was also a similar increase in the production by the R strain of the O-dealkylation product depropyl-propoxur, although no increase in acetone output could be detected. This *in vitro* metabolism was inhibited, and the *in vivo* resistance was reduced, by sesamex[162].

With carbaryl as substrate, microsomes from an organochlorine-resistant strain produced 4-hydroxy- as well as 5-hydroxy-carbaryl, along with 2 other metabolites which were probably the N-hydroxymethyl and 5,6-dihydroxymethyl derivatives[77]. When 13 resistant housefly strains were ranked as to their microsomal oxidase level (as assessed by naphthalene hydroxylation), the Isolan-resistant and carbaryl-resistant strains were nos. 1 and 4, the F_c diazinon-resistant strain no. 3, and the DDT-resistant strains nos. 6, 7 and 11[155].

In the mosquito *Culex pipiens fatigans*, larvae from a laboratory strain selected to the point of a 25-fold propoxur-resistance produced about twice as much 5-hydroxy-propoxur as the original S strain; this principal metabolite was largely excreted, in conjugated form. They also produced about twice as much N-hydroxymethyl- and N-demethyl-propoxur as the normal, but only traces of isopropoxyphenol[161]. Homogenates of this R strain fortified with NADPH produced the 3 oxidative metabolites in quantity where the S homogenates produced virtually none[160].

Each of the three OP-resistant strains of the cattle tick *Boophilus microplus* showed a 10-fold cross-resistance to carbaryl. In the Rockhampton and Biarra strains this was found to be due to their cholinesterases being less sensitive to carbaryl, as they were to the OP compounds. In the Mackay strain, where OP detoxication instead of insensitive ChE was involved, the resistance to carbaryl was possibly due to its being metabolized to a hydrohydroxy derivative that was a non-ACh compound instead of the anticholinesterase derivative normally produced[158].

In the cockroach *Blattella germanica*, a strain with 10-fold carbaryl-resistance developed by laboratory pressure showed a reduced cuticular penetration and a metabolism that caused the level of carbaryl in the body to be about half of that in a susceptible strain. 1-Naphthol was detected colorimetrically and by thin-layer chromatography, most of it being conjugated, but only about 15% more of this metabolite was detected in the body and faeces of the R as compared to the S strain [76].

Among plant-feeding caterpillars, a strain of the Egyptian cotton leafworm *Spodoptera littoralis* with a 30-fold carbaryl-resistance induced by laboratory selection showed no abnormality in cuticular penetration rate, but an apparent increase in the excretion of 3 metabolites, none of which was 1-naphthol [48]. The high carbaryl-resistance of *Heliothis virescens* as compared to *H. zea* was found to be associated with a 30% increase in the amount of polar metabolites excreted, and a 7—23% greater NADPH-dependent microsomal activity (as judged by aldrin epoxidation [135]). In the cabbage looper *Trichoplusia ni*, a New York strain with 17-fold parathion-resistance had sufficient cross-resistance that the half-life of carbaryl in the larvae was only 3 minutes where it was 17 minutes in an S laboratory strain. Fat-body homogenates proved to detoxify carbaryl 8 times as fast in the R as in the S strain, with N-hydroxymethylcarbaryl as the major metabolite, along with some 4-hydroxy-, 5-hydroxy- and 5,6-dihydro-5,6-dihydroxy-carbaryl. The detoxification was NADPH-dependent and was inhibited by piperonyl butoxide. *In vivo*, the bodies and excreta of the larvae contained these metabolites in the same proportion, much of them being conjugated as glucosides and glucuronides, including a small amount of 1-naphthol [78].

7. Pyrethroid-Resistance

Populations of arthropods which have developed resistance to DDT are often (e.g. the blue tick, body louse, housefly and *Culex tarsalis*) slightly cross-resistant to the pyrethroids. A DDT-resistant housefly population near Stockholm, Sweden combatted with aerosols of pyrethrins plus piperonyl butoxide developed a 10-fold pyrethrin-resistance [27], which subsequent laboratory selection with this mixture raised to more than 20-fold, making the flies virtually immune to pyrethrins with or without synergist [35].

Contrary to original indications, the detoxication of pyrethroids by houseflies does not involve hydrolysis of the ester linkage between the chrysanthemic acid and the pyrethrolone (or analogue). An oxidation occurs at the terminal methyl group on the side-chain of the chrysanthemic acid (Fig. 7), as was first demonstrated for allethrin, dimethrin, phthalthrin and pyrethrin I exposed to NADPH-fortified homogenates of housefly abdomens [199]. This *in vitro* activity was higher in homogenates from the diazinon-resistant Hokota strain, somewhat cross-resistant to pyrethrins, than in those from the susceptible SCR strain. The oxidation of allethrin could then be followed *in vivo* in pyrethrin-tolerant flies of the Hokota strain, and of the R-Baygon strain derived from it by propoxur selection, and it was found to occur mainly at the trans-methyl group of the isobutenyl side-chain, with some oxidation occurring at the cis-methyl position. The initial oxidation product, the ω_t-ol, is the principal metabolite produced *in vivo*, accompanied by

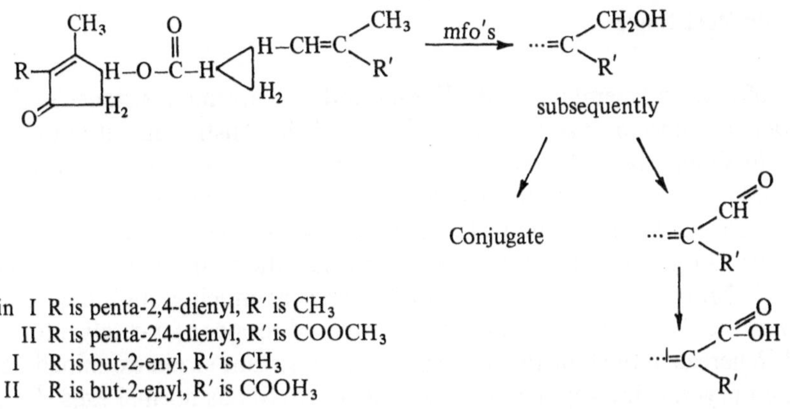

Pyrethrin I R is penta-2,4-dienyl, R' is CH_3
      II R is penta-2,4-dienyl, R' is $COOCH_3$
Cinerin I   R is but-2-enyl, R' is CH_3
    II   R is but-2-enyl, R' is $COOH_3$

Fig. 7. Detoxication of pyrethrins: oxidation of methyl group of chrysanthemic acid moiety

some ω_t-al; since these products are liable to be conjugated, little ω_t-oic acid appears. In the homogenates, most or all of the ω_t-ol is oxidized to the ω_t-oic acid, the major metabolite *in vitro*. The hydroxylation to ω_t-ol is inhibited by piperonyl butoxide, and the further oxidation to the ω_t-oic acid is inhibited by HCN[200].

NADPH-fortified homogenates of the R-Baygon strain, with its 2-fold allethrin-resistance, achieved 85% metabolism of allethrin in the time (30 min) that the S strain metabolized only 29%; the genetic factor responsible for this oxidative ability was located on chromosome 2[137]. The oxidative activity of similar homogenates of the F_c strain, with its 7-fold allethrin-resistance, was not so strongly developed, and was associated with a gene on chromosome 5[137]; this pyrethroid-resistance derived mainly from the non-specific reduced-penetration gene *tin* on chromosome 3[60]. The field-developed Stockholm strain, with its 10-fold pyrethrin-resistance as well as considerable DDT-resistance, absorbed topically-applied pyrethrin I at less than half the rate for normal flies[38], thus indicating the importance of the *pen* (*tin*) gene. The further selection of this field strain with pyrethrins raised the pyrethrin-resistance to more than 20-fold, adding a component inhibited by sesamex. When the field strain was selected with resmethrin instead, the pyrethrin-resistance was lowered while the resmethrin-resistance was raised; since sesamex had little effect on the resulting resistance, in which a DDT-resistance independent of oxidation or dehydrochlorination persisted, it was concluded that the component added was due to the *kdr-O* gene[35]. Indeed it had been found in the Orlando DDT-resistant strain, with its 4-fold tolerance of synergized pyrethrins, that the *kdr-O* gene on chromosome 3, associated with reduced nerve sensitivity, conferred tolerance to pyrethrins as well as resistance to DDT[140].

A similar type of resistance both to pyrethrins and to DDT, and induced by selection with either, occurs as an element in the DDT-resistant Oak Ridge strain of the mosquito *Culex tarsalis*[140]. While laboratory selection with pyrethrins has made body lice highly resistant to DDT[24], strains of the blue tick in South Africa that have developed DDT-resistance are cross-resistant to pyrethrins[191].

8. Arsenic-Resistance

The use of sodium arsenite in cattle dips has induced arsenic-resistance in the blue tick, *Boophilus decoloratus*, in South Africa and the Australian cattle tick, *B. microplus*, in Queensland. Since arsenicals inhibit SH enzymes, an effect against which GSH is a protectant in arthropods[39], the arsenic-resistant strains were examined for sulfhydryl content. In the blue tick, the resistant larvae proved to have twice as high the SH content, and 2.5 times the GSH level, as normal larvae[49, 192]. Moreover, the R larvae had 3.5 times as much glutathione reductase activity as the S, and considerably higher levels of copper as a catalyst for oxidation[50]. Whereas in the blue tick the eggs of the resistant strain examined halfway in their embryonic development had twice as much SH as normal eggs[174], in the Australian cattle tick the SH content was below that of the normal strain at all embryonic stages[146].

The use of acid lead arsenate in orchards against the codling moth, *Carpocapsa pomonella*, induced an arsenic-resistant strain in the Grand Valley of Colorado a half-century ago; ever-increasing numbers of sprays were required to protect the apples against entry by the newly-hatched larvae. However it turned out that these Colorado larvae were just as susceptible to oral doses of arsenicals as normal larvae from Virginia[52]. Their essential difference from the normal was found to be a greater resistance against the loss of weight that would follow starvation and desiccation, and thus their longer survival would increase their chances of finding an arsenic-free spot where they could enter the apple[59]. Here was a case not of specific arsenic-resistance but of a pronounced increase in general vigour which may be regarded as a very strong "vigor tolerance".

9. Literature

Reviews

Brooks, G. T.: Progress in metabolic studies of the cyclodiene insecticides and its relevance to structure-activity correlations. World Rev. Pest Control 5, 62—84 (1966).

Brown, A. W. A.: Mechanisms of resistance against insecticides. Annu. Rev. Entomol. 5, 301—326 (1960).

Brown, A. W. A.: Animals in toxic environments: resistance of insects to insecticides. In: Handbook of Physiology—Environment, Am. Physiol. Soc. pp. 773—793 Baltimore: Williams and Wilkins 1964.

Brown, A. W. A.: Pest resistance to pesticides. In: Pesticides in the Environment, Ed. R. White-Stevens. Vol. 1, Pt. 1, pp. 457—552. New York: Marcel Dekker 1971.

Brown, A. W. A., Pal, R.: Insecticide resistance in arthropods. World Health Organization, Geneva, Monograph Series No 38, 491 pp. (1971).

Chadwick, L. E.: Progress in physiological studies of insecticide resistance. Bull. Wld. Hlth. Org. 16, 1203—1218 (1957).

Dahm, P. A.: The mode of action of insecticides exclusive of organophosphorus compounds. Annu. Rev. Entomol. 2, 247—260 (1957).

Georghiou, G. P.: The evolution of resistance to pesticides. Annu. Rev. Ecol. Systematics 3, 133—168 (1972).

Hoskins, W. M.: Resistance to insecticides. Internat. Rev. Trop. Med. 2, 119—174 (1963).

Hoskins, W. M., Gordon, H. T.: Arthropod resistance to chemicals. Annu. Rev. Entomol. 1, 89—122 (1956).

Kearns,C.W.: The enzymatic detoxication of DDT. In: Origins of Resistance to Toxic Agents. Ed. *M.G.Sevag, R.D.Reid, O.E.Reynolds.* pp. 148—159. New York: Academic Press 1955.

Lipke,H., Kearns,C.W.: DDT-Dehydrochlorinase. Adv. Pest Control Res. *3*, 253—287 (1960).

Metcalf,R.L.: Physiological basis for insect resistance to insecticides. Physiol. Rev. *35*, 197—232 (1955).

Metcalf,R.L.: Mode of action of insecticide synergists. Annu. Rev. Entomol. *12*, 229—256 (1967).

O'Brien,R.D.: Mode of action of insecticides. Annu. Rev. Entomol. *11*, 369—402 (1966).

Oppenoorth,F.J.: Biochemical genetics of insecticide resistance. Annu. Rev. Entomol. *10*, 185—206 (1965).

Perry,A.S.: Biochemical aspects of insect resistance to the chlorinated hydrocarbon insecticides. Misc. Publ. Entomol. Soc. Amer. *2*, 119—137 (1960).

Perry,A.S.: The physiology of insecticide resistance by insects. In: The Physiology of Insecta. Ed. *M.Rockstein.* Vol. III, pp. 286—378. New York: Academic Press 1964.

Plapp,F.W.: Biochemical genetics of insecticide resistance. Annu. Rev. Entomol. *21*, 179—197 (1976).

Smith,J.N.: Detoxication mechanisms. Annu. Rev. Entomol. *7*, 465—480 (1962).

Wharton,R.H., Roulston,W.J.: Resistance of ticks to chemicals. Annu. Rev. Entomol. *15*, 381—404 (1970).

Winteringham,F.P.W.: Mechanisms of selective insecticidal action. Annu. Rev. Entomol. *14*, 409—442 (1969).

Winteringham,F.P.W., Barnes,J.M.: Comparative response of insects and mammals to certain halogenated hydrocarbons used as insecticides. Physiol. Rev. *35*, 701—739 (1955).

References Cited

[1] *Abedi,Z.H., Duffy,J.R., Brown,A.W.A.:* Dehydrochlorination and DDT-resistance in *Aedes aegypti.* J. Econ. Entomol. *56*, 511—517 (1963).

[2] *Agosin,M., Michaeli,D., Miskus,R., Nagasawa,S., Hoskins,W.M.:* A new DDT-metabolizing enzyme in the German cockroach. J. Econ. Entomol. *54*, 340—342 (1961).

[3] *Anderson,A.D., March,R.B., Metcalf,R.L.:* Inhibition of the succinoxidase system of susceptible and resistant houseflies by DDT and related compounds. Ann. Entomol. Soc. Amer. *47*, 595—602 (1954).

[3a] *Apperson,C.S., Georghiou,G.P.:* Mechanisms of resistance to organophosphorus insecticides in *Culex tarsalis.* J. Econ. Entomol. *68*, 153—157 (1975).

[4] *Asperen,K.van:* Biochemistry and genetics of esterases in houseflies *(Musca domestica).* Ent. Exp. Applic. *7*, 205—214 (1964).

[5] *Asperen,K.van, Oppenoorth,F.J.:* Organophosphate resistance and esterase activity in houseflies. Ent. Exp. Applic. *2*, 48—57 (1959).

[6] *Atallah,Y.H., Nettles,W.C.:* DDT-metabolism and excretion in *Coleomegilla maculata* DeGeer. J. Econ. Entomol. *59*, 560—564 (1966).

[6a] *Ayad,H., Georghiou,G.P.:* Resistance to organophosphates and carbamates in *Anopheles albimanus* based on reduced sensitivity of acetylcholinesterase. J. Econ. Entomol. *68*, 295—297 (1975).

[7] *Bell,J.D., Busvine,J.R.:* Synergism of organophosphates in *Musca domestica* and *Chrysomya putoria.* Ent. Exp. Applic. *10*, 263—269 (1967).

[8] *Bettini,S., Boccacci,M.:* Azione tosica degli acidi cloroacetico sugli insetti: inibizone della triosofosfate deidrogenasi. Riv. Parassit. *16*, 13—29 (1955).

[9] *Bigley,W.S., Plapp,F.W.:* Metabolism of malathion and malaoxon by the mosquito *Culex tarsalis.* J. Insect Physiol. *8*, 545—548 (1962).

[10] *Blum,M.S., Earle,N.W., Roussel,J.S.:* Absorption and metabolism of DDT in the boll weevil. J. Econ. Entomol. *52*, 17—20 (1959).

[11] *Bradbury,F.R.:* Absorption and metabolism of BHC in susceptible and resistant house flies. J. Sci. Food Agr. *8*, 90—96 (1957).

[12] *Bradbury,F.R., Standen,H.:* Benzene hexachloride metabolism in *Anopheles gambiae.* Nature *178*, 1053—1054 (1956).

[13] *Bradbury,F.R., Standen,H.:* The fate of γ-benzene hexachloride in resistant and susceptible houseflies III. J. Sci. Food Agr. *9*, 203—212 (1958).

[14] *Bradbury,F.R., Standen,H.:* Metabolism of benzene hexachloride by resistant houseflies. Nature *183*, 983—984 (1959).

15) *Bridges, R. G.:* Pentachlorocyclohexene as a possible intermediate metabolite of benzene hexachloride in houseflies. Nature *184*, 1537 (1959).

16) *Bridges, R. G., Cox, J. T.:* Resistance of houseflies to γ-benzene hexachloride and dieldrin. Nature *184*, 1740—1741 (1959).

17) *Brooks, G. T.:* Mechanisms of resistance of the adult housefly to cyclodiene insecticides. Nature *186*, 96—98 (1960).

18) *Brooks, G. T., Harrison, A.:* The metabolism of some cyclodiene insecticides in relation to dieldrin-resistance in the adult housefly. J. Insect Physiol. *10*, 633—641 (1964).

19) *Brown, A. W. A., Perry, A. S.:* Dehydrochlorination of DDT by resistant houseflies and mosquitoes. Nature *178*, 368—369 (1956).

20) *Bull, D. L., Adkisson, P. L.:* Absorption and metabolism of C^{14}-labelled DDT by DDT-susceptible and DDT-resistant pink bollworm adults. J. Econ. Entomol. *56*, 641—643 (1956).

21) *Bull, D. L., Whitten, C. J.:* Factors influencing organophosphorus insecticide resistance in tobacco budworms. J. Agr. Food Chem. *20*, 561—564 (1972).

22) *Campbell, W. R., Cochran, D. G.:* Untitled abstract, Bull. Entomol. Soc. Amer. *11*, 157 (1965).

23) *Chattoraj, A. N., Kearns, C. W.:* DDT-dehydrochlorinase activity in the Mexican bean beetle. Bull. Entomol. Soc. Amer. *4*, 95 (1958).

24) *Cole, M. M., Clark, P. H.:* Development of resistance to synergized pyrethrins in body lice, and cross resistance to DDT. J. Econ. Entomol. *54*, 649—651 (1961).

25) *Collins, W. J., Forgash, A. J.:* Mechanisms of insecticide resistance in *Musca domestica:* carboxylesterase and degradative enzymes. J. Econ. Entomol. *63*, 394—400 (1970).

26) *Dahm, P. A.:* Some aspects of the metabolism of parathion and diazinon. In: Biochemical Toxicology of Insecticides, Ed. *R. D. O'Brien* and *I. Yamamoto.* pp. 51—63. New York: Academic Press 1970.

27) *Davies, M, Keiding, J., von Hofsten, C. G.:* Resistance to pyrethrins and to pyrethrins-piperonyl butoxide in a wild strain of *Musca domestica* L. Nature *182*, 1816—1817 (1958).

28) *Dinamarca, M. L., Agosin, M., Neghme, A.:* The metabolic fate of C^{14}-DDT in *Triatoma infestans.* Exp. Parasitol. *12*, 61—72 (1962).

29) *Dorval, C., Brown, A. W. A.:* Inheritance of resistance to fenthion in *Culex pipiens fatigans.* Bull. Wld. Hlth. Org. *43*, 727—734 (1970).

30) *Dyte, C. E., Rowlands, D. G.:* The metabolism and synergism of malathion in resistant and susceptible strains of *Tribolium castaneum.* J. Stored Products Res. *4*, 157—173 (1968).

31) *Earle, N. W.:* The fate of cyclodiene insecticides administered to susceptible and resistant house flies. J. Agr. Food Chem. *11*, 281—285 (1963).

32) *El-Basheir, S.:* Cause of resistance to DDT in a diazinon-selected and a DDT-selected strain of houseflies. Ent. Exp. Appl. *10*, 111—126 (1967).

33) *El-Basheir, S., Oppenoorth, F. J.:* Microsomal oxidations of some organophosphate insecticides in some resistant strains of houseflies. Nature *223*, 210—211 (1969).

34) *Eldefrawi, M. E., Hoskins, W. M.:* Relation of the rate of penetration and metabolism to the toxicity of Sevin to three species. J. Econ. Entomol. *54*, 401—405 (1961).

35) *Farnham, A. W.:* Changes in cross-resistance patterns of houseflies selected with natural pyrethrins or resmethrin. Pesticide Sci. *2*, 138—143 (1971).

36) *Farnham, A. W., Lord, K. A., Sawicki, R. M.:* Study of some of the mechanisms connected with resistance to diazinon and diazoxon in a diazinon-resistant strain of houseflies. J. Insect Physiol. *11*, 1475—1488 (1965).

37) *Ferguson, W. C., Kearns, C. W.:* The metabolism of DDT in the large milkweed bug. J. Econ. Entomol. *42*, 810—817 (1949).

38) *Fine, B. C., Godin, P. J., Thain, E. M.:* Penetration of pyrethrin I labelled with carbon-14 into susceptible and pyrethroid-resistant houseflies. Nature *199*, 927—928 (1963).

39) *Forgash, A. J.:* The effect of insecticides and other toxic substances upon the reduced glutathione of *Periplaneta americana.* J. Econ. Entomol. *44*, 870—878 (1951).

40) *Forgas, A. J., Cook, B. J., Riley, R. C.:* Mechanisms of resistance in diazinon-selected multiresistant *Musca domestica.* J. Econ. Entomol. *55*, 544—551 (1962).

41) *Franco, M. G., Oppenoorth, F. J.:* Genetical experiments on the gene for low aliesterase activity and organophosphate resistance in *Musca domestica.* L. Ent. Exp. Applic. *5*, 119—123 (1962).

42) *Gatterdam, P. E., De, R. K., Guthrie, F. E., Bowery, T. G.:* The absorption, metabolism and excretion of C^{14}-labelled TDE in certain insects. J. Econ. Entomol. *57*, 258—264 (1964).

[43] *Georghiou, G. P.:* Isolation, characterization and re-synthesis of insecticide resistance factors in the housefly, *Musca domestica.* Proc. 2nd Internat. Congr. Pesticide Chem. *2,* 77—94 (1971).

[44] *Georghiou, G. P., Metcalf, R. L.:* The absorption and metabolism of 3-isopropylphenyl N-methylcarbamate by susceptible and carbamate-selected strains of houseflies. J. Econ. Entomol. *54,* 231—233 (1961).

[45] *Gerolt, P.:* The fate of dieldrin in insects. J. Econ. Entomol. *58,* 849—857 (1965).

[46] *Gerolt, P.:* Mechanism of resistance to dichlorvos in adult houseflies. Pesticide Biochem. Physiol. *4,* 275—288 (1974).

[47] *Grigolo, A., Oppenoorth, F. J.:* The importance of DDT-dehydrochlorinase for the effect of the resistance gene *kdr* in the housefly. Genetica *37,* 159—170 (1966).

[48] *Hanna, M. A., Atallah, Y. H.:* Penetration and biodegradation of carbaryl in susceptible and resistant strains of the Egyptian cotton leafworm. J. Econ. Entomol. *64,* 1391—1394 (1971).

[49] *Harington, J. S.:* Contents of cystine-cysteine, glutathione and total free sulphydryl in arsenic-resistant and sensitive strains of the blue tick. Nature *184,* 1739—1740 (1959).

[50] *Harington, J. S.:* A suggested role for copper in the arsenic-resistance of the blue tick. J. So. Afr. Vet. Med. Assoc. *32,* 373—379 (1961).

[51] *Hartgrove, R. W., Webb, R. E.:* The development of benzpyrene hydroxylase activity in endrin susceptible and resistant pine mice. Pesticide Biochem. Physiol. *3,* 61—65 (1973).

[52] *Haseman, L., Meffert, R. L.:* Are we developing strains of codling moths resistant to arsenic? Missouri Univ. Agr. Exp. Sta. Res. Bull. *202,* 11 pp. (1933).

[53] *Herne, D. H. C., Brown, A. W. A.:* Inheritance and biochemistry of OP-resistance in a New York strain of the two-spotted spider mite. J. Econ. Entomol. *62,* 205—209 (1969).

[54] *Hollingworth, R. M.:* The dealkylation of organophosphorus triesters by liver enzymes. In: Biochemical Toxicology of Insecticides. Ed. *R. D. O'Brien* and *I. Yamamoto.* pp. 75—92. New York: Academic Press 1970.

[55] *Hollingworth, R. M., Metcalf, R. L., Fukuto, T. R.:* The selectivity of Sumithion compared with methyl parathion: metabolism in resistant and susceptible houseflies. J. Agr. Food. Chem. *15,* 250—255 (1967).

[56] *Hooper, G. H. S.:* Metabolism of insecticides by *Culex pipiens quinquefasciatus: in vivo* metabolism of DDT by larvae. J. Econ. Entomol. *61,* 490—493 (1968).

[57] *Hooper, G. H. S.:* Gas-liquid chromatography analysis of DDT metabolism in *Aedes aegypti.* J. Econ. Entomol. *61,* 858—859 (1968).

[58] *Hoskins, W. M., Witt, J. M.:* Types of DDT metabolism as illustrated in several insect species. Proc. 10th Internat. Congr. Entomol. *2,* 151—156 (1958).

[59] *Hough, W. S.:* Colorado and Virginia strains of codling moth in relation to their ability to enter sprayed and unsprayed apples. J. Agric. Res. *48,* 433—453 (1934).

[60] *Hoyer, R. F., Plapp, F. W.:* Insecticidal resistance in the house fly: identification of a gene that confers resistance to organotin insecticides and acts as an intensifier of parathion-resistance. J. Econ. Entomol. *61,* 1269—1276 (1968).

[61] *Ishida, M., Dahm, P. A.:* Metabolism of benzene hexachloride isomers and related compounds *in vitro.* I, II. J. Econ. Entomol. *58,* 383—391, 602—607 (1965).

[62] *Kalra, R. L., Perry, A. S., Miles, J. W.:* Studies on the mechanism of DDT resistance in *Culex pipiens fatigans.* Bull. Wld. Hlth. Org. *37,* 651—656 (1967).

[63] *Kasai, T., Ogita, Z.:* Studies on malathion-resistance and esterase activity in green rice leaf-hoppers. SABCO Journal *1,* 130—140 (1965).

[64] *Keiding, J.:* Annual Report of the Danish Pest Infestation Laboratory (Skadedyrlaboratorium), Lyngby, p. 46 (1970).

[65] *Khan, M. A. Q.:* Some biochemical characteristics of the microsomal cyclodiene epoxidase system and its inheritance in the house fly. J. Econ. Entomol. *62,* 388—392 (1969).

[66] *Khan, M. A. Q., Brown, A. W. A.:* Lipids and dieldrin resistance in *Aedes aegypti.* J. Econ. Entomol. *59,* 1512—1514 (1966).

[67] *Khan, M. A. Q., Terriere, L. C.:* DDT-dehydrochlorinase activity in house fly strains resistant to various groups of insecticides. J. Econ. Entomol. *61,* 732—736 (1968).

[68] *Kimura, T., Brown, A. W. A.:* DDT-dehydrochlorinase in *Aedes aegypti.* J. Econ. Entomol. *57,* 710—716 (1964).

[69] *Kimura, T., Duffy, J. R., Brown, A. W. A.:* Dehydrochlorination and DDT-resistance in *Culex* mosquitoes. Bull. Wld. Hlth. Org. *32,* 557—561 (1965).

70) *Kojima, K., Ishizuka, T., Kitakata, S.:* Metabolic fate of parathion and paraoxon in parathion susceptible and resistant larvae of the rice stem borer. Botyu-Kagaku 28, 55—63 (1963).

71) *Kojima, K., Ishizuka, T., Kitakata, S.:* Mechanism of resistance to malathion in the green rice leafhopper, *Nephotettix cincticeps.* Botyu-Kagaku 28, 17—25 (1963).

72) *Kojima, K., Ishizuka, T., Shiino, A., Kitakata, S.:* Studies on metabolism of parathion in parathion susceptible and resistant larvae of the rice stem borer. Japan J. Appl. Ent. Zool. 7, 63—69 (1963).

73) *Korte, F., Arent, H.:* Isolation and identification of dieldrin metabolites from urine of rabbits after oral administration of dieldrin-^{14}C. Life Sciences 4, 2017—2026 (1965).

74) *Korte, F., Ludwig, G., Vogel, J.:* Umwandlung von Aldrin-(^{14}C) und Dieldrin-(^{14}C) durch Mikroorganismen, Leberhomogenate und Moskito-larven. Justus Liebig's Annal. Chem. 656, 135—140 (1962).

75) *Krueger, H. R., O'Brien, R. D., Dauterman, W. C.:* Relationship between metabolism and differential toxicity in insects and mice of diazinon, dimethoate, parathion and acethion. J. Econ. Entomol. 53, 25—31 (1960).

76) *Ku, T., Bishop, J. L.:* Penetration, excretion and metabolism of carbaryl in susceptible and resistant German cockroaches. J. Econ. Entomol. 60, 1328—1332 (1967).

77) *Kuhr, R. J.:* Possible role of tyrosinase and cytochrome P-450 in the metabolism of carbaryl and phenyl methyl carbamate by houseflies. J. Agr. Food Chem. 17, 112—115 (1969).

78) *Kuhr, R. J.:* Comparative metabolism of carbaryl by resistant and susceptible strains of the cabbage looper. J. Econ. Entomol. 64, 1377—1378 (1971).

79) *Kuhr, R. J., Schohn, J. L., Tashiro, H., Fiori, B. J.:* Dieldrin-resistance in the European chafer grub. J. Econ. Entomol. 65, 1555—1560 (1972).

80) *Lee, R. M., Batham, P.:* The activity and organophosphate inhibition of cholinesterases from susceptible and resistant ticks. Ent. Exp. Applic. 9, 13—24 (1966).

81) *Lewis, J. B.:* Detoxification of diazinon by subcellular fractions of diazinon-resistant and susceptible houseflies. Nature 224, 917—918 (1969).

82) *Lewis, J. B., Sawicki, R. M.:* Characterization of the resistance mechanisms to diazinon, parathion and diazoxon in the organophosphorus-resistant SKA strain of house flies. Pesticide Biochem. Physiol. 1, 275—285 (1971).

83) *Lipke, H., Chalkley, J.:* The conversion of DDT to DDE by some anophelines. Bull. Wld. Hlth. Org. 30, 57—64 (1964).

84) *Lipke, H., Kearns, C. W.:* DDT-dehydrochlorinase. I. Isolation, chemical properties, and spectrophotometric assay. J. Biol. Chem. 234, 2123—2125 (1959).

85) *Lipke, H., Kearns, C. W.:* DDT-dehydrochlorinase. II. Substrate and co-factor specificity. J. Biol. Chem. 234, 2129—2132 (1959).

86) *Lord, K. A., Molloy, F. M., Potter, C.:* Penetration of diazoxon and acetylcholine into the thoracic ganglia in susceptible and resistant houseflies. Bull. Ent. Res. 54, 189—197 (1963).

87) *Lovell, J. B., Kearns, C. W.:* Inheritance of DDT-dehydrochlorinase in the house fly. J. Econ. Entomol. 52, 931—935 (1959).

88) *March, R. B.:* Resistance to organophosphorus insecticides. Misc. Publ. Entomol. Soc. Amer. 1, 13—19 (1959).

89) *Matsumura, F., Brown, A. W. A.:* Biochemistry of malathion resistance in *Culex tarsalis.* J. Econ. Entomol. 54, 1176—1185 (1961).

90) *Matsumura, F., Brown, A. W. A.:* Studies on carboxyesterase in malathion-resistant *Culex tarsalis.* J. Econ. Entomol. 56, 381—388 (1963).

91) *Matsumura, F., Hayashi, M.:* Interaction of dieldrin with the subcellular components of both resistant and susceptible strains of *Aedes aegypti.* Mosquito News 26, 190—194 (1966).

92) *Matsumura, F., Hayashi, M.:* Dieldrin: interaction with nerve components of cockroaches. Science 153, 757—759 (1966).

93) *Matsumura, F., Hayashi, M.:* Dieldrin resistance: biochemical mechanisms in the German cockroach. J. Agr. Food Chem. 17, 231—235 (1969).

94) *Matsumura, F., Hogendijk, C. J.:* The enzymatic degradation of parathion in organophosphate-susceptible and -resistant houseflies. J. Agr. Food Chem. 12, 447—453 (1964).

95) *Matsumura, F., Hogendijk, C. J.:* The enzymatic degradation of malathion in organophosphate resistant and susceptible strains of *Musca domestica.* Ent. Exp. Applic. 7, 179—193 (1964).

96) *Matsumura, F., Telford, J. N., Hayashi, M.:* Effect of sesamex upon dieldrin resistance in the German cockroach. J. Econ. Entomol. 60, 942—944 (1967).

[97] *Matsumura, F., Voss, G.:* Mechanism of malathion and parathion resistance in the two-spotted spider mite, *Tetranychus urticae.* J. Econ. Entomol. *57*, 911—917 (1964).

[98] *Matsumura, F., Voss, G.:* Properties of partially purified malathion carboxyesterase of the two-spotted spider mite. J. Insect Physiol. *11*, 147—160 (1965).

[99] *Mengle, D. C., Casida, J. E.:* Biochemical factors in the acquired resistance of houseflies to organophosphate insecticides. J. Agr. Food Chem. *8*, 431—437 (1960).

[100] *Mengle, D. C., Lewallen, L. L.:* Metabolism of malathion by a resistant and a susceptible strain of *Culex tarsalis.* Mosquito News *23*, 226—233 (1963).

[101] *Mengle, D. C., Lewallen, L. L.:* Biochemical-radiological determinations of parathion resistance in *Aedes nigromaculis.* J. Econ. Entomol. *59*, 743—744 (1966).

[102] *Metcalf, R. L., Fukuto, T. R., Winton, M. Y.:* Chemical and biological behaviour of fenthion residues. Bull. Wld. Hlth. Org. *29*, 219—236 (1963).

[103] *Micks, D. W., Singh, K. R. P.:* Infra-red spectra of acetone extracts of susceptible and insecticide resistant strains of houseflies. Texas Repts. Biol. Med. *16*, 355—362 (1958).

[104] *Milani, R., Travaglino, A.:* Concatenazione dei gene *kdr* (knockdown resistance) con due mutanti morphologici. Riv. Parassit. *18*, 199—202 (1957).

[105] *Miller, S., Perry, A. S.:* Separation and purification of DDT-degrading enzymes from the human body louse. J. Agr. Food Chem. *12*, 167—169 (1964).

[106] *Miyake, S. S., Kearns, C. W., Lipke, H.:* Distribution of DDT-dehydrochlorinase in various tissues of DDT-resistant house flies. J. Econ. Entomol. *50*, 359—360 (1957).

[107] *Moorefield, H. H., Kearns, C. W.:* Mechanism of action of certain synergists for DDT against resistant house flies. J. Econ. Entomol. *48*, 403—406 (1955).

[108] *Moss, J. A., Hathaway, D. E.:* Partition of dieldrin and telodrin between the cellular components and soluble proteins of blood. Biochem. J. *91*, 384—393 (1964).

[109] *Motoyama, N., Dauterman, W. C.: In vitro* metabolism of azinphosmethyl in susceptible and resistant houseflies. Pesticide Biochem. Physiol. *2*, 113—122 (1972).

[110] *Motoyama, N., Rock, G. C., Dauterman, W. C.:* Studies on the mechanism of azinphosmethyl resistance in the predaceous mite, *Neoseiulus fallacis.* Pesticide Biochem. Physiol. *1*, 205—215 (1972).

[111] *Nakatsugawa, T., Tolman, N. M., Dahm, P. A.:* Degradation and activation of parathion analogs by microsomal enzymes. Biochem. Pharmacol. *17*, 1517—1528 (1968).

[112] *Nakatsugawa, T., Tolman, N. M., Dahm, P. A.:* Metabolism of S^{35}-parathion in the house fly. J. Econ. Entomol. *62*, 408—411 (1969).

[113] *Nolan, J., Schnitzerling, H. J., Schuntner, C. A.:* Multiple forms of acetylcholinesterase from resistant and susceptible strains of the cattle tick. Pesticide Biochem. Physiol. *2*, 85—94 (1972).

[114] *Oonnithan, E. S., Miskus, R.:* Metabolism of C^{14}-dieldrin by dieldrin-resistant *Culex pipiens quinquefasciatus* mosquitoes. J. Econ. Entomol. *57*, 425—426 (1964).

[115] *Oppenoorth, F. J.:* Metabolism of gamma-benzene hexachloride in susceptible and resistant houseflies. Nature *173*, 1000—1001 (1954).

[116] *Oppenoorth, F. J.:* Resistance to gamma-hexachlorocyclohexane in *Musca domestica* L. Arch. Neerl. Zool. *12*, 1—62 (1956).

[117] *Oppenoorth, F. J.:* A mechanism of resistance to parathion in *Musca domestica* (L.) Nature *181*, 425—426 (1958).

[118] *Oppenoorth, F. J.:* Two types of sesamex-suppressible resistance in the housefly. Ent. Exp. Applic. *10*, 75—86 (1967).

[119] *Oppenoorth, F. J.:* Resistance in insects: the role of metabolism and the possible use of synergists. Bull. Wld. Hlth. Org. *44*, 195—202 (1971).

[120] *Oppenoorth, F. J., van Asperen, K.:* The detoxication enzymes causing organophosphate resistance in the housefly. Ent. Exp. Applic. *4*, 311—333 (1961).

[121] *Oppenoorth, F. J., Houx, N. W. H.:* DDT resistance in the housefly caused by microsomal degradation. Ent. Exp. Applic. *11*, 81—93 (1968).

[122] *Oppenoorth, F. J., Rupes, V., El-Basheir, S., Houx, N. W. H., Voerman, S.:* Glutathione-dependent degradation of parathion and its significance for resistance in the housefly. Pesticide Biochem. Physiol. *2*, 262—269 (1972).

[123] *Pate, T. L., Vinson, S. B.:* Evidence of a non-specific type resistance to insecticides by a resistant strain of the tobacco budworm. J. Econ. Entomol. *61*, 1135—1137 (1968).

[124] *Perry, A. S.:* Investigations on the mechanism of DDT-resistance in certain anopheline mosquitoes. Bull. Wld. Hlth. Org. *22*, 743—756 (1960).

125) *Perry, A. S., Buckner, A. J.:* Biochemical investigations on DDT-resistance in the human body louse. Amer. J. Trop. Med. Hyg. 7, 620—626 (1958).

126) *Perry, A. S., Dale, W. E., Buckner, A. J.:* Induction and repression of microsomal mixed-function oxidases and cytochrome P-450 in resistant and susceptible houseflies. Pesticide Biochem. Physiol. 1, 131—142 (1972).

127) *Perry, A. S., Hoskins, W. M.:* The detoxification of DDT by resistant house flies and inhibition of this process by piperonyl cyclonene. Science 111, 600—601 (1950).

128) *Perry, A. S., Jensen, J. A., Pearce, G. W.:* Colorimetric and radiometric determinations of DDT and its metabolites in resistant houseflies. J. Agr. Food Chem. 3, 1008—1010 (1955).

129) *Perry, A. S., Mattson, A. M., Buckner, A. J.:* The metabolism of heptachlor by resistant and susceptible houseflies. J. Econ. Entomol. 51, 346—351 (1958).

130) *Perry, A. S., Miller, S., Buckner, A. J.:* The enzymatic *in vitro* degradation of DDT by susceptible and DDT-resistant body lice. J. Agr. Food Chem. 11, 457—462 (1963).

131) *Perry, A. S., Pearce, G. W., Buckner, A. J.:* The absorption, distribution, and fate of C^{14}-aldrin and C^{14}-dieldrin by susceptible and resistant house flies. J. Econ. Entomol. 57, 867—872 (1964).

132) *Perry, A. S., Sacktor, B.:* Detoxification of DDT in relation to cytochrome oxidase activity in resistant and susceptible house flies. Ann. Entomol. Soc. Amer. 48, 329—333 (1955).

133) *Plapp, F. W.:* On the molecular biology of insecticide resistance. In: Biochemical Toxicology of Insecticides, Ed. *R. D. O'Brien* and *I. Yamamoto.* pp. 179—192. New York: Academic Press 1970.

134) *Plapp, F. W.:* Insecticide resistance in *Heliothis:* tolerance in larvae of *H. virescens* as compared with *H. zea* to organophosphate insecticides. J. Econ. Entomol. 64, 999—1002 (1971).

135) *Plapp, F. W.:* Comparison of insecticide absorption and detoxification in larvae of the bollworm *Heliothis zea* and the tobacco budworm *H. virescens.* Pesticide Biochem. Physiol. 2, 447—455 (1973).

136) *Plapp, F. W., Bigley, W. S., Darrow, D. I., Eddy, G. W.:* Studies on parathion metabolism in normal and parathion-resistant house flies. J. Econ. Entomol. 54, 389—392 (1961).

137) *Plapp, F. W., Casida, J. E.:* Genetic control of house fly NADPH-dependent oxidases: relation to insecticide chemical metabolism and resistance. J. Econ. Entomol. 62, 1174—1179 (1969).

138) *Plapp, F. W., Chapman, G. A., Bigley, W. S.:* A mechanism of resistance to Isolan in the house fly. J. Econ. Entomol. 57, 692—695 (1964).

139) *Plapp, F. W., Chapman, G. A., Morgan, J. W.:* DDT resistance in *Culex tarsalis:* cross resistance to related compounds and metabolic fate of a C^{14}-labeled DDT analog. J. Econ. Entomol. 58, 1064—1069 (1965).

140) *Plapp, F. W., Hoyer, R. F.:* Possible pleiotropism of a gene conferring resistance to DDT, DDT analogs and pyrethrins in the house fly and *Culex tarsalis.* J. Econ. Entomol. 61, 761—765 (1968).

141) *Plapp, F. W., Hoyer, R. F.:* Insecticide resistance in the house fly: decreased rate of absorption as the mechanism of action of a gene that acts as an intensifier of resistance. J. Econ. Entomol. 61, 1298—1303 (1968).

142) *Polles, S. G., Vinson, S. B.:* Penetration, distribution and metabolism of ^{14}C-endrin in resistant and susceptible tobacco budworm larvae. J. Agr. Food Chem. 20, 38—41 (1972).

143) *Pratt, J. J., Babers, F. H.:* The resistance of insects to insecticides: some differences between strains of house flies. J. Econ. Entomol. 46, 864—869 (1953).

144) *Ray, J. W.:* Insecticide absorbed by the central nervous system of susceptible and resistant cockroaches exposed to dieldrin. Nature 197, 1226—1227 (1963).

145) *Reiff, M.:* Einige Befunde über die Selektionsprozesse bei der Entwicklung der Insektizid-resistenz. Rev. Suisse Zool. 63, 317—329 (1956).

146) *Roulston, W. J., Schuntner, C. A.:* Sulphydryl content of the embryos of the Australian cattle tick. Nature 186, 1069—1070 (1960).

147) *Roulston, W. J., Schunter, C. A., Schnitzerling, H. J., Wilson, J. T.:* Detoxification as a mechanism of resistance in a strain of the cattle tick resistant to organophosphorus and carbamate compounds. Austral. J. Biol. Sci. 22, 1585—1589 (1969).

148) *Saito, T., Kojima, K., Morikawa, O.:* 11th Pacific Science Congress, Tokyo Symposium 44 (1966).

149) *Sawicki, R. M.:* Interaction between the factor delaying penetration of insecticides and the desethylation mechanism of resistance in organophosphorus-resistant houseflies. Pesticide Sci. 1, 84—87 (1970).

150) *Sawicki, R. M., Farnham, A. W.:* Genetics of resistance to insecticides of the SKA strain of *Musca domestica.* II. Isolation of the dominant factors of resistance to diazinon. Ent. Exp. Applic. 10, 253—262 (1967).

[151] *Sawicki, R. M., Farnham, A. W.:* Ibid. III. Location and isolation of the factors of resistance to dieldrin. Ent. Exp. Applic. *11*, 132—142 (1968).

[152] *Sceicz, F. M., Plapp, F. W., Vinson, S. B.:* Tobacco budworm: penetration of several insecticides into the larva. J. Econ. Entomol. *66*, 9—15 (1973).

[153] *Schaeffer, C. H., Sun, Y. P.:* A study of dieldrin in the house fly central nervous system in relation to dieldrin resistance. J. Econ. Entomol. *60*, 1580—1583 (1967).

[154] *Schnitzerling, H. J., Roulston, W. J., Schuntner, C. A.:* The absorption and metabolism of ^{14}C-DDT in DDT-resistant and susceptible strains of the cattle tick. Austral. J. Biol. Sci. *23*, 219—230 (1970).

[155] *Schonbrod, R. D., Khan, M. A. Q., Terriere, L. C., Plapp, F. W.:* Microsomal oxidases in the housefly: a survey of fourteen strains. Life Sci. *7*, 681—688 (1968).

[156] *Schunter, C. A., Roulston, W. J.:* A resistance mechanism in organophosphorus-resistant strains of sheep blowfly *(Lucilia cuprina).* Austral. J. Biol. Sci. *21*, 173—176 (1968).

[157] *Schuntner, C. A., Roulston, W. J., Schneitzerling, J. H.:* A mechanism of resistance to organophosphorus insecticides in a strain of the cattle tick. Austral. J. Biol. Sci. *21*, 97—109 (1968).

[158] *Schuntner, C. A., Schnitzerling, H. J., Roulston, W. J.:* Carbaryl metabolism in larvae of organophosphorus and carbamate-susceptible and -resistant strains of cattle tick *Boophilus microplus.* Pesticide Biochem. Physiol. *1*, 424—433 (1971).

[159] *Shono, T.:* Studies on the mechanism of resistance in diazinon resistant Hokota strain of houseflies: *in vitro* degradation of diazoxon. Botyu-Kagaku, *39*, 54—59 (1974).

[160] *Shrivastava, S. P., Georghiou, G. P., Fukuto, T. R.:* Metabolism of N-methylcarbamate insecticides by mosquito larval enzyme system requiring NADPH$_2$. Ent. Exp. Applic. *14*, 333—348 (1971).

[161] *Shrivastava, S. P., Georghiou, G. P., Metcalf, R. L., Fukuto, T. R.:* The metabolism of propoxur by susceptible and resistant larvae of *Culex pipiens fatigans.* Bull. Wld. Hlth. Org. *42*, 931—942 (1970).

[162] *Shrivastava, S. P., Tsukamoto, M., Casida, J. E.:* Oxidative metabolism of C^{14}-labelled Baygon by living house flies and by housefly enzymes. J. Econ. Entomol. *62*, 483—498 (1969).

[163] *Smissaert, H. R.:* Cholinesterase inhibition in spider mites susceptible and resistant to organophosphate. Science *143*, 129—131 (1964).

[164] *Sternburg, J., Kearns, C. W.:* Degradation of DDT by resistant and susceptible strains of house flies. Ann. Entomol. Soc. Amer. *43*, 444—458 (1950).

[165] *Sternburg, J., Kearns, C. W.:* Metabolic fate of DDT when applied to certain naturally tolerant insects. J. Econ. Entomol. *45*, 497—505 (1952).

[166] *Sternburg, J., Kearns, C. W.:* Pentachlorocyclohexene, intermediate in the metabolism of lindane by house flies. J. Econ. Entomol. *49*, 548—552 (1956).

[167] *Sternburg, J., Kearns, C. W., Moorefield, H. H.:* DDT-dehydrochlorinase, an enzyme found in DDT-resistant flies. J. Agr. Food Chem. *2*, 1125—1130 (1954).

[168] *Sternburg, J., Vinson, E. B., Kearns, C. W.:* Enzymatic dehydrochlorination of DDT-resistant house flies. J. Econ. Entomol. *46*, 513—515 (1953).

[169] *Stone, B. F., Brown, A. W. A.:* Mechanisms of resistance to fenthion in *Culex pipiens fatigans* Wied. Bull. Wld. Hlth. Org. *40*, 401—408 (1969).

[170] *Sun, Y. P., Johnson, E. R.:* Synergistic and antagonistic action of insecticide-synergist combinations and their mode of action. J. Agr. Food Chem. *8*, 261—266 (1960).

[171] *Suplicy, N., Guthrie, F. E., Dauterman, W. C.:* Toxicity of a series of dimethoate analogues to resistant and susceptible house flies. J. Econ. Entomol. *65*, 1585—1587 (1972).

[172] *Tahori, A. S., Hoskins, W. M.:* The absorption, distribution, and metabolism of DDT in DDT-resistant house flies. J. Econ. Entomol. *46*, 302—306 (1953).

[173] *Terriere, L. C., Schonbrod, R. D.:* The excretion of a radioactive metabolite by house flies treated with carbon ^{14} labeled DDT. J. Econ. Entomol. *48*, 736—739 (1955).

[174] *Thompson, M. E., Johnston, A. M.:* Total sulfhydryl content of embryos of arsenic-resistant and sensitive strains of the blue tick. Nature *181*, 647—648 (1958).

[175] *Tombes, A. S., Forgash, A. J.:* DDT-dehydrochlorinase in the Mexican bean beetle, *Epilachna varivestis* Muls. J. Insect Physiol. *7*, 216—223 (1961).

[176] *Tomlin, A. D.:* Trans-aldrin glycol as a metabolite of dieldrin in larvae of the southern house mosquito. J. Econ. Entomol. *61*, 855—857 (1968).

[177] *Townsend, M. G., Busvine, J. R.:* The mechanism of malathion-resistance in the blowfly *Chrysomya putoria.* Ent. Exp. Applic. *12*, 243—267 (1969).

[177a)] *Tripathi,R.K.:* Relation of acetylcholinesterase sensitivity to cross-resistance of a resistant housefly strain. Pesticide Biochem. Physiol. *6*, 30—34 (1976).

[178)] *Tsukamoto,M.:* Metabolic fate of DDT in *Drosophila melanogaster*, I, II, III. Botyu-Kagaku *24*, 141—151 (1959), *25*, 156—162 (1960), *26*, 74—87 (1961).

[179)] *Tsukamoto,M., Narahashi,T., Yamasaki,T.:* Genetic control of low nerve sensitivity to DDT in insecticide-resistant houseflies. Botyu-Kagaku *30*, 128—132 (1965).

[180)] *Tsukamoto,M., Shrivastava,S.P., Casida,J.E.:* Biochemical genetics of house fly resistance to carbamate insecticide chemicals. J. Econ. Entomol. *61*, 50—55 (1968).

[181)] *Tsukamoto,M., Suzuki,R.:* Genetic analysis of DDT-resistance in two strains of the housefly, *Musca domestica*. Botyu-Kagaku *29*, 76—89 (1964).

[182)] *Vinson,S.B., Brazzel,J.R.:* The penetration and metabolism of C^{14}-labeled DDT in resistant and susceptible tobacco budworm larvae. J. Econ. Entomol. *59*, 600—604 (1966).

[183)] *Voss,G., Matsumura,F.:* Resistance to organophosphorus compounds in the two-spotted spider mite: Two different mechanisms of resistance. Nature *202*, 319—320 (1964).

[184)] *Voss,G., Matsumura,F.:* Biochemical studies on a modified and normal cholinesterase found in the Leverkusen strains of the two-spotted spider mite. Canad. J. Biochem. *43*, 63—72 (1965).

[185)] *Weiant,E.A.:* Electrophysiological and behavioral studies on DDT-sensitive and DDT-resistant house flies. Ann. Entomol. Soc. Amer. *48*, 489—492 (1955).

[186)] *Welling,W., Blaakmeer,P.T.:* Metabolism of malathion in a resistant and a susceptible strain of houseflies. Proc. 2nd. Internat. IUPAC Congr. Pest. Chem. (A.S.Tahori, Ed. Gordon & Breach,N.Y.) *2*, 61 (1971).

[187)] *Welling,W., Blaakmeer,P., Vink,G.J., Voerman,S.:* In vitro hydrolysis of paraoxon by parathion-resistant houseflies. Pesticide Biochem. Physiol. *1*, 61—70 (1971).

[188)] *Welling,W., de Vries,A.W., Voerman,S.:* Oxidative cleavage of a carboxyester bond as a mechanism of resistance to malaoxon in houseflies. Pesticide Biochem. Physiol. *4*, 31—43 (1974).

[189)] *Wells,M.R., Ludke,J.L., Yarbrough,J.D.:* Epoxidation and fate of [^{14}C] aldrin in insecticide resistant and susceptible populations of mosquito fish *(Gambusia affinis)*. J. Agr. Food Chem. *21*, 428—429 (1973).

[190)] *Wharton,R.H., Roulston,W.J.:* Resistance of ticks to chemicals. Ann. Rev. Entomol. *15*, 381—404 (1970).

[191)] *Whitehead,G.B.:* Pyrethrum resistance conferred by resistance to DDT in the blue tick. Nature *184*, 378—379 (1959).

[192)] *Whitehead,G.B.:* Investigation of the mechanism of resistance to sodium arsenite in the blue tick. J. Insect Physiol. *7*, 177—185 (1961).

[193)] *Whitten,C.J., Bull,D.L.:* Resistance to organophosphorus insecticides in tobacco budworms. J. Econ. Entomol. *63*, 1492—1495 (1970).

[194)] *Whitte,C.J., Bull,D.L.:* Comparative toxicity, absorption and metabolism of chlorpyrifos and its dimethyl homologue in methyl parathion-resistant and -susceptible tobacco budworms. Pesticide Biochem. Physiol. *4*, 266—274 (1974).

[195)] *Wiesmann,R.:* Untersuchungen über das physiologische Verhalten von *Musca domestica* verschiedener Provenienzen. Mitt. Schweiz. Entomol. Ges. *20*, 484—504 (1947).

[196)] *Wiesmann,R.:* Vergleichende histologische Untersuchungen an normalsensiblen und gegen DDT resistenten Stammen von *Musca domestica*. J. Insect Physiol. *1*, 187—197 (1957).

[197)] *Wilkinson,C.F.:* Effects of synergists on the metabolism and toxicity of anticholinesterases. Bull. Wld. Hlth. Org. *44*, 171—190 (1971).

[198)] *Winteringham,F.P.W., Harrison,A.:* Mechanisms of resistance of adult houseflies to the insecticide dieldrin. Nature *184*, 608—610 (1959).

[199)] *Yamamoto,I., Casida,J.E.:* O-Demethyl pyrethrin II analogs from oxidation of pyrethrin I, allethrin, dimethrin and phthalthrin by a house fly enzyme system. J. Econ. Entomol. *59*, 1542—1544 (1966).

[200)] *Yamamoto,I., Kimmel,E.C., Casida,J.E.:* Oxidative metabolism of pyrethroids in house flies. J. Agr. Food Chem. *17*, 1227—1236 (1969).

[201)] *Yamasaki,T., Narahashi,T.:* Resistance of houseflies to insecticides and the susceptibility of nerve to insecticides. Botyu-Kagaku *23*, 146—157 (1958).

[202)] *Yamasaki,T., Narahashi,T.:* Nerve sensitivity and resistance to DDT in houseflies. Japan J. Appl. Ent. Zool. *6*, 293—297 (1962).

[203)] *Yang,R.S.H., Hodgson,E., Dauterman,W.C.:* Metabolism in vitro of diazinon and diazoxon in susceptible and resistant houseflies. J. Agr. Food Chem. *19*, 14—19 (1971).

Materialschutz und technische Konservierungsstoffe

O. Pauli †

Bayer AG, D-4150 Krefeld-Uerdingen

Inhalt

A. Allgemeiner Teil

Titel: Materialschutz

Technische Konservierungsmittel sind Wirkstoffe, die zum Schutz von technischen Produkten gegen den Verderb durch Mikroorganismen geeignet sind. Der Begriff Mikroorganismen umfaßt hierbei Bakterien, Schimmelpilze, Hefen, Wild-hefen, Actinomyceten und Algen. — Das gesamte Gebiet wird neuerdings als „Materialschutz" bezeichnet.

Allgemeines

Die Anwendung von Konservierungsmitteln ist immer dann angebracht, wenn nährstoffhaltige Materialien Wasser enthalten oder wenn sie bei Lagerung in feuchter Umgebung frei von mikrobiellen Schäden bleiben sollen. Dabei bevorzugen Hefen und Schimmelpilze ein schwach saures, kohlehydrathaltiges Milieu; Bakterien kommen vorzugsweise in neutral reagierenden Materialien vor. Die große Anpassungsfähigkeit der Mikroben an das Substrat geht daraus hervor, daß sie z. B. auch Benzin und andere Treibstoffe, Gummi, Bitumen und Kunstharzlacke als Nährstoffe verwerten können. Mikrobenwachstum ist im Bereich von pH 1 bis 11 möglich.

Fast immer findet man auf befallenem Material verschiedene Spezies, oft Schimmelpilze und Bakterien, nebeneinander oder nacheinander. Konservierungsmittel müssen daher meist ein breites Wirkungsspektrum haben; viele der im Pflanzenschutz bewährten, selektiv wirksamen Mittel versagen als technische Konservierungsmittel oder sind nur auf Teilgebieten anwendbar.

Im allgemeinen genügt es, wenn das Konservierungsmittel eine Vermehrung der Mikroben verhütet (Bakteriostase oder Fungistase); wenn das Mittel auch bei starkem Befall wirksam sein soll, ist eine keimtötende Wirkung notwendig und daneben eine Wirkung gegen die von den Mikroben freigesetzten Enzyme wünschenswert. Zur Enzym-Inaktivierung sind aber durchweg weit höhere Zusätze notwendig als zur Hemmung oder Abtötung der Keime. Im Gegensatz zur Bekämpfung von Pflanzenkrankheiten, bei denen eine begrenzte Wirkungsdauer der Präparate durch mehrfache Applikation des Wirkstoffes auf das gleiche Substrat kompensiert werden kann, wird von einem Konservierungsmittel Langzeitwirkung bei einmaliger Anwendung gefordert. Demzufolge müssen geeignete Wirkstoffe neben einem optimalen Wirkungsgrad auch ausreichende Stabilität besitzen und dürfen nur wenig flüchtig sein. Für einen universellen Einsatz ist weitgehende Unabhängigkeit der Wirkung vom Substrat und vom pH-Wert erforderlich. Farbigkeit, Geruch und ungünstiger Verteilungskoeffizient zwischen Wasser und organischer Phase in Emulsionen und Dispersionen können die Einsatzfähigkeit bestimmter Wirkstoffe weiter einschränken. Im Rahmen steigenden Verantwortungsdenkens gegenüber Mensch und Umwelt gewinnen toxikologische Unbedenklichkeit und Abbaufähigkeit zunehmend an Bedeutung.

Es ist verständlich, daß alle Anforderungen kaum von einem einzelnen Wirkstoff erfüllt werden können. Die Entwicklung zeigt, daß die Auffindung eines Universalmittels immer unwahrscheinlicher wird; sie tendiert auch mehr zu hochwirksamen Spezialprodukten mit weniger breitem Wirkungsspektrum und geringerer Allgemein-Toxizität.

Literatur

Der Materialschutz ist ein relativ junges Arbeitsgebiet. Es gibt daher erst seit wenigen Jahren spezielle Fachzeitschriften und Referatenblätter [1-4]. Zusammenfassende Darstellungen sind als Teil größerer Handbücher erschienen [5-9]. Einen guten Überblick über den Stand der Technik bieten die Berichte über die Symposien in Southampton (England) und Lunteren (Holland)[10, 11] sowie der noch im Druck befindliche Bericht über das Int. Biodegradation Symposium in Kingston (USA). Darüber hinaus finden sich seit Jahrzehnten Veröffentlichungen über Konservierungsfragen in den Fachblättern der Papier-, Leder-, Farben- und Textil-Industrie.

Abgrenzung

Im folgenden sollen jene antimikrobiellen Wirkstoffe behandelt werden, die zum Haltbarmachen von Rohhäuten und Leder, Leimen und Klebstoffen, Textilien und Textilhilfsmitteln und von Anstrichmitteln und Kosmetika geeignet sind oder dafür vorgeschlagen wurden. Behandelt werden ferner Wirkstoffe zur Konservierung von Pulpen, Papier und Pappen und zur Schleimbekämpfung im Wasserkreislauf der Papierfabrikation, außerdem Mikrobizide für Kühlschmiermittel und für Kühlwasserkreisläufe. Wirkstoffe zum Schutz von Gummi, Bitumen, Dichtungsmassen, Treibstoffen und Heizöl werden kurz behandelt, ebenso die bei der Erdölförderung eingesetzten Mikrobizide.

Da einige dieser Wirkstoffe eine stark ausgeprägte bakterizide und fungizide Wirkung haben und wenig toxisch sind, werden sie auch bei der Herstellung von Human- und Veterinär-Desinfektionsmitteln verwendet. Auch hierauf wird kurz eingegangen. Eine erschöpfende Behandlung aller Desinfektionswirkstoffe ist aber nicht vorgesehen. Die für den Holzschutz üblichen Wirkstoffe und Verfahren werden nicht behandelt.

Zur Geschichte der Konservierungsmittel

Seit Jahrhunderten bewahrt man Rohhäute durch Zugabe von Salz vor Fäulnis und Haarlässigkeit; tierische Leime und Klebstoffe werden seit etwa 100 Jahren durch Zink- oder Quecksilbersalze und nahezu ebensolange mit Phenol, Salizylsäure oder Borsäure haltbar gemacht. Cellulose-Textilien wie Segel und Zeltplanen werden seit langem mit Kupfersalzen, meist Kupferseifen, vor dem Verrotten geschützt. Für Schlichten und Appreturen werden seit Jahrzehnten Borsäure oder Formaldehyd verwendet.

Da die genannten Stoffe durchweg in relativ großen Mengen von 0,5—2% zugesetzt werden müssen, lassen Verträglichkeit und Geruch oft zu wünschen übrig. Mit der industriellen Herstellung von Flüssigleimen, Klebstoffen, Textilhilfsmitteln und Leimfarben, die als Markenartikel unbegrenzt haltbar sein müssen, stiegen die Anforderungen und der Bedarf an Konservierungsmitteln. Dieser größere Markt rechtfertigte auch Entwicklungsarbeiten in der chemischen Industrie, die seit etwa 1930 spezielle Konservierungsmittel für technische Produkte herstellt, z.B. die Preventol®-Marken (BAYER) und die Dowicide®-Typen (DOW — USA). Voraus gingen die Arbeiten von *Laubenheimer*[12)] und von *Sabalitschka*[13)], die zeigten, wie bei phenolischen Stoffen bzw. bei den 4-Hydroxybenzoesäureestern durch planmäßige Substitution die biozide Wirkung optimiert werden kann. Da diese neuen Konservierungsmittel sich auch zur Haltbarmachung sehr anfälliger Produkte wie Kaseinleim oder kaseinhaltigen Emulsionsfarben eigneten, die man bis dahin nicht konservieren konnte, bewirkten sie eine Bereicherung des Warenangebotes.

Bei diesen Neuentwicklungen handelte es sich vorwiegend um phenolische Wirkstoffe, die auch heute noch einen großen Marktanteil haben. Sie sind sehr viel wirksamer, schwächer im Geruch und weniger toxisch als Phenol und Kresol; Fragen der Toxizität und Umweltfreundlichkeit spielten damals noch keine große Rolle. — In die Zeit von etwa 1935—1950 fällt auch die Entwicklung und zunehmende Verwendung der Organo-Quecksilber-Verbindungen, die vor allem von US-Firmen propagiert wurden.

Etwa ab 1945 werden vermehrt Wirkstoffe aus anderen Stoffklassen in die Konservierungstechnik eingeführt, so die Dithiocarbamate und die Thiadiazine sowie die Organo-Zinn-Verbindungen. Neueren Datums ist auch die planmäßige Bearbeitung der Formaldehyd-Depotstoffe und der Verbindungen mit einer –S–C-Halogen-Seitenkette.

Das zunehmende Umweltbewußtsein und darauf beruhende strengere Abwasser-Vorschriften gaben der chemischen Industrie neue Impulse. Seit etwa 1965 nimmt bei den Konservierungsmitteln die Spezialisierung zu; viele neue Mittel mit relativ engem Wirkungsspektrum, bei denen aber besonderer Wert auf niedrige Toxizität und gute Abwasserverträglichkeit gelegt wird, werden als Algizide für Kühlwasser, als Bakterizide für Kühlschmiermittel oder für den Wasserkreislauf der Papierfabrikation empfohlen. Einige dieser Mittel haben inzwischen die Organo-Quecksilber-Verbindungen in diesen Bereichen weitgehend abgelöst. Diese Entwicklung ist noch nicht abgeschlossen; auch für andere Anwendungen werden zunehmend wenig toxische und abwasserfreundliche Wirkstoffe vorgeschlagen.

Die Entwicklung spezifisch wirkender, wenig toxischer und biologisch abbaubarer Mittel ist schwieriger und aufwendiger als die Entwicklung lediglich hochwirksamer Mittel; sie konzentriert sich daher immer mehr auf die chemische Großindustrie. Die Zusammenarbeit mit den für den Pflanzenschutz tätigen Chemikern und Biologen hat sich bewährt und dürfte auch in Zukunft weitere Erfolge bringen.

Die stark steigende Herstellung von Dispersionsfarben (etwa seit 1960) und ein vermehrter Gebrauch von Kühlschmiermitteln zwangen zur Entwicklung speziell für Dispersionen und Emulsionen geeigneter Mittel, die einen günstigen Verteilungsfaktor aufweisen. Damit sind gut wasserlösliche Substanzen wie Formaldehyd und Formaldehyd-abspaltende Verbindungen wieder wichtig geworden.

Wirtschaftliche Bedeutung

Über die Welterzeugung an technischen Konservierungsmitteln können kaum verbindliche Angaben gemacht werden, da die Statistiken der wenigsten Länder detaillierte Angaben über Erzeugung und Handel mit derartigen Produkten enthalten. Für einzelne Produkte kann aber eine Abschätzung versucht werden: Die US-Erzeugung an Pentachlorphenol wird 1973 mit 22000 t angegeben und die Welterzeugung auf 40000—44000 t geschätzt.

Die Erzeugung an p—Hydroxy-benzoesäureestern wird einschließlich des Bedarfs der Lebensmittel-Industrie auf 1500—1800 jato (1973) geschätzt.

Die Erzeugung an p—Chlor-m-kresol wird für 1973 auf 2000 t geschätzt.

Von der US-Erzeugung an Organo-Quecksilber-Verbindungen von 300 t (1973) dürfte der größere Teil für technische Zwecke verwendet worden sein.

I. Mikrobiologie und Materialschutz

Art der Mikroben

Anders als beim Pflanzenschutz muß man beim Materialschutz mit einem Befall durch viele, sehr verschieden empfindliche Arten von Mikroben rechnen. Man bevorzugt daher breit wirkende Mittel. Es reicht aus, wenn diese das Wachstum und die Vermehrung der Mikroben verhindern; in höherer Dosis wirken aber fast alle Konservierungsmittel abtötend.

Die Mindestdosierung hängt von der Empfindlichkeit der resistentesten jeweils vorkommenden Mikrobenspezies gegenüber dem betreffenden Wirkstoff ab. So muß man bei der Textil-Konservierung mit den Cellulose-Zerstörern *Chaetomium globosum, Aspergillus terreus, Penicillium funiculosum* und *Myrothecium verrucaria* rechnen, von denen *Aspergillus terreus* eine hohe allgemeine Resistenz hat und *Penicillium funiculosum* gegen Schwermetalle sehr resistent ist. Auf Leimen, Klebstoffen und Textilhilfsmitteln sind *Aspergillus niger, Penicillium glaucum* und *Monilia sitophila* die resistentesten Pilze; sie kommen auch auf Anstrichen vor. Einige Penicillium-Arten wie *P. citrinum* und *P. luteum* sind gegen Quecksilber-Fungizide besonders resistent. — Die Holz-verfärbenden Bläuepilze wie *Pullularia pullulans, Ophiostoma* und *Ceratocystis* haben ebenso wie die typischen Anstrich-Zerstörer *Cladosporium herbarum, Phoma-* und *Alternaria*-Arten nur eine mittlere Resistenz gegen Fungizide.

Von den für den Materialschutz wichtigen Bakterien sind die gramnegativen und die Anaerobier durchweg resistenter als die gram-positiven Keime und die Aerobier [14]. Die sehr resistente *Pseudomonas aeruginosa* kommt z.B. bei der Verarbeitung von Rohhäuten, in Emulsions- und Dispersionsfarben und in Kühlschmiermitteln vor. *Pseudomonas aeruginosa* gilt auch bei der Desinfektion als wichtiger Problemkeim, der gegen fast alle Bakterizide erheblich resistenter ist als alle übrigen pathogenen Keime. Von den Anaerobiern hat *Desulfovibrio desulfuricans* für den Materialschutz besondere Bedeutung.

Wegen Schwefelwasserstoff-Bildung aus Sulfaten verfärbt dieser Keim viele Materialien durch Bildung von schwarzem Eisensulfid. *Desulfovibrio desulfuricans* kann deswegen auch Organo-Quecksilber-Wirkstoffe durch Bildung von inertem HgS inaktivieren. — Die meisten anderen für den Materialschutz wichtigen Bakterienstämme wie *Achromobacter* auf Holzschliff, *Aerobacter, B. subtilis, B. mycoides*, ein typischer Schleimbildner auf Rohhäuten, sind nicht besonders resistent und erfordern keine überhöhte Dosierung.

Hefen, Torula-Hefen, Actinomyceten und Algen sind relativ empfindlich gegen die meisten Konservierungsmittel. Sie stellen kein besonderes Problem dar; ihre Vermehrung wird schon durch relativ niedrige Dosierungen unterdrückt.

Resistenzbildung

Auch beim Materialschutz ist das Problem der Resistenzbildung bekannt. Meist handelt es sich um eine Selektion von weniger empfindlichen Keimen und Stämmen aus der ursprünglichen Mischflora, seltener um eine auf Mutation beruhende neue Resistenz. Beide Erscheinungen werden durch anhaltende Unterdosierung des Konservierungsmittels begünstigt; hiervon muß daher dringend abgeraten werden. Bei der Schleimbekämpfung in Wasserkreisläufen sind darum auch mehrere Schockdosierungen durchweg günstiger als die laufende Zugabe des Mittels in niedriger Dosis.

Wirkungsmechanismus

Nicht für alle Konservierungsmittel können heute schon Angaben über Wirkungsweise und Wirkungsort gemacht werden; die Kenntnisse hierüber haben aber in den letzten Jahren sehr zugenommen. — Die viel verwendeten phenolischen Stoffe wirken auf die Zellmembran und hemmen die oxydative Phosphorylierung. Schwermetall- und Organometall-Verbindungen wirken Eiweiß-denaturierend und durch Bindung an SH-Gruppen inaktivierend auf Oxydasen. Quaternäre Ammonium-Verbindungen denaturieren die Zellwand und hemmen Oxydasen. Stoffe mit einer Perhalogen-methylthio-Seitenkette blockieren SH-Gruppen in der Zelle. Für die Mehrzahl der reaktiven Mikrobizide, z.B. die Halogenessigsäure-Derivate, die Verbindungen mit reaktivem Brom und Rhodan sowie die Vinylsulfon- und Vinylketon-Derivate, dürfte der gleiche Mechanismus gelten. Näheres über Fungizide wird auch bei den Erläuterungen: Phyto-Fungizide, angeführt. Weitere Einzelheiten sind der Spezialliteratur zu entnehmen [15, 16, 17].

Inaktivierung und Verstärkung von Wirkstoffen

Da die Wirkung aller Mittel auf einer Reaktion mit Teilen oder Inhaltsstoffen der Zelle beruht, kann sie auch von anderen Reaktionspartnern im Milieu beeinflußt werden. Im Gegensatz zum Pflanzenschutz und auch zur Desinfektion ist dieser Faktor beim Materialschutz von größter Bedeutung. Wie sehr die Zusammensetzung des zu konservierenden Materials die Wirkung beeinflussen kann, sei an einigen Beispielen gezeigt:

a) pH-Wert. Bei den sogenannten Konservierungssäuren ist nur deren undissoziierter Anteil antimikrobiell wirksam, weil nur dieser lipoid-löslich ist. Dieser Anteil und die Wirkung sind stark pH-abhängig. Ebenso verhalten sich Ameisensäure, Propionsäure und schweflige Säure, die darum ebenfalls nur zur Konservierung saurer Produkte geeignet sind [18, 19, 20].

Auch die Phenole sind im sauren Bereich sehr viel wirksamer, vor allem solche mit hoher Dissoziationskonstante wie die Chlor- und Nitrophenole. — Kationische Mittel wie 2-Butylamin, Dodecylamin und die quaternären Ammonium-Verbindungen sind umgekehrt im alkalischen Bereich wesentlich wirksamer als im sauren Milieu.

b) *Neutralsalze.* Sie verstärken durchweg die Wirkung, weil sie die Ionisation polarer Stoffe zurückdrängen und dadurch deren Lipoidlöslichkeit und die Adsorption an die Zelle erhöhen. Dieser Effekt tritt aber erst bei höheren Salzkonzentrationen, bei Kochsalz etwa ab 5%, auf.

c) *Eiweiß.* Eiweiß adsorbiert oder bindet viele Wirkstoffe, z.B. Metallsalze, Organo-Quecksilber-Verbindungen, Phenole und Quartäre Ammoniumsalze (Quats). Das macht sich auch bei der Desinfektionswirkung bemerkbar. Der sogenannte Eiweißfehler eines Wirkstoffes steigt in einer Stoffklasse mit dessen Molekulargewicht.

d) *Adsorbierend wirkende Stoffe.* Pigmente, Ruß sowie Füllstoffe wie Talkum, Kaolin oder Kreide binden und inaktivieren einen Teil des zugesetzten Konservierungsmittels. Quats und Wirkstoffe mit geringer Wasserlöslichkeit und hohem Molekulargewicht werden davon besonders betroffen.

e) *Oberflächenaktive Stoffe.* Seife und andere Anion-Tenside, vor allem aber Äthylenoxid-Addukte, drücken die Wirkung vieler Stoffe; meist wird deren Lipoidlöslichkeit vermindert. Die AeO-Addukte bilden Komplexe mit phenolischen Mitteln und mit Quats, deren Beständigkeit vom Tensid-Überschuß abhängt[21].

f) *Der Verteilungskoeffizient des Konservierungsmittels.* Hier haben wir einen wichtigen Faktor bei Anwendung in 2 phasigen Systemen, denn nur der in der Wasserphase frei verfügbare Anteil des Mittels wirkt antimikrobiell. Auch anfänglich ausreichend konservierte Emulsionen und Dispersionen können verderben, wenn das Mittel mit der Zeit in die Oelphase abwandert[23].

g) *Abbau durch Mikroben.* Einige Bakterien-Arten und Vibrionen können Wirkstoffe als Kohlenstoff-Quelle verwerten oder bei Gegenwart anderer Nährstoffe metabolisieren. So werden die Konservierungssäuren für Lebensmittel durch *Pseudomonas aeruginosa* abgebaut. Auch phenolische Stoffe, soweit sie mehr als eine freie ortho- oder para-Stellung haben, wie beispielsweise o-Phenylphenol, werden abgebaut. Von den Chlorphenolen sind 2,4,5- und 2,4,6-Trichlorphenol sowie Pentachlorphenol praktisch nicht abbaubar. So störend dieser Abbau gelegentlich sein kann, so wertvoll ist er zur Entgiftung der Wirkstoffe im Abwasser[24, 25].

h) *Wirkstoff-Gemische.* Gemische werden meist verwendet, um ein breiteres Wirkungsspektrum zu erreichen oder um bei schwerlöslichen Stoffen eine ausreichende Menge in Lösung zu bringen. Ein breiteres Spektrum ist eher durch Verwendung chemisch unähnlicher Komponenten mit unterschiedlichem Wirkungsmechanismus zu erreichen als mit Gemischen nahe verwandter Stoffe. — Wegen weiterer Einzelheiten zu a)—h) wird auf die Literatur[21] und[22] verwiesen.

II. Prüfung und Anwendung von Schutzstoffen

Konstitution und antimikrobielle Wirkung

Trotz der großen bei Industrie und Forschungsinstituten vorliegenden Erfahrungen ist die Entwicklung neuer Wirkstoffe für den Materialschutz weitgehend Empirie geblieben; auch vielfache theoretische Ansätze[15−17, 26] haben an diesem Faktum nichts geändert. Soweit bekannt, wurde bisher keine grundlegend neue Wirkstoffklasse auf Grund theoretischer Voraussagen gefunden. Innerhalb einiger Wirkstoffklassen sind aber durchaus Voraussagen möglich, wie folgende Beispiele zeigen mögen:

Bei den Phenolen und den aromatischen Aminen wird die antimikrobielle Wirkung durch Halogenierung und Nitrierung durchweg verstärkt; mit der Halogenierung geht das Wirkungsspektrum durch ein Optimum. Bei Eintritt mehrerer Chlor- oder Brom-Atome wird die Wirkung selektiver und z.B. gegen gramnegative Keime sogar wieder schwächer; die Wirkung gegen Schimmel und Hefen steigt aber weiter an [12, 27-29]. Die Einführung von Carboxyl- und Sulfo-Gruppen führt zwar zu besser löslichen Substanzen, bewirkt aber in diesen Klassen fast völligen Wirkungsverlust. Auf die übrigen in der Literatur behandelten Gesetzmäßigkeiten bei den quaternären Ammonium-Verbindungen [30, 31], den Organo-Quecksilber-Verbindungen [32, 33] und Organo-Zinn-Verbindungen [34, 35] sei nur kurz hingewiesen. Bei den Formaldehyd-Depotstoffen sind Voraussagen über die Wirkung möglich, wenn die Kinetik ihrer Spaltung im Milieu bekannt ist.

Formulierungsfragen

Fungizide für Anstrichfilme und Plastikmaterialien sind meist sehr schwer löslich; nur die Feinstmahlung gewährleistet eine sichere Wirkung und den steten Wirkstoff-Nachschub aus dem Film an die Oberfläche. Allgemein gilt, daß für eine sichere Wirkung eine homogene Verteilung des Konservierungsmittels im zu schützenden Material notwendig ist. Bei schwerlöslichen Wirkstoffen erreicht man das durch Mahlung oder Zusatz von Trägerstoffen, Dispergiermitteln oder Emulgatoren. — Sehr toxische oder hautirritierende Stoffe, z.B. Organo-Quecksilber-Verbindungen, werden oft in unterteilten Packungen aus Polyvinylalkohol-Folie geliefert, wodurch ein Abwiegen oder Abmessen überflüssig wird. In dem zu konservierenden Material oder im Kreislaufwasser löst sich die Folienverpakkung auf.

Ein weiterer Weg, irritierende oder sehr schwer lösliche Wirkstoffe gefahrlos anzuwenden, ist deren Umsetzung zu löslichen und weniger bedenklichen Stoffen, aus denen bei der Anwendung das eigentliche wirksame Agens wieder freigesetzt wird [36, 37]. So wird durch Hydrolyse aus der beständigen, nicht aggressiven quartären Ammonium-Verbindung

$$\left[\bigcirc\!\!-OSO_2-CH_2-CH_2-N(CH_3)_3 \right]^+ [SO_3OCH_3]^-$$

$$\bigcirc\!\!-OSO_2-CH=CH_2$$

der hochwirksame, reaktive und aggressive Vinylsulfonsäure-Phenylester frei.

Prüfmethoden

Zur Vorprüfung von Wirkstoffen dient die Bestimmung der minimalen Hemmkonzentration (MHK) gegenüber den technisch wichtigen Keimen auf Agar- oder

266

Gelatine-Nährböden. Bei Wirkstoffen, die für Wasserkreisläufe, Kühlschmiermittel, Kosmetika und für Desinfektions-Zwecke bestimmt sind, wird daneben meist in Flüssigkulturen die Keimzahl-mindernde oder abtötende Wirkung bestimmt. Wegen Einzelheiten der Prüfung siehe Literatur [21] und [8].

Die so erhaltenen MHK-Werte erlauben nur eine relative Bewertung von chemisch ähnlichen Stoffen; sie sind auf die Praxis kaum übertragbar, weil bei dieser Art der Prüfung die Einflüsse des zu konservierenden Materials und andere die Wirkung mindernde Faktoren (siehe oben) nicht berücksichtigt werden. Das Verhältnis der MHK zum tatsächlichen Bedarf kann 1:10 bis 100 sein. Es werden daher viele Labormethoden vorgeschlagen, um die praktischen Verhältnisse besser zu simulieren und in erträglicher Zeit zu realistischen Ergebnissen zu kommen. Letztlich entscheidend bleibt aber der Praxisversuch.

Für die Beurteilung der Schutzwirkung bei konservierten Materialien gibt es eine Vielzahl von Methoden, auf die bei den jeweiligen Anwendungen verwiesen wird. Zum Teil handelt es sich um offizielle Prüfstandards, die auch der Abnahmeprüfung durch Behörden dienen, z.B. bei Schwergewebe für Zelte und bei Isoliermaterial.

Registrierung und Zulassung

In den meisten Ländern unterliegen technische Konservierungsmittel keinem Zulassungszwang. — In den USA müssen Mikrobizide von der EPA registriert werden. Dazu müssen vom Anmelder die Wirkung und sichere Handhabung nachgewiesen und Angaben zur Toxikologie gemacht werden; die Zulassung ist stets auf bestimmte Anwendungen beschränkt. — Schweden fordert für alle Mittel mit bekämpfender Wirkung Registrierung mit Deklaration der Zusammensetzung und Giftkennzeichnung nach Klassen. — In der BRD besteht Zulassungszwang für alle in Papier- und Plastikpackungen für Lebensmittel vorkommenden Wirkstoffe. — In der BRD und der EG wird eine Registrierung der in Kosmetika gebrauchten Mittel vorbereitet. — Für Desinfektionsmittel (nicht deren Wirkstoffe) bestehen in fast allen Ländern nationale Prüfvorschriften.

Technische Konservierungsmittel werden heute in einer Vielzahl von Industrien für sehr unterschiedliche Zwecke eingesetzt. Sie können hier nicht alle erläutert und mit Beispielen belegt werden. Nachfolgend sind aber die wichtigsten Anwendungen für Konservierungsmittel aufgeführt; auf sie dürften 80—90% des Gesamtverbrauchs an derartigen Wirkstoffen entfallen. Dabei wird kurz auf die jeweils vorkommenden Problemkeime und die dagegen eingesetzten Wirkstoffe hingewiesen.

III. Desinfektion und Wasserzusätze

Chemische Desinfektionsrohstoffe

Wirkstoffe für die Desinfektion und für die Herstellung desinfizierender Reinigungsmittel müssen pathogene Keime und die in den betreffenden Industrien vorkommenden Problemkeime schnell und sicher abtöten; eine keimhemmende

Wirkung reicht hier nicht aus. Bei der Human-Desinfektion sind das die hämolysierenden *Staphylococcen* und *Pseudomonas aeruginosa* (Erreger des Hospitalismus). In der Lebensmittel-Industrie muß sichere Wirkung gegen *Pseudomonas, Aspergillus, Monilia* und *Candida*-Hefen verlangt werden.

Einige der überwiegend für Konservierungszwecke verwendeten Wirkstoffe sind wegen ihrer breiten und schnellen Wirkung auch zu Desinfektionszwecken geeignet. Von den Wirkstoffen für die desinfizierende Reinigung muß daneben noch weitgehende Unabhängigkeit der Wirkung vom Milieu (Blut, Eiweiß, Fett, usw.) gefordert werden. Hier verhalten sich Wirkstoffe mit niedrigem durchweg günstiger als solche mit hohem Molgewicht, weil sie weniger adsorbiert oder inaktiviert werden [8, 21, 38].

Die gebrauchsfertigen Desinfektionsmittel und die desinfizierenden Reinigungsmittel enthalten meist Tenside, um die Benetzung und das Eindringen zu verbessern, und Zusätze zur Einstellung eines optimalen pH-Wertes. Für die desinfizierende Reinigung werden in erster Linie Chlor-abspaltende Wirkstoffe, Jodophore und Quats verwendet.

Phenolische Mittel enthalten z. B. p-Chlor-m-kresol, 2-Phenylphenol und Benzylphenole. In Handdesinfektionsmitteln sind 2-kernige Phenole wie Dichlorophen und Hexachlorophen üblich.

Alkoholische Mittel enthalten Äthanol oder Isopropanol (50—70%),3,4-Dichlorbenzylalkohol und Phenoxyäthanol. Zur Luftdesinfektion werden Diole wie Triglykol verwendet.

Aldehydische Mittel enthalten Formaldehyd und dessen Depotformen sowie Glyoxal und Glutaraldehyd [39], mitunter im Gemisch mit Organo-Zinn-Verbindungen [40].

Organo-Zinn- und Quecksilber-Verbindungen werden nur für Spezialzwecke verwendet; bei ihnen überwiegt die bakteriostatische Wirkung.

Quartäre Ammonium-Verbindungen sind gegen gram-positive Keime weit wirksamer als gegen gram-negative und gegen Schimmelpilze; sie sind relativ milieuempfindlich. Gebräuchlich sind Alkylpyridiniumchloride und vor allem Wirkstoffe vom Benzalkonium-Typ.

Von den *Guanidin-Verbindungen* wird vor allem Chlorhexidin [41] verwendet.

Chlor-abspaltende Verbindungen sind die wichtigsten Wirkstoffe in desinfizierenden Reinigungsmitteln. Üblich sind Hypochlorite, p-Toluolsulfochloramid und vor allem Di- und Trichlor-isocyanursäure. Nur bei den Isocyanuraten [42] ist die Wirkung wenig vom pH-Wert abhängig, sonst ist sie im sauren Bereich deutlich besser.

Jodophore werden vorwiegend in der Lebensmittel-Industrie eingesetzt [43].

Per-Verbindungen wie Peressigsäure werden bei schwach saurer Reaktion in der Human-Desinfektion verwendet.

Wasseraufbereitung

Die Mittel zur Wasserpflege in Schwimmbecken müssen eine breite bakterizide Wirkung haben, die neben den pathogenen Keimen auch die meist resistenteren gram-negativen Erreger der Coli-Gruppe umfaßt. Üblich ist Chlor, oft mit Ammoniak kombiniert; daneben werden, vor allem in kleineren Anlagen, verwendet: Hypochlorite und neuerdings Dichlor- und Trichlorisocyanurate. Auch Ozon und Quats werden verwendet, letztere auch in Kombination mit Kupfersalzen und mit Per-Verbindungen.

Erdöl-Sekundärförderung

Bei unergiebig gewordenen Bohrungen kann die Förderung wieder aktiviert werden, indem man seitlich Wasser oder Sole einpreßt und so den Druck auf die Lagerstätte erhöht. Durch Sulfat-reduzierende Bakterien kann es dabei zur Bildung von Schwefelwasserstoff und Eisensulfid kommen. Ersteres führt zu starker Metallkorrosion und FeS kann die Durchlässigkeit der Öl-führenden Schichten bis zur völligen Verstopfung verschlechtern. Die zur Abhilfe eingesetzten Bakterizide müssen vor allem gegen *Desulfovibrio desulfuricans*, auch gegen dessen resistente thermophile Varietäten wirksam sein. Sie müssen in starker Sole löslich sein und dürfen vom Gestein nicht nennenswert adsorbiert werden [8, 14, 44]. Geeignete Wirkstoffe sind z.B. 2,4,5-Trichlorphenol, quartäre Ammoniumverbindungen und vor allem langkettig substituierte Diamine vom Typ $R-NH-(CH_2)_3NH_2$ und vergleichbare Guanidin-Verbindungen [45]. Quats können wegen ihrer starken Adsorption nur in neutralem oder basischem Gestein eingesetzt werden; die genannten Amine und Guanidine sind auch in saurem Gestein brauchbar, außerdem wirken sie passivierend auf Eisen und Stahl.

Die gleichen Wirkstoffe verhüten auch die H_2S-Bildung und die Korrosion bei Untertage-Speichern für Gas und Oel [44]. Sie werden auch zur Konservierung des Verdickungsmittel-haltigen Spülschlamms bei Tiefbohrungen eingesetzt. Auch Acrolein und Glutaraldehyd werden für diese Zwecke verwendet [46].

IV. Farben und Anstrichmittel

Die Lack- und Farben-Industrie verwendet Konservierungsmittel für drei sehr unterschiedliche Zwecke. Das Hauptanwendungsgebiet ist die Konservierung wasserhaltiger Anstrichmittel. Anstrichfungizide werden eingesetzt, um das Verpilzen von Anstrichfilmen zu verhindern. Andere Wirkstoffe dienen zur Herstellung von bewuchshindernden Unterwasseranstrichmitteln (Antifoulingfarben).

Leimfarben mit Cellulose-Derivaten als Bindemittel sind wenig anfällig. Eine niedrige Dosis eines breit wirkenden Mittels wie p-Chlor-m-kresol oder 2-Phenylphenol konserviert ausreichend. Auch Formaldehyd und Chloracetamid sind übliche Konservierungsmittel, Quecksilber-Verbindungen werden kaum noch verwendet.

Emulsions- und Dispersionsfarben sind anfälliger, vor allem, wenn sie Naturstoffe wie Kasein oder Sojaprotein enthalten. Nur breitwirkende, auch gegen *Pseudomonas* und Sulfat-reduzierende Bakterien schützende Mittel mit günstigem Verteilungsfaktor eignen sich zur Konservierung. Üblich sind z.B. p-Chlor-m-kresol, auch im Gemisch mit Na-Pentachlorphenolat, daneben Chloracetamid sowie Benzisothiazolon. Die Verwendung von Quecksilber-Verbindungen und Natriumazid ist stark rückläufig.

Anstrich-Fungizide müssen eine sehr geringe Wasserlöslichkeit und sehr niedrigen Dampfdruck haben, wenn ihre Wirkung einige Jahre vorhalten soll. Soweit nur ein Schutz gegen die typischen Anstrich-Zerstörer und gegen Bläuepilze gefordert wird, genügt ein relativ schmales Wirkungsspektrum. Falls der Fungizidzusatz auch Pilzbewuchs auf dem Anstrich (Sekundärbefall) verhüten soll, sind nur breitwirkende Fungizide geeignet, da man die Art des Pilzbefalls in Küchen, Brauereien und anderen feuchten Betrieben nicht vorhersehen kann. Gebräuchlich sind u. a. Thiuram® und Dithiocarbamate, Folpet®, Fluorfolpet® und Dichlofluanid®[a], ferner Tetrachlorpyridin-4-methylsulfon und einige weniger breitwirkende Benzimidazol-Derivate wie Thiabendazol und Benzimidazolylcarbaminsäuremethylester (BCM) sowie die etwas lichtempfindlichen Trialkylzinn-Verbindungen. — Mit sehr hoher Dosis sind auch Zinkoxid und Bariummetaborat wirksam.

Für *Bläueschutzmittel* kommen nur die im Bindemittel löslichen Wirkstoffe, z. B. Folpet, Fluorfolpet und Dichlofluanid sowie die Benzimidazol-Derivate in Frage. Die Verwendung von Pentachlorphenol und Quecksilber-Verbindungen im Bläueschutz ist stark rückläufig.

Antifoulingfarben sollen bei Schiffen den Bewuchs der Unterwasserzone durch Algen, Kleinkrebse, Muscheln und andere Lebewesen verhindern. Sie sind nur wirksam, solange genügend Wirkstoff aus dem Anstrichfilm an die Oberfläche nachgeliefert wird. Die Zusätze liegen relativ hoch. Üblich sind u. a. Kupferpulver, Kupferoxide, Cu-arsenat sowie Quecksilberoxid, meist im Gemisch. Viel verwendet werden neuerdings Trialkyl- und Triarylzinn-Verbindungen, bei denen durch das Anion die gewünschte Schwerlöslichkeit im Wasser eingestellt wird. Sie haben die bisher üblichen Quecksilber-Verbindungen weitgehend ersetzt. Wegen der sehr guten Wirkung gegen Algen werden auch Triphenylblei-Verbindungen eingesetzt.

V. Kühlschmierung und Kühlung

Die in der Metall-Industrie verwendeten Kühlschmiermittel, vor allem Öl-Emulsionen, müssen konserviert werden, weil sie anfällige Rohstoffe wie Emulgatoren und Mineralöl sowie Amine und andere Metall-passivierende Zusätze enthalten; außerdem verschmutzen die Kühlschmiermittel im Gebrauch, da sie in großen Zentralanlagen meist monatelang umlaufen, wobei Verluste ergänzt werden. Auch ölfreie Kühlschmiermittel auf Nitrit- oder Amin-Basis müssen konserviert werden, wenn sich im Dauergebrauch Verunreinigungen und damit Nährstoffe darin anreichern.

Die sehr unterschiedliche Zusammensetzung der Kühlschmiermittel ermöglicht einen Befall durch sehr verschiedene Mikroben-Spezies. Man braucht daher Konservierungsmittel oder Gemische mit breitem Wirkungsspektrum. Am häufigsten werden *Pseudomonas aeruginosa, Pseudomonas fluorescens* sowie *Aerobac-*

---

[a] Thiuram® = Tetramethyl-thiuramdisulfid.
  Folpet® = N-Trichlormethylthiophthalimid.
  Fluorfolpet® = N-Fluor-dichlormethylthiophthalimid.
  Dichlofluanid® = NN-Dimethyl-N′-phenyl-(N′-Fluor-dichlormethylthio)-sulfamid.

270

ter aerogenes and *B. coli* angetroffen, daneben aber auch *Serratia marcescens*, Kokken und *Proteus vulgaris*. — In Betriebspausen ist nach Aufzehrung des gelösten Sauerstoffs auch ein Befall des Kühlschmiermittels durch Anaerobier wie *Desulfovibrio desulfuricans* möglich. Dieser bildet durch Abbau von Sulfat und Sulfosäuren Schwefelwasserstoff; außer einer Verschlechterung der Emulsion tritt dann auch Metallkorrosion auf. Meist lassen sich die Anaerobier durch dauerndes Umpumpen oder Belüften der Lösung unterdrücken.

Bei anhaltendem Gebrauch von vorwiegend gegen Bakterien wirkenden Mitteln kommt es durch Verschiebung des biologischen Gleichgewichts zu vermehrtem Schimmel- und Hefen-Wachstum und damit einhergehend zur Verstopfung von Filtern und Pumpen. Neben *Penicillium*- und *Aspergillus*-Arten findet man *Fusarium*-, *Mucor*-, *Oidium*- und *Candida*-Arten. Auch aus diesem Grunde befriedigen auf die Dauer nur sehr breit wirkende Mittel oder Gemische; Abhilfe ist auch durch gelegentlichen Zusatz eines speziell gegen Schimmel und Hefen wirkenden Mittels möglich. Selbst bei befriedigender Konservierung geht die Keimzahl im System nicht auf Null zurück; es genügt, wenn sie 10^3—10^4/ml nicht übersteigt[47-51].

Nur wenig toxische, nicht allergisierende und unter den Arbeitsbedingungen nicht korrosive Wirkstoffe sind für Kühlschmiermittel geeignet. Von den Phenolen sind gebräuchlich (meist als Gemische): 2-Phenyl-phenol, p-Chlor-m-kresol und Tetrachlorphenol; ersteres ist besonders wenig toxisch, gut hautverträglich und leicht abbaubar. Nitrophenole und andere biozide Nitro-Verbindungen werden gelegentlich mitverwendet, weil sie gegen Anaerobier hochwirksam sind und Eisen passivieren. — Die weiteste Verwendung finden Formaldehyd und Formaldehyd-Depotstoffe aller Klassen wie z.B. Oxazolidine, Tetrahydrotriazine, Trimethylolnitromethan, Imidazolidine, Derivate des Hexamethylentetramins, ferner Hemiformale wie Benzylalkoholhemiformal. Daneben werden wegen der guten Fungi-Wirkung Dithiocarbamate, Carbothialdine, Benzisothiazolon sowie 1-Hydroxypyridin-2-thion verwendet. Auch die Methylol-Verbindungen von Säureamiden wie z.B. N-Methylolchloracetamid sind üblich.

Da verbrauchte Kühlschmiermittel nach dem Abtrennen des Ölanteils ins Abwasser gelangen können, muß auch auf gute Abbaubarkeit der Wirkstoffe geachtet werden; das ist ein weiterer Grund für die derzeitige Bedeutung der Formaldehyd-Depotstoffe, der Carbothialdine und des 2-Phenyl-phenols.

Kühlwasser-Kreisläufe

Die Leistung von Kühltürmen geht stark zurück, wenn Algen und Schleimbakterien Brücken im Rieselwerk bilden oder die Kondensatoren verstopfen; außerdem wird dadurch die Metallkorrosion erhöht. Algenwachstum ist in fast nährstofffreiem Wasser möglich, während die Vermehrung von Schleimbakterien stark vom Nährstoffangebot abhängt. In Chemiebetrieben können Ammoniak oder nitrose Gase, in Raffinerien Kohlenwasserstoffe in das Kühlwasser gelangen und die mikrobiologische Korrosion fördern. Zur Algen- und Schleimbekämpfung werden sehr unterschiedliche anorganische und organische Wirkstoffe vorgeschlagen[52, 53]. Da bei Kühltürmen ein Teil des Wassers versprüht und laufend ein weiterer Teil abgelassen wird und ins Abwasser oder den Vorfluter gelangt, sind toxische und fischtoxische Zusatzstoffe nicht angebracht. Die Verwendung der sehr wirksamen Organo-Quecksilber-Verbindungen und der chlorierten Phenole ist daher stark rückläufig. Chlor, auch in Kombination mit Ammoniak, ist als Stoßchlorierung oder Dauerzusatz weit verbreitet; es greift aber die hölzernen Einbauten an. Quats sind hochwirksam gegen Algen, wegen der Schaumbildung aber nur bedingt anwendbar. Langkettig substituierte Amine und Diamine vom Typ $R-NH-(CH_2)_3 \cdot NH_2$ und entsprechende Guanidine verhalten sich oft günstiger.

Acrolein ist bereits mit sehr niedriger Dosis wirksam; obwohl toxisch, ist es im Abwasser nicht problematisch; auch Methylenbisrhodanid ist hochwirksam. Bromessigester werden ebenso wie Dithiocarbamate nur gelegentlich verwendet.

VI. Kunststoff- und Gummiprodukte

Nur Kunststoffe auf Cellulose-Basis sind relativ anfällig gegen Mikroben. Die übrigen Kunststoffe wie PVC, Polyäthylen, Polyamide und die Terephthalate sind nahezu persistent. Sie werden von Mikroben nur angegriffen, insoweit sie anfällige Hilfsstoffe und Weichmacher enthalten. Bei Materialien aus Weich-PVC werden daher Fungizide eingesetzt, um einen Abbau des Weichmachers und eine Versprödung des Kunststoffs zu verhüten. Anfällig sind vor allem aliphatische Ester, während Phthalate und Arylphosphate als beständig gelten [54–56].

Bei Duschvorhängen, Wandbekleidungen und Badematten aus Weich-PVC werden Fungizide auch eingesetzt, um das Verschimmeln der Oberfläche (Sekundärbefall) zu verhindern. Kunststoffe mit antibakterieller Oberflächenwirkung werden für die gleichen Zwecke und für Krankenhaus-Utensilien hergestellt. — Wegen der hohen Temperaturen bei der Kunststoff-Verarbeitung sind nur hitzebeständige, nicht vergilbende Wirkstoffe geeignet, z.B. Folpet, Fluorfolpet, Organo-Zinn- und Organoarsen-Verbindungen [61], halogenierte Salizylanilide [61], Ester des Pentachlorphenols [62] und einige Bisphenole [83].

Die Gummiindustrie ist an der Verwendung von Mikrobiziden interessiert, um Gummi-Dichtungen und Auskleidungen vor dem Abbau durch Anaerobier, z.B. in Abwasserleitungen, zu schützen und um den Oberflächenschimmel auf Gummiwaren zu verhüten [60]. Synthese-Gummi gilt als durchweg beständiger als Naturgummi. Viele Hilfsstoffe, z.B. die als Beschleuniger verwendeten Dithiocarbamate sind im Gummi auch nach dem Vulkanisieren noch biozid wirksam [59]. Sonst sind üblich Ester des Pentachlorphenols, halogenierte Salizylanilide und Bisphenole [57,58].

VII. Leder und Leime

Konservierungsmittel werden bei der Lagerung und den ersten Stufen der Rohhautverarbeitung benötigt:

1. zur Verstärkung der normalen Salzkonservierung und bei der Lakensalzung von Rohhäuten,

2. bei Trockenhäuten, um Bakterien- und Insektenschäden während der Trocknung und Lagerung zu vermeiden,

3. bei der Weiche von Trockenhäuten als Schutz gegen bakteriellen Abbau.

Konservierungsmittel für diese Zwecke müssen schnell in die Haut eindringen und dürfen keine angerbende Wirkung haben[64]. Die Mittel müssen breit wirken, auch gegen *Pseudomonas*; ihr Eiweißfehler sollte nur gering sein. Üblich sind u. a. p-Chlor-m-kresol und 2,4,5-Trichlorphenol[63] bei der Salzung und bei der Weiche von Trockenhäuten sowie Quats und Chloracetamid in der Weiche.

Bei Trockenhäuten werden ferner Alkalifluoride und Silikofluoride sowie Natriumarsenit verwendet. Gegen Insektenschäden sind bei Salz- und bei Trockenhäuten außerdem Zusätze von Naphthalin und Gammexan® üblich.

Da die Haut durch die Gerbung für Bakterien nahezu unangreifbar wird, genügt für die nachfolgenden Prozesse ein Schutz gegen Schimmelbefall; man braucht breitwirkende Fungizide[65]:

4. Bei natürlichen Gerbflotten werden Säuerung und Pilzbefall auf der Brühe z. B. durch 2,4,5-Trichlorphenol oder Pentachlorphenol unterdrückt.

5. Schimmelbildung auf feucht gelagertem Chromleder wird z. B. durch p-Chlor-m-kresol oder 2-Phenylphenol verhindert.

6. Beim fertigen Leder wird ein Schutz vor Schimmelbefall durch Zusatz von Fungiziden bei der Fettung erreicht; außer den genannten Mitteln wird vor allem p-Nitrophenol verwendet. Auch dessen Acetat und Carbonat wurden dafür vorgeschlagen. Nur wenig flüchtige, möglichst Leder-affine Wirkstoffe sind hier geeignet[66].

Leime und Klebstoffe

Leime und Klebstoffe werden konserviert, wenn das flüssige Produkt oder die aus Pulverleim hergestellte Gebrauchslösung mehr als einige Tage haltbar sein sollen. Bei tierischen Leimen sind *Pseudomonas aeruginosa* und *Pseudomonas fluorescens* die Problemkeime, die nur durch breitwirkende Mittel in relativ hoher Dosis unterdrückt werden[67]. Konservierungsmittel, die vor dem Eindampfen der Brühe zugesetzt werden, sollen wenig flüchtig sein. Üblich sind p-Chlor-m-kresol, 2-Phenyl-phenol und das weniger flüchtige Pentachlorphenol.

Klebstoffe auf Basis von Stärke- und Cellulose-Derivaten sind zwar weniger anfällig, müssen aber gleich gut gegen Hefen, Schimmel und Bakterienbefall geschützt werden. Üblich sind die vorgenannten Mittel sowie Formaldehyd-Depotstoffe, Chloracetamid, Benzisothiazolon und andere für flüssig formulierte Klebstoffe. — Bei Klebstoffen für Lebensmittelpackungen werden als besonders wenig toxische, geruchsschwache Mittel verwendet: p-Hydroxybenzoesäure-ester, 2-Phenylphenol, Dehydracetsäure und Benzoesäure. — Dispersions- und Emulsionsklebstoffe werden wie die in der Anstrichtechnik üblichen Dispersionsfarben konserviert.

VIII. Pharmaka und Kosmetika

Konservierungsmittel für Pharmazeutika und Kosmetika müssen gesundheitlich unbedenklich sein; bei letzteren ist gute Hautverträglichkeit besonders wichtig. Mittel mit diesen Eigenschaften sind durchweg weniger wirksam als technische Konservierungsmittel; die Haltbarmachung pharmazeutischer und kosmetischer

Produkte wird aber dadurch erleichtert, daß sie meist keimärmer hergestellt werden können als technische Produkte[68]. Die Praxis verwendet Konservierungsmittel und Desinfektionszusätze aus allen Stoffklassen[69].

In sauren Produkten genügen oft die auch für Lebensmittel zugelassenen Stoffe wie Benzoesäure und Sorbinsäure. Am gebräuchlichsten sind die Ester der p-Hydroxybenzoesäure, außerdem werden verwendet Dehydracetsäure, Formaldehyd und seine Depotstoffe und Chloracetamid, 2-Phenoxy-äthanol und Benzylalkohol.

Organo-Quecksilber-Verbindungen werden nur dann verwendet, wenn beim Gebrauch des Mittels mit einer *Pseudomonas*-Infektion zu rechnen ist.

Kosmetika mit lokaler keimwidriger Wirkung und Desodorantien sollen vor allem gegen gram-positive Keime (Schweiß-Zersetzer) wirken. Man verwendet vor allem Dichlorophen, Hexachlorophen, halogenierte Salizylanilide und Hydroxydiphenyläther.

IX. Textilien, Zellstoff- und Papierprodukte

Konservierungsmittel werden in der Textilindustrie vor allem für folgende Anwendungen gebraucht:

1. Zur Konservierung von Schmälzen, Appreturen und anderen Textilhilfsmitteln. Wegen der meist komplexen Zusammensetzung sind diese Produkte sowohl durch Bakterien als auch durch Schimmelpilze gefährdet. Man braucht daher breitwirkende Mittel. Meist werden Farblosigkeit und geringer Eigengeruch der Mittel gefordert. Üblich sind z.B. p-Chlor-m-kresol, 2-Phenyl-phenol, Pentachlorphenol, Chloracetamid und Formaldehyd-Depotstoffe.

2. Für den Schutz von Textilien vor Stockflecken beim Transport und der Lagerung genügt meist eine zeitlich befristete fungizide Wirkung. Gebräuchlich sind vor allem Pentachlorphenol und 2-Phenyl-phenol; auch Salizylanilid wurde für diesen Zweck verwendet.

3. Ein anhaltender Schutz gegen Verrottung wird in erster Linie für Zeltplanen, Militärbedarf und Campingartikel aus Cellulose-Textilien gefordert. Meist wird die Konservierung mit der Wasserdicht-Imprägnierung kombiniert. Eine umfassende Darstellung der Probleme und Behandlungsmethoden bringt Literaturstelle[70]. — Die derzeit üblichen Wirkstoffe sind Pentachlorphenol und vor allem dessen Ester mit höheren Fettsäuren[71]; letztere sind gegen Auswaschung besser beständig und weniger flüchtig als Pentachlorphenol. Auch Dichlorophen im Gemisch mit Kupfersalzen ist üblich.

Kupfernaphthenat und -oleat werden in Dispersionsform auch alleine angewandt, ebenso Kupfer-8-hydroxychinolat. Von diesem sind auch in Lösungsmitteln lösliche Zubereitungen im Gebrauch, die ebenfalls eine sehr gute Dauerwirkung ergeben. — Bei Behandlung mit Kupferoxid-Ammoniak-Lösungen ergibt das von der Faser aufgenommene Kupfer einen dauerhaften Schutz gegen Verrottung im Boden. — Nachteilig ist, daß bei diesen Ausrüstungen, ebenso wie beim Mineralkhaki-Prozeß, die Schwermetalle den photochemischen Abbau der Cellulose fördern. Vergleichende Darstellungen verschiedener Konservierungsmethoden bringen[72–73].

Die fäulnisfeste Ausrüstung von Cellulose-Textilien hat an Bedeutung verloren, seitdem Baumwolle und andere Naturfasern auf vielen Gebieten durch nicht anfällige Synthetics ersetzt wurden; nahezu vollständig verdrängt wurden die Naturfasern bei Fischerei-Netzen. — Durch chemische Modifikation der Cellulose kann man einen sehr dauerhaften Textilschutz erhalten, z.B. durch Crosslinking mit Formaldehyd oder durch Verätherung mit Chloressigsäure, Chloracetamid, Acrylnitril Epoxiden und Lactonen, auch durch nachträglichen Umsatz der Folgeprodukte mit Schwermetallen oder mit Quats[3, 74]. Da diese Verfahren meist ziemlich aufwendig sind, haben sie den Ersatz der Naturfasern auf vielen Teilgebieten durch Synthetics nicht verhindern können.

Zellstoff- und Papier-Produkte

Konservierungsmittel werden verwendet:

1. um den meist feucht gelagerten Zellstoff vor Stockflecken und Abbau zu schützen[75],

2. um das Wachstum von schleimbildenden Mikroben im Wasserkreislauf der Papiermaschine zu verhindern. Hierfür werden sehr unterschiedliche Konservierungsmittel eingesetzt[76].

Zu 1. Der für die Papierindustrie und zur Herstellung von Cellulose-Derivaten und Fasern bestimmte Zellstoff wird durchweg feucht angeliefert und muß vor Lagerschäden geschützt werden. Verfärbungen und Abbau bewirken verschiedene *Aspergillen, Penicillien* und *Trichoderma*-Arten; bei höherer Feuchte tritt auch ein Abbau durch *Actinomyceten* und *Xylomonas* auf. Das Konservierungsmittel wird durchweg beim Abpressen des Zellstoffs aufgebracht; üblich sind neben Organo-Quecksilber-Verbindungen vor allem Pentachlorphenol, 8-Hydroxychinolin, Dithiocarbamate und Carbothialdine, meist als Gemisch. Trialkylzinn-Verbindungen haben die Quecksilber-Wirkstoffe hier nicht verdrängen können. *Penicillium citrinum* und verwandte Stämme sind gegen letztere äußerst resistent. Die Zellstoff-Konservierung mit nichttoxischen, abwasserfreundlichen und anhaltend wirksamen Mitteln wurde bisher noch nicht befriedigend gelöst.

Zu 2. Im Wasserkreislauf der Papiermaschine reichern sich Hilfsstoffe sowie lösliche Verunreinigungen und Abbauprodukte der Cellulose an; sie begünstigen das Wachstum von Pilzen und Schleimbakterien. Letztere vor allem führen, wenn sie als Schleimfetzen aufs Papiersieb gelangen, zu Störungen und Ausschußproduktion.

Eine Chlorierung des Umlaufwassers ist wegen dessen hoher Chlorzehrung und wegen der Korrosion nur bedingt möglich. Da trotz Kreislaufführung die Abwassermengen sehr groß sind und meist in Seen oder Flüsse gelangen, werden abwasser-freundliche, nicht fisch-toxische Wirkstoffe bevorzugt eingesetzt. Zum Teil wurden sie speziell für diese Anwendung entwickelt. Organo-Quecksilber-Verbindungen, Pentachlorphenol und 8-Hydroxychinolin waren lange Zeit die vorherrschenden Mittel. Sie wurden weitgehend ersetzt durch z.B. organische Bromverbindungen, Dithiocarbamate, Carbothialdine, Merkaptobenzothiazol und dessen Derivate, Quats, Methylenbisrhodanid, Organo-Zinn-Verbindungen und Vinylketon-Bildner.

X. Verschiedene zu schützende Materialien

Kitte und Dichtungsmassen

Die Bildung von Oberflächen-Schimmel auf solchen Massen kann durch Einarbeiten von Fungiziden verhindert werden. — Für Leinöl- und Alkyd-Kitte sind z.B. Kupfer-8-oxinat, Folpet und Fluorfolpet geeignet und bei Silikonkitten Folpet, Fluorfolpet und Thiuram. — Der Abbau von bituminösen Dichtungsmassen durch Anaerobier kann durch Pentachlorphenol-laurat und auch durch Kupfer-8-oxinat verhindert werden.

Wurzelwidrige Stoffe

Bituminöse Dichtungen, Vergußmassen und Rohrisolierungen sind meist so plastisch, daß sie von Wurzeln durchdrungen werden, wodurch Leckagen und lokale Korrosionsschäden entstehen können. Diese Nachteile können durch den Zusatz wurzelwidriger Stoffe verhindert werden. An die Stelle der früher üblichen Wirkstoffe wie Pentachlorphenol, seines Calciumsalzes und der Schwermetall-Arsenate sind inzwischen spezielle Herbizide aus der Reihe der Phenoxycarbonsäuren getreten[77-79].

Heizöl- und Treibstoff-Zusätze

Sie sollen die Metallkorrosion durch das auf dem Boden und an den Wänden des Tanks abgesetzte Kondenswasser verhüten. Die chemische Korrosion kann durch anaerobe Bakterien wie *Desulfovibrio desulfuricans* und deren Schwefelwasserstoff-Bildung wesentlich verstärkt werden. Hiergegen sind langkettige Amine und Guanidine sowie Nitroverbindungen wie die Aminsalze von Nitrobenzoesäuren wirksam. Auch Pentachlorphenol und Formaldehyd-Spender wurden vorgeschlagen. Bei Flugzeugtreibstoffen können fadenbildende Pilze wie *Penicillium resinae* und *Hormodendrum*-Arten zu Verstopfungen der Filter und Düsen führen. Zur Abhilfe wird Glykolmonomethylaether verwendet.

Wirkstoffe für die Trockenreinigung

Die Chemischreinigung mit Benzin oder Chlorkohlenwasserstoffen bewirkt keine Entkeimung des Textilmaterials. Viele Keime werden abgeschwemmt und auf das gesamte Textilgut verteilt. Durch desinfizierende Zusätze kann man diese Kreuzinfektion vermeiden und sogar eine temporäre antimikrobielle Ausrüstung der Textilien erreichen. Üblich sind Formaldehyd und Formaldehyd-Spender, insbesondere Acetale mit aromatischen Alkoholen und Phenolen[80,81]. Auch Äthylenchlorhydrin und andere halogenierte Alkohole wurden vorgeschlagen.

B. Chemie der Konservierungsmittel. Spezieller Teil

Mit der nachfolgenden Zusammenstellung soll keine vollständige Erfassung aller je für Konservierungszwecke vorgeschlagenen oder verwendeten Wirkstoffe versucht werden. Sie dürfte aber alle praktisch wichtigen Konservierungsmittel, auch solche, die inzwischen durch neuere Entwicklungen überholt wurden, enthalten. In vielen Fällen wurden unter Hinweis auf Band 2 ergänzende Angaben über den Einsatz der betreffenden Verbindungen für den Materialschutz gemacht.

I. Anorganische Wirkstoffe

Metall-Verbindungen: Von diesen haben nur die anorganischen Verbindungen von Kupfer, Zink, Quecksilber, Cadmium und Barium eine für den Einsatz als Konservierungsmittel ausreichende Wirkung. Die an sich gut wirksamen Cadmium-Verbindungen sind unwirtschaftlich; die Verwendung der anorganischen Quecksilber-Verbindungen ist auf Antifoulingfarben beschränkt und stark rückläufig.

Kupfer-Verbindungen (s. 90, Bd. 2, S. 48). Metallisches Kupfer, Kupfer-[I]-oxid, Kupfer-[II]-oxid und Kupfer-[II]-arsenat werden als Wirkstoff in Antifouling-Farben verwendet [86]. Kupfernaphthenat und Kupfer-oleat werden für die fäulnisfeste Ausrüstung von Cellulose-Textilien verwendet [70,73].

Zink-Verbindungen (s.a. Bd. 2, S. 49). Zinkoxid ist bei hoher Dosierung als Anstrichfungizid in Pilzschutzfarben wirksam; es ist neuerdings durch wirksamere Mittel ersetzt worden. Zinkchlorid und Zinksulfat werden noch in Leimen und Klebstoffen angewendet. Zinksilikofluorid wird im Holzschutz viel verwendet.

Barium-Verbindungen. Da Barium nur schwach fungizid wirkt, ist seine Anwendung beschränkt. Barium-metaborat, $Ba(BO_2)_2$, dient mit hoher Dosierung als Anstrichfungizid [82] in Pilzschutzfarben (Busan 11 M 1®, Buckman, USA).

Quecksilber-Verbindungen (s.a. Bd. 2, S. 49). Nur Quecksilberoxid ist noch als Wirkstoff in Antifoulingfarben von Bedeutung; seine Verwendung ist aber rückläufig. Quecksilberchlorid, früher gelegentlich für Leime, Klebstoffe und Emulsionen üblich, wurde durch Organo-Quecksilber-Verbindungen und neuerdings durch weniger toxische Wirkstoffe ersetzt.

Bor-Verbindungen (s.a. Bd. 2, S. 194). Borsäure und Borax sind auch gegen gram-negative Bakterien wirksam und wurden früher viel zur Konservierung von Leimen, Klebstoffen und chemisch-technischen Produkten verwendet. Bei Emulsionen ist der günstige Verteilungsfaktor der Borsäure ein Vorteil. Natriumpentaborat und Borax werden auch gegen Bläue bei Nadelhölzern verwendet.

Stickstoff-Verbindungen. Stickstoffwasserstoffsäure, HN_3, ist hochwirksam gegen Hefen, Schimmelpilze und Bakterien. Ihre praktische Anwendung wird durch ihre Flüchtigkeit und Toxizität eingeschränkt. Die Bildung von explosiblen Schwermetallaziden kann durch Zusatz von Komplexbildnern verhindert werden (®Preventol 115, Bayer). — Die Salze des Hydroxylamins und des Hydrazins sind fungizid und vor allem bakterizid wirksam. Einer größeren praktischen Anwendung stehen aber ihre starke Reaktionsfähigkeit und bei Hydrazin auch die Toxizität im Wege.

Arsen-Verbindungen (s. a. Bd. 2, S. 194). Arsentrioxid und Natriumarsenit werden gegen Mikrobenbefall und Insektenfraß bei Trockenhäuten verwendet.

II. Organo-Element-Verbindungen

Organoquecksilber-Verbindungen (s. a. Bd. 2, S. 137 ff.) werden wegen ihrer sehr guten und breiten mikroziden Wirkung auch für Konservierungszwecke viel verwendet. Wegen ihrer Giftigkeit und Persistenz mußten sie seit etwa 1960 auf vielen Gebieten durch weniger bedenkliche Mittel ersetzt werden; ihre Verwendung ist daher rückläufig. Alle Verbindungen dieser Klasse können durch sulfatreduzierende Bakterien inaktiviert werden; einige *Penicillium*-Arten sind gegen Quecksilber-Verbindungen auffällig resistent. — Vor allem die nachfolgenden Verbindungen sind als Konservierungsmittel von praktischem Interesse:

Phenylquecksilber-acetat für Leime, Klebstoffe, Dispersionsfarben und zur Stockflecken- und Schleimbekämpfung. Handelsprodukte: Mergal A 25®, Riedel de Haen; Nuodex PMA®, Tenneco USA und andere).

Phenylquecksilber-oleat als Anstrichfungizid in Ölfarben und Lacken und zur Textilkonservierung. Handelsprodukte: Mergal 030®, Riedel de Haen; Nuodex PMO 10®, Tenneco USA und andere.

Phenylquecksilber-dodecylsuccinat für Leime, Klebstoffe und Dispersionsfarben, auch als Anstrichfungizid verwendet (®Super Ad-it, Tenneco USA).

Phenylquecksilber-maleat für Emulsions- und Dispersionsfarben (Cosan 171 S®, Cosan Chem. Corp. USA).

Phenylquecksilber-dimethyldithiocarbamat als Anstrichfungizid (Mergal S 10®, Riedel de Haen).

Außer den genannten Stoffen wurden noch Phenylquecksilberchlorid, -cyanat, -lactat, methacrylat, -stearat und -8-Hydroxychinolat zu Konservierungszwecken vorgeschlagen. — Die im Pflanzenschutz wichtige Klasse der Methoxyäthyl- oder Methoxypropyl-quecksilber-Verbindungen ist im Materialschutz ohne größere Bedeutung, auch weil sie durchweg flüchtiger und damit im Gebrauch gefährlicher sind als die entsprechenden Phenylquecksilber-Verbindungen.

Organozinn-Verbindungen (s. a. Bd. 2, S. 147 ff.)[84]. Von diesen sind vor allem die Tributylzinn-Verbindungen für den Materialschutz wichtig. Auf Teilgebieten haben sie, weil weniger giftig, die Organoquecksilber-Verbindungen ersetzen können. Trialkylzinn-Verbindungen sind vor allem gegen Hefen und Schimmelpilze hochaktiv; gegen Bakterien, speziell gegen gram-negative sind sie aber weit weniger wirksam als die Organo-quecksilber-Verbindungen. Wegen ihrer Lichtempfindlichkeit sind sie als Anstrichfungizide nur bedingt geeignet. Ihr Hauptanwendungsgebiet liegt z. Z. bei den Antifoulingfarben. Hierfür werden sowohl Tributyl- als auch Triphenylzinn-Verbindungen verwendet, meist gebunden an schwerflüchtige Carbonsäuren, um die notwendige geringe Wasserlöslichkeit und Flüchtigkeit zu erreichen[85,86].

Tributylzinnoxid: Anwendung in Dispersionsfarben und als Anstrichfungizid sowie für die Zellstoff-Konservierung. Handelsprodukte: Biomet TBTO®, M&T Chem. Inc. USA; Irgarol Bi 543®, Ciba Geigy u. a.

Tributylzinn-fluorid: in Emulsions- und Dispersionsfarben und in Antifoulingfarben (Biomet TBTF®, M. & T. Chem. Inc. USA).

Tributylzinn-tetrachlorphthalat: in Antifoulingfarben (Irgarol Bi 541®, Ciba-Geigy).

Triphenylzinn-acetat und andere Salze in Antifoulingfarben.

Organoblei-Verbindungen sind im allgemeinen weniger wirksam als die analogen Zinnverbindungen. Auch wegen ihres ausgeprägten Eigengeruchs haben sie im Materialschutz nicht die gleiche Bedeutung erlangt wie diese. Das Hauptanwendungsgebiet dürften Antifoulingfarben sein, wo sie wegen ihrer besonderen Wirkung auf Algen, meist in Kombination mit Organozinn-Verbindungen eingesetzt werden.

Triphenylblei-acetat: in Antifoulingfarben (Irgarol Bi 547®, Ciba-Geigy).

Organoarsen-Verbindungen. Arsine sind hochwirksam gegen Schimmelpilze und wegen ihrer geringen Flüchtigkeit auch für die fäulniswidrige Ausrüstung von Textilien und Kunststoffen geeignet (Estabex ABF®, Oxydo Emmerich).

Methylarsin-bis-dimethyldithiocarbamat (s. a. Bd. 2, S. 151) wurde für die Textilausrüstung und in Textilhilfsmitteln verwendet.

III. Organische Wirkstoffe

Acyclische Verbindungen — Alkohole und Rhodanide

Trichlorisobutylalkohol (aus Chloroform und Aceton) wirkt mäßig stark gegen Bakterien, Hefen und Schimmelpilze. Die Verbindung wird nach der US-Pharmacopoe auch zur Konservierung pharmazeutischer Produkte verwendet.

2-Nitro-1-butanol und analoge 2-Nitroalkohole werden durch Addition von Formaldehyd an 1-Nitroalkane erhalten. Durch den leicht abspaltbaren Formaldehyd sind sie gute Bakterizide. Anwendung in Kühlschmiermitteln[87].

Von den Diolen werden 1,3-Trimethylendiol und insbesondere Triäthylenglykol (Triglykol) als Spray zur Luftdesinfektion verwendet[8] (S. 155).

2-Brom-2-nitro-1,3-propandiol ist breit wirksam gegen Hefen, Bakterien und Schimmelpilze und ist wegen des günstigen Verteilungsfaktors auch für Emulsionen geeignet. Anwendung in pharmazeutischen und kosmetischen Präparaten; nachteilig ist die Unbeständigkeit in alkalischem Milieu (Bronopol®, Boots Pure Drug Co., USA)[88].

Trihydroxymethyl-nitro-methan, erhalten aus Nitromethan und Paraformaldehyd, spaltet leicht Formaldehyd ab und ist als Formaldehyd-Depotstoff anzusehen. Gute Wirkung auf Bakterien, auch auf gram-negative Keime. Wird vielfach zur Konservierung von Kühlschmiermitteln[87] und Dispersionsfarben verwendet (Tris-Nitro®, Commercial Solvents Corp. USA).

Methylenbisrhodanid (Bd. 2, S. 69) ist gegen Schleimbakterien hochwirksam und wird vielfach in Kühlwasser-Kreisläufen und bei der Papierfabrikation verwendet. Handelsprodukte sind: Nalco 270®, Nalco USA; Cytox 3522®, Americ. Cyanamide Corp.; Germirex CR 849®, Grace Chem. Corp., USA.

Chloräthylen-bis-rhodanid ist ähnlich wirksam wie Methylen-bis-rhodanid und wird wie dieses verwendet (Cytox 3810®, Americ. Cyanamide Corp.).

Oxo-Verbindungen

Formaldehyd (s.a. Bd.2, S.57) wird wegen der guten bakteriziden Wirkung seit Jahrzehnten zu Konservierungszwecken verwendet. Nachteilig sind die starke Reaktionsfähigkeit und die Flüchtigkeit des Mittels. Trioxymethylen und niedermolekularer Paraformaldehyd verhalten sich in dieser Beziehung günstiger. — Anwendung u.a. bei Klebstoffen, Textilhilfsmitteln und Dispersionsfarben.

Formaldehyd-Depotstoffe enthalten mehr oder minder fest gebundenen Formaldehyd und werden meist durch dessen Umsetzung mit reaktiven Amino- und Hydroxyl-Verbindungen erhalten. Mit Alkoholen werden Hemiformale und Formale, mit Aminen N-Acetale, oft cyclische, erhalten. Nitroaliphaten ergeben 2-Nitroalkohole, Säureamide und Mercaptane ergeben die entsprechenden N- bzw. S-Methylol-Verbindungen. Auch die Hexaminium-Verbindungen, erhalten durch Quaternieren eines Stickstoffs im Hexamethylentetramin, sind als Formaldehyd-Depotstoffe anzusehen. Im Gegensatz zu Hexamethylentetramin spalten die Hexaminium-Verbindungen nicht nur im sauren, sondern auch im neutralen und alkalischen Milieu Formaldehyd ab.

Die Formaldehyd-Depotstoffe haben durchweg die gute bakterizide Wirkung des Formaldehyds und oft eine breitere und stärkere Wirkung, die die der Komponenten übertrifft. Ihre Eigenschaften lassen sich durch Wahl der Reaktionspartner weitgehend variieren[89]. Wegen des guten Verteilungsfaktors sind die meisten Formaldehyd-Depotstoffe vor allem zur Konservierung 2phasiger Systeme geeignet; sie sind heute vorherrschend bei Kühlschmiermitteln[51, 87].

Chloracetaldehyd ist hochwirksam gegen Hefen und Bakterien, auch gegen gram-negative und Anaerobier. Die Handelsform, die Bisulfit-Verbindung, ist beständiger und weniger irritierend als der freie Aldehyd. Anwendung in Emulsionen und Dispersionen (CAB 40®, Riedel de Haen).

Glyoxal wird im Gemisch mit anderen Aldehyden in Desinfektionsmitteln verwendet. Der Stoff ist weniger wirksam als Formaldehyd; wegen der geringeren Reaktionsfähigkeit ist seine Wirkung weniger milieuempfindlich[40]. G. wird nicht zur Konservierung verwendet.

Glutaraldehyd steht in der bakteriziden Wirkung zwischen Formaldehyd und Glyoxal. Viel verwendeter Wirkstoff in Desinfektionsmitteln, meist mit Formaldehyd oder dessen Depotstoffen kombiniert[49]. Handelsprodukte: Buraton 25®, Schülke & Mayr und Alhydex®, Johnson & Johnson, Hamburg.

Acrolein und Acrolein-acetal (s.a. Bd.2. S.204) sind hochwirksam gegen Algen, Hefen und Bakterien. Verwendung im Kühlwasser-Kreislauf, bei der Erdöl-Sekundärförderung und bei der Erdöl-Bohrung und -Lagerung. Beide Produkte gelten als abwasser-freundlich[52].

Carbonsäure und Derivate

Peressigsäure hat eine relativ langsame aber breite keimtötende Wirkung. Sie wird seit kurzem als Wirkstoff in sauer eingestellten Desinfektionsmitteln verwendet. Peressigsäure soll auch gegen Sporen und Viren wirksam sein.

Chloracetamid hat eine mittlere, relativ ausgeglichene Wirkung auf Hefen, Bakterien und Schimmelpilze und wird wegen der sonstigen günstigen Eigenschaften viel zur Konservierung von Klebstoffen, Leim- und Dispersionsfarben und für Textilhilfsmittel verwendet ([8], S.161). Handelsprodukt: Diamoll C®, Hoechst.

N-Methylol-chloracetamid, erhalten aus Chloracetamid und Paraformaldehyd, ist eine Formaldehyd-Depot-Verbindung mit relativ fest gebundenem Formaldehyd und ist vor allem gegen Bakterien wesentlich wirksamer als Chloracetamid. Anwendung in Dispersionsfarben und Kühlschmiermitteln (Grotan HD®, Schülke & Mayr und Preventol D 3®, Bayer).

Bromessigsäure, vor allem ihre Ester, wirken stark auf Hefen und Bakterien, jedoch deutlich weniger stark auf Schimmelpilze. Die Reaktivität der Bromessigsäure bzw. ihrer Ester richtet sich u.a. gegen SH-Gruppen und erfaßt auf diese Weise viele Enzymsysteme. — Die nachfolgenden, aufgeführten Ester der Bromessigsäure werden vor allem zur Schleimbekämpfung im Kühlwasser und in der Papierfabrik verwendet: Bromessigsäure-2-nitrobutanolester (Fennosan N 40®, Rikkihappo, Finnland). — Bis-Bromacetoxy-äthan (Fennosan N 40®, Rikkihappo, Finnland). — 1,4-Bis-bromacetoxy-buten 1,2 (Fennosan F 50®, Rikkihappo, Finnland, Germirex 853®, Grace Chem. Corp. USA u.a.). — Bromessigsäure-benzylester (Merbac 35®, Merck USA).

Propionsäure unterdrückt bei relativ hoher Dosierung Schimmelpilze, Hefen und Bakterien, außer den Milchsäurebildnern. Sie wird daher als Silage-Hilfsmittel und zur Konservierung von sonstigen Futtermitteln verwendet, jedoch nicht für technische Zwecke. Propionsäure ist nur in deutlich saurem Milieu wirksam (®Luprosil, BASF)[90].

Calciumpropionat wird als Zusatz gegen das Fadenziehen des Brotes *(B. mesentericus)* verwendet (Mycoban®, Böhringer, Ingelheim).

2,3-Dibrompropionsäure wird in Form ihrer Ester wie die Ester der Bromessigsäure als Wirkstoff in Schleimbekämpfungsmitteln verwendet.

2,3-Dibrompropionsäure-2-cyanäthylester (Busan 76®, Buckman, USA).

Sorbinsäure (s.a. Bd.2, S.57) ist wegen ihrer guten Wirkung auf Hefen und Schimmelpilze und wegen der sehr guten Verträglichkeit das bevorzugte Mittel der Lebensmittelkonservierung. Sorbinsäure ist nur in saurem Milieu unter pH 5,5 wirksam (Sorbinsäure und Kaliumsorbat, Hoechst). Eine Zusammenfassung aller Veröffentlichungen über Sorbinsäure bringt Lit.[118].

IV. Halogen-Donatoren

Die nachstehenden Verbindungen wirken oxydierend, weil sie in wäßrigem Milieu unterchlorige bzw. unterbromige Säure liefern. Als Desinfektionswirkstoff und in Industrie-Reinigungsmitteln haben sie aber keine größere Bedeutung erlangt:

N-Brom-acetamid

N-Chlor-succinimid

N-Brom-succinimid

V. Schwefel-Verbindungen

Derivate der Dithiokohlensäure: (s. a. Bd. 2, S. 59 ff.). Von den im Materialschutz verwendeten Derivaten der Dithiokohlensäure zeichnen sich die Dialkylaminodithiocarbamate durch eine sehr gute, breite fungizide Wirkung aus, während sie gegen Bakterien nur selektiv wirksam sind; ihre Wirkung gegen gram-negative Keime ist durchweg viel geringer als gegen Kokken. Die Monoalkyl-aminodithiocarbamate, deren Wirkung durch einen Übergang in Senföle erklärt werden kann, sind weniger stark fungizid; sie haben aber eine breitere antibakterielle Wirkung. Daraus ergibt sich, daß die Dialkylamino-Derivate vorzugsweise dort eingesetzt werden, wo eine überwiegend fungizide Wirkung erwartet wird; die Monoalkylaminoderivate werden hingegen vorwiegend gegen Bakterien oder bei komplexen Infektionen eingesetzt, z. B. bei der Schleimbekämpfung in Kühl- und Kreislaufwässern.

Natrium-methyl-dithiocarbamat (s. a. Bd. 2, S. 60) in Schleimbekämpfungsmitteln (Busan 52®, Buckman USA u. a.).

Natriumdimethyldithiocarbamat (s. a. Bd. 2, S. 61) in Schleimbekämpfungsmitteln (Busperse 275®, Buckman USA u. a.).

Dinatriumäthylenbisdithiocarbamat (s. a. Bd. 2, S. 65) in Schleimbekämpfungsmitteln (Busperse 275®, Buckman USA; Germirex 814®, Grace Chem. USA u. a.).

Zink-dimethyldithiocarbamat (s. a. Bd. 2, S. 61) als Anstrichfungizid in Dispersions- und in Zementfarben (Vulkacit L®, Bayer).

Tetramethylthiuramdisulfid ist beständiger als die vorgenannten Dithiocarbamate und wird viel als Anstrichfungizid verwendet[107, 108] außerdem in Schleimbekämpfungsmitteln (Dentolite-Activator®, Denton & Edwards; Fungizid W 800®, Riedel de Haen; Preventol A 2®, Bayer u. a.).

VI. Amine und Guanidine

Aliphatische Amine mit einem Alkylrest von C_8—C_{18} sind als biozide Wirkstoffe von praktischem Interesse. Sie sind vor allem gegen Algen und Bakterien wirksam, und zwar gegen gram-negative Keime und Anaerobier meist stärker als gegen Kokken. Das Wirkungsoptimum liegt bei C_{12} und C_{14}-Alkylaminen. Sekundäre Amine, z. B. Methyl-dodecyl-amin, sind weniger wirksam als die entsprechenden primären Amine. Ebenso wirksam wie die primären Amine sind die langkettig substituierten Diamine und Triamine, die sich z. B. vom Diäthylentriamin und insbesondere vom Propylendiamin ableiten; sie sind besser wasserlöslich und daher einfacher anwendbar als die primären Alkylamine. Anwendung: Algenbekämpfung, Mikrobenbekämpfung in Kühlschmiermitteln und bei der Erdöl-Sekundärförderung, wo sie auch wegen ihrer Korrosions-schützenden Wirkung eingesetzt werden[44].

Eine Übersicht über die bakteriostatische, fungistatische und algistatische Wirkung einer großen Zahl aliphatischer Amine, Diamine, Triamine und Quats bringen *Hueck* u. Mitarb.[91].

2-Aminobutan (s.a. Bd.2, S.7) wird gegen Schimmelbefall bei Zitrusfrüchten verwendet; man taucht diese in eine wäßrige Lösung des Acetats[92].

N-Dodecylamin wird als solches oder als Acetat zur Algenbekämpfung und bei der Erdölförderung verwendet (®Alamac 4, General Mills USA; ®Nuodex 87, Tenneco USA). Auch die höheren Glieder bis C_{18} und ihre Acetate sind handelsüblich (Armeen 12, 16 und 18 bzw. die Armac-Typen, Armour Industrial Chem. Corp. USA). — Dodecylamin-benzoat und -lactat dienen als Wirkstoff in desinfizierendem Melkfett (Osmaron B® und L®, Hoechst).

N-Dodecyl-propylendiamin hat eine gleichmäßig gute Wirkung auf Algen und Bakterien einschließlich der gram-negativen und der Sulfat-reduzierenden Bakterien. Es wird zur Algenbekämpfung, in Kühlschmiermitteln und bei der Erdöl-Sekundärförderung verwendet (Diam 4®, General Mills USA; Duomeen 12®, C, S, T, Armour Ind. Chem. Corp. USA). Die entsprechenden Decyl- und Tetradecyl-amine sind fast ebenso wirksam.

Pentachlorbiphenyl-diäthylentriamin ist breit gegen Algen und selektiv gegen Bakterien wirksam[93].

Guanidine und Biguanide: Unter den alkylsubstituierten Verbindungen sind die mit C_{12}—C_{14}-Alkylresten am wirksamsten. Auch sie sind gegen Algen hochwirksam und gegen gram-negative Bakterien meist wirksamer als gegen Kokken. Anwendung: Algen- und Schleimbekämpfung in Kühlwasserkreisläufen, in Prozeßwässern bei der Erdölgewinnung und -lagerung[45]. Praktisch wichtige Guanidine und Biguanide sind:

n-Dodecylguanidin (Dodigen 180®, Hoechst; Cytox 2013®, Americ. Cynamide Co. USA)

n-Dodecyl-biguanid-acetat

1,6-bis(4-Chlorphenyl-diguanido)hexan (Chlorhexidin)

$$Cl-\bigcirc-NH-\underset{\underset{NH}{\|}}{C}-NH-\underset{\underset{NH}{\|}}{C}-NH(CH_2)_6-NH-\underset{\underset{NH}{\|}}{C}-NH-\underset{\underset{NH}{\|}}{C}-NH-\bigcirc-Cl$$

ist ein Desinfektionswirkstoff von recht ausgeglichener Wirkung. Verwendung in Human-Desinfektionsmitteln[94] (Hibitane®, ICI, U.K.).

VII. Quartäre Ammonium-Verbindungen

Sie werden in erster Linie zur Herstellung von Desinfektionsmitteln verwendet. Daneben dienen sie als Wirkstoffe in desinfizierenden Reinigungsmitteln für die Lebensmittel-Industrie. Quats werden nur in sehr geringem Umfang zu Konservierungszwecken verwendet. Beispiele hierfür sind die Erdöl-Sekundärförderung sowie die fäulniswidrige Ausrüstung von Textilien wie Baumwolle und Wolle. Wirtschaftlich wichtig sind vor allem Quats folgender Verbindungen:

Alkyl-trimethyl-ammonium-chlorid, wobei eine C_{16}—C_{18}-Kette für Alkyl steht. Verbindungen dieser Art finden vor allem auf dem technischen Sektor Verwendung; für die Human-Desinfektion ist das Wirkungsspektrum nicht ausgeglichen genug. Handelsprodukte sind z.B. Arquad 16—50® und 18—50®, Armour Ind. Chem. Corp. USA; Aliquat 4, 21 und 26®, General Mills USA.

Alkyl-dimethyl-benzyl-ammoniumchlorid wird vorzugsweise für die Human-Desinfektion und in desinfizierenden Reinigungsmitteln verwendet. Das Wirkungsoptimum liegt bei Alkyl $= C_{12}$—C_{14}. Handelsprodukte sind Benzalkon A®, Bayer; Dodigen 226®, Hoechst; Hyamine 3500®, Röhm & Haas USA u. a.

Dodecyl-dimethyl-3,4-dichlorbenzyl-ammoniumchlorid ist etwa doppelt so wirksam wie die vorgenannte Verbindung und hat ein noch besser ausgeglichenes Wirkungsspektrum. Anwendung in Human-Desinfektionsmitteln und desinfizierenden Reinigungsmitteln (Benzalkon B®, Bayer; Dodigen 1509®, Hoechst; Riseptin®, Bayer).

Diisobutyl-phenoxy-äthoxy-äthyl-dimethyl-benzyl-ammoniumchlorid hat ein ähnlich ausgeglichenes Wirkungsspektrum wie Benzalkoniumchlorid. Anwendung in Desinfektionsmitteln, Reinigungsmitteln und zu Konservierungszwecken. Auch die entsprechenden Kresoxy-Verbindungen sind handelsüblich (Hyamine 1622® und 10 X®, Röhm & Haas USA).

Cetyl-pyridiniumchlorid und Lauryl-isochinoliniumbromid sind sowohl für die Desinfektion als auch für Konservierungszwecke bisher nur von untergeordneter Bedeutung gewesen.

Ampho-Tenside (Ampholyte) vom Typ des N-Alkyl-glycins haben antimikrobielle Wirkung, wobei das Optimum ebenfalls beim C_{10}- bis C_{14}-Alkyl liegt. Technische Bedeutung haben vor allem die durch Umsetzung von 1-Alkyl-diäthylentriamin mit Chloressigsäure erhaltenen Ampho-Tenside. Ihre Desinfektionswirkung ist geringer als die der Quats; sie sind aber weniger milieu-empfindlich als diese[111]. Hauptanwendung in desinfizierenden Reinigungsmitteln. Gebräuchliche Typen sind:

Dodecyl-di-(aminoäthyl)glycin (Tego 51®, Goldschmidt, Essen)

$$C_{12}H_{25}\text{—NH—CH}_2\text{—CH}_2\text{—NH—CH}_2\text{—CH}_2\text{—NH—CH}_2\text{—COOH}$$

Auch Gemische der C_{10}- bis C_{14}-Alkylderivate sind handelsüblich (Tego 51 S® und 103 G®).

Ähnliche Wirksamkeit haben die Alkylderivate der 1,3-Aminopropyl-β-aminobuttersäure.

VIII. Isocyclische Verbindungen

Aromatische Alkohole, Aldehyde, Ketone, Chinone und deren Derivate

Benzylalkohol ist mäßig stark, aber recht gleichmäßig gegen Hefen, Bakterien und Schimmelpilze wirksam. Er dient zur Konservierung technischer Produkte. Benzylalkohol wird auch als Desinfektionsrohstoff und in Pharmazeutika verwendet.

Benzyl-hemiformale sind vor allem gegen Bakterien stärker wirksam als Benzylalkohol und zeigen, bezogen auf die Komponenten, eine deutliche synergistische Wirkung. Anwendung: Konservierung von Dispersionsfarben, Textilhilfsmitteln und Kühlschmiermitteln (Preventol D 2®, Bayer).

3,4-Dichlorbenzylalkohol wirkt stark bakterizid und wird in chirurgischen und Hand-Desinfektionsmitteln verwendet (Manusept®, Bayer).

2-Phenoxy-äthanol ist mäßig stark, aber breit gegen Bakterien wirksam. Anwendung in Desinfektionsmitteln und zur Konservierung[95] kosmetischer Produkte (Phenoxetol®, Nipa U.K.).

Aromatische Aldehyde wie Benzaldehyd und Zimtaldehyd sind zwar fungizid und bakterizid wirksam; wegen ihrer leichten Oxydierbarkeit sind sie aber ohne praktisches Interesse. — Aromatische Aldoxime dagegen sind ausreichend beständig und zugleich relativ starke Fungizide und Bakterizide; praktische Bedeutung erreichte z. B.

4-Chlorbenzaldoxim zur Konservierung von Leimen, Klebstoffen und anderen chemisch-technischen Produkten; sein Wirkungsspektrum ähnelt dem des 2-Phenyl-phenols (Preventol B®, IG-Farbenindustrie bis 1945)

ω-Bromacetophenon und ω-Dibromacetophenon[96] sind hochwirksam gegen Hefen und Bakterien. Trotz des günstigen Wirkungsspektrums haben sie wegen ihrer geringen Wasserlöslichkeit und ihrer haut- und schleimhautreizenden Wirkung keine größere praktische Bedeutung erlangt. — Wesentlich günstiger verhält sich

4-Hydroxy-ω-bromacetophenon, das bei breiter Wirkung weniger hautreizend und besser wasserlöslich ist. Als Formulierung angewendet, ist es ein wichtiges Mittel zur Bekämpfung von Schleimbakterien in der Papier-Industrie und in anderen Wasserkreisläufen (Busan 90®, Buckman USA).

4-Chlorphenyl-vinyl-keton ist hochaktiv gegen Bakterien, Hefen und Algen, aber irritierend und unbeständig. Es bildet sich in wäßrigen Medien, z. B. im Prozeßwasser der Papierfabrikation aus N(p-Chlorbenzoyl-)äthyl-hexaminiumchlorid[97]. — Siehe unter Hexaminium-Verbindungen.

p-Benzochinon wurde längere Zeit zur Ausrüstung der Wollfilze für die Papiermaschinen verwendet, um sie gegen bakteriellen Abbau beständiger zu machen.

Tetrachlor-p-chinon, Chloranil (s. a. Bd. 2, S. 88) wurde versuchsweise als Algizid und als reaktives Textilkonservierungsmittel verwendet.

2,3-Dichlornaphthochinon-(1,4) (s. a. Bd. 2, S. 89) ist beständiger als Chloranil und dient als Algizid in Wasserkreisläufen und Wasserbecken (Dichlone®, Aceto Chem. Corp. USA).

Phenole und ihre Derivate werden seit Jahrzehnten zu Konservierungszwecken verwendet und sind auch heute noch von großer praktischer Bedeutung. Pentachlorphenol dürfte mengenmäßig das größte Konservierungsmittel überhaupt sein. Seine Verwendung ist nur dort rückläufig, wo es ins Abwasser gelangen und die biologische Abwasserreinigung stören kann. Andere Phenole, wie 2-Phenyl-phenol, sind gut abwasserverträglich und haben nicht an Bedeutung verloren. Die nachstehenden phenolischen Wirkstoffe sind als Konservierungsmittel wichtig.

3-Methyl-4-chlorphenol (p-Chlor-m-kresol) wird wegen seiner starken, sehr ausgeglichenen Wirkung auf Hefen, Bakterien und Schimmelpilze vielseitig verwendet, z. B. zur Konservierung von Leimen, Klebstoffen, Rohhäuten, Dispersionsfarben, Kühlschmiermitteln sowie zur Herstellung von Desinfektionsmitteln.

Handelsprodukte: Preventol CMK®, Bayer und bis 1970 Raschit K®, Raschig-Ludwigshafen [108, 116].

2,4,5-Trichlorphenol (s. a. Bd. 2, S. 75) gilt als wirksamstes phenolisches Konservierungsmittel, doch schränkt der starke Eigengeruch seine Verwendung ein. Anwendung: Konservierung von Leimen, Rohhäuten und Gerbbrühen. Handelsprodukte: Dowicide 2® und B®, DOW USA; Preventol fl. I®, Bayer.

2,4,6-Trichlorphenol (vgl. Bd. 2, S. 75) ist etwa halb so wirksam wie das 2,4,5-Isomere und wird für die gleichen Zwecke verwendet wie dieses. Handelsprodukte: Acryptol DA®, Francolor; Antimucin NSK®, Sandoz; Dowicide 25®, DOW USA.

2,3,4,6-Tetrachlorphenol ist überwiegend gegen Hefen und Pilze und gegen Bakterien nur selektiv wirksam. Anwendung meist in Kombination mit Pentachlorphenol, überwiegend für den Holzschutz (Dowicide 6®, DOW USA).

Pentachlorphenol (vgl. Bd. 2, S. 75) ist hochwirksam gegen Hefen und Schimmelpilze, wirkt aber nur sehr selektiv gegen Bakterien (gram-positive Keime). Anwendung: Fungizid für den Schutz von Holz, Leimen, Klebstoffen, Gerbbrühen und Anstrichmitteln. Pentachlorphenol ist biologisch schwer abbaubar; für die Algenbekämpfung und in der Papierindustrie ist seine Verwendung daher stark rückläufig. Handelsprodukte: Dowicide 7® und G®, DOW USA; Santophen® und Santobrite®, Monsanto; Preventol P® und PN®, Bayer; Witophen P®, DAG-Witten u. a.

Pentachlorphenol-fettsäureester, speziell die Ester der C_{12}- bis C_{16}-Fettsäuren. Sie sind weniger wirksam als Pentachlorphenol; da sie aber weniger wasserlöslich und flüchtig sind, hält ihre Wirkung länger vor. Anwendung: Verrottungsschutzmittel für Cellulose-Textilien, vielfach in Verbindung mit Hydrophobiermitteln. Handelsprodukte: Afrotin P 50®, Schill & Seilacher; Mystox LPL®, Catomance U.K. u.a. [110].

Pentachlorphenol-abietylaminsalz gilt als hochwirksames, wenig flüchtiges und in Benzin-Kohlenwasserstoffen lösliches Fungizid für Holzschutzmittel (Fungamin®, Skandibutor, Schweden und andere).

3,5-Dimethyl-4-chlor-phenol, p-Chlor-m-xylenol hat breite Wirkung auf Hefen, Schimmelpilze und vorzugsweise auf gram-positive Keime. Es ist etwas wirksamer als p-Chlor-m-kresol, aber wegen der geringen Wasserlöslichkeit nicht so universell anwendbar wie dieses. Anwendung: Konservierung von Leimen, Leder, Herstellung von Desinfektionsmitteln (CMX®, Monsanto USA).

3,5-Dimethyl-2,4-dichlor-phenol, Dichlor-m-xylenol erfaßt vor allem gram-positive Keime, aber auch Hefen und Schimmelpilze. Anwendung: Wirkstoff für Desinfektionsmittel (DCMX®, Cocker Chem. Corp. USA).

4-Nitrophenol ist breit gegen Schimmelpilze und Bakterien wirksam. Es wird wegen seiner guten Dauerwirkung gegen Schimmelbefall bei Leder verwendet [66].

Bis(4-Nitrophenyl)-carbonat wird ebenfalls zur Leder-Konservierung verwendet. Es ist noch weniger flüchtig und neigt weniger zu Verfärbungen als 4-Nitrophenol.

Hydroxy-diphenyl, -diphenylmethan und -diphenyläther. Von den 2 kernigen Phenolen sind die in 2-Stellung substituierten durchweg wirksamer und immer ausgeglichener in der Wirkung als die in 4-Stellung substituierten; nur erstere sind daher von praktischer Bedeutung. Erschwerend ist auch, daß die 4-Hydroxy-

Verbindungen durchweg sehr viel weniger wasserlöslich sind. — Die analogen 2-Cyclopentyl- und 2-Cyclopentenyl-phenole sind ähnlich wirksam wie die Diphenyl-Derivate.

2-Hydroxy-diphenyl, 2-Phenyl-phenol (vgl. Bd. 2, 2.76) ist gleichmäßig stark gegen Bakterien, Hefen und Schimmelpilze wirksam. 2-Phenylphenol zeichnet sich außerdem durch geringen Eigengeruch, niedrige Toxizität und leichte biologische Abbaubarkeit aus [25]. Anwendung: Konservierungsmittel für Leime, Klebstoffe, Textil- und Papierhilfsmittel; Wirkstoff für Desinfektionsmittel; Fungizid für die Tauchbehandlung von Zitrusfrüchten. — Handelsprodukte: Dowicide A® und 1®, DOW USA; Cotane®, Coalite U.K.; Preventol O extra® und ON extra®, Bayer.

2-Hydroxy-3- und 5-chlor-diphenyl (Isomerengemisch) ist breit wirksam; die bakterizide Wirkung richtet sich vorzugsweise gegen gram-positive Keime. Anwendung: Wirkstoff für Desinfektionsmittel (Dowicide 31®, DOW USA).

2- und 4-Hydroxy-diphenylmethan, Benzylphenol (Isomerengemisch) ist überwiegend gegen gram-positive Keime wirksam und wird mit anderen Wirkstoffen kombiniert in Desinfektionsmitteln verwendet (Preventol BZ®, Bayer; Santophen 7®, Monsanto).

2-Hydroxy-5-chlor-diphenylmethan, p-Chlor-o-benzyl-phenol hat äußerst starke Wirkung gegen gram-positive Bakterien und wird im Gemisch mit anderen Stoffen in Desinfektionsmitteln verwendet (Preventol BP®, Bayer; Santophen 1®, Monsanto).

Einige Bisphenole der Diphenylmethanreihe mit 2,2'-ständigen Hydroxylgruppen haben wegen ihrer starken Wirkung auf pathogene Bakterien praktische Bedeutung erlangt. Anders als bei den Mono-hydroxy-Verbindungen sinkt bei ihnen die Wirkung in alkalischem Milieu weniger stark ab; sie sind daher auch in Seifen wirksam [8, 9, 117]. Das gilt auch für die analogen Derivate des Diphenylsulfids.

2,2-Dihydroxy-5,5'-dichlor-diphenylmethan („Dichlorophen") (vgl. Bd. 2, S. 87) wird wegen der breiten Fungi- und Bakterienwirkung zur fäulniswidrigen Ausrüstung von Cellulose-Textilien und als Bakterizid in Kühlschmiermitteln und in Seifen verwendet (G 4®, Givaudan Genf und USA; Panacide CA®, BDH Chem. U.K.; Preventol GD®, Bayer).

2,2'-Dihydroxy-3,3',5,5',6,6'-hexachlor-diphenylmethan „Hexachlorophen" (vgl. Bd. 2, S. 84) ist vorwiegend gegen gram-positive Keime wirksam und gegen Schimmelpilze. Anwendung: Wirkstoff in desodorierenden Seifen und Sprays sowie in chirurgischen Händedesinfektionsmitteln (G 11®, Givaudan Genf und USA u. a.).

2,2'-Dihydroxy-3,3',5,5'-tetrachlor-diphenylsulfid (s. a. Bd. 2, S. 85) wirkt fungizid und bakterizid, vor allem gegen gram-positive Bakterien. Es wurde als Desodorans in Seifen und Sprays verwendet, schließlich aber durch besser hautverträgliche Stoffe wie Hexachlorophen abgelöst. Handelsprodukte: Actamer®, Monsanto USA; Fentichlor®, Cocker Chem. Corp. U.K.; Vancide BL®, Vanderbilt Co. USA.

Von den halogenierten Diphenyläthern erlangte der 2,4,4'Trichlor-2'-hydroxy-diphenyläther größere Bedeutung. Die Substanz wirkt stark und gleichmäßig bakterizid sowie fungizid und ist gut hautverträglich. Anwendung: Wirkstoff für Desinfektionsmittel und für die antibakterielle Ausrüstung von Textilien (Triclosan® bzw. Irgasan CH 3565®, Ciba-Geigy).

Carbonsäure und Ester

Benzoesäure wirkt bei pH-Werten unter 5,0 mäßig stark gegen Hefen, Schimmelpilze und Bakterien, auch gegen Milchsäurebildner; sie eignet sich nur für die Konservierung saurer Produkte (pH 5,0). Anwendung: Lebensmittel-Konservierung.

Natriumbenzoat-Nitritgemische dienen als Korrosionsschutzmittel im Kühlkreislauf von Motoren, in Zentralheizungen und in Öllagertanks.

Salizylsäure ist gegen Hefen, Bakterien und Schimmelpilze mäßig stark wirksam. Ihre Anwendung ist nur im sauren Bereich unter pH 4,5 sinnvoll, z. B. für die Konservierung von Leimen, Klebstoffen und Emulsionen. Salizylsäure wurde inzwischen durch wirksamere Mittel ersetzt.

4-Hydroxy-benzoesäure-ester — Die Wirkung dieser Ester nimmt vom Methyl- bis etwa zum Butylester nahezu gleichmäßig zu. Bis etwa zum Heptylester nimmt vorwiegend die Wirksamkeit gegen Hefen zu; die Wirkungsbreite gegen Bakterien verringert sich von C_1—C_7; die höheren Glieder sind nur gegen grampositive Keime wirksam. Vorteile der p-Hydroxybenzoesäureester: Geruchlosigkeit, geringe Toxizität, vom pH-Wert des Milieus unabhängige Wirkung [13, 119].

Methyl-Äthyl- und Propylester dienen zur Konservierung von Lebensmitteln sowie von kosmetischen und pharmazeutischen Produkten. Technische Produkte konserviert man mit den Estern, wenn ein besonders wenig toxisches Mittel gefordert wird, z. B. bei Klebstoffen für Lebensmittelpackungen. Handelsprodukte: Bonomold, Bofors Schweden; Nipagin®, Nipa-Cardiff; Paraben®, Heyden USA; Paridol®, Naarden Holland; Solbrol®, Bayer u. a.

4-Hydroxy-benzoesäure-n-heptylester wird zur Konservierung von Bier und alkoholischen Getränken verwendet (Staypro WS 7®, Washine Chem. Corp. USA) [112, 113]. Gallussäure-n-octylester dient ebenfalls zur Konservierung von Getränken (Sopura, Brüssel) [114, 115].

Phenoxy-fettsäure-ester (Bd. 2, S. 274 ff.) werden im Materialschutz als wurzelwidrige Wirkstoffe, vor allem im Tiefbau, eingesetzt:

2,4,5-Trichlorphenoxy-butylglykol-ester wurde für bituminöse Dichtungen und Vergußmassen verwendet (Preventol B 1®, Bayer).

Tetraäthylenglykol-bis-(4-chlor-2-methyl-phenoxy-propionsäure)-ester ist ebenso wirksam wie die vorstehende Verbindung, aber weniger flüchtig und hitzebeständiger. Anwendung: Wurzelwidrige Wirkstoffe für bituminöse Dichtungen, Vergußmassen, Kitte, Rohrisolierungen und für den Straßen- und Deichbau [77-79]. Der Wirkstoff hat die früher üblichen Pentachlorphenol- und Arsen-Verbindungen verdrängt (Preventol B 2®, Bayer).

Nitrile und andere Carbonsäure-Derivate

Tetrachlor-isophthalsäure-dinitril (Bd. 2, S. 91) eignet sich als breit wirkendes Anstrichfungizid (Nopcocide N 96®, Diamond Shamrock USA).

Nach Arbeiten der I.G. Farbenindustrie und von Bayer (1942—1965) sind die aromatischen Hydroxamsäuren (Bd. 2, S. 90) mäßig starke, aber breit wirkende Fungizide und Bakterizide, z. B. Benzhydroxamsäure und deren Chlorderivate. Sie haben aber im Materialschutz keine praktische Bedeutung erlangt.

Sehr stark fungizid und bakterizid sind ferner die *Azide* fast aller aromatischer Carbonsäuren. Andere Azido-Verbindungen wie Benzylazid und Azidoessigester sind deutlich weniger wirksam. Wegen ihrer Instabilität wurden die organischen Azido-Verbindungen bisher nicht eingesetzt (I.G. Farbenindustrie 1940)[98].

Anilin-Derivate, Säureanilide und deren Derivate. Mono-, Di- und Tri-halogen-aniline sind stark mikrobizid. Die Mono-chlor- und brom-aniline sind vorwiegend gegen Bakterien wirksam. Die stärkste und die am besten ausgewogene Wirkung zeigen die Di-halogenaniline. Auf Grund ihrer geringen Wasserlöslichkeit und relativ großen Toxizität haben die Halogen-aniline bisher keine praktische Verwendung gefunden.

3,4,4'-Trichlor-carbanilid ist vorwiegend gegen gram-positive Bakterien wirksam. Anwendung: Bakterizid in desodorierenden Seifen und Sprays.

Salizylanilid (vgl. Bd. 2, S. 93) diente zur antimikrobiellen Ausrüstung von Textilmaterial, um Stockfleckenbildung zu verhindern (®Shirlan, ICI). Die Substanz wird heute kaum noch verwendet.

Halogenierte Salizylanilide sind vorwiegend gegen gram-positive Bakterien, Hefen und Schimmelpilze wirksam. Sie werden in desodorierenden Seifen und Sprays eingesetzt. Üblich sind z. B.:

3,4',5-Tribrom-salizylanilid, das als besonders gut hautverträglicher Wirkstoff für Desodorantien gilt. — Für Kosmetika wurden ferner vorgeschlagen:

5,4'-Dibrom-salizylanilid, das aber fotosensitivierend wirken soll, ebenso

3',4-Dichlor-salizylanilid (Anobial® Firmenich Genf und U.K.) und

3,3',4',5-Tetrachlor-salizylanilid mit sehr guter Kokkenwirkung (Irgasan BS 200®, Ciba-Geigy) sowie

3,5-Dibrom-3'-trifluormethyl-salizylanilid (Fluorophene®, Stecker Chem. Inc. USA), das besser hautverträglich sein soll.

N,N-Dimethyl-N'-phenyl-(N'-fluordichlormethylthio)sulfamid (Kurzbezeichnung Dichlofluanid) (s. a. Bd. 2, S. 95) findet wegen seiner breiten fungiziden Wirkung auf dem Materialschutzsektor vor allem als Anstrichfungizid, das Anstriche dauerhaft auch gegen Sekundärbefall schützt, großes Interesse. Weit verbreitet ist die Verwendung von Dichlofluanid in Bläueschutzmittel (Preventol A 4®, Bayer)[101].

Auch die entsprechende N'-(4-methyl-phenyl)-Verbindung (Bd. 2, S. 96) gilt als hochwirksames Anstrichfungizid[101].

Sulfone und Sulfonsäure-Derivate. Ebenso wie im Pflanzenschutz haben einige aromatische Sulfone auch im Materialschutz Bedeutung als relativ breit wirkende Fungizide erlangt, z. B.

4-Trifluormethyl-benzosulfamid wird zur Konservierung von Dispersionsfarben

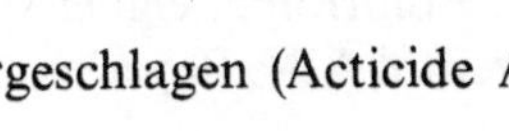

$$H_2N-SO_2-\!\!\bigcirc\!\!-CF_3$$

und als Anstrichfungizid vorgeschlagen (Acticide APA®, Thor Chemicals UK).

Dijodmethyl-phenylsulfon $I_2CH–SO_2–C_6H_5$ und
Dijodmethyl-p-tolylsulfon $I_2CH–SO_2–C_6H_4–CH_3$
werden als Konservierungsmittel für Dispersionsfarben und als Anstrichfungizide verwendet (Amical 77® und 48®, Abbott Lab. USA).

Benzolsulfochloramin C_6H_5-SO_2-NH_2 und
p-Tolylsulfochloramin CH_3-C_6H_4-SO_2-NH_2 sowie die entsprechenden Natriumverbindungen wirken durch Bildung von unterchloriger Säure oxydierend. Anwendung: Trinkwasser-Desinfektion; Wirkstoffe für desinfizierende Reinigungsmittel (Halamid®, Ketjen NV/Amsterdam; Chloramin T®, v. Heyden und Merck).

IX. Heterocyclische Verbindungen

Verbindungen mit einem oder mehreren Sauerstoff-Atomen im Ring

Dehydracetsäure (s.a. Bd.2, S.101) hat eine breite fungizide Wirkung. Gegen Hefen ist sie weniger und gegen Bakterien nur selektiv wirksam, z.B. fast nicht gegen gram-negative Keime. Die antimikrobielle Wirkung der Dehydracetsäure ist auf den pH-Bereich unter 5,5 bis 6 beschränkt. Anwendung: Konservierungsmittel für Kosmetika und pharmazeutische Produkte, ferner für technische Produkte, wenn Geruchlosigkeit und niedrige Toxizität des Mittels gefordert wird. — In einigen Ländern wird Dehydracetsäure auch zur Lebensmittel-Konservierung verwendet [99, 105, 106].

6-Acetoxy-2,4-dimethyl-m-dioxan wird erhalten durch Kondensation von Acetaldehyd und nachfolgende Veresterung des Aldols. Die Verbindung hat eine mittlere aber breite Wirkung gegen Hefen, Schimmelpilze und Bakterien. Wegen des günstigen Verteilungsfaktors ist sie auch zur Konservierung von Emulsionen geeignet. Anwendung: Konservierung von Kosmetika und für technische Produkte (Givgard DXN® bzw. Dioxin®, Givaudan Genf).

Verbindungen mit 1 Stickstoffatom im Ring

5-Ringe

N-Trichlormethylthio-phthalimid (vgl. Bd.2, S.109), Kurzbezeichnung Folpet, wird wegen seiner breiten fungiziden Wirkung nicht nur zum Pflanzenschutz, sondern auch im Materialschutz verwendet, vorwiegend als Anstrichfungizid [100]. Handelsprodukte: Advacide TMP®, Cincinatti-Milacron USA; Fundex TMF®, Aceto Chem. Corp. USA; Fungitrol 11®, Tenneco USA; Cosan P®, Cosan Chem. Corp. USA).

N-Fluor-dichlormethylthio-phthalimid (Fluorfolpet) ist wirksamer und hat ein mindestens so breites Wirkungsspektrum wie Folpet. Anwendung: Fungizid für nicht wäßrige Anstrichmittel, auch für Einbrennlacke; Wirkstoff für Bläueschutz-Holzgrundierungen [108]. Fluorfolpet eignet sich auch zur fungiziden Ausrüstung von Kunststoffen (Preventol A 3®, Bayer).

6-Ringe

Die halogenierten 4-Methylsulfonyl-pyridine sind sämtlich fungizid wirksam [109]; praktische Bedeutung erreichte:

4-Methylsulfonyl-tetrachlorpyridin ist breit wirksam und wird wegen der guten Dauerwirkung u.a. als Fungizid in Lacken und in Bläueschutzmitteln verwendet [102]. In wäßrigen Anstrichmitteln wird es ebenso wie die Wirkstoffe mit S-C-Halogen-Gruppierung infolge Hydrolyse inaktiviert.

Pyridinthiol-N-oxid (vgl. Bd. 2, S. 113) ist ein breit wirkendes Fungizid und Bakterizid. Anwendung: Konservierung von Emulsionen, Dispersionen und Kühlschmiermitteln [103] sowie von Kosmetika (Omadine® und Omacide 6® und 24®, Olin Chem. Corp. USA; Onyxide® = Zinksalz, Onyx Chem. Corp. USA).

Cetyl-pyridinium-chlorid wird als Desinfektionswirkstoff verwendet; (Aliphaten, quaternäre Ammoniumverbindungen).

8-Hydroxychinolin (vgl. Bd. 2, S. 112) wird im Materialschutz kaum angewendet; größere Bedeutung erlangte aber die Kupferverbindung, die als Komplex auch in schwach saurem Milieu beständig und in Wasser praktisch unlöslich ist.

Kupfer-8-hydroxychinolat (vgl. Bd. 2, S. 112) dient vorzugsweise zum Schutz von Textilien vor dem Verrotten [70, 120] und als Anstrichfungizid [104]. Handelsprodukte: Milmer 1®, Monsanto USA; Mergal K 98®, Riedel de Haen; Preventol C 8®, Bayer. — Für die Anwendung bei Textilien und in Kunststoffen werden die Verbindungen mit Carbonsäure-, Phosphorsäure- oder Schwefelsäure-Estern in lösliche Zubereitungen überführt [121, 122]. Handelsprodukte: Istrol CQ®, Ferro Chem. Corp. USA u.a.

Verbindungen mit mehreren Stickstoff-Atomen im Ring

Einige Verbindungen dieser Gruppe sind für den Materialschutz als Fungizide von Interesse. Die auch als Formaldehyd-Spender wirkenden Hexahydrotriazine und die Hexaminium-Verbindungen sind vorwiegend gegen Bakterien wirksam. Als Desinfektionswirkstoffe bzw. als Chlor-Spender haben N-Chlor-hydantoin und -melamin sowie vor allem die Chlorisocyanursäuren große praktische Bedeutung.

5-Ringe

1,3-Dichlor-5,5'-dimethyl-hydantoin wird zur Trinkwasser-Desinfektion und in desinfizierenden Reinigungsmitteln verwendet (Hio-Dine®, Nease Chem. Corp. USA):

Benzimidazol-2-carbaminsäure-methylester, Kurzbezeichnung BMC, gilt als starkes, aber selektiv wirkendes Fungizid. Anwendung: Anstrichfungizid, Wirkstoff für Bläueschutzmittel (Mergal BCM® Riedel de Haen; BCM®, Bayer).

Das im Pflanzenschutz viel verwendete Fungizid „Benomyl" (vgl. Bd. 2, S. 117) wird im Materialschutz außer für die post-harvest-Behandlung von Zitrusfrüchten in der Schale nicht verwendet.

2-(Thiazolyl)-benzimidazol (s. a. Bd. 2, S. 124), Kurzbezeichnung Thiabendazol, wird im Materialschutz als Anstrichfungizid und in Bläueschutzmitteln verwendet. Zitrusfrüchte werden durch Tauchen in eine Dispersion des Wirkstoffs vor Lagerschäden geschützt (Metasol TK 100®, Tecto 90®, Merck USA).

6-Ringe

1,3,5-Triäthyl-hexahydrotriazin und 1,3,5-Tributyl-hexahydrotriazin werden durch Kondensation von Äthylamin bzw. Butylamin mit Formaldehyd erhalten. Wie alle Formaldehyd-Depotstoffe dieser Verbindungsklasse sind sie vorwiegend gegen Bakterien wirksam. Anwendung: Konservierung von Kühlschmiermitteln [51, 87, 103].

1,3,5-Trihydroxyäthyl-hexahydrotriazin entsteht neben Oxazolidin als Hauptprodukt bei der Umsetzung von Äthanolamin und Formaldehyd [51, 87, 103]:

$R = Alkyl, H_2C-CH_2-OH$ usw.

Anwendung: Konservierung von Kühlschmiermitteln und anderen Emulsionen sowie von Dispersionsfarben [51, 87]. Handelsprodukt: Grotan conc. BK®, Schülke & Mayr, Hamburg.

1,3,5-Tri-(2-hydroxy-propyl)-hexahydrotriazin entsteht neben anderen Kondensationsprodukten auf analoge Weise aus 1-Amino-2-propanol und Formaldehyd. Anwendung: Konservierung von Kühlschmiermitteln [51, 87]. Handelsproukt: Bakzid®, Bacillolfabrik Dr. Bode, Hamburg.

2,4-Dichlor-6-(o-Chloranilino)s-triazin (vgl. Bd. 2, S. 120) wird wegen seiner breiten fungiziden Wirkung nicht nur für den Pflanzenschutz, sondern auch für den Materialschutz verwendet. Anwendung: In beschränktem Umfang als Fungizid für Anstriche, Klebstoffe, Kitte und Dichtungsmittel (Dyrene®, Chemagro USA; Nuozene®, Nuodex-Tenneco USA).

Dichlorisocyanursäure

und

Trichlorisocyanursäure

wirken durch das in wäßrigem Medium abgespaltene Chlor bzw. durch die unterchlorige Säure bakterizid. Sie sind derzeit neben den Hypochloriten die wichtigsten Chlor-Spender für Desinfektionszwecke. Sowohl die freien Säuren als auch deren Alkalisalze kommen zur Anwendung: Wasserentkeimung; Herstellung von desinfizierenden Reinigungsmitteln für die Lebensmittel-Industrie. Die genannten Isocyanursäure-Derivate entfalten ihre Wirkung unabhängig vom pH-Wert [123, 124]. Handelsprodukte sind z.B.: Chlorazin 90®, APC, Paris; CLC 85®, Pechiney-Saint-Gobain; CDB-Clearon®, FMC USA; Dimanin C®, Bayer; Kaliumdichlorcyanurat, BASF.

Trichlormelamin wirkt ebenfalls als Chlor-Spender und wird für die Anwendung in desinfizierenden Reinigungsmitteln vorgeschlagen (Trichloromelamine, Wallace & Tiernan Inc. USA).

Hexaminium-Verbindungen: Hexamethylentetramin spaltet nur im sauren Bereich unter pH 5 nennenswerte Mengen Formaldehyd ab. Wird es jedoch am Stickstoff quaterniert, z.B. durch Umsetzung mit reaktiven Halogen-Verbindungen, so spaltet es auch im neutralen und schwach alkalischen Bereich Formaldehyd ab. Die Wirkung verschiedener technischer Konservierungsmittel beruht auf dieser Reaktion. Die Mittel sind je nach Substituent am quartären N-Atom wirksamer, als ihrem Formaldehyd-Gehalt entspricht.

(3-Chlor)-allylhexaminium-chlorid (vgl. Bd. 2, S. 121), erhalten durch Umsetzung von Hexamethylentetramin mit Chlorallylchlorid, hat eine breite Wirkung, vorwiegend auf Bakterien; gegen Hefen und Schimmelpilze ist es weniger wirksam [125]. Die in Wasser leicht lösliche Verbindung dient vorwiegend zur Konservierung von Dispersionsfarben und Kühlschmiermitteln (Dowicil 100® und 75®, DOW USA). — Beständiger und etwas wirksamer ist das reine cis-Isomere der oben genannten Verbindung, das als Dowicil 200® im Handel ist.

N′-Methylol-acetamido-hexaminium-chlorid (aus N-Methylol-chloracetamid und Hexamethylentetramin) ist breit gegen Bakterien wirksam und etwas weniger gegen Hefen und Schimmelpilze. Anwendung: zur Konservierung von Dispersionsfarben und anderen 2 phasigen Systemen (Preventol D 1®, Bayer).

N-(Chlorbenzoyl)-äthyl-hexaminium-chlorid, erhalten aus 4-Chlor-ω-chlor-propiophenon und Hexamethylentetramin, ist als solches beständig und nicht irritierend. In wäßriger Lösung wird 4-Chlorphenyl-vinylketon, der eigentliche Wirkstoff, abgespalten; außerdem wirkt der Hexa-Anteil als Formaldehyd-Spender[97]. Die breit wirkende Verbindung dient vor allem als Schleimbekämpfungs-mittel in der Papier-Industrie und in Kühlkreisläufen (Preventol AS®, Bayer).

1,4,6,9-Tetraaza-tricyclo(4,4,1,1,4,9)dodekan, der sogenannte Volpp'sche Kör-per[51], wird durch Kondensation von 2 Mol Äthylendiamin und 4 Mol Formal-dehyd erhalten. Die Verbindung wirkt ähnlich bakterizid wie die vorgenannten Hexahydro-triazine und die Hexaminium-Verbindungen. Sie wird wie diese zur Konservierung von Kühlschmiermitteln verwendet:

Verbindungen mit Stickstoff und Sauerstoff oder Schwefel im Ring

Viele Heterocyclen, die neben Stickstoff Sauerstoff oder Schwefel im Ring enthal-ten, sind fungizid oder bakterizid wirksam; größere praktische Bedeutung für den Materialschutz erlangten bisher aber nur Verbindungen mit Schwefel als Ring-atom.

5-Ringe

Benzoxazolon

O = ®CH 3540 Ciba-Geigy

5,6-Dichlor-benzoxazolon

O = Irgasan FP®, Ciba-Geigy

Beide Verbindungen wurden als Mikrobizide für die Textilausrüstung und für Kunststoffe vorgeschlagen. Sie sind breit gegen Schimmelpilze wirksam.

2-Mercapto-benzothiazol (vgl. Bd. 2, S. 121 und 136) wirkt fungizid und algi-zid; die bakterizide Wirkung ist unausgeglichen. Es wird allein und im Gemisch mit anderen Stoffen für die Wasserbehandlung in Kühltürmen und in der Papier-industrie sowie in Kühlschmiermitteln verwendet. Das Zinksalz wird als Anstrichfungizid eingesetzt. — Wirksamer ist die durch Umsetzung mit Formaldehyd erhältliche Methylol-Verbindung *1-Methylol-2-thiono-1,2-dihydro-benzothiazol*. Sie wirkt auch gegen Bakterien ausgeglichen [126].

Eine selektive, aber gegen Bakterien stärkere Wirkung als Mercaptobenzothiazol haben dessen Abwandlungen:

2-Thiocyanomethyl-thiobenzothiazol

$$= \text{Busan 72}^{®}, \text{ Buckman USA}$$

2-Trichlormethyl-thiobenzothiazol

$$= \text{Vancide 89}^{®}, \text{ Vanderbilt USA}$$

Beide Verbindungen wurden als Biozide für Kühlwasser etc. vorgeschlagen.

Benzisothiazol ist fungizid wirksam, wird aber nicht praktisch verwendet. Größere Bedeutung erreichte aber die nachstehende Verbindung:

Benzisothiazolon-(3)

Es wird wegen der breiten Wirkung auf Schimmelpilze und Bakterien und wegen des rel. günstigen Verteilungsfaktors vielfach zur Konservierung von Leimen, Klebstoffen, Dispersionsfarben und Kühlschmiermitteln verwendet (Proxel AB-Paste® und Proxel CRL®, ICI) [127].

2-n-Octyl-4-iso-thiazolin-3-on ist breit wirksam gegen Schimmelpilze und wird als gut dauerwirksames Anstrichfungizid verwendet. Handelsprodukte: Skane M-8® und Kathon LP®, Röhm & Haas, USA.

6-Ringe

1,4-Oxazine. Am Stickstoff substituierte Tetrahydrooxazine wurden als Fungizide vorgeschlagen [128], erlangten aber im Materialschutz keine Bedeutung.

3,5-dimethyl-tetrahydro-1,3,5-thiadiazin-2-thion ist breit wirksam gegen die für den Materialschutz wichtigen Algen, Schimmelpilze und Bakterien. Allein und in Gemischen wird es zur Mikrobenbekämpfung im Kühlwasser und im Prozeßwasser der Papierfabrikation eingesetzt. Auch in der Lederindustrie und zur Konservierung von Leim- und Dispersionsfarben ist es gebräuchlich. Handelsprodukte: Betz RX 27®, Betz Lab. Inc. USA; Cortimol BA®, BASF; Metasol D 3 T®, Merck USA u.a.

Auch die analogen 3,5-Diäthyl- und 3,5-Dipropyl-Verbindungen wurden für den Materialschutz vorgeschlagen.

C. Literaturverzeichnis

[1] Material und Organismen. Berlin: Duncker & Humblot.

[2] International Biodeterioration Bulletin. Aston-University, Birmingham, UK.

[3] Biodeterioration Research Titles. Aston-University, Birmingham, UK.

[4] Applied Microbiology, Industrial section.

[5] *Greathouse, G. A., Wessel, C. J.:* Deterioration of Materials. New York: Reinhold Publishing Corp. 1954.

[6] *Turner, J. N.:* Microbiology of Fabricated Materials. London: J. u. A. Churchill Ltd. 1967.

[7] *Haldenwanger, H. H. M.:* Biologische Zerstörung der Makromolekularen Werkstoffe. Berlin-Heidelberg-New York: Springer 1970.

[8] *Wallhäußer, K. H., Schmidt, H.:* Sterilisation, Desinfektion, Konservierung, Chemotherapie. Stuttgart: G. Thieme 1967.

[9] *Lawrence, C. A., Block, S. S.:* Disinfection, Sterilization und Preservation. Philadelphia, USA: Lee and Fabriger 1968 (mit Sammlung von Prüfmethoden).

[10] *Walters, A. H., Elphick, J.:* Biodeterioration of Materials. Amsterdam: Elsevier Publishing Co. 1968.

[11] *Walters, A. H., Hueck-van der Plas, E. H.:* Biodeterioration of Materials, Vol. II. London: Applied Science Publishing Ltd. 1972.

[12] *Laubenheimer, K.:* Phenol und seine Derivate als Desinfektionsmittel. Berlin: Urban und Schwarzenberg 1909.

[13] *Sabalitschka, Th.:* Chem. Konstitution und Konservierungsvermögen. Z. Angew. Chem. *37*, 811 ff. (1924).

[14] *Bennett, E. O.:* The Sensitivity of Sulfate Reducing Bacteria to Antibacterial Agents. Producers Monthly *23* (1), 18 (1958), *24* (5), 26 (1960).

[15] *Horsfall, J. G.:* Principles of Fungicidal Action. Walthan Mass. USA: Chronica Botanica Company 1956.

[16] *Franklin, T. J., Snow, G. A.:* Biochemie antimikrobieller Wirkstoffe. Berlin-Heidelberg-New York: Springer 1973.

[17] *Lukens, R. J.:* Chemistry of Fungicidal Action. Berlin-Heidelberg-New York: Springer 1971.

[18] *Rahn, O., Conn, J. E.:* Effect of Increase in Acidity on Antiseptic Efficiency. Ind. Eng. Chem. *36*, 185 (1944).

[19] *Bandelin, F. J.:* The Effect of pH on the Efficiency of Various Mould Inhibiting Compounds. J. Am. Pharm. Assoc. *47*, 691 (1958).

[20] *Schelhorn, M. v.:* Dt. Lebensm. Rundsch. *46*, 151 (1950), *47*, 16 (1951), *49*, 267 (1953).

[21] *Lawrence, C. A., Block, S. S.:* Disinfection, Sterilization and Preservation. Philadelphia, USA: Lee and Fabriger 1968 (mit Sammlung von Prüfmethoden).

[22] *Turner, J. N.:* The Microbiology of Fabricated Materials. London: J. and A. Churchill Ltd. 1967.

[23] *Pauli, O.:* Interphase Migration of Preservatives. J. Oil Col. Chem. Assoc. *56*, 289 (1973).

[24] *Hugo, W. B.:* 112. Ann. Meeting, Amer. Pharm. Ass. Detroit, 1965.

[25] *Pauli, O.:* Abwasserverträglichkeit von Desinfektionsmitteln. Gesundheitswesen und Desinfekt. *63* (10) (1971), s. a. Lit. [11], Seite 52—60.

[26] *Sexton, W. A.:* Chemical Action and Biological Activity. New York: V. Nostrand Co. Inc. 1953.

[27] *Heicken, K.:* Keimtötende Wirkung und chemische Konstitution der isomeren Xylenole und ihrer Halogenderivate. Z. Angew. Chemie *52*, 263 (1939).

[28] *Klarmann, E. G., Sternov, V. A.:* Bactericidal Value of Coaltar Disinfectants. Ind. Engng. Chem. (anal. edit.) *8*, 369 (1936).

[29] *Klarmann, E. G.:* The Alkyl Derivatives of Halogen Phenols and Their Bactericidal Action. J. Am. Chem. Soc. *55*, 2576 (1933).

[30] *Domagk, G.,* u. a.: Dtsch. med. Wschr. *61*, 829 ff. (1935).

[31] *Lawrence, G. A.:* Surface Active Quaternary Ammonium Germicides. New York: Academic Press 1955.

[32] *Brewer, J. H.:* The Antibacterial Effects of the Organic Mercurial Compounds. J.A.M.A. *112*, 2009 (1939).

[33] *Meyer, H.:* Mechanism of Action of Mercury Compounds on Microorganisms. Pharm. Zentralhalle *103*, 571 (1964).

[34] *Luitgens, J. G. A.:* J. Appl. Chem. *4*, 314 (1954).

[35] *Luitgens, J. G. A., van der Kerk, G. J. M.:* Investigations in the Field of Organotin Chemistry. Greenford UK, Tin Research Institute 1955.

[36] *Distler, H., Pommer, E. H.:* Erdöl und Kohle. Erdgas-Petrochemie *18*, 381 (1965).

[37] Bayer AG, (W. Paulus), DAS 2034540.

[38] *Bellinger, H.:* Einfluß von Tensiden auf biologische Wirkung von Phenolen und Phenolderivaten. Tenside *2*, 295 (1965).

[39] *Stonehill, A. A.* u.a.: Buffered Glutaraldehyde a New Chemical Sterilizing Solution. Americ. J. Hospital Pharmacy *20*, 458 (1963).

[40] *Grün, L., Fricker, H.:* Z. Angew. Chem. *76*, 304 (1964).

[41] *Lawrence:* Antimicrobial Activity in vitro of Chlorhexidine. J. Am. Pharmaceut. Assoc. *49*, 731 (1960).

[42] *Thompson, J. S.:* Chlorierte Isocyanate in Reinigungsmitteln und desinfizierenden Präparaten. Seifen, Öle, Fette, Wachse *93*, 339 ff. (1967).

[43] *Twomey, A.:* Jodophores and Their Use in the Dairy Industry. Austr. J. of Dairy Technol. *1968*, 162; *1969*, 29.

[44] *Wallhäußer, K. H.:* Erdöl und Kohle *18*, 357 (1965).

[45] *Pelcak, E. J.:* USP 2906595 (1959).

[46] USP 2801216 (1957): Treatment of Water with Dialdehyde Bactericides UCC, New York.

[47] *Wheeler, H. O., Bennett, E. O.:* Applied Microbiol. *4*, 122 (1956).

[48] *Buschkiel, H.:* Desinfektion von Bohrölemulsionen. Archiv für Hygiene *145*, 340 (1961).

[49] *Fuhs, G. W.:* Archiv f. Microbiol. *39*, 374 (1968).

[50] *Smith, T. H. F.:* Lubrication Engineering 1969, 313.

[51] *Weidle, H.:* Seifen, Fette, Öle, Wachse *99*, 725 und 741 (1973).

[52] *Held, H. D.:* Kühlwasser. Essen: Vulkan-Verlag 1970.

[53] *Walko, F. J.:* Chem. Eng. *79*, (24), 128; (26), 104 (1972).

[54] *Kernger-Gang, W.:* Schäden an Kunststoff-Fußbodenbelägen durch Schimmelpilze. Boden, Wand und Decke *3*, 172 (1969).

[55] *Hueck, H. J.:* The Biological Deterioration of Plastics. Plastics *25*, 419 (1960).

[56] *Berk, S.:* Utilization of Plastizisers and Related Organic Compounds by Fungi. Ind. Eng. Chem. *49*, 1115 (1957).

[57] *Hofmann, W.:* Kautschuk, Gummi *15*, 501 (1962).

[58] *Heinisch, Nadarajah, Muthukuda:* Quart. J. Rubber Res. Inst. Ceylon 38/40 (Spt./Dez. 1962).

[59] *Nopitsch, M., Möbus, E.:* Melliand Textilber. *39*, 557 (1958).

[60] *Becker, H., Gross, H.:* Material und Organismen *9*, 81 (1974).

[61] *Basemann, A. L.:* Antimicrobial Agents for Plastics. Plastics Technol. *1249*, 33 (1966).

[62] *N. N.:* Bacterial Action on Rubber and Plastics. Rubber and Plastics age *41*, 1366, 67 (1960).

[63] *Morrow, F. J., Richardson, J. F.:* Phenolabkömmlinge, Ledertechn. Rundschau Nr. 2 (1941).

[64] *Cooper, D. R.* u.a.: Bacterial Growth Rates on Leather. J. Soc. Leather Technol. *58*, 25 (1974).

[65] *Dahl, S., Kaplan, M.:* Studies of Leather Fungicides. J. Amer. Leather, Chemists Assoc., Vol. III (53) Nr. 2, 103 (1958).

[66] *Bowes, J. H.* u.a.: Substantive Fungicides, J. Amer. Leather Chem. Assoc. *65*, 85 (1970).

[67] *Genth, H.:* Leimschäden durch Mikroben. Adhäsion 62 (1957).

[68] *Wallhäußer, Schmidt:* Sterilisation, Desinfektion, Konservierung, Chemotherapie. Stuttgart: G. Thieme 1967.

[69] *Gucklhorn, I. R.:* Antimicrobials in Cosmetics. Manuf. Chemist and Aerosol News *40* (6) 23; (7) 38; (8) 71; (9) 33; (10) 33; (11) 35; (12) 38 (1969). *41* (1) 42; (2) 30; (3) 26; (4) 34; (6) 44; (7) 51; (8) 28; (9) 82; (10) 49; (11) 48; (12) 50 (1970). *42* (1) 34; (2) 35 (1971).

[70] *Siu, R. G. H.:* Microbial Decomposition of Cellulose. New York: Book Division Reinhold Publishing Corp. 1951.

[71] *Adema, D. M. M.* u. a.: Int. Biodeter. Bullet *3*, 29 (1967).

[72] *Yeager, Ch.:* Schimmelfeste Ausrüst. von Textilien. SVF Fachorgan für Textilveredelung *12*, 538 (1957).

[73] *Bochove, C. v.:* Passive and Active Protection of Cotton Textiles. TNO-Nieuws *22*, 248 (1967), Delft, Niederlande.

[74] *Paulus, W., Pauli, O.:* Antimikrobielle Ausrüstung von Textilmaterial mit Hilfe von Reaktivwirkstoffen. Textilveredelung *5*, 247 (1970).

[75] *Englund, B.:* Pilzschäden in nassem Zellstoff und Holzschliff. Zellstoff und Papier *6*, 336 (1939).

[76] *Conkey, J. H.:* Relative Toxicity of Biostatic Agents Suggested for Use in the Pulp and Paper Industry (1968 Review). Tappi *52*, 2311 (1969).

[77] *Pauli, O.:* Wurzelabweisende Wirkstoffe für Bitumen, Teere, Asphalte, Peche und verw. Stoffe, Heft 11 (1958) und DAS 1196115 vom 1.7. 1965 (Bayer, *Pauli*).

[78] *Dörr, R.:* Wurzelfestigkeit von Vergußmassen, Bitumen, Teere, Asphalte, Peche und verw. Stoffe *10*, 486 (1969).

[79] *Rose, D.:* Verhinderung von Pflanzendurchwuchs bei Asphaltbefestigungen im landwirtschaftlichen Wegebau, Straßen- und Tiefbau Heft 9 (1970).

[80] *Klesper, H.:* Das Problem der hygienischen Chemisch-Reinigung. Fachzeitschr. Wäscherei- und Reinigungs-Praxis, Heft 7 (1967).

[81] *Höller, G.:* Desinfektion oder antimikrobielle Ausrüstung in der Chemisch-Reinigung? Chemisch-Reiniger-, Wäscherei- und Färber-Zeitung, Heft 1 (1971).

[82] *Hoffmann, E., Saracz, A.:* Formulation of Fungus-Resistant Paints/Bariummetaborate. J. Oil Col. Chem. Assoc. *53*, 680 ff. (1970).

[83] *Hopfenberg, H. B.* u. a.: Adv. Antibacterial Plastics, Modern Plastics. Juli 1970, pp. 110, 111, 113, 116.

[84] *Van der Kerk, G. J. M., Luitgens, J. G. A.:* Chemie und Anwendungsmöglichkeiten von Organozinn-Verbindungen. Arzneim. Forsch. *19*, 932 (1969).

[85] *Evans, C. J.* u. a.: Organotin-Based Antifouling Systems. J. Oil Col. Chem. Assoc. *58*, 160 (1975).

[86] *Montemarano, J. A., Dyckman, E. J.:* Performance of Organometallic Polymers as Antifouling Materials. J. Paint Technol. *47*, 59 (1975).

[87] *Bennett, E. O.:* Formaldehyde Preservatives in Cutting Fluids. Intern. Biodet. Bullet. *9*, 95 (1973).

[88] *Crosha* u. a.: J. Pharm. Parmacol. *16*, Suppl. 127 T—130 T (1964).

[89] *Trujillo, R., Lindell, K. F.:* New Formaldehyde Desinfectants. Applied Microbiol., July 1973, 106.

[90] *Anon:* Propionsäure zur Futterkonservierung. Mitteil. der D.L.G. *85*, Heft 19, 640 (1970).

[91] *Hueck, H. J.* u. Mitarbeiter: Bacteriostatic, Fungistatic and Algistatic Activity of Fatty Nitrogen Compounds. Applied Microbiol. *14*, 303 (1966).

[92] *Eckert, J. W., Kolbezen, J.:* Control of Penicillium Decay of Citrus Fruits with 2-Aminobutane. Nature *194*, 888 (1962).

[93] USP 3755448, Millmaster-O Corp., USA.

[94] *Lawrence:* Antimicrobial Activity in vitro of Chlorhexidine. J. Am. Pharmaceut. Assoc. *49*, 731 (1960).

[95] *Hayes, W.:* Brit. J. Urology *21*, 3 (1949).

[96] *Stauffer:* Chem. Corp.: E. P. 1345808.

[97] Bayer AG, *W. Paulus:* DAS 2034540.

[98] *Zsolnay, T.:* Zentralblatt Bakteriol., Parasitenk. Med. Mikrobiol. *225* (1), 125 (1973).

[99] *Wolf, P. A.:* Dehydracetic Acid, New Microbiological Inhibitor; Food Technology *4*, 294 (1950).

[100] *Hoffmann, E., Saracz, A.:* Formulation of Fungus Resistant Paints VIII., (NPT). J. Oil Col. Chem. Assoc. *53*, 841 (1970).

[101] *Pauli, O.:* Antimoldew Coatings, A Review. J. Oil Col. Chem. Assoc. *56*, 285 (1973).

[102] *Hoffmann, E., Saracz, A.:* Formulation of Fungus Resistant Paints. J. Oil Col. Chem. Assoc. *54*, 334 (1971).

[103] *Demare, J.* u. a.: Comparative Study of Triazine Biocides. Developm. Industr. Microbiol. *13*, 341 (1972).

[104] *Hoffmann, E., Saracz, A.:* Formulation of Fungus Resistant Paints/Cu8-oxinate. J. Oil Col. Chem. Assoc. *53*, 792 (1970).

[105] *Schelhorn, M. v.:* Dehydracetsäure als Konservierungsmittel für Lebensmittel. Dt. Lebensm. Rundschau *48*, 16 (1952).

[106] *Gren, R.:* Dehydracetsäure. Dt. Apothekerztg. *111*, 219 (1971).

[107] *Hoffmann, E., Saracz, A.:* Fungus-Resistant Paints with Tetramethylthiuramdisulfide. J. Oil Col. Chem. Assoc. *52*, 193 (1969).

[108] *Paulus, W.:* Mikrobizide in der Lack- und Farbenindustrie. verfkroniek *47*, Nr. 4, 95 (1974).

[109] *Wolf, P. A., Bobalek, F. J.:* Antimicrobial Performance of Tri- and Tetrachloro-methylsulfonylpyridines. Appl. Microbiol. *15*, 1376 (1967).

[110] *Hueck, H. H., La Brijn, J.:* Schimmelfeste Ausrüstung von Baumwolle mit Pentachlorphenol und Laurylpentachlorphenolat. Textil-Rundsch., Heft 9, 1 (1960).

[111] *Kornfeld, F.:* Bacterizide, fungizide und viruzide Amphotenside und ihre Verwendung. Fette, Seifen, Anstrichmittel *68*, 563 ff. (1966).

[112] *Warzecha, A.:* Hemmung der Hefegärung durch HB und DKD. Zeitsch. Untersuch. Lebensm.-forschung *139*, 369 (1970).

[113] Washine Corp. USA: US-Patent 3175912.

[114] *Dittrich, H. H., Kerner, E.:* Gärhemmende Wirkung der Alkylester der Gallussäure. Zeitsch. Unters. Lebensm.-forschung *129*, 364 (1967).

[115] Sopura-Brüssel, BE-Pat. 699793 (12.6.67).

[116] *Genth, H.:* Konservierung von Anstrichfarben und mikrobizide Wirkstoffe für Anstrichfilme. Schweiz. Arch. angew. Wiss. und Technik *30*, 354 (1964).

[117] *Jerchel, D., Oberheiden, H.:* Phenolische Desinfektionsmittel mit mehreren halogenierten Benzolkernen. Z. Angew. Chem. *67*, 146 (1955).

[118] *Lück, E.:* Sorbinsäure, 1. Chemie (1969), 2. Biologie (1972), 3. Technologie (1970), 4. Recht (1973). Hamburg: Behrs Verlag.

[119] *Aalto, T. R. u. a.:* J. Am. Pharm. Assoc. (Sc. Ed.) *42*, 449 (1953).

[120] Monsanto Chem. Corp.: Fungus-Proofing Textiles. Engl. Pat. 597819 (27.2.1945).

[121] *Feigin, R., Schwartz, M. P.:* USP 2721821 (1955); 2755280 (1956).

[122] *Heymons, A., Schnabel, W.:* DP 935515 (1955).

[123] *Ortenzio, L. F., Stuart, L. S.:* Isocyanurates. J. Assoc. Agric. Chemists *42*, 630 ff. (1959).

[124] *Thompson, J. S.:* Chlorierte Isocyanurate in Reinigungsmitteln. Seifen, Öle, Fette, Wachse *93*, 339 (1967).

[125] *Scott, C. R., Wolf, P. A.:* Antibacterial Activity of Quaternaries Prepared from Hexamethylenetetramine and Halocarbons. Appl. Microbiol. *10*, 211 (1962).

[126] Bayer AG (*Paulus, W., Pauli, O.*): DOS 2201457.

[127] Imperial Chemical Industries, FP 2087938 vom 6.12.71 = BE 765108.

[128] *König, K. H. u. a.:* Stickstoff-substituierte Tetrahydro-1,4-oxazine. Angew. Chem. *77*, 327 (1965).

Namenregister

Miles,J.W., s. Kalra,R.L.   233
—, s. Laws,E.R.   113
Millardet,A.   2
Miller,D.L., s. Sudia,W.D.
   116
Miller,S.   233
—, s. Mathis,W.   98
—, s. Perry,A.S.   233
Mills,A.R.   140
Miskus,R., s. Agosin,M.   233
—, s.Oonnithan,E.S.   235
Misra,S.-C., s. Gupta,K.M.
   155
Mitchell   139
Mitscherlich,E.   185
Miura,T.   137
Miyake,S.S.   232
Möbus,E., s. Nopitsch,M.   272
Mohrbacher,R.J., s.
   Roszkowski,A.P.   162
Molloy,F.M., s. Lord,K.A.
   238
Monro,H.A.U.   171
Montemarano,J.A.   277, 278
Moorefield,H.H.   230
—, Sternburg,J.   230
Moraes,M.A.P.   141
Morgan,J.W., s. Plapp,F.W.
   233
Morikawa,O., s. Saito,T.   238
Morris,K.R.S., s. Wilson,S.G.
   185
Morrow,F.J.   273
Moss,J.A.   236
Motoyama,N.   240, 241, 245
Mount,G.A., s. Pant,C.P.
   114
Mrope,F.M.   134
Müller,P.   92
Mulla,M.S.   137
Mulligan,H.W.   103, 186
Murray,E.S., s. Brezina,R.
   121
Murugasu,R.   148
Muthukuda, s. Heinisch   272

Nadarajah, s. Heinisch   272
Nadim,A.   107
Nagasawa,S., s. Agosin,M.
   233
Najera,J.A.   97
Nakata,G., s. Ozawa,Y.   200
Nakatsugawa,T.   238, 239
Narahashi,T., s. Yamasaki,T.
   232, 235, 241
Narashashi,T., s. Tsukamoto,
   M.   232

Navai,S., s. Ozawa,Y.   200
Neghme,A., s. Dinamarca,M.L.
   233
Nelson,M.J., s. Pant,C.P.   114
Neri,P., s. Brooks,G.D.   110
Nettles,W.C., s. Atallah,Y.H.
   234
Neumann,E., s. Roberts,J.M.D.
   144
Neumeyer,J., s. Wechsler,A.E.
   58, 59, 60, 61, 63, 68, 69
Neururer,J., s. Beran,F.   17
Newhouse,V.F., s. Sudia,W.D.
   116
Newill,V.A., s. Warren,K.S.
   150
Nibley,C., s. Hurlbut,H.S.   119
Nicolson,T.B., s. Brotherston,
   J.G.   203
Nityananda,K.   123
Nocerino,F., s. Gonzalez-
   Valdivieso,F.E.   106
Nolan,J.   245
Nopitsch,M.   272
Norland,R.L., s. Mulla,M.S.
   137

Oberheiden,H., s. Jerchel,D.
   287
O'Brien,R.D., s. Krueger,H.R.
   238
Ochieng,T., s. Davies,F.G.
   198, 199
Ogden,L.J., s. Barnes,A.M.
   127
Ogita,Z., s. Kasai,T.   241, 244
Omori,T., s. Inaba,Y.   198
Oomen,A.P.   141
Oonnithan,E.S.   235
Ophof,A.J.   159
Oppenoorth,F.J.   232, 237,
   238, 239, 241, 242
—, s. Asperen,K. van   238, 239
—, s. El-Basheir,S.   239
—, s. Franco,M.G.   239
—, s. Grigolo,A.   232
Orlob,G.B.   2
Ortenzio,L.F.   293
Osipov,A.N., s. Gnedina,M.P.
   208
Ozawa,Y.   200

Paing,M., s. Meillon,B. de
   130
Pal, s. Brown   131
Pal,R.   96, 101, 131, 139
—, s. Wright,J.W.   100

Pant,C.P.   99, 114
—, s. Bang,Y.H.   113, 114
Park,P.O.   104
Parker,J.D.   110
Partoatmodjo,S.   155
Passof,P.C.   160
Pate,T.L.   234
Pauli,O.   265, 276, 287, 288,
   289
—, s. Paulus,W.   275, 295
Paulini,E.   152
Paulus,W.   266, 275, 282, 285,
   286, 290, 294
Pearce,G.W., s. Perry,A.S.
   231, 234, 235
Peardon,D.L.   167
Pearson,J.A., s. Pant,C.P.   99
Peenen,P.F.D. van   123
Pelcak,E.J.   269, 283
Pence,R.J.   215
Pendriez,B., s. Quillévéré,D.
   145
Perry,A.S.   230, 231, 233, 234,
   235, 241
—, s. Brown,A.W.A.   233
—, s. Kalra,R.L.   233
—, s. Miller,S.   233
Perry,V.A., s. Crabtree,D.G.
   162, 165
Peters,W.   190
Petersen,J.J.   139
Philippon,B., s. Quélennec,G.
   145
Phillippon,B., s. Quillévéré,D.
   145
Phillips,A., s. Chapman,C.
   165
Plapp,F.W.   232, 233, 236, 238,
   244, 246, 248, 249
—, s. Bigley,W.S.   243
—, s. Hoyer,R.F.   242, 249
—, s. Sceicz,F.M.   244
—, s. Schonbrod,R.D.   239,
   247
Polles,S.G.   237
Pollitzer,R.   124, 161, 165
Pommer,E.H., s. Distler,H.
   266
Poos,G.I., s. Roszkowski,A.P.
   162
Por,P., s. Murugasu,R.   148
Post,A., s. Garms,R.   145
Posternak,M.E., s. Georghiou,
   G.P.   138
Potter,C., s. Lord,K.A.   238
Potts,W.H., s. Mulligan,H.W.
   186

Sachregister

Stoffregister

Bulletin of Environmental Contamination and Toxicology

The *Bulletin of Environmental Contamination and Toxicology* publishes short communications on toxic materials and all kinds of environmental pollution. Papers about the occurrence and analysis of such materials provide the main content. The relationship to biological problems with regard to natural incidence and concentration of these substances is presented.

In the interests of rapid publication, the manuscripts are reproduced directly by a photomechanical process. (The primary language of the journal is English, but contributions in German and French are accepted.)

Editor-in-Chief: John W. Hylin, Department of Agricultural Biochemistry, 1825 Edmondson Road, University of Hawaii, Honolulu, Hawaii 96822

Editorial Coordinating Commitee: Francis A. Gunther, Editor — *Residue Reviews;* W. Ellis Westlake, Editor — *Archives of Environmental Contamination and Toxicology*

Associate Editors: Francis A. Gunther, Department of Entomology, University of California, Riverside, California 92502

Arthur C. Stern, Department of Environmental Sciences and Engineering, School of Public Health, University of North Carolina, Chapel Hill, North Carolina 27514

Professor Frederick Sargent II, School of Public Health, The University of Texas at Houston, Houston, Texas 77025

Subscription price for 1976, Volumes 15 & 16 (6 issues per volume), is $96.00, including postage. Special rates are available for individual subscriptions for personal use only.

SPRINGER-VERLAG NEW YORK, INC.
175 Fifth Avenue
New York, New York 10010

SPRINGER-VERLAG
Heidelberger Platz 3
D-1000 Berlin 33

Archives of Environmental Contamination and Toxicology

The *Archives of Environmental Contamination and Toxicology* is a unified repository of important full-length articles in English describing original experimental or theoretical research work pertaining to the scientific aspects of contaminants in the environment. It provides a place for the archival publication of detailed, definitive reports of significant advances and discoveries in the fields of air-, water-, and soil-contamination and pollution, and in disciplines concerned with the introduction, presence, and effects of deleterious substances in the total environment, and with waste.

The purpose of the *Archives* is not only to record and to disseminate recent data pertinent to environmental contaminants but, also, to stimulate further work in this research area.
The scope of the *Archives* is international and interdisciplinary.

Coordinating Board of Editors: William E. Westlake, Editor — *Archives of Environmental Contamination and Toxicology,* P. O. Box 1225, Twain Harte, California 95383

John W. Hylin, Editor — *Bulletin of Environmental Contamination and Toxicology,* Department of Agricultural Biochemistry, University of Hawaii, Honolulu, Hawaii 96822

Francis A. Gunther, Editor — *Residue Reviews,* Department of Entomology, University of California, Riverside, California 92502

Subscription price for 1976, Volume 4 (4 issues) is $66.00 including postage. Special rates are available for individual subscriptions for personal use only.

SPRINGER-VERLAG NEW YORK, INC.
175 Fifth Avenue
New York, New York 10010

SPRINGER-VERLAG
Heidelberger Platz 3
D-1000 Berlin 33